Men's Hair Bible

남성 헤어 토탈 시스템

Men's Hair Total System

남성 헤어 시스템

토탈

Men's Hair Total System

New Paradigm

4way cut

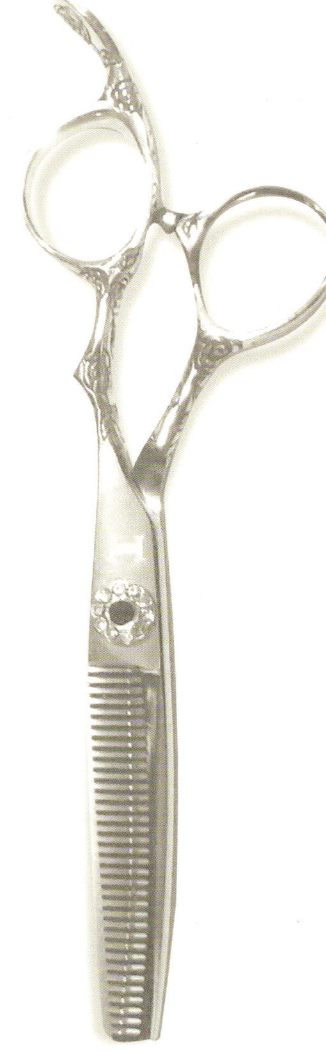

하상중 지음

벌써 4권째이네요.

처음으로 만든 것이 『하상중의 컷트의 모든 것』을 시작으로 이번 책 『men's hair total system』까지 네권의 책을 집필했습니다.

3번째까지는 기본에 충실하려 했었고 이번 책은 트랜드 컷트인 댄디, 모히칸 같은 스타일과 남성들한테 필요한 것들을 총 망라했습니다.

이 책에 있는 자료는 제가 직접 작업을 하고 사진을 찍고 포토샵까지 직접한 저의 작품들입니다. 많은 걸 알리고 싶었고 많은 걸 하게끔 만드는 것이 제가 할 일이라고 생각해 왔습니다. 하지만 저도 하다 보니 알게 되는 것 또한 많았습니다.

기술인은 언제나 연구를 해야 하고 노력을 해야 한다고 생각하는 바입니다. 이 책이 여러분한테 많은 도움이 될 거라고 저는 단언하는 바입니다.

요령에 의한 컷트가 아닌 4WAY CUT 기법을 만든 이유도 한가지입니다.

자세한 것은 책 속에 들어있습니다. 쉽고 빠르고 확실한 컷트기법인 제가 만든 4WAY CUT 기법은 여러분이 잘 자르고자 하는 마음에 큰 도움이 될 것입니다. 기술은 쉬운 것이 아닙니다. 그리고 컷트를 하는 분들은 대단한 기술인들입니다. 그러니 자긍심을 가지시길 바랍니다.

10~12만본의 모발을 고르게 자른다는 것이 결코 쉬운 것이 아닙니다. 자신을 가다듬고 저의 생각을 많이 덛씌우시기 바랍니다. 고급 기술인임을 자랑스럽게 생각하시기 바랍니다.

얼마 되진 않았지만 여러분이 알고 싶어하고 모르는 것들을 쉽게 풀려고 노력을 많이 했습니다. 많이 보시고 모르는 것이 있으시면 언제든지 연락주시기 바랍니다. 이만 신촌에서 하상중이었습니다.

도움 주신 분들
*마에스트로미용예술직업전문학교 부원장 안혜라(다운펌 자료제공)
*경수가세 방성근 사장님 그리고 조민하씨 한선욱씨 권진영씨

참고 문헌
*남성컷트 14일에 완전 정복하기

반갑습니다.

이·미용인 여러분!

지난 17년간 수많은 이·미용인들의 길라잡이 역할을 해온 TV헤어의 대표 고재학입니다.

이·미용업을 해 나가다보면 지속적으로 수많은 트랜드와 유행스타일을 배우게 되는데 새로운 기술을 접할 때 제일 중요한 것은 체계적이고 튼튼한 기초지식입니다.

오늘 여러분께 남성컷트 & 스타일을 집대성한 훌륭한 가이드북을 한권 추천해 드리고자 합니다. 남성컷트연구원을 이끌고 있는 하상중 원장님의 『MEN'S HAIR TOTAL SYSTEM』이라는 책입니다.

하상중 원장님과 TV헤어 강의를 통해 인연을 맺고 있는데, 굉장히 자세하고 꼼꼼한 강의로 많은 팬층을 확보하고 계십니다. 책 또한 동영상 강의만큼이나 꼼꼼하게 집필하셔서 이미 많은 분께 사랑을 받고 있는데, 이미 발간된 『남성컷트 14일에 완전 정복하기』와 『남성 컷트의 정석』이 저희 TV헤어 마트를 통해 판매되어 많은 이·미용인분들께 호평을 받고 있습니다.

이번에 새로 출간하신 『MEN'S HAIR TOTAL SYSTEM』은 남성컷트의 모든 것이 총 망라되어 있더군요. 트랜드컷트는 물론 수염다듬기나 염색 등 이미 남성컷트는 미용의 커다란 주류로 자리 잡고 있는 시점에서 이 책은 아주 적절한 책이 아닌가 생각됩니다. 꾸준한 학습과 연습만이 일류 디자이너를 만들 수 있습니다.

언제나 노력하는 우리 이·미용인 여러분을 힘차게 응원합니다.

2016. 1

미용방송국 TV헤어 대표이사 고 재 학

Contents
차 례

04 숱가위 시술 방법

베이직 컷트

05 컷트 기초이론

두정부(천정부) ●102

측면부(사이드) ●106

클리퍼 시술방법 ●111

싱글링 ●116

06 베이직 컷트 스타일

상고 컷트 스타일 ●122

숏 컷트 스타일 ●127

입 문

이용의 역사

　BC(서기전) 1900년경에 헤브라이(Hebrai)족의 추장이 죄인을 처벌할 때 두발을 삭발했고 그 두발이 자랄 때까지 범인 자신이 죄를 뉘우치며 속죄하던 유래로부터 이용에 관한 역사는 시작되었다. 그 후 여러 세기동안에 인류문화가 발달되고 이에 따라 부족간의 상호 협조로 생활의 향상도 있었지만, 투쟁도 많아 그 당시 머리에 부상을 입은 사람들의 두발을 삭발하고 치료를 해주어 그때는 이용사와 의사의 직분을 겸하게 되었던 것이다. 그러다가 서기 1804년 프랑스 나폴레옹의 제1제정 당시에 수많은 인구의 증가와 사회구조가 점차 복잡해지자 이용원과 병원을 겸할 수 없다고 인식한 나폴레옹 정부의 위정자들은 프랑스 최초의 이용사 쟝 바버(Jean barber)를 통하여 병원과 이용원을 분리시켜 비로소 이용이 역사상으로 독립하게 되었다. 그리고 지금까지 이용원 입구마다 설치되어 있는 청·홍·백색의 싸인보드는 그 당시 병원 표시였던 것으로 정맥, 동맥, 붕대를 의미한 것으로 전해지고 있다. 이용 문화의 급진적인 발달과 더불어 싸인보드는 이용원이 차지하게 되었고, 이것 역시 전 세계에 보급되어, 병원은 적십자 표시를 공통으로 사용하게 되었다. 세계 최초의 이용사는 역시 프랑스의 쟝 바버를 꼽을 수 있으며, 그는 30년간에 전쟁 당시도 조국을 위한 공훈이 가장 많았다고 한다.

한국 이용의 발달

　옛날 우리나라 남자들은 총각 시절에 머리를 땋아 내렸고, 결혼한 사람은 상투를 틀어 올렸다. 그러나 일본과 서양문물이 밀어 들어와서 개화의 물결이 거세지자 드디어 서기 1895년 11월 17일 전 국민에게 삭발하라는 준엄한 단발령이 공포됐다. 김홍집 내각은 을미사변 이후 내정개혁에 주력하였는데, 조선개국 504년 11월 17일 건양 원년 1월 1일자로 음력을 양력으로 개정하는 동시에 전국에 단발령을 내렸다. 고종은 단발령에 솔선수범하여 가위를 든 안종호에게 세자와 함께 머리를 깎았으며 내무대신 유길준은 고시를 내려 관리들이 우선적으로 머리를 깎게 했다. 우리 나라는 옛적부터 머리를 소중히 여기는 전통이 있었는데, 이것은 신체발부는 부모에게서 받은 것이니 감히 훼손하지 않는 것이 효도의 시작이라는 유교의 가르침에서 유래된 것으로 많은 선비들은 〈손발을 자를 지언정 두발을 자를 수는 없다〉고 분개하여 정부가 강행하려는 단발령에 완강하게 반대했다.

　그러나 오랜 진통 끝에 구미문명을 흡수하려는 개화사상을 받아들여 한국 이용의 역사를 창조하게 되었다. 당시 고종과 세자의 머리를 깎았던 안종호는 일찍 등과하여 18세에 전라도 완주 군수를 역임했고, 왕족 자제들을 가르쳤으며, 미신을 타파하는 순회공연도 했고, 방역회를 조직했으며, 그 첫 사업으로 서울 종로에서 이용원을 개설했다고 한다.

근래의 이용

1. 시험제도

　우리 나라의 이용사 시험제도는 1923년 야마모도라는 일본인이 주동이 되어 최초의 강습회를 시작하여 그해 가을에 우리나라에서 처음으로 국가가 시행하는 이용사 자격시험을 실시하게 되었다. 그 당시의 시험출제는 주로 당시 의학 박사인 주방주씨의 저서인 〈위생독본〉이란 책에서 출제되었으며, 생리해부학, 소독법, 전염병학 면접시험, 실기시험 등을 실시했다고 한다. 해방 이후 서울특별시의 이용사 시험실시는 1948년 대한민국 정부가 수립된 이후부터였고, 부산광역시의 시험은 1954년부터 실시되었으며, 그후 내무부산하 각 시·도에서 이·미용사법에 따라서 한국직업인력관리공단이 보사부에서 제정한 공중위생법에 의거하여 실시하고 있다.

2. 교육제도

해방 전 일제시대는 뚜렷한 교육기관이 없었고, 이용사들에게 사사해서 기술을 익히고 〈위생독본〉으로 독학을 해서 자격을 취득하거나 보조원 생활을 했다고 볼 수 있다. 해방 후도 혼란기라 역시 교육기관이 없었으나 6.25 사변후 사회가 급전함에 따라 몇 군데 의학원이 생겨났지만 체계적인 교육기관이 전혀 없었다. 그 뒤 1년제 고등기술학교에 이용과를 신설하여 상당수의 이용사를 배출했다. 그 후 한때 장발이 유행해서 학생수가 감소되었으나 1980년대에 들어와서 두발형이 변모되어 가면서 다시 활기를 띠기 시작했다.

3. 최근의 이용

일제시대의 두발은 대개 양옆과 뒤를 치켜 깎고 윗머리가 10~15㎝ 정도의 길이인 하이 칼라 스타일이 보편적으로 계속되었고, 제2차세계대전 말기에 일본군국주의에 의해서 또 다시 삭발령이 공포되어 남자들은 박박머리를 하고 다녔으며 소녀들은 단발컷트머리를 하고 있었다.

理容(이용)

　머리카락이나 수염을 정돈하는 일. 1986년 제정된 공중위생법은 이용업을 〈손님의 머리카락 및 수염을 깎거나 다듬는 등의 방법으로 손님의 용모를 단정하게 하는 영업〉이라고 정의하고 있다.

　서양에서 이용(이발)의 역사는 바빌로니아의 함무라비왕(재위 BC 1728～BC 1686)이 제정했던 함무라비법전에 〈이용을 업으로 하는 사람〉에 관한 이야기가 기록된 것으로 보아 이보다 좀더 오래 되었으리라 추측되고 있다. 이 법전에 의사의 보조자로서 외과수술이나 이齒의 치료 따위도 직접했다는 내용이 실려 있으며, 중세에는 상처의 치료나 피를 뽑는 등 일반적인 외과 업무도 겸하였다. 이를 이발의사理髮醫師라고 하였다.

　그후 르네상스 때에 의학 분야에서도 라틴어 독해력이 중시되고 라틴어 어학실력이 있는 사람과 그렇지 않은 사람의 구별이 생겼다. 고대 문헌을 이해하는 능력의 중요성이 강조되었기 때문이다. 이로부터 라틴어 실력을 갖춘 사람은 의학을 중심으로 의사이발, 그렇지 않은 사람은 이발을 중심으로 이발의사라고 부르는 등 사회적 지위에 차별을 두는 관습이 생겼다.

　이용업무와 의사업무가 별도의 전문직으로 확실히 구분되기 시작한 것은 루이14세(재위 1643～1715)시대부터이다. 현재 이발소에서 볼 수 있는 빨강·파랑·하얀의 줄무늬가 들어있는 표시(사인폴)는 동맥·정맥·붕대를 상징하던 당시 관습의 흔적이다. 그리고 이발사란 뜻의 바버(barber)는 라틴어의 턱수염(barba)에서 유래된 말이다. 한편 한국에서는 1895년(고종32년) 11월 단발령이 내려지면서부터 이발이 시작되었으며, 최초의 이발사는 왕실 이발사 안종호라고 전해진다. 이발기능을 습득하려면 고등기술학교나 사설학원에서 6개월에서 1년 정도의 훈련을 거쳐 자격면허시험에 합격해야 한다. 시험은 필기·실기가 있으며 1년에 4회 실시한다.

　이발사는 노동 수요와 공급에 그다지 영향을 받지 않는 편이므로 비교적 안정된 직종이라 할 수 있다. 이용업은 단순히 머리카락을 자르고, 감기고, 수염을 면도하는 실용적 측면의 이용에서 점차 헤어패션을 중시하는 헤어스타일리스트 살롱이나 머리카락의 건강을 관리하는 헤어클리닉 살롱으로 발전해가는 추세를 보이고 있다. 현재의 이용방법을 크게 나누면 정발기술整髮技術로는 커팅(자르기)·세팅(가다듬기)·샴푸·

트리트먼트 · 염색 · 가발 · 드라이 · 퍼머넌트 등이 있고, 안면기술顔面技術로는 면도 · 페이셜마사지(美顔術) · 콧수염정리 등이 있다.

이들 기술은 패션적 · 정서적 · 의료적 요소 이외에 약품 · 화장품이나 면도칼 · 전기기구 등을 사용하므로 과학적 지식과 위생적 배려도 요구된다.

현재 이용과 미용이 법률상 하나인 나라와 한국의 경우처럼 따로 구별된 나라가 있는데 세계적으로는 이 두 분야가 하나로 통일되어가는 추세이다.

理髮師(이발사)

모발毛髮을 자르고 다듬는 일을 직업으로 가진 사람. 중세 서양의 이발사는 대개 외과의사나 욕탕업을 부업으로 하였다. 한국에서는 1895년(고종32년) 김홍집내각金弘集內閣에 의하여 단발령이 시행된 뒤, 안종호라는 사람이 왕실 최초의 이발사가 되었다는 기록이 있다.

이발사는 소정의 자격면허를 취득하여야 하는데, 고객의 머리형태를 고객의 요청과 얼굴형에 맞게 선택하여 자르거나 다듬고 염색 · 세발 · 머리손질 등을 한다. 서비스업에 종사하는 만큼 고객의 위생관리에 힘써야 하며 고객을 상대하는 사교술 및 머리형을 창조하는 기술과 감각이 중요하다.

面刀(면도)

　얼굴에 난 잔털이나 수염을 깎는 칼 또는 면도질하는 일. 면도칼은 석기시대부터 사용되었으며 돌·뼈·뿔 등으로 만들어졌다고 하는데, 고대 이집트시대에 들어와서는 청동면도칼이 사용되었다.

　현재에는 머리털을 자르는 데에도 사용되며 독일의 졸링겐에서 만들어지는 면도칼은 세계적으로 유명하다. 날을 갈아 끼우는 안전면도기는 1903년 미국의 K.질레트가 발명한 이후 개량이 계속되어 스테인리스강 날도 출현하였다.

[면도칼로 인한 모창(毛瘡)]

　모창은 남성의 수염, 드물게는 눈썹이나 겨드랑이털 등의 경모硬毛에 화농균이나 진균(곰팡이)등이 감염되어 모낭염을 일으킨 것을 말한다. 심상성 모창은 주로 표피포도상구균, 때로는 황색포도상구균에 의해 일어난다.

　남성의 콧수염·턱수염 부분에 먼저 홍색 구진丘疹이 발생하고 이것이 농포膿疱로 된 뒤 결국 터져서 부스럼딱지가 형성되는데, 치료에 항생물질을 사용한다.

컷트 이론

이용 컷트의 용어

1. 지간까기 : 빗과 왼손의 검지와 중지에 기고 잡아올린 모발을 정돈하며 잘라내는 기법이다.
2. 거칠깎기 : 스포츠컷트에서 가위로만 작업을 하여야할 때 주로 쓰이는 기법이지만 지금은 큰 의미가 없다 하겠다.
3. 떠내깎기 : 빗이 두피면으로 들어가서 모발을 빗발로 세워 올린 후 빗의 일직선에 맞추어 자르는 기법이다.
4. 솎음깎기 : 일명 숱 처리 할 때 기법이다.
5. 연속깎기 : 싱글링 기법이다.
6. 끌어깎기 : 옆가위질을 당기면서 하는 기법이다.
7. 고정깎기 : 일명 끊어깎기라고도 하는데 요철처리가 목적인 기법이다.
8. 돌려깎기 : 사이드 싱글링을 할 때의 기법인데 다른 용어로는 트리밍이라고도 하는 기법이다.
9. 밀어깎기 : 싱글링의 기법이지만 위에 있는 돌려깎기는 귀 부분을 뜻하고 이부분은 면 부분을 처리하는 기법이다.
10. 수정깎기 : 마무리기법이다.

미용 컷트 용어

* **그라쥬에이션(graduation)**

    옥시피탈본에서 목선까지 버티컬 컷으로 하고 나머지는 이사도라 컷을 함

* **다이아고날(diagonal)**

    사선으로 슬라이스로 떠서 컷 하는 방법

* **레이어(layer)**

    버티컬 컷 90°(층이 있는 컷)

* **블런딩 컷(blunt cut)**

    무디게 둔하게 한다는 뜻으로 끝을 뭉툭하게 컷하는 방법

* **스트록 컷**

    시저에 의한 테이퍼 링

* **롱 스트록**

    두발에 대한 가위 각도가 45°~90° 정도로 볼륨을 크게 하고자 할 때

* **미디움 스트록**

    두발에 대한 가위 각도가 10°~45°

* **숏 스트록**

    두발에 대한 가위의 각도가 0°~10° 정도로 모발 끝에만 볼륨이 필요할 때

* **인사이드 스트록**

    머릿속 부분에 테이퍼를 행할 때

* **아웃 사이드 스트록**

    머리 표면에만 스트록 할 경우

* **슬라이싱(slicing)**

    슬라이스 컷을 이용하여 질감을 만들기 위해 자르는 기법

* 슬리더링(slithering)
  가위 컷으로 부드럽게 자름

* 시저 오버콤(scissor overcomb)
  밑 부분에 빗을 대고 연속 동작으로 가위질 하는 방법

* 싱글링(shingling)
  밑을 짧게 치는 목덜미 부분을 짧게 하는 방법

* 에프터 컷(after cut)
  시술후 디자인을 맞추는 방법

* 원 랭스(one length)
  모발의 끝선이 단차가 없는 컷

* 웻 컷(wet cut)
  머리카락은 젖은 상태로 하는 컷

* 인터 가이드 라인(inter guide line)
  스타일을 결정할 때 제일 처음 자르는 가이드 라인

* 지오 메트릭 컷(geometric cut)
  기하학적인 컷

* 칩핑(chipping)
  가위를 세워서 끝으로만 자르는 방법

* 페리미타 쉐이프(perimeter shape)
  아웃 라인을 포인트 컷 하면서 소프트한 질감을 내는 방법

* 트리밍(trimming)
  정돈한다는 의미로 모발의 면을 다듬는 방법

* 틴닝(tinning)
  숱을 정리하는 방법

* 호리존탈(horizontal)
  가로로 슬라이스 떠서 컷 하는 방법

남성 컷트의 정의

사실 남성 컷트의 정의를 말하라면 속 시원한 답이 별로 없다.

단정한 머리, 깨끗한 머리, 상고형의 머리라고 할 수는 있겠지만 현재의 남성 컷트는 유니섹스 시대이니만큼 스타일의 다변화와 많은 스타일의 생산으로 경계가 갈리고 있는 것은 사실이다. 하지만 기본에 충실한 머리모양을 가지고 있으면 스타일의 다변화는 물론 연예인들의 스타일 주도로 인하여 남성 컷트의 기본인 상고형 모양을 잃어가고 있다. 그러나 젊을 때의 패션은 젊을 때이고 회사에 입사를 하거나 사회에 나올때 어쩔 수 없이 머리모양이 단정해지는 것은 부정 할 수 없는 문제이다. 해서 남성컷은 기본이라고 말할 수 있다. 모든 작업을 하기에는 컷트를 수반되어야 한다는 것이 맞다.

하지만 그냥 모양만 추구하는 것이 아니라 **모류를 이해하고 지간을 이해하여야 하며 시술하였을 때의 스타일이 아닌, 시술 후 머리카락이 자라날 때에 차분하고 자연스러운 스타일을 추구하는 것이 남성컷트의 정의**라 할 수 있겠다. 남성컷트에 물리학도 들어 있고 수학도 들어 있으며 과학도 들어 있다.

공식이나 각도가 없는 것 같지만 알고 보면 공식이 있고 각도도 있다.

모양과 스타일은 다르지만 자르는 방법은 한 가지 안에 들어와 있는 것이 남성 컷트이다. 그러므로 안일한 시술 방식보다는 체계적이고 과학적인 시술 방식이 도입되어야 하며 시술을 하는 이·미용사들의 마음 자세도 남자나 여자를 떠나서 손님의 머리모양이 내 머리라는 마음으로 시술을 하여야 손님도 시술자를 믿고 머리를 맡기게 된다는 것을 명심하길…

남성컷트는 여성컷트와 길이의 편차로 인해서 남성컷트의 조화도는 질감과 균형미 그리고 스타일이 합쳐져서 조화를 이루고 있다.

균형미는 좌우의 모양과 상하의 모양이 어울리느냐는 것을 의미하고 질감은 머리카락의 양이 무겁냐 가볍냐를 의미한다.

스타일은 손님에게 시술시 손님이 원하는 모양을 만들어 주는 것이다.

이 중에서 제일 중요한 것은 질감의 처리 문제일 것이다.

이후에 실기에서 집중적으로 다루겠지만 질감의 정리는 예전에는 단지 숱의 감소를 의미하는 것이었지만 작금의 현실은 사람들의 숱 양이 많지 않아서 숱을 잘라내는 것이 아니고 무거움만 감소하는 것으로 알기 바란다.

두골의 상(머리모양)

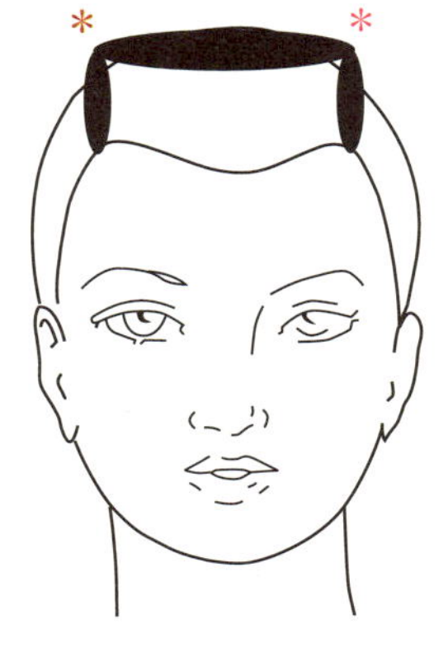

학문적으로 두개골의 상을 말하자는 것이 아니고, 머리를 시술하는 형에서 두골을 의미하고자 한다.

사진 상으로 두골의 형은 4각형의 구조로 보아야 할 것이다. 사진의 모양을 보면 전체적인 형은 둥그런 모양을 하고 있지만 사람의 머리모양은 위 사진의 별(*)표 자리에서는 각의 모양을 가지고 있다. 천정부의 모양은 사진처럼 평행을 이루는 것이 아니고 수평선을 이루고 있다. 그래서 천정부에서 측면부로 내려오는 부분도 역시 세로 수평선처럼 타원을 이루고 있는 것이다. 그래서 4각형의 기조라고 한다.

머리카락을 자르기 위해서 많은 사람들이 알고 있는 오각형, 둥근형, 삼각형, 역삼각형, 타원형이라는 것은 두골의 형상이 아니고 얼굴형을 의미하는 것이다.

의학적으로 두개골은 전두골, 두정골, 측두골, 후두골이 있다.

毛髮 Hair(모발)

사람 털의 총칭. 머리에 난 털을 두발頭髮, 남자의 입가 · 턱 · 뺨에 난 털을 수염鬚髥, 눈썹[眉毛], 속눈썹[睫毛], 코털[鼻毛], 겨드랑이털[腋毛], 음모陰毛, 체모體毛 등으로 불러 구별한다.

또 성선性腺의 영향을 받는 털은 성모性毛라 하며, 겨드랑이털 · 음모 · 수염이 이에 해당한다. 거의 전신에 분포하나 입술 · 손바닥 · 발바닥, 손가락과 발가락 안쪽, 귀두龜頭 · 포피包皮안쪽 · 음핵陰核은 모발이 없다.

그 수는 전신에 약 500만 본, 두부에 약 10만 본이다. 털은 중심으로부터 모수질毛髓質 · 모피질毛皮質 · 모소피毛小皮의 3층으로 이루어지며, 모수毛髓의 유무, 멜라닌 색소의 유무에 따라 취모 · 연모軟毛 · 경모硬毛로, 경모는 다시 장모長毛와 단모短毛로 나누어진다.

취모는 태생기胎生期의 털로 생후 얼마 안되어 없어진다. 연모는 멜라닌 색소는 있으나 모수가 없고, 피부의 넓은 부분에 분포한다. 경모는 멜라닌 색소와 모수가 다 있고, 머리·겨드랑이·외음부 등 한정된 부분에 분포하고 장모는 두발 등 길게 자라는 털을, 단모는 눈썹·속눈썹 등 짧은 상태로 신장이 정지된 털을 가리킨다.

성상性狀에 따라 직모直毛·파상모波狀毛·축모縮毛로, 색조로는 흑모黑毛·갈색모褐色毛·금발金髮·적모赤毛·백모伯母 등으로 구별한다. 두발의 성장속도는 하루에 0.3~0.4mm인데, 연령·성별·부위·계절·주야에 따라 차이가 있다.

[모발의 수명]

사람의 모발은 메리노종種의 양과 같이 일생 똑같은 털이 성장을 계속하는 것은 아니고, 일정한 기간을 경과하면 자연히 빠져버리고(두발은 하루에 약 70~80본의 자연탈모가 있음) 얼마 지나면 새 털이 난다.

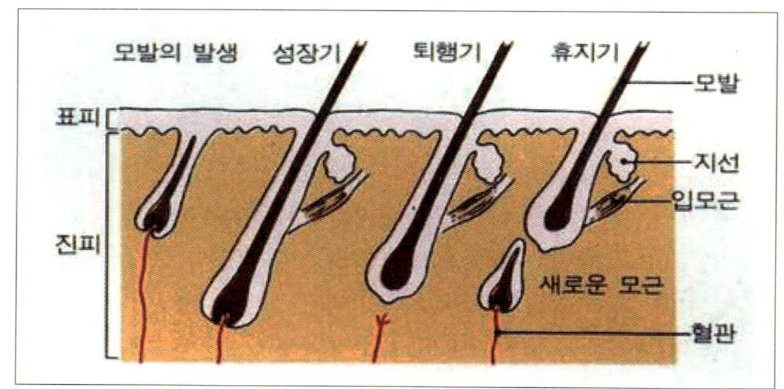

이것을 털의 수명 또는 모주기毛周期라 하며, 성장기·퇴행기·휴지기로 이루어진다. 기간은 신체의 부위나 연령에 따라 다르나, 성장기가 긴 것일수록 털이 길게 성장한다. 두발은 85%가 성장기에 있고, 5~7년간 계속하는 것이 보통이지만, 그 중에는 25년에 이르는 것도 있어서 2m를 넘는 사람이 있다. 퇴행기의 털은 2%로 2~3주간이 지나면 휴지기로 들어가 탈락한다. 사람은 각각의 털조직이 독립적인 모주기를 영위하고 있으므로(모자이크 패턴), 쥐나 토끼 등 일제적 주기一齊的 周期를 갖고 있는 동물처럼 털갈이 현상은 없다.

[모발의 조성]

모발은 경硬케라틴이라고 불리는 황黃을 포함하는 섬유성纖維性 단백을 주성분으로 하는데, 이것은 폴리펩티드사슬이 장축長軸방향으로 나란히 서서 곁사슬에 의하여 서로 결합한 것이다.

장축방향으로 매우 강인하여, 모발 한 가닥으로 약100g의 물건을 달아 맬 수 있다. 곁사슬을 잘리기 쉬우며, 모발이 세로로 갈라지기 쉬운 것은 이 까닭으로 손질을 잘못하면 지모枝毛가 생기기 쉽다.

또 수분을 잘 흡수하고(건조 중량의 35%), 장축방향으로 1~4%, 횡축방향으로 14% 늘어난다. 수분을 머금은 털은 탄력성도 증가하여, 건조모乾燥毛의 1.5~1.75배의 길이로 늘어나며, 늘였다 놓으면 건조모보다 빨리 원상태로 돌아간다.

[모발검사]

모발검사는 법의학적 가치가 높아 중요한 정보를 얻을 수 있으므로 범죄수사 · 개인 식별 등에 널리 활용되고 있다. 우선 모소피나 수질髓質의 특징 등에서 종속감별種屬鑑別(人獸毛 · 植物纖維 등)이 행하여 진다. 모소피의 검사는 숨프Sump법이 유효하다.

사람의 털이면 형상, 선단이나 단면의 성상, 부착물 등으로부터 발생부위를, 또 모근 성상의 탈락모인가 발거모拔去毛 인가를 판별하고, 발거모라면 모낭毛囊의 성염색질性染色質이나 Y염색체의 검색에 의하여 성별을 판정한다. 또한 모발의 손상, 파마나 염모제染毛劑 처리의 유무, 병적 이상모異常毛 등의 판정도 중요하다.

수질의 유무 등에서는 대충 연령층의 추정도 가능하다. 그리고 개인 식별에 중요한 혈액형(ABO식)도 현재는 단 한가닥의 모발로 판별할 수 있다. 모발은 잘 부패하지 않는 조직이기 때문에 부란시체腐爛屍體 등의 혈액형 판정에 유효하다.

1. 연모(약하고 부드러운 모발)

상하기 쉬운 모발이다, 수분유지가 중요하고 단백질과 유분을 보충해주고 매일 트리트먼트를 해서 유지한다.

2. 파상모(볼륨감을 가지고 있는 모발)

파상모는 볼륨감을 많이 가지고 있기 때문에 숱이 많은 걸로 알고 있지만 볼륨감이 모이는 곳에 머리카락이 모여 있기 때문에 볼륨감을 감소시키면서 머릿결을 정리한다. 트리트먼트를 사용하고 상황에 따라 린스도 하여주면 부드러운 모발로 변화를 줄 수 있다. 하지만 린스를 하고 난 후에는 꼭 두피에 린스의 잔해물이 남지 않도록 충분히 행궈낸다.

3. 축모(곱슬기가 강한모발)

모발이 라면 가락처럼 곱슬 기가 심하다. 강한 곱슬 기를 없애길 원한다면 숱(틴닝) 처리에 신경을 많이 써야 하고 곱슬 기가 남아 있길 원한다면 결 정리만 한다.

4. 직모(모발이 직선으로 나 있는 모발)

모발이 일직선으로 뻗어나간 모발로 생 모발, 돼지 모발, 굵은 모발로 불린다. 직모는 수분을 충분히 공급해주어야 푸석거림이 감소한다.

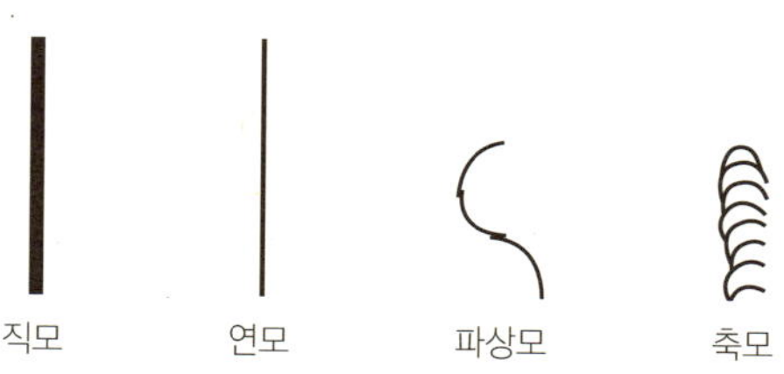

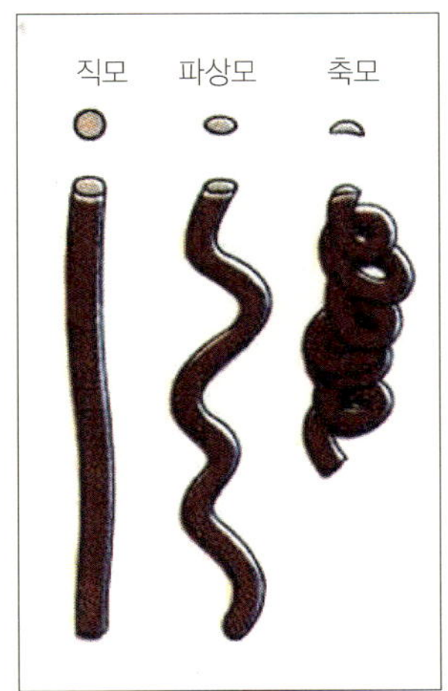

몽골인족(황색인종)의 모발은 굵고 지름 100um을 넘으나 카프카스인종의 모발은 그보다 가늘며 니그로인종의 모발도 가늘다. 굵은 털은 딱딱한 두발 전체가 뻣뻣해 보이나 가는 털은 다보록하고 탄력성이 있다. 그러나 가는 털은 빠지기 쉽기 때문에 카프카스인종의 남성은 대머리가 되기 쉽다.

몽골인종의 두발은 잘 빠지지 않으며, 특히 아메리카 인디언의 남성 중에서 대머리는 볼 수 없다. 여성에 비해서 남성의 두발은 빠지기 쉽다.

몽골인종의 여성 중에는 신장身長 이상으로 두발을 기를 수 있는 사람이 있다.

두발은 구부러지는 것이 있는데, 거의 구부러지지 않는 것을 직모直毛, 평면적으로 구부러지는 것을 파상모波狀毛, 입체적으로 구부러지는 것을 축모縮毛라 한다. 구부러지는 모발의 대부분은 다른 털과 복잡하게 엉키나, 그 중에는 한 가닥 한 가닥이 말려 있는 것도 있는데 나모螺毛라 한다. 나모는 피그미족에게서 많이 볼 수 있다. 일반적으로 니그로인종은 축모, 카프카스인종은 파상모, 몽골인종은 직모인 경향이 강하다. 직모의 횡단면은 원형인데 구부러진 털은 타원형이다.

모발의 빛깔은 2계열이 있다. 하나는 멜라닌 색소의 다소로 말미암은 것으로 이것이 많으면 흑색을 띠고, 적으면 순차적으로 농갈색으로부터 담갈색으로 된다. 멜라닌 색소가 부족한 예는 카프카스인종에 현저하며 그것은 피부나 홍채虹彩의 색과 어느 정도 관계가 있다.

니그로인종이나 몽골인종의 두발은 짙다. 오스트랄로이드의 아이들은 금발인 경우도 있으나 성장함에 따라 검게 된다. 다른 계열은 적모赤毛인데, 이것은 페오멜라닌 또는 트리코지델린이란 색소를 포함하기 때문이며 카프카스인종의 일부에 가끔 보인다.

모발의 형상이 사람을 판단하는 지표가 되는 등 모발의 장단長短, 모발의 형태形態는 현대의 일상생활에서도 심미적 관심審美的 關心을 모으고 있다. 모발에 대한 관심의 범위는 일상적인 손질 등에서부터 의례 등에 볼 수 있는 행동에까지 미치고 있다. 의례나 주술·신앙 속에서 모발의 상징적 역할은 다른 신체 절제물切除物이나 분비물·배설물에 비해 중요하며, 사용빈도도 높은 것이 민족지民族誌 등을 통해 알려져 있다. 이것은 절제가 용이하며 잘라도 재생한다고 하는 특징이 신비스럽게 느껴지기 때문이다. 모발은 상징적으로 성성聖性이나 터부·성 등의 문제와 깊은 관계가 있다. E.리치에 의하면 한번 절제된 모발은 더럽혀진 것으로서 다른 절제물이나 배설물·분비물과 동등시되는 일도 많으나, 문화적 현상으로 인해 성물시聖物視되는 경우가 있다.

예를 들면 인도·스리랑카의 불교사원에 남아 있는 부처의 두발과 치아, 고대 아테네의 성문에 부적으로 장식되었다고 하는 고오곤의 뱀머리의 예가 그것이다.

또 아삼지방의 나가족族은 창槍을 장식하는 모발로 자매의 것만을 썼는데 창에 붙인 모발이 상징하는 것은 공동체 성원成員의 살해와 근친상간近親相姦에 대한 터부이다. 이 외에 통과의례通過儀禮를 논한 것에 모발이 취급되어 있고, 모발형태의 변화가 사회적 지위나 상황의 변화 및 이행을 나타내는 의례에 이용되는 일이 많은 것이 나타나고 있다.

또한 남녀나 성인과 미성인의 구분으로 모발 형태를 달리하는 것도 일반적인 사회 경향이라고 할 것이다. 프레이저는 유발遺髮 등의 현상을 부분(머리털)이 전체(머리털의 소유자)를 나타낸다고 하는 감염주술感染呪術의 논리로 증명하고자 하였다. 정신분석학에서도 생식기와 항문을 터부시하여 생식기와 모발의 상징적 대체관계代替關係를 전제로 하여 조발調髮을 리비도의 억제, 일종의 거세로 받아들이는 일이 있다. 이러한 정신분석가의 한 사람으로 버그가 있으며, 모발이라는 상징물을 이용하여 개인 심리를 분석할 뿐 아니라, 억압의 원천이며 초월적 자아로 여겨지는 사회를 〈조발거세설〉에 의하여 해명하고자 시도하였다.

심리학의 유효성을 인정하는 리치도 버그의 이러한 해석에 동의하였는데, 그는 〈성기모발〉이라고 하는 상징적 대체와 〈장발성의 비구속〉의 일반적 경향을 인정하는 한편 이 경향과 다른 민족지의 사례를 들어, 성기와 모발 대체관계가 암묵적이긴 하나 사회적으로 인정되고 있음을 논술하였다.

모발에 관한 현상은 모발에 대한 감정의 차원, 사회와 문화에 규정되는 개인 체험의 차원, 사회와 문화의 차원이 있다. 리치의 모발론은 사회·문화의 차원을 중시하는 특징이 있는데, 모발이 상징적으로 사회적 표현 형태를 취하고 전달기능을 가지고 있는 점과 모발의 상징적 중요성이 의례적 문화적으로 지지되고 있다는 데에 집약된다.

모발의 손상

모발의 손상원인은 과도한 펌이나 염색 등이 주를 이루었으나 현대에서는 스트레스, 환경, 오염, 불규칙한 식습관 등 많은 사회적인 요소들이 주를 이루고 있다.
물리적인 손상으로는 **마찰에 의한 손상, 열에 의한 손상,**
컷트 불량에 대한 손상 등으로 나뉜다.
마찰에 의한 손상 : 머리카락과 마찰에 의한 손상
열에 의한 손상 : 드라이, 라디에타, 난방기에 의한 손상
컷트 불량에 의한 손상 : 컷트를 하였을 때 가위 날의 손질이 덜 되어 가위 날이 탁하게 되면 머리카락에 손상이 온다.

모발 손상의 회복

모발은 자가 재생 능력이 없다. 그러므로 정상모는 손상되지 않도록 하고 손상모는 더 이상 손상이 되지 않도록 방지하는 수 밖에 없다.
따라서 방지 수단은 트리트먼트 제품이 유일할 것이다.

두피의 종류

* 정상두피

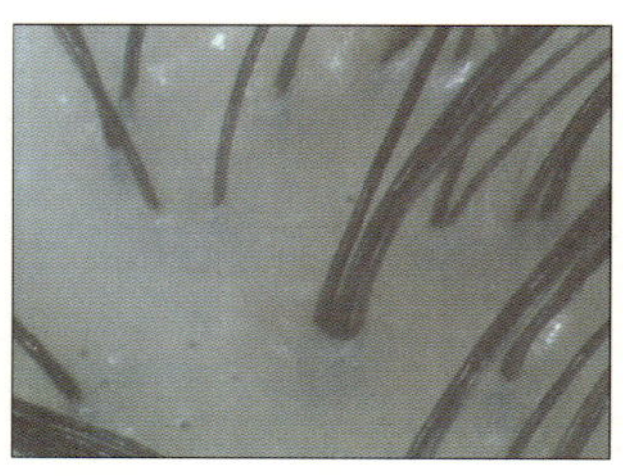

정상두피는 모발이 두껍고 건강하며 두피가 깨끗한 상태를 말한다. 차이는 있지만 정상두피는 두피 색깔이 청백색의 우유빛을 띠고 표면에 이물질 즉 노화각질이나 피지 분비물이 없는 깨끗한 상태이다. 또한 모공 주변이 깨끗하고 윤곽이 뚜렷하여 열린 상태로 노화 각질이 거의 없다. 모공이 정상 형태를 띄고 있어 영양분이 쉽게 흡수될 수 있으며 일반적으로 한 개의 모공에 서로 다른 모 주기를 가진 2~3개의 모발이 자리를 잡고 있다. 모발의 굵기는 0.15mm 정도이며 이 같은 정상두피는 현재의 건강 상태를 유지하기 위해 원할한 영양공급을 꾸준히 하여준다.

* 지성 두피

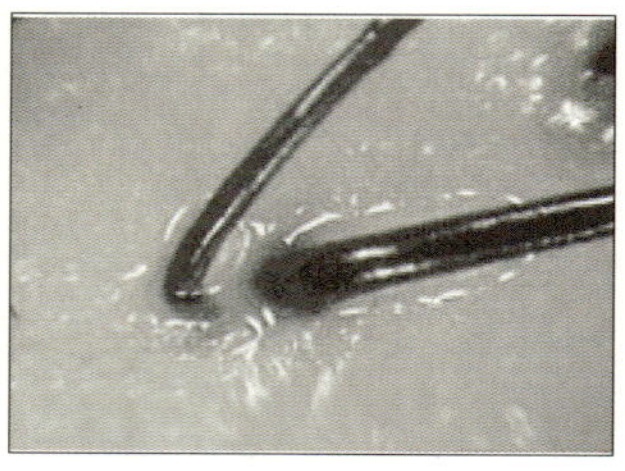

피지선에서 피지분비가 과도하거나 모공 주위에서 피지분비가 원활하지 못하여 생기는 두피유형이다. 두피 주위에 얼룩 형상이 있고 황색을 띠며 모공이 과다 피지로 대부분 막혀 있다. 그러므로 세정이 제일 중요하다.

물로 모공을 열어 유분을 제거하고 미온수로 여러번에 걸쳐 헹궈낸 후 모공이 닫히도록 찬물로 마무리한다.

* 건성 두피

지성 두피의 반대로 두피의 유·수분 분비가 원활하지 못하며 건조하여 모발 역시 푸석거려 보인다. 두피 색깔이 백색 또는 연붉은 불투명이다.

모공상태의 윤곽선이 불분명하고 대부분 막혀 있다. 수분이 부족해 각질이 생기고 피지 분비량이 적어 건조하고 탄력이 없다. 샴푸 후에는 자연건조가 좋고 드라이를 사용할거라면 찬바람에 모발의 수분이 뺏기지 않게 물기만 제거하는 정도로 한다.

* 비듬성 두피

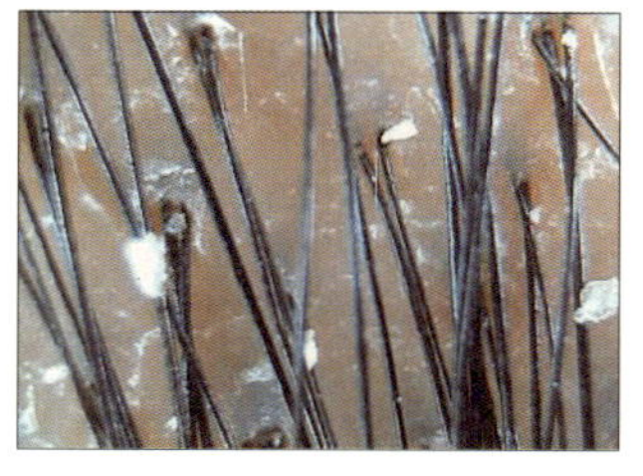

비듬은 두피의 각화현상이나 각질층의 건조에 의해 일어나는데 입자가 작고 가벼운 것이 특징이다.

주로 각질층의 수분 부족이나 피지 산화물의 건조에 의해 일어나며 부적절한 드라이나 알칼리성이 높은 펌제나 염모제에 의해서도 일어난다. 비듬성 두피는 지성 비듬두피와 건성 비듬두피로 나뉘는데, 지성 비듬두피는 두피 색깔이 불투명하고 황색톤이며 피지와 각질로 모공이 막혀 있다. 피지 분비량이 많아 모발 탄력도가 낮고 각질과 염증 악취가 난다. 건성 비듬두피는 황색톤이며 역시 모공이 막혀 있다. 피지 분비량이 적어 모공 주변에 각질의 들뜸현상이 있다.

비듬은 피지가 부족하여 생기는 경우이므로 과도한 세정은 피한다.

* 민감성 두피

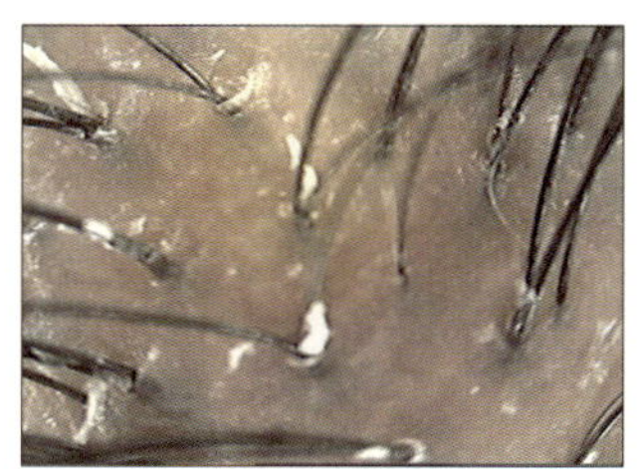

두피부분의 각질이 필요 이상으로 탈락되거나 스트레스 등으로 인하여 예민한 경우를 말하며 모발의 굵기가 가늘며 탄력이 없는 것이 특징이다. 두피의 색깔은 국소적 또는 전반적으로 연하고 붉은 톤이다.

모공 상태와 피지 분비량이 다양하고 세균에 대한 저항력이 약해서 가려움, 염증, 홍반이 심하고 모세혈관이 육안으로 쉽게 확인되기도 한다. 관리는 저자극성 식물성 샴푸를 이용하고 스팀 타올이나 사우나는 피하는 것이 좋다.

* 염증성 두피

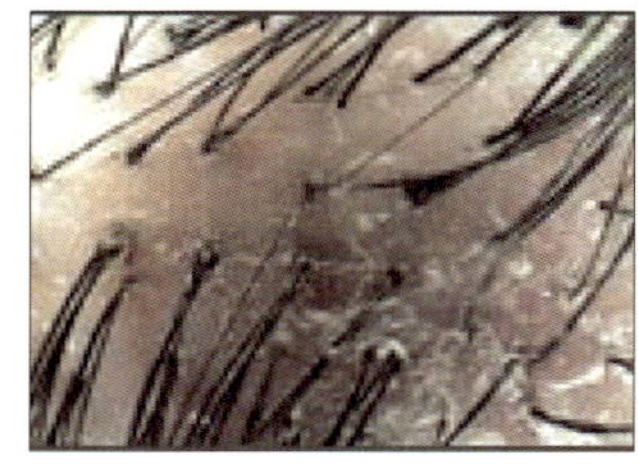

두피 표면에 혈액이 뭉쳐 붉고 미세한 자극에도 통증을 유발한다. 두피 자극시 붉어지거나 심한 경우 세균 감염으로 인한 염증도 동반한다.

모발의 탄력이 낮고 두피에 얼룩이 있으며 두피 색깔은

붉은 두피톤을 띤다. 가는 모세 혈관이 육안으로 확인되며 염증이 확연히 보인다. 관리할 때 강한 세정력이 있는 샴푸는 피하고 민감 두피 샴푸를 사용하여 하루에 한 번만 세정해야 한다.

가마의 종류

* 가마는 가르마를 가르는데 있어서 중요한 역할을 한다. 가마는 회오리를 연상하면 쉽게 생각할 수 있다. 가마의 종류는 중앙 가마, 좌측 가마, 우측 가마, 쌍가마, 세 쌍가마 그리고 앞머리에 있는 앞 가마가 있다.

그리고 네 쌍가마도 있는데 네 쌍가마는 보기가 힘들어서 사진이 없다.

가마는 가르마를 결정하는데 있어서 중요한 역할을 한다.

* 중앙 가마	* 우측 가마	* 쌍가마

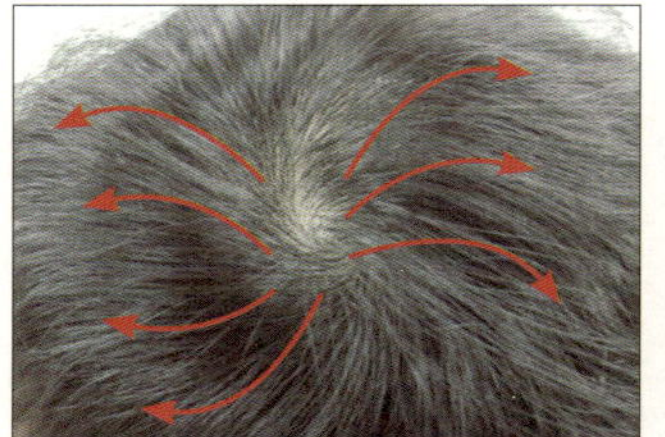
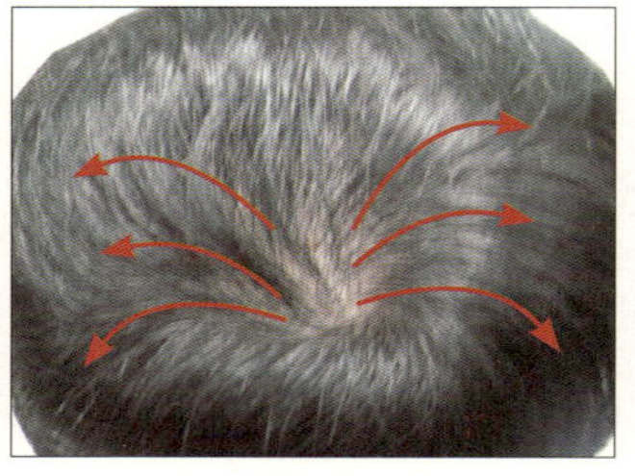
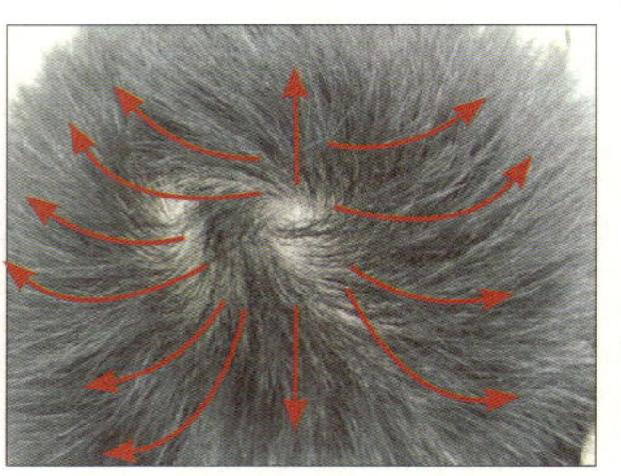

중앙가마는 좌측이나 우측 어느쪽으로든 가르마를 갈라도 좋다. 이유는 가마가 중앙에 있기 때문에 모류가 역행을 하지 않기 때문이다. 어느쪽이든 순류를 한다.

우측가마는 우측으로 가르마를 갈라야만 한다. 이유는 우측으로 가르마를 가르지 않고 좌측으로 가르면 순류하던 모류가 역행을 하기 때문에 모류가 뜨는 현상을 초래한다.

쌍가마는 우측이나 좌측이나 중앙이나 어느쪽으로 가르마를 잡아도 좋다. 하지만 가마가 만나는(▶)부분이 언제나 뜨는 현상을 가지고 있다. 이 부분의 모류를 정리해야 뜨는 현상을 막을 수 있다.

※ 앞장에서 중앙가마, 우측가마, 쌍가마를 알아봤다.

화살표시는 머리카락이 순류하는 모습을 담은 것이다. 순류라고 하는 것은 모류가 역류하지 않고 올바르게 내려오는 것을 의미한다. 머리카락도 중력의 영향을 받기 때문에 머리카락이 위에서 아래로 흘러내리는 것을 알 것이다.

이번에는 앞가마, 좌측가마, 세 쌍가마에 대해서 알아보자.

* 앞 가마

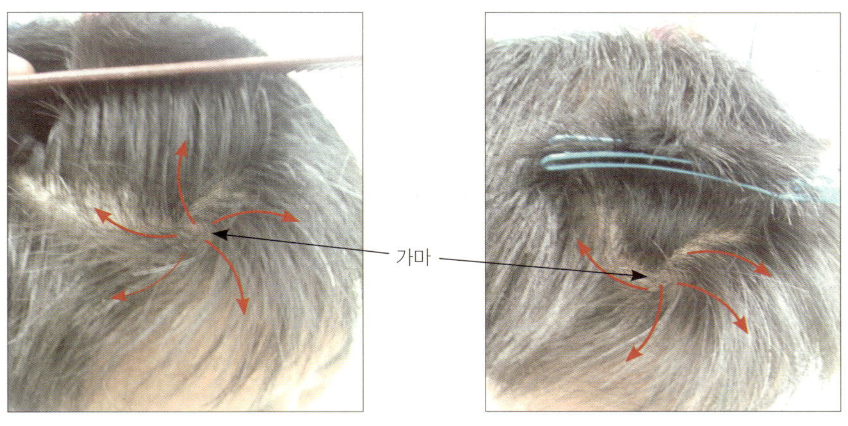

앞 가마는 아주 드물게 나오는 현상이다. 쉽게 볼 수 없는 가마이기에 지면을 할애한다. 사진에서 보듯이 앞머리에서 가마의 현상을 보자. 회오리의 현상이 보일 것이다. 이런 현상에서는 앞머리 부분이 들쳐 일어나서 머리모양이 다 떠있다는 것이다. 숱가위로 모류를 잡아내야 하는데 이 부분은 뒤에 숱 처리 부분에서 자세하게 알아보자.

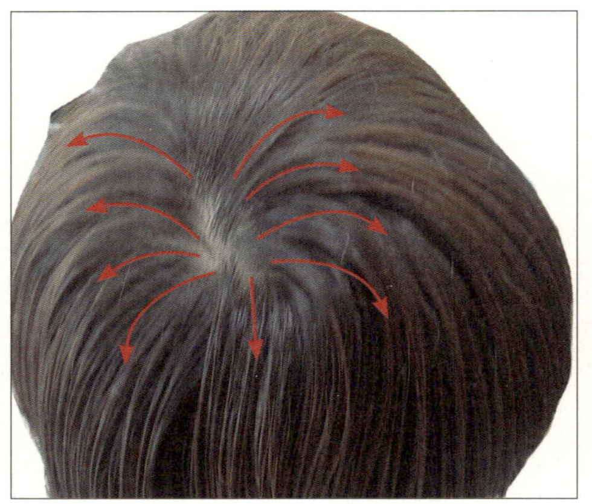

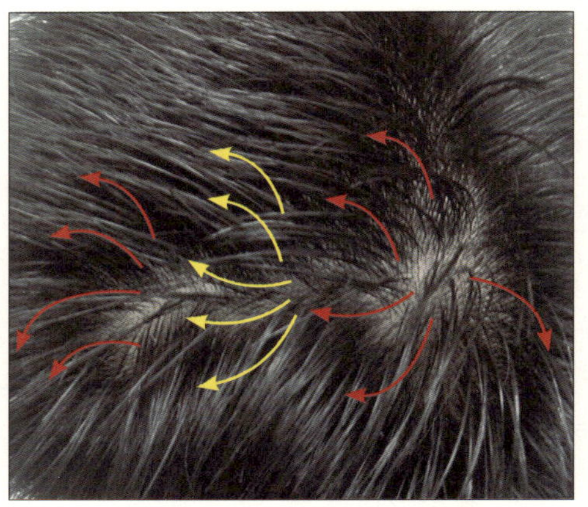

좌측 가마 사진이다. 화살표의 부분이 순류하고 있다. 만약에 좌측 가르마가 아닌 우측 가르마를 한다면 지금 사진 부분의 가마가 우측 모발로 덮이기 때문에 모발이 뜨는 현상을 만들게 된다.

물론 고도의 숱 가위 작업을 할 수 있다면 다행이고, 또 제품으로 죽이는 방법도 있으나 그것은 일시의 방편일뿐 해결 방법은 아니다. 원초적인 해결 방법은 가마에 맞게 가르마를 가르는 것 이란 걸 명심하라.

흔하게 볼 수 없는 가마인 세 쌍가마이다. 두 개의 가마는 확연한데 중간의 노란색을 가진 가마는 생성이 덜된 가마라 일렬로 서있는 모양이다. 모류에 따라서 질감을 사선으로 정리하여 차분한 모양새를 만들어주면 된다. 주황색의 화살표를 가진 가마가 정 가마이고 빨간색을 가진 가마가 보조 가마이며, 노란색을 가진 가마가 애기 가마가 된다.

모류의 정의 및 종류와 정리법

　모류는 모발이 자라나면서 뻗어가는 모양을 의미한다. 모류는 원래 자라나면서 순류하는 것이 원칙이다. 모발은 중력의 영향을 받기 때문에 위에서 아래로 자라나는 것이 원칙이다. 하지만 잠자리의 모양이나 옷깃에 의해서 또는 유아 때부터 목에 두르던 손수건에 의해서도 모류가 영향을 많이 받는다. 그래서 순류하지 못하고 역류하는 모양세가 생기기도 한다. 그냥 역류하는 모양도 있지만 좌측으로 역류하는 모양, 우측으로 역류하는 모양, 그리고 앞머리의 역류 등 다양한 모양의 역류가 있다. 다양한 모류와 정리법을 알아보자.

*** 좌 역류 중앙쏠림 모류**

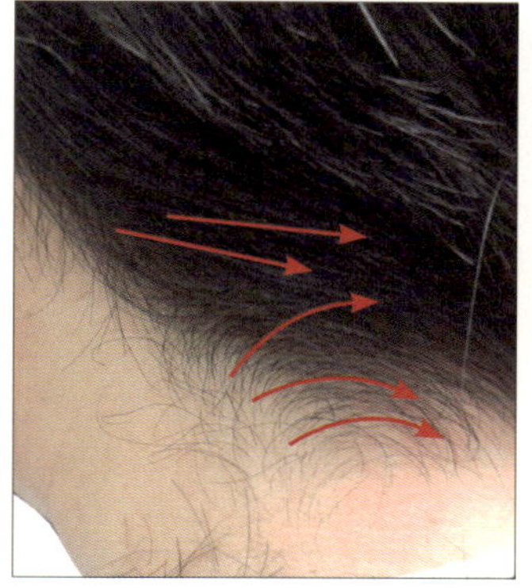

*** 좌 흘림 모류**

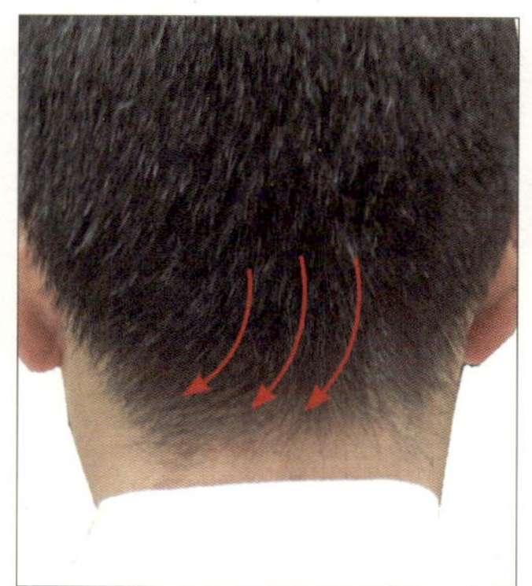

*** 좌 류**

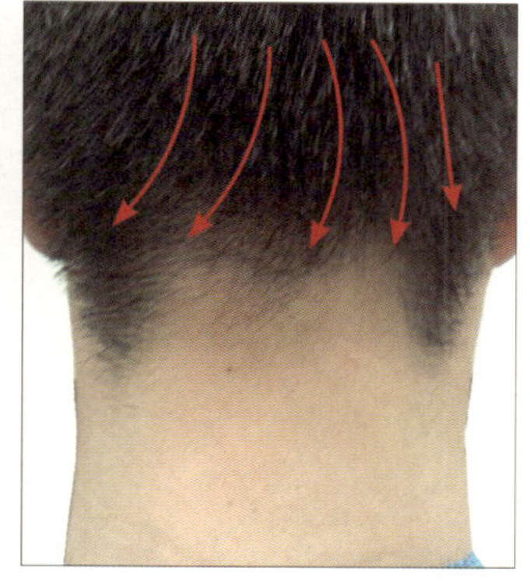

모류가 중앙으로 쏠려들어오는 모류는 중앙 부분의 모류를 70%정도 없애준다. 역류하는 모류는 뿌리 부분을 정리하여 준다.	좌측으로 흐르는 모류를 중앙으로 몰고 아래로 떨어지게 모류를 잡아 주어야 한다. 흐름의 반대 방향으로 밀어주듯이 정리한다.	모류를 잡아내려면 모류의 흐름을 읽어야 한다. 좌류는 좌흘림모류보다 위에서 내려오는게 대부분인데 백부분 전체의 모류를 정리하여야 한다.

* 좌, 우 흐름 모류

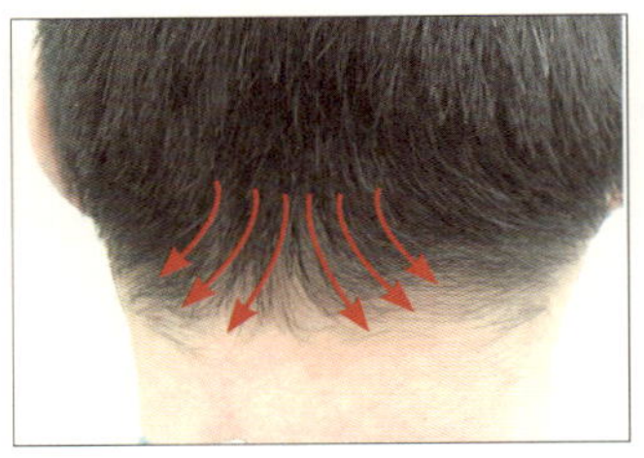

좌 · 우로 흐르는 모류는 좌측에선 우측으로 우측에선 좌측으로 모류를 밀면서 정리하여주면서 모류를 중앙에서 밑으로 흐르게 정리한다.

* 우 다발 모류

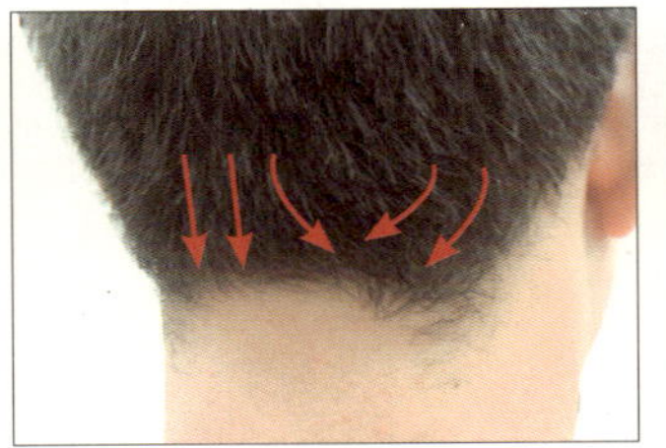

우 다발 모류는 우측 아래로 모류가 모여있는 것을 말하는데 모여있는 모류를 정리하여 옆에 부분과 같이 모류를 정리하여 준다.

* 우 흐름 모류

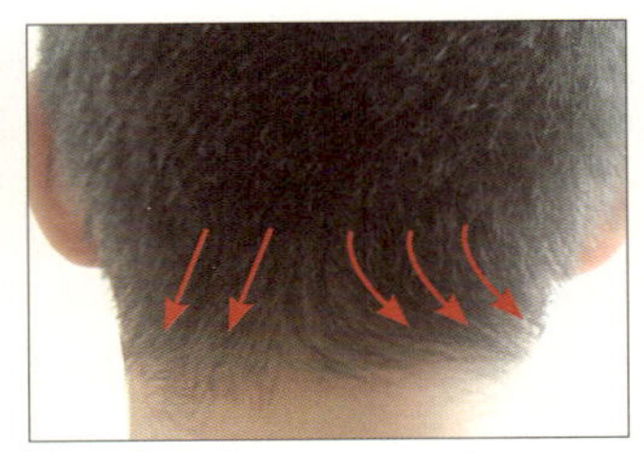

우 흐름 모류는 우측의 모류를 중앙으로 밀면서 정리하여야 하며 모류를 밑으로 내려오게 해야 한다.

* 밑 흘림 모류

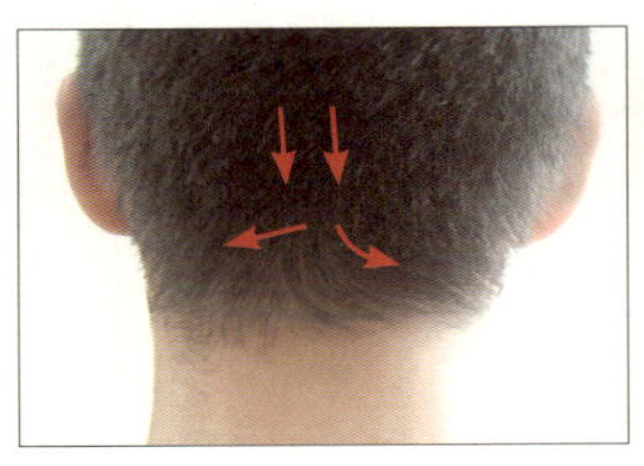

밑 흘림 모류는 말마따나 밑 부분만 흐름이 있는 모류인데 사진처럼 밑머리가 짧을 경우에는 모류 정리를 하지 않아도 좋다. 이유는 잘라낼거니까.

* 좌, 우 흘림 모류

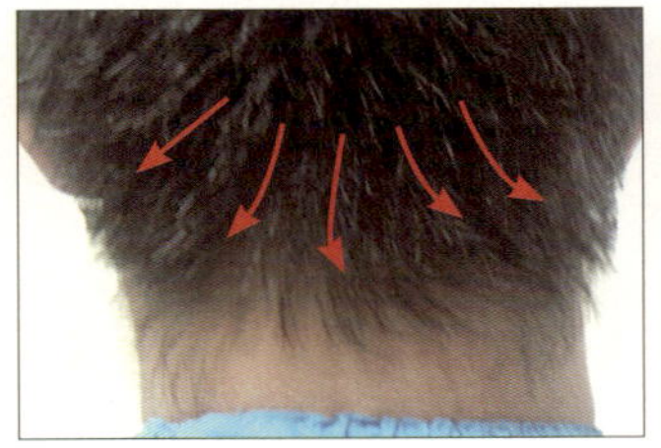

모류를 정리하여야 하는 이유는 사진에서 보듯이 밑머리가 두툼함을 없애고 자연스럽게 내려오게끔 하고 모발의 자연스러움을 찾기 위해서라 할 수 있다.

* 순류

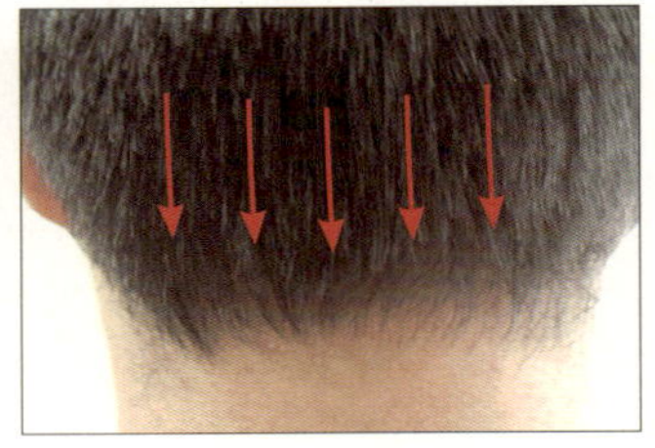

모발이 순류하는 경우를 보기는 좀체 어렵다. 하지만 순류하는 모발은 무거움만 정리하여주고 전체적인 균형미를 맞추면 된다.

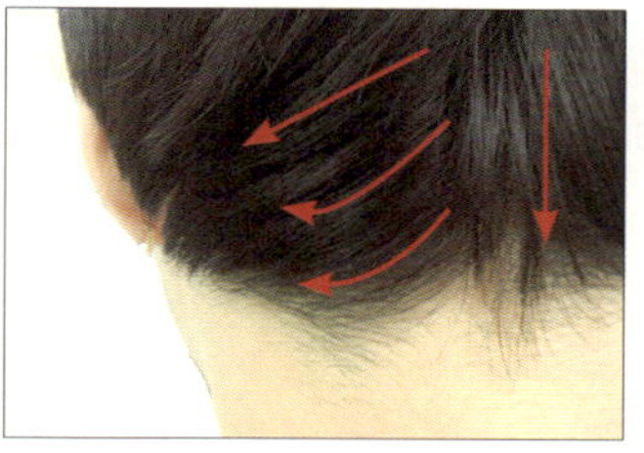

* 좌 밑 역류 모류

앞서도 말했지만 모류를 정리하지 않으면 사진처럼 무거움을 정리할 수 없다. 역류하는 모류를 가볍게 정리하여 주고 밑으로 내려오게끔 정리한다.

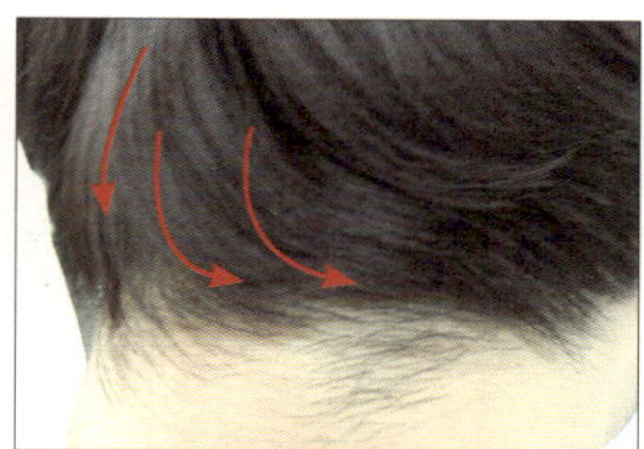

* 우 밑 역류 모류

역류하는 모류를 정리할 때에는 사진의 화살표 반대로 숱 가위가 들어가서 중앙으로 밀면서 모류를 정리하며 밑으로 내린다. 가위가 들어가는 양은 2/3 지점에 들어간다.

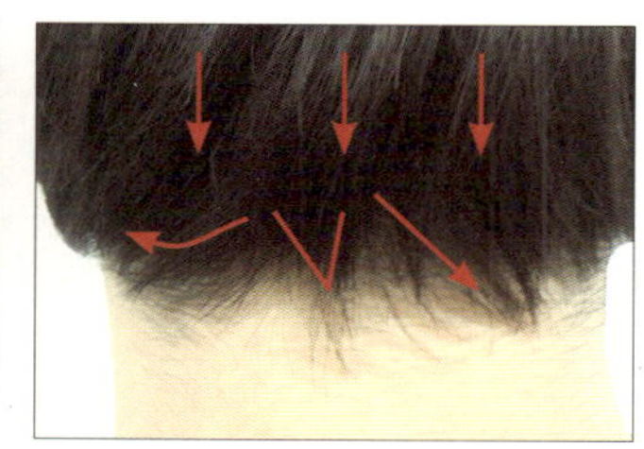

* 좌, 우 밑 흐름 모류

화살표의 반대방향으로 숱가위가 들어가서 좌는 우측으로 우는 좌측으로 밀면서 모류를 중앙 밑으로 내리면서 정리한다. 무거움을 없애고 가벼움을 추구하여야 한다.

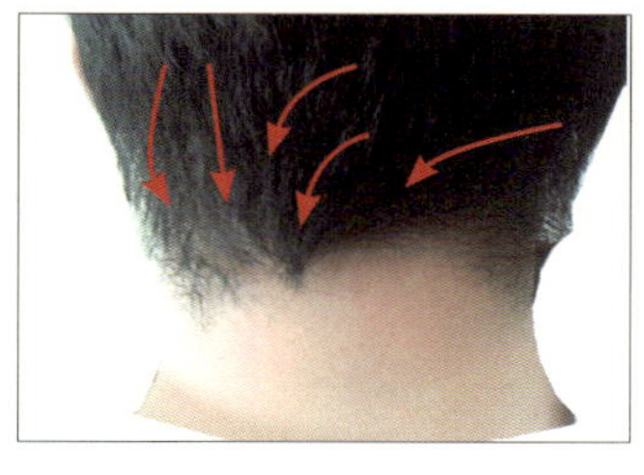

* 중앙 쏠림 모류

중앙 쏠림 모류는 좌·우는 숱이 약한 반면 중앙으로 모여서 꼬리를 만드는 모류로 일면 제비추리 모류라고 한다. 이 부분의 모류를 정리하여 자연스러운 모양으로 만들어준다.

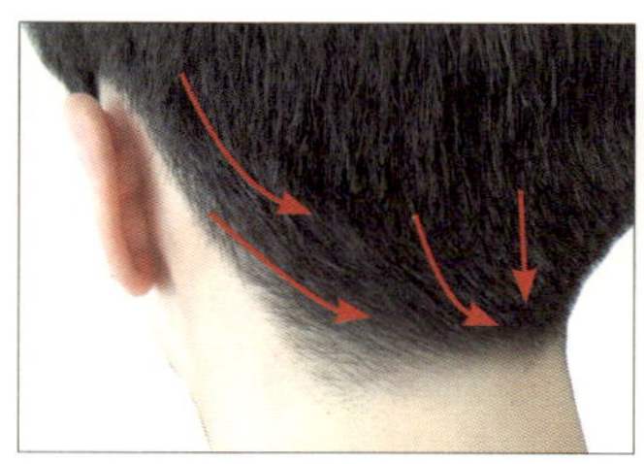

* 좌 중앙 모임 모류

모류의 다양성은 요즘에는 힘든 문제로 다가오고 있다. 무거운 모양을 없애고 가벼움을 만들어 모발이 자라나는 모양을 부드럽게 만드는 것이 기술인의 덕목일 것이다.

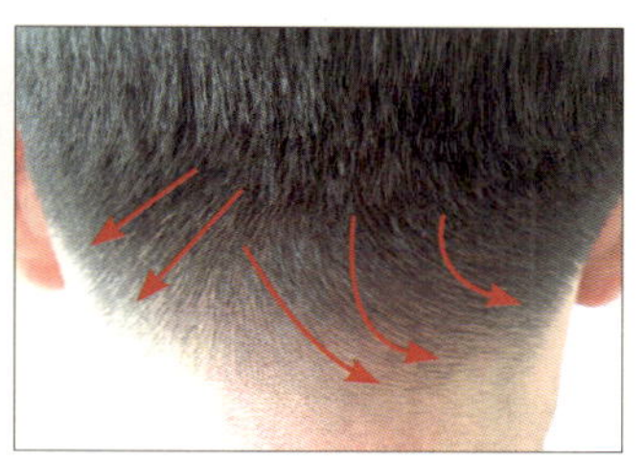

* 좌, 우 흘림 모류 완성

좌, 우 흘림 모류의 완성도인데 이렇게 모류가 흘러가지만 모발정리를 하고 밑머리를 깨끗하게 만들어주어 세련된 모양이 나오도록 모류를 교정해 주어야 한다.

* 앞 우 흐름 모류	* 앞 중앙 모임 모류	* 중앙 쏠림 모류
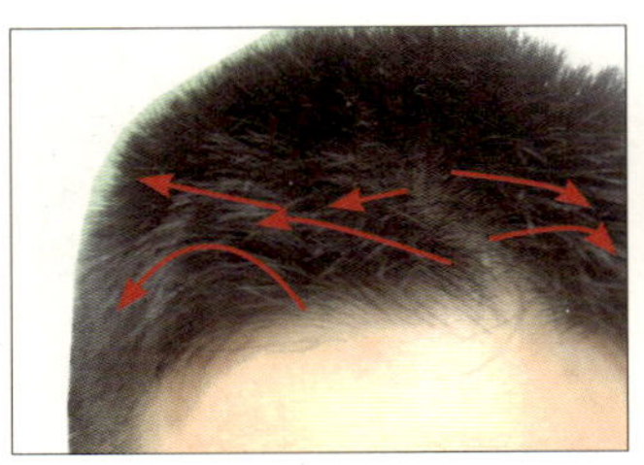	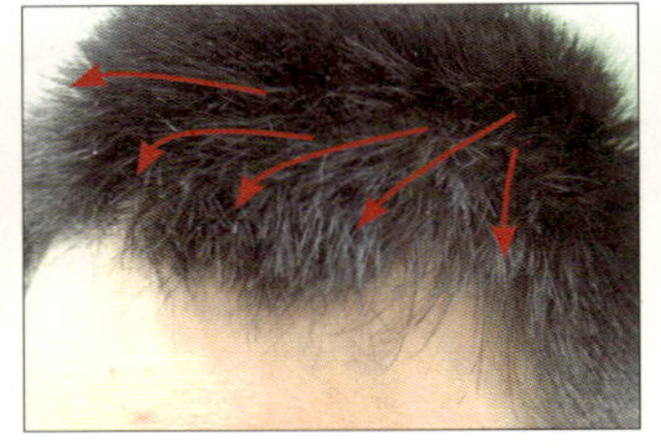	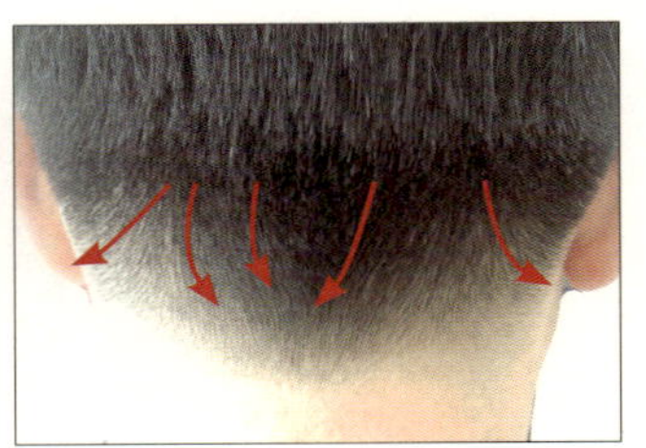

앞머리가 우측으로 흐름을 가지고 있으면 일단 가르마는 좌측으로 갈라야 한다. 모발은 순류한다고 했듯 흐름을 자연스럽게 하는 것이 일단 좋다. 이 역시 화살표의 반대 방향으로 숱처리하면서 가벼움을 만들어준다.

모류를 정리하지 않으면 사진처럼 모발이 부드럽지 못하고 거칠게 자라나게 된다. 모발을 자르는 것은 맞지만 뿌리 부분의 모발을 자르는 것이 아니고 뭉친 것이나 뻗친 것 등을 정리하여 주어 모발을 자연스럽게 만들어준다.

중앙 쏠림 모류의 완성도인데 대부분의 이·미용인 등이 중앙 쏠림 모류에 대해서 없애야 한다고 생각하는가 보다. 모발의 정리를 하면 굳이 모발을 밀지 않아도 사진처럼 모발의 자연스러움을 만들 수 있다. 모발의 모양을 이해하길.

* 모발을 자르는 데에 있어서 제일 먼저 생각해야 할 것은 모류의 존재를 먼저 인지 해야 한다는 것이다. 모류의 방향을 먼저 확인하고 모류를 먼저 정리해서 모발이 잔잔함을 찾게 한다. 뻗친 모발은 가라 앉힐 줄 알아야 하며, 뭉친 모발은 가벼움을 찾아줘야 하며, 가라앉은 모발은 뜨게끔 해줘야 한다. 모발을 자르는 사람의 덕목은 다른 사람이지만 그 사람의 모발이 내 머리라는 마음으로 시술을 해야만 한다. 그래야 모발을 조심하는 마음이 생기게 되고 시술에서 실수가 줄어들게 된다. 기술도 중요하지만 시술자의 으뜸 덕목은 내 것이라는 덕목이라고 할 것이다.

* 중앙 좌 쏠림 모류

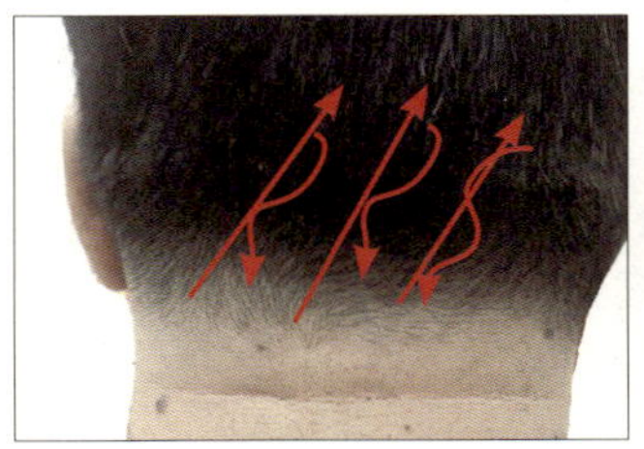

　사진에서 보면 우측면의 사각지대 부분의 모류가 앞으로 흐르는 모류이다. 이 모류는 자연스럽게 만드는 것 보다는 지금 상태의 모양으로 자연스럽게 질감만 정리를 하여 준다.

* 앞 모발 좌 쏠림 모류

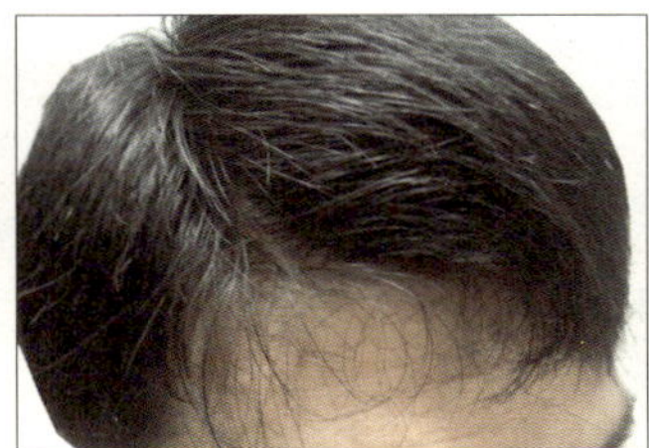

　후두부 중앙의 모발이 좌측으로 쏠림 현상을 가지고 있는 모류다. 이 경우는 중앙 부분의 모류를 화살표 (직선)의 방향으로 숱 가위를 넣어서 뭉친 모발을 숱 처리하여 모발을 자연스러운 모양으로 만든다.

* 좌, 우, 앞 쏠림 모류

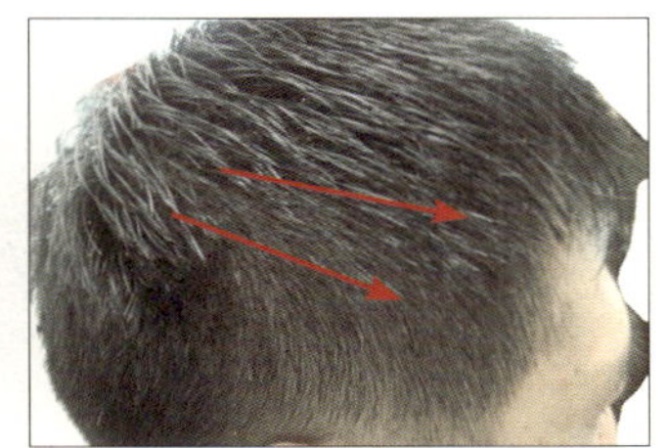

　사진에서 보면 앞 모발이 좌측으로 일어나면서 넘어가는 모류다. 다소 처리하기 까다로운 모류 중 하나다. 하지만 일어난 모발을 가라앉게 해주는데 모발 길이의 3/4 지점에 숱 가위를 넣어 처리한다.

* 중앙 쏠림 모류

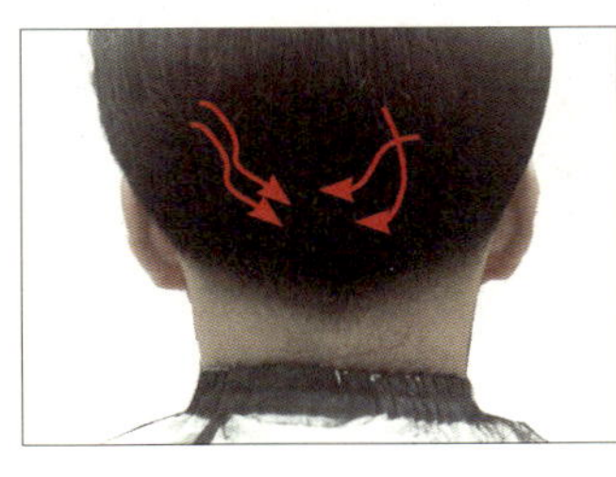

　좌, 우의 모발이 중앙으로 몰려오는 모발이다. 하지만 이 경우는 다발성이기 때문에 별(☆)표의 중앙 부분의 모발을 숱처리 하여 주고 좌, 우의 모양과 맞게 잘라준다.

* 우 흘림 모류

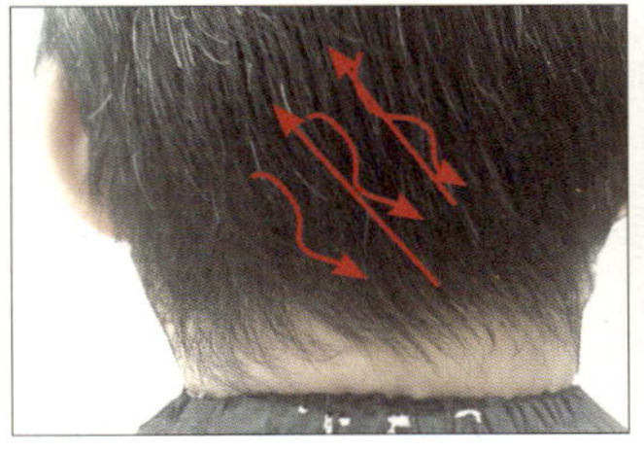

　후두부의 모류가 우측으로 흐르는 모류이다. 이 경우는 화살표(직선) 쪽으로 숱 가위를 밀면서 숱처리 하여 준다. 너무 깊이 넣지 말고 1/2 정도만 숱처리 하여 준다.

* 앞 모발 들림 모류

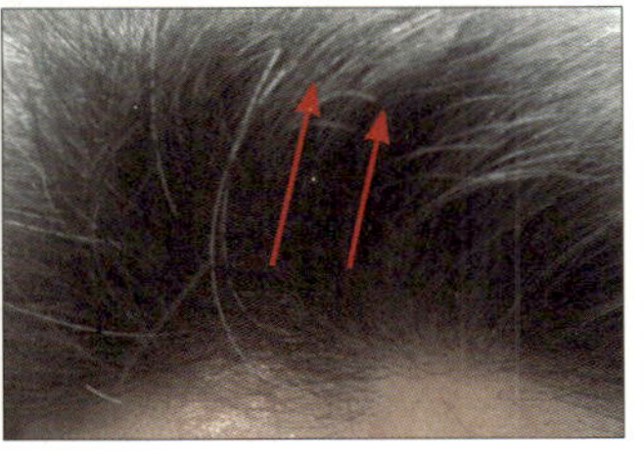

　앞 모발이 하늘을 향하여 들려있는 모류이다. 이 경우는 숱가위 15%의 절삭력을 가진 숱가위로 시술을 하여 주는데 두 번 정도만 뿌리 부분에서 숱처리하여 준다.

* 좌, 우 밑 역류 모류

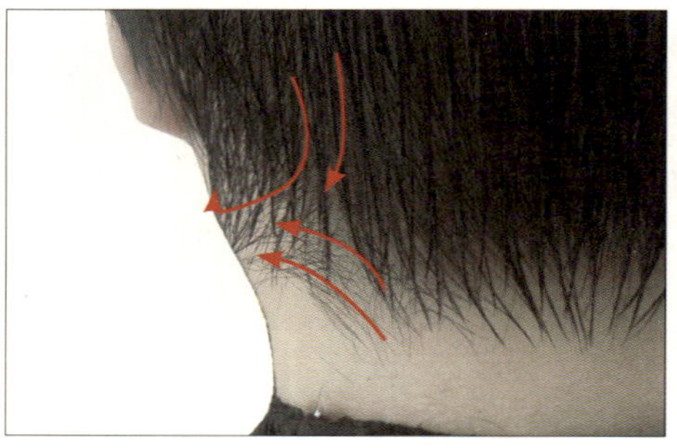

　　좌측이나 우측의 밑 모발이 화살표
의 방향처럼 역류하는 경우는 역류하
는 모발을 뿌리까지 절삭하여 위에서
내려오는 모발을 자연스럽게 하여 주
어야 한다. 역류하는 모발이 적을 때에
는 상관없다.

* 후두부 밑 모발 좌흘림 모류

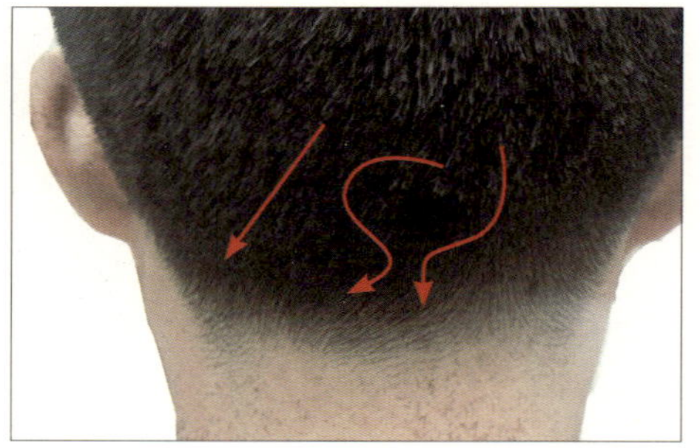

　　후두부 중앙의 모발이 좌측으로 흐
르는 모발을 2/3지점까지 숱 가위가
모발 사이로 들어가서 질감을 정리하
여준다. 직선의 화살표처럼 숱 가위가
들어가면 된다.
　　하지만 너무 많은 질감을 처리하지
말고 가벼울 정도로만 시술한다.

* 밑 모발 중앙 모임 모류

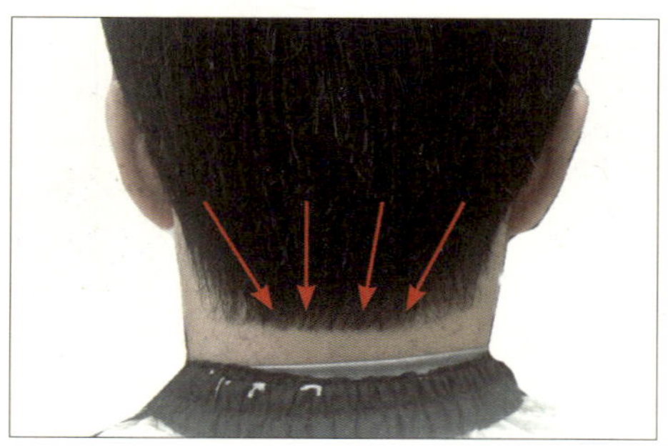

　　모발이 중앙 밑 모발로 모여들기 때
문에 좌·우의 밑 모발이 없어 보인다.
이때에는 화살표 방향의 역 방향으로
숱 가위를 모발 사이에 넣으면서 중앙
밑 모발의 질감을 감소시키면서 좌·우
의 모발 양 만큼 되게 가볍게 시술한다.

* 좌, 우 역류 중앙 쏠림 모류

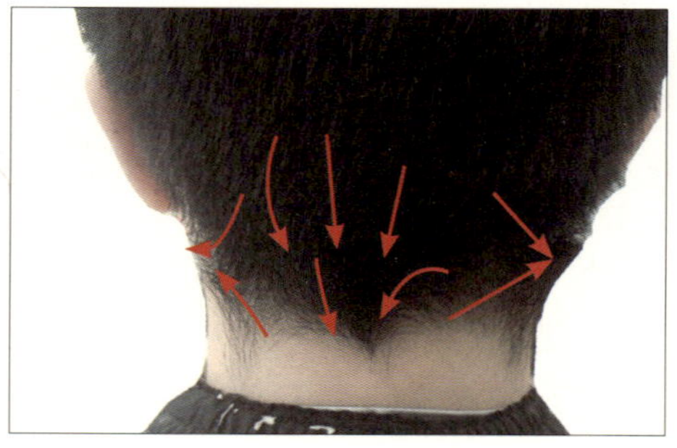

　　그냥 밑 모발을 시원하게 잘라버리
면 속이 시원한 모류이다. 하지만 개성
시대에 이런 모류를 가지고 있는 건 당
연하겠다 짧게 자르면 모류에 의해서
사진의 상황이 나오는 것은 당연하다.
모류를 다 잡을 수는 없지만 무겁지 않
게 가볍게 한다는 생각을 하자.

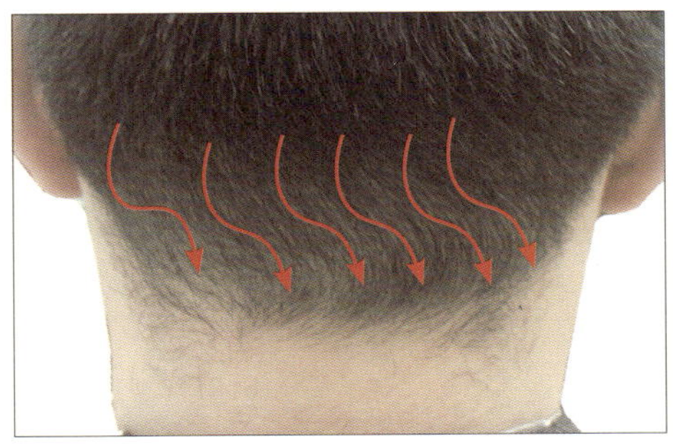

모류가 순류하지 않고 물 흐르듯이 내려오는 유류 모류다. 순류와 같은 성질을 가지고 있기 때문에 자연스럽게 모류를 정리만 한다는 생각으로 하여 준다.

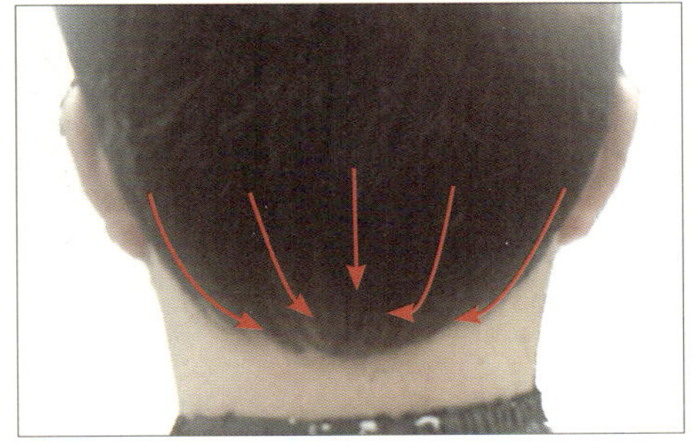

중앙 쏠림 모류는 화살표 방향의 역행으로 시술하는 것이 옳다. 좌측 모류는 좌측으로 우측 모류는 우측으로 밀면서 모류를 제자리로 내려오게 한다.

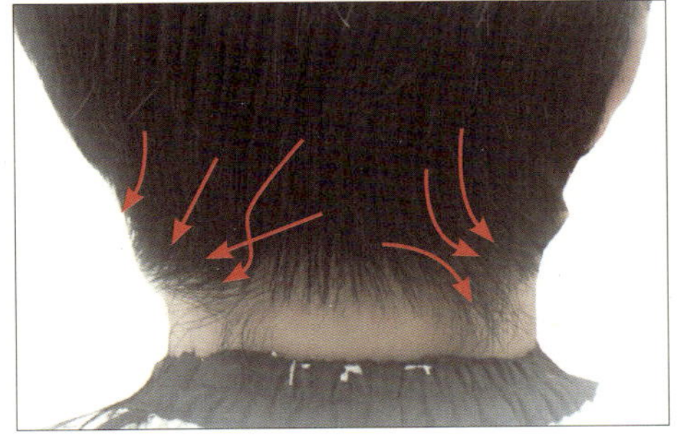

좌우 흘림 모류는 밀려간 모발을 당겨주면서 시술하여야 한다. 그래야 모발이 제자리에서 밑으로 내려 온다. 모류 정리의 기본은 바로 내려오게 하는 것이다.

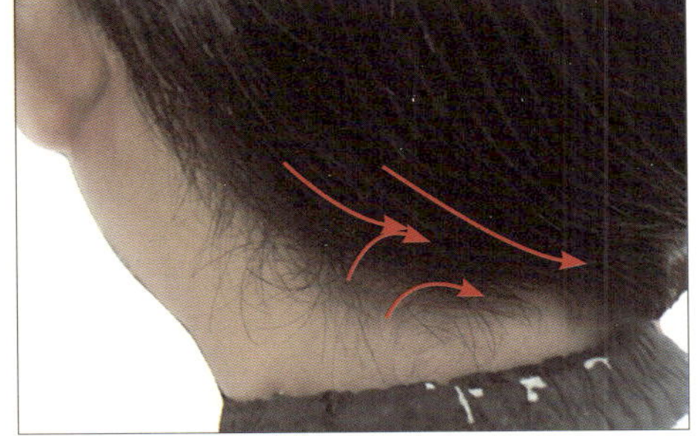

좌 밑 모발 역류 모류는 모발이 짧을 때에는 까다로우나 긴 모발일 때에는 오히려 쉽다. 사진에서 화살표의 역방향으로 2/3지점에 숱 가위가 들어가서 모류를 밑으로 내리면서 숱 정리를 해주면 모발은 밑으로 내려오면서 차분함을 만들 수 있다.

* 후두부 밑 모발 밑 흘림 모류

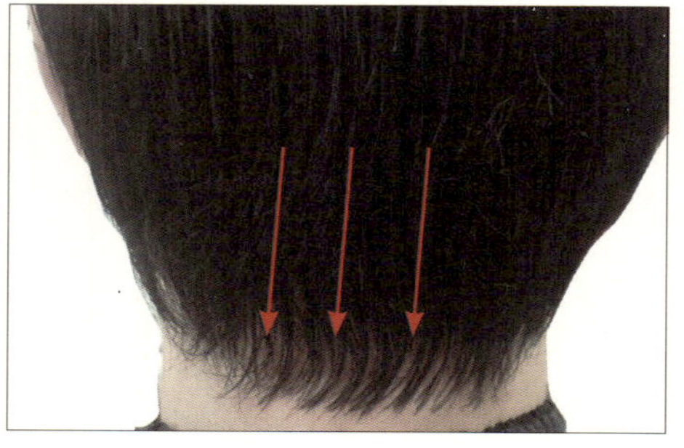

흘림 모류는 좌측이든 우측이든 어느 쪽으로 흐르지 않고 밑으로 내려오는 성질이 있다. 이 경우는 중앙으로 모이는 모발의 무거운 느낌을 감소시켜 주면 된다.

* 순류

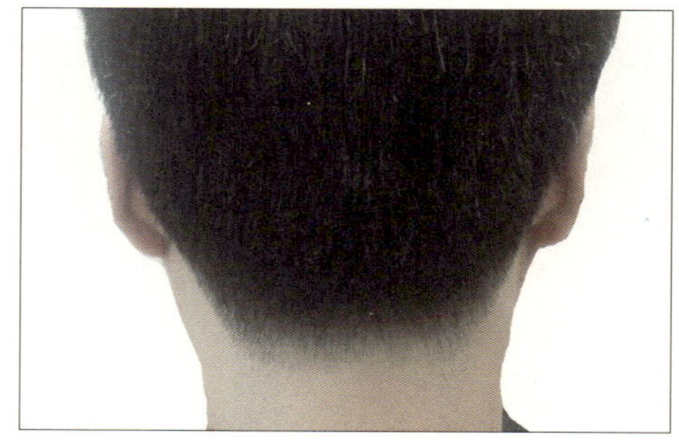

이렇듯 모발이 전체적으로 자연스러움을 가지고 있는 모류를 보기는 현 시대에서 어려운 일이다. 전체 모발의 흐름이 자연스러워 시술만 제대로 이루어진다면 예쁜 헤어스타일이 나온다.

* 후두부 밑 모발 중앙 흐름 모류

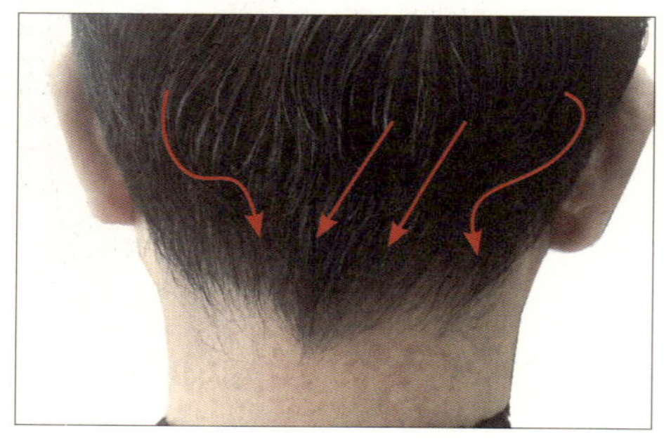

좌측과 우측의 모발이 중앙으로 몰려오는 중앙 흐름 모류이다. 몰려오는 모류를 화살표의 반대 방향으로 숱 가위를 밀면서 모류를 정리한다. 이유는 모발이 몰려오기에 밀어주면서 시술을 해야 모발이 제 자리에 가기 때문이다.

* 우측 모발 앞 흐름 모류

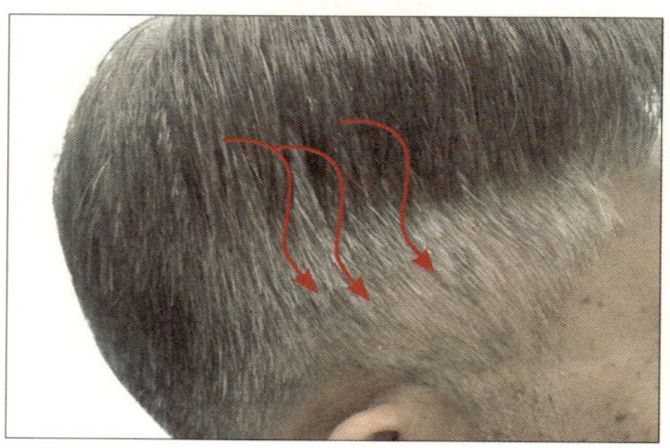

측면부의 모발이 앞으로 흐르는 모류는 이 역시 모발이 흘러간 모발을 화살표의 반대 방향으로 시술을 하여 모류를 자연스럽게 만들어준다.

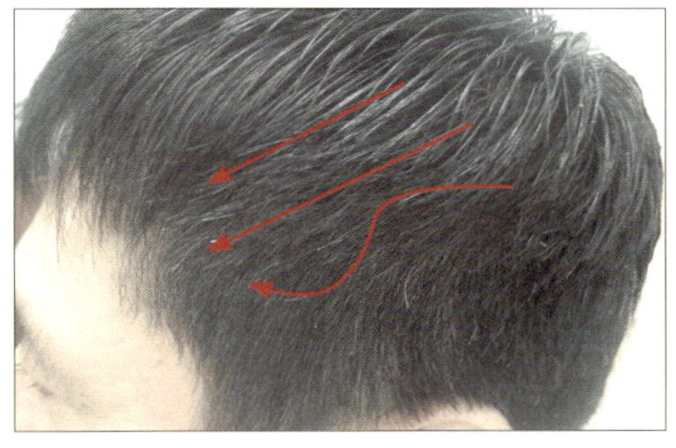

앞 쏠림 모류는 상당히 까다로운 작업이다. 숱 가위는 25발이나 26발정도의 절삭력 15% 되는 가위로 뿌리 부분의 모류를 화살표의 반대 방향으로 밀면서 시술하여 무거움만 정리를 하여 준다.

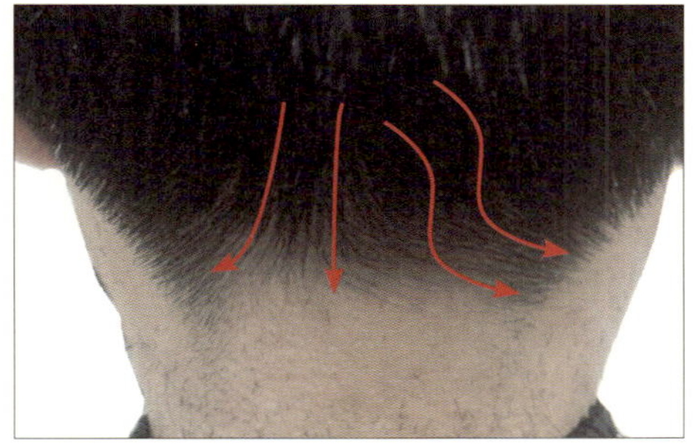

우측으로 흘러가는 모류는 화살표의 반대 방향으로 당겨주면서 모류에 가벼움을 만들어주고 중간에서 모이는 모류는 흐르는 방향으로 질감을 정리하여 준다.

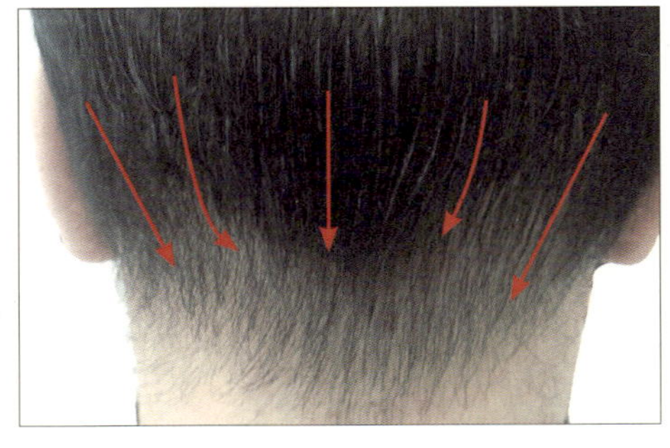

중앙 쏠림 모류는 좌·우의 모양을 보면 중앙만 모발이 모여서 무거움을 가지고 있다. 이 경우는 중앙 모발의 질감을 정리하여 좌·우의 명암과 대비되게 하여 준다.

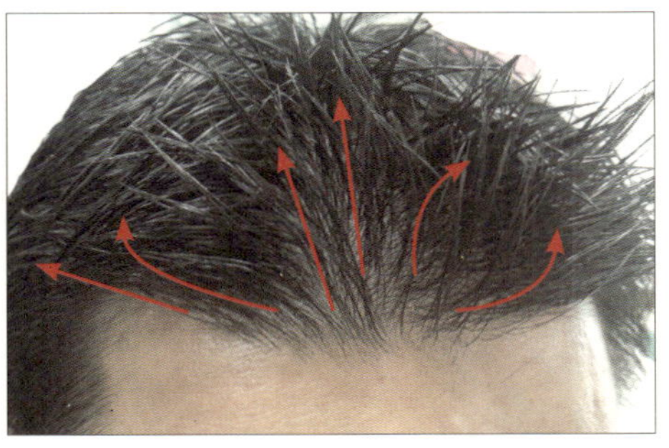

앞 모발이 우측으로 흘러가는 모양인데 화살표의 반대 방향으로 밀면서 질감을 정리한다. 하지만 뿌리부분까지 숱가위가 시술하지 말고 1/2지점까지만 시술한다.

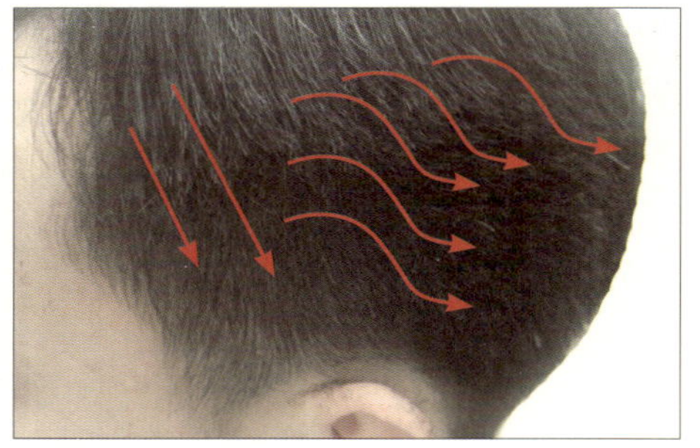

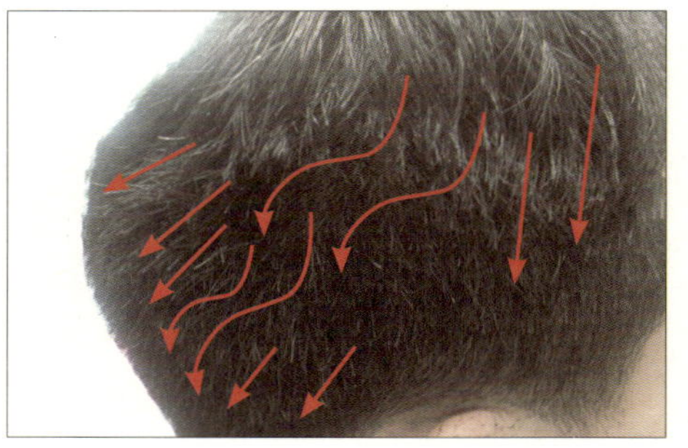

　　좌측면부 귀 뒤의 모발이 후두부로 흘러가며 뻗치는 보기 힘든 모류이다. 이런 경우는 모발이 곱슬기를 가지고 있는 축모인데 아무리 숱을 정리해도 흐르는 현상을 잡을 수가 없다. 하지만 모류를 정리하는 대신 숱을 뿌리에서부터 감소시키고 사진처럼 천정부에서 흘러 내려오는 라인을 자연스럽게 만들어 주어야 한다. 그러나 숱을 뿌리에서 많은 양을 처리하면 않된다. 모류는 선천적으로 생기기도 하지만 후천적인 면이 더 많다. 잠자리의 습관이나 와이셔츠 깃이나 양복의 깃에 의해서도 생기고 어렸을 때 두르는 수건에 의해서도 생기는 것이 모류이다. 숱 가위가 들어가는 방법은 사진에서 모발이 흐르는 방향에서 역방향으로 숱 가위를 뿌리부분까지 집어넣고 한번만 절삭을 한다. 이때 절삭량이 적은 26발 정도의 숱 가위로 시술하여 준다. 시술을 하는 양은 사진처럼 화살표 방향처럼 5~6회 정도 숱 처리를 하여 준다.

　　우측면부 귀 뒤의 모발은 뻗침 현상을 가지고 있는 특이 모류이다. 이런 경우는 뿌리 부분을 숱 처리를 하면 않되고 모발 길이의 중간 부분을 숱 처리하는데, 사선으로 숱 가위가 들어가면서 중간 부분만 숱 처리를 하여야 한다. 모발이 자연스러움을 연출하려면 숱을 뿌리 부분을 처리하는 수단은 흘림 모류일 때에는 가능하지만, 뻗침 모류에서는 뿌리 부분을 숱 처리를 하면 두피가 훤하게 보이는 단점을 가지고 있다. 지금은 숱이 많지 않은 고객이 많아서 시술자는 숱 처리에 신중을 기해야 한다. 시술 방법은 옆의 사진과 별반 다르지 않지만 모발 길이의 중간 지점까지만 시술을 하여야 하고, 숱 가위는 화살표의 역방향으로 숱 가위가 들어가면서 숱 처리를 하여 준다.

◇이마 넓이에 따른 앞머리 스타일

▶ 이마가 좁은 사람 – 과감하게 올백 스타일

자꾸 앞머리를 내리는 것은 오히려 좁은 이마를 더 좁아 보이게 한다.

이런 사람은 시원하게 이마를 드러내는 것이 효과적이다. 남자들이 하는 가장 보편적인 스타일.

▶ 이마가 넓은 사람– 브러싱한 앞머리를 내리는 스타일

이마가 지나치게 넓은 사람은 앞머리를 이용해 단점을 살짝 커버해주는 것이 좋다. 앞머리를 내리거나 브러싱을 해서 한쪽으로 몰아준다. 긴 머리의 경우 앞머리나 옆머리에 약간의 힘을 만들어 주는 것도 좋다. 앞머리를 앞으로 내리고 한쪽으로 쏠리게 해서 답답함을 커버한다.

◇얼굴형에 맞는 헤어스타일

▶ 둥근 얼굴형

윗머리는 볼륨을 살리고 옆머리는 볼륨을 최대한으로 억제해 산뜻하게 연출하는 것이 둥근 얼굴을 커버하는 기본 룰.

헤어스타일 – 페이스 라인으로 내린 앞머리로 단점 커버.

얼굴이 동그란 스타일은 어느 정도 옆머리가 있는 것이 좋다. 앞머리를 이용해 가르마를 나눠 페이스 라인을 따라 내리면 얼굴이 길어 보인다. 앞머리로 이마를 가리면 얼굴 가로선이 강조돼서 더 동그랗게 보이므로 주의한다. 따라서 앞머리를 전부 내리는 빅뱅 스타일은 피하고 앞머리를 살짝 올려준다. 옆머리는 귀를 덮지 않도록 잘라주는 것이 한결 산뜻한 느낌을 준다.

▶ 역삼각형

턱이 뾰족한 얼굴은 도회적인 인상이지만, 날카로운 느낌을 줄 수 있는 게 단점. 그리고 양쪽 귀 사이의 폭이 넓어 보이기 쉬우므로 옆머리와 뒷머리를 짧게 올려서 자르지 않는 것이 포인트.

헤어스타일 - 귀 옆 구레나룻 부분을 살려 단점 커버.

깔끔하게 자른 다음 머리를 앞쪽으로 쏠리게 해서 역삼각형 얼굴의 윗부분을 가려주면 뾰족한 턱이 어느 정도 커버된다. 구레나룻 부분을 살려주는 것이 넓어 보이는 양 귀 사이를 커버하는 포인트. 앞머리는 이마의 양각을 숨기는 기분으로 가볍게 내리는 스타일이 최고. 앞머리를 일자로 자르면 역삼각형 얼굴이 강조되므로 주의.

▶ 광대뼈가 돌출된 형

광대뼈가 돌출됐다는 특징이 있는 마름모형 얼굴. 여자라면 머리를 길러 가려주는 게 좋지만 남자의 경우, 억지로 가리려고 애쓰기보다는 단점을 자연스럽게 드러내고 시선을 유도하는 포인트를 만들어주는 게 좋다.

헤어스타일 - 가르마를 만들어 샤프하게.

스타일링 젤을 이용해 가르마를 만들어주어 시선을 모아준다. 구렛나루는 돌출된 광대뼈를 더 부각시킬 우려가 있으므로 깨끗하게 없앤다.

▶ 긴 얼굴형

이마부터 턱선까지 유난히 긴 얼굴. 미남형의 얼굴이기도 하지만 수수해서 나이에 비해 훨씬 늙어 보일 수 있다. 얼굴의 세로선을 느낄 수 없도록 앞머리로 이마를 가려주면 좋다.

헤어스타일 - 앞머리를 적당히 내려 스마트하게.

가장 이상적인 앞머리는 긴 이마를 답답하지 않을 정도로 커버해주거나 긴 이마를 살짝만 드러내주는 것. 눈을 덮을 정도의 답답한 앞머리 길이는 오히려 긴 얼굴을 강조할 수 있으므로 주의한다. 그리고 긴 얼

굵은 덥수룩한 머리보다 짧은 스타일이 스마트해 보인다

▶ 각진 얼굴형

아래 턱 선을 감추려고 하기보다는 이마 부분의 모양을 내어 시선을 분산시켜야 한다.
헤어스타일 – 앞머리는 조금 길게 하고 구렛나루는 뺨 중앙까지 내리고 옆라인은
귀만 살짝 나오는 형태로 만들어준다. 모발의 모서리 부분을 내리기
보다는 뭉뚝하게 처리하는 것도 한 방법이다.

▶ 큰 얼굴형

단점을 승화시키는 방법이 차라리 나을 거라 본다.
헤어스타일 – 강호동의 헤어스타일처럼 짧게 자르는 것이 한 방법.
하지만 짧은 것이 싫다면 천정부에 볼륨을 내게 하여주고 옆머리는
숱을 정리하여 모발이 두피에 붙지 않게 처리한다.
앞서와 같이 시술 방법은 양극을 달리게 된다. 아주 짧거나 아니면 모
발의 길이가 길거나 둘 중에 하나를 선택할 수밖에 없다.

| 각진 얼굴형 | 계란 얼굴형 | 둥근 얼굴형 | 역삼각 얼굴형 |

샴푸

샴푸는 두 가지 목적이 있다. 하나는 모발의 때를 씻는 것이고 또 다른 하나는 두피에 적당한 자극을 주어 모발의 육성을 촉진시키는 것이다. 머리를 감을 때 비누를 쓰시는 분들이 계신데, 비누의 주성분은 식물성 계면 활성유이다. 이것은 모발의 때를 벗기는 것이 아니고 공산품에 묻은 때를 벗겨내는 것이기 때문에 모발에 쓰지 않는 것이 좋다. 샴푸의 성분이 모발에 묻은 이물질을 제거하기 때문에 샴푸를 쓰는 것이 맞고, 빗으로 모발을 충분히 빗어 준 후 샴푸를 하여야 모발이 빠지는 것을 방지할 수 있다. 빗으로 두피를 긁어주면서 모발을 빗으면 두피의 혈액순환이 원활해져서 모발이 빠지는 것을 방지할 수 있다.

린스

린스는 샴푸 후에 사용해서 모발을 보호함과 동시에 탄력있고 부드럽게 하며 촉촉한 모발로 정돈하기 좋게 하는 목적을 가지고 있다. 하지만 린스는 모발에만 써야 하며 두피에 린스가 묻었을 경우에는 린스의 성분이 남지 않도록 충분히 미온수로 헹구어 주어야 한다. 충분히 헹구어 내지 않고 린스의 성분이 남아 있으면 모공속에 린스가 들어가 모낭의 숨구멍을 막아버리게 된다. 그러면 탈모가 생길 수 있으므로 미온수로 충분히 헹구어야만 한다.

트리트먼트

헤어트리트먼트는 모발에 수분, 유분 등을 보급하여 두피나 모발을 튼튼하게 유지하는 작업이다. 손상모의 회복을 도우며 두피를 건강하게 하는 작업이다.

탈모 예방과 두피 관리법

모발도 성장과 퇴행을 거친다. 전체 모발의 90%는 성장기에 있고 10%는 휴지기이다. 휴지기가 끝난 모발은 빠지게 되고 새로운 머리카락이 자라난다. 하루에 모발이 50~100개가 빠지는 것은 자연스러운 것이지만 100개 이상의 모발이 빠지면 탈모를 의심해야 한다.

탈모는 유전적인 영향이 예전에는 있었지만 지금은 유전 보다 일에 대한 과도한 스트레스, 환경, 오염, 불규칙적인 식습관, 인스턴트 음식, 음주, 흡연 등 여러 요소들로 인해서 탈모 진단이 나온다. 모발이 빠지기 시작하면 이미 늦었다고 포기하지 말고 그 때에라도 몸에 좋은 검은콩, 검은 쌀, 두부, 검은 깨 등을 섭취해야 한다. 몸이 건강해지면 모발도 건강해지니 그 다음에 두피의 건강을 생각하자.

두피가 건강하지 못하면 모발을 힘있게 잡아주지 못하기 때문에 모발이 쉽게 빠진다. 스트레스를 받으면 더욱 심각해지는데 혈관이 확장되면서 두피가 빨개지고 땀이 나니 당연히 두피는 지저분해지게 된다.

이것을 제대로 감아서 없애지 않으면 각질이 남게 된다. 머리에서 냄새가 나고 뾰루지가 생기는 것도 두피를 제대로 관리하지 못해서 그렇다.

샴푸만 잘해도 두피가 영향을 받으며 탄력이 생긴다. 샴푸를 할 때 두피를 손가락 끝으로 비비고 주무르고 눌러서 최소 3분은 감아주어야 두피의 혈액이 원활하게 돌아서 모발을 힘있게 잡아주게 된다.

샴푸는 아침보다 저녁에 하는 것이 좋은데, 세포는 저녁 10시가 넘어갈 때 재생하기 때문이다.

단 샴푸 후에 모발은 꼭 말리고 자야 한다. 그렇지 않으면 자는 동안에 두피에서 땀이 나기 때문에 모발이 습해지면서 두피가 약해지기에 샴푸 후 모발은 확실히 말리고 자기 바란다.

그리고 앞서도 밝힌 바 있지만 샴푸를 하기 전에 꼭 빗으로 모발을 먼저 빗어주는데 앞에서 뒤쪽으로 좌에서 우로 빗어주는 것이 좋다.

◇헤어 제품 제대로 알고 쓰기

헤어젤 : 드라이하기 전에 사용하면 코팅 효과와 함께 모발에 윤기를 주며 촉촉한 스타일을 만들어준다. 젖은 모발에 골고루 바른 후 머리를 앞으로 숙여 모근 부분을 드라이한다.

헤어무스 : 머리숱이 적거나 가늘고 힘이 없는 머리에 볼륨과 세팅력을 준다. 무스를 잘 흔든 후 적당량을 손바닥에 덜어 모근 부분에서 머리 끝부분 방향으로 발라준다. 바른 후 드라이를 해주면 더 효과적.

헤어스프레이 : 스타일 고정력이 뛰어나다. 머리에 탄력과 윤기를 유지하며 하루 종일 지속되는 효과가 있다. 머리에서 25~30cm 떨어진 부분에서 머리 전체에 골고루 스프레이한다. 스프레이하는 사이사이 드라이를 하고 마지막으로 한 번 더 가볍게 스프레이하면 스타일을 오래 유지할 수 있다.

헤어로션 : 잘 뻗치거나 흐트러지는 모발을 끈적임 없이 정돈시켜준다. 촉촉한 수분 효과로 머릿결을 자연스럽게 살려주기도. 머리를 살짝 적신 후 바르면 더 골고루 스며들어 자연스런 스타일을 살릴 수 있다.

헤어왁스 : 스프레이나 무스, 젤 같은 제품이 스타일을 만들어주는 것이라면 헤어왁스는 스타일을 부각시키면서 정돈해주는 것. 헤어왁스를 양 손바닥에 덜어 골고루 비빈 뒤 손가락을 이용해 모근 쪽을, 손바닥으로 머리 전체에 바른다.

가위와
도구 이론

Scissors(가위)

　2개의 날 [刃]을 엇갈려서 옷감 · 종이 · 머리털 등을 자르는 기구. 교도(交刀) · 전도 (剪刀) · 협도(鋏刀)라고도 한다.

　지레의 원리를 응용한 것으로 지점(支點)의 위치에 따라 원지점형(元支點型) · 중간 지점형(中間支點型) · 선지점형(先支點型)으로 나눌 수 있다. 원지점형은 U자형으로 구부러진 용수철이 있는 곳이 지점이며 쥐는 가위와 자수용 가위 등이 있다.

　일반적으로 재단가위라든가 의료가위 등은 중간지점형에 속하며, 지점의 위치를 용 도에 따라 바꿀 수 있어 날을 길게 하면 한번에 길게 자를 수 있고 짧게 하면 한번에 자를 수 있는 힘이 커진다.

　선지점형은 시거절단용 가위, 채과(採果)용 가위, 작두 등 특수한 것이 있다.

[가위의 역사]

　가장 오래된 유물은 BC 1000년경 그리스에서 만들어진 철제 가위이다. 원지점형의 쥐는 가위와 같은 모양의 것으로 양털을 깎는데 주로 사용되었다. 로마시대 BC 27년 경의 철제 가위는 중간지점형으로 서양 가위의 전형적인 모양이다. 중국의 가위는 뤄 양[洛陽] 부근의 전한시대(前漢時代)의 무덤에서 출토된 것이 최초의 것이다.

그리스 가위와 모양이 같은 것은 쓰촨성 [四川省]의 6조시대(3세기초~6세기말)전반의 무덤에서 출토된 예가 하나 알려져 있을 뿐이다.

당대唐代(618~707)에 들어서면서 중간지점형의 가위가 등장하였다.

한국의 가위는 분황사芬皇寺 석탑에서 나온 신라시대의 원시형 가위가 최초의 것이다. 형태는 ∝형으로 손잡이는 없고 날을 엇갈리게 하기 위해 밑부분을 가늘게 둥글렸다. 이것은 양날 부분에 옷감을 넣고 가위의 등을 누르는 방법을 사용하였다고 짐작된다. 고려시대의 유물은 철제와 동제銅製등을 많이 볼 수 있는데 신라의 것과 같은 ∝형과 현재의 ×형과 같은 가위로 손잡이가 매우 다양하다. ∝형의 하나인 동제 가위는 길이 12.7㎝의 작은 것인데 날 부분이 약간 긴 세모꼴이고 그 위에 누금세공鏤金細工과 같은 기법으로 당초문이 새겨져 있으며 손잡이는 없다. 다른 하나는 길이 29㎝의 철제 가위로 날 부분이 긴 네모꼴이다. ×형은 같은 모양의 고리형 손잡이가 달린 2개의 날을 서로 마주보게 엇갈려 놓고 교차점에 나사를 끼워 만들었다. 날은 뾰족하고 긴 세모꼴 또는 끝이 둥근 모양이고 날과 등의 중앙에 능선이 있는 것도 있다. 손잡이는 고리형으로 그 크기는 다양하여 길이는 대개 19~24㎝이다.

조선시대의 가위는 고려의 것과 비슷한 ×형이 대부분인데 손잡이가 좌우로 넓어진 것이 특징이며 모양도 다양하다. 재료는 무쇠가 대부분이고 철과 백동白銅을 사용한 것도 있다. 조선 말기에는 오늘날의 가위와 사용법이나 형태가 유사한 것이 등장하였다.

*신라시대 금동가위

*고려시대 가위

  가정용은 재봉가위 · 화장가위 · 미용가위 · 눈썹가위 · 자수가위 · 공작가위 등이 있고, 원예용은 원예가위 · 전정가위 · 식목가위, 재단용은 재단가위 · 핑킹가위 · 버튼홀 가위 등이 있다.

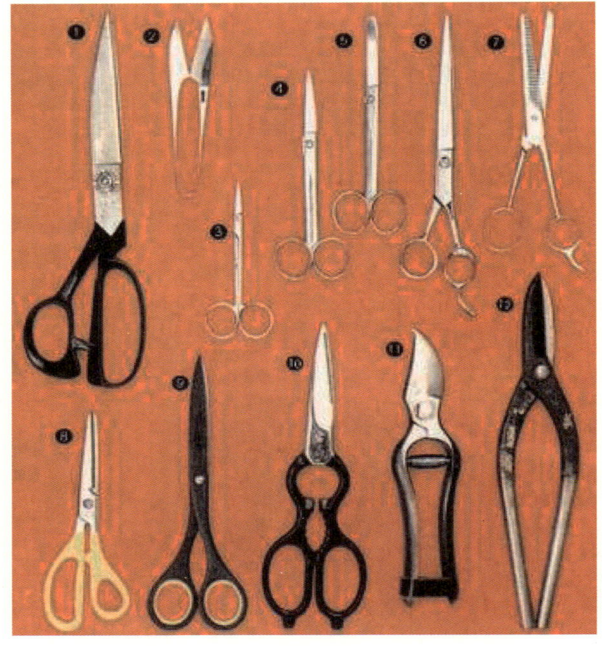

① 재단용 가위
② 손자수용 가위
③ 자수용 가위
④⑤ 외과용 가위
⑥⑦ 이발용 가위
⑧ 어린이공작용가위
⑨ 사무용 가위
⑩ 조리용 가위
⑪ 전정 가위
⑫ 금속판 절단 가위

가위에 대한 일반상식

  1. 좋은 날은 반드시 녹이 쓴다. 스테인레스이기 때문에 녹이 슬지 않는다고 생각해서는 절대 안 된다. 고급가위에서 사용되는 재질은 스테인레스라기 보다 스테인레스 합금강이다. 스테인레스 합금강은 가위의 내마모성, 내구성, 내식성 등

을 살리기 위해 스테인레스에 카본(C), 니켈(Ni), 크롬(Cr), 코발트(Co) 등을 첨
가한 강재이다.

2. 가위는 살아서 움직인다. 철은 섭씨28°C에서 움직이기 시작한다. 굵고 긴 철로
도 여름에 길어지고 짧아지는 것을 보면 알 수 있듯 얇은 가위는 더욱더 상온에
민감하므로 조심해야 한다.(최소화하기 위해 열처리 후 잔류 오스테나이트를 없
애는 영점처리를 하는 등 여러 가지 방지작업이 되어 있다.)

3. 가위도 일종의 기계다. 하루 수천 회의 개폐를 하므로 정 날도 동 날의 마찰부분
(나사, 날선, 기어)에 기름을 쳐준다. 녹을 방지해주기도 한다.

4. 가위는 사용 후 꼭 닦는 습관을 기른다. 알칼리, 염분, 소독액은 녹을 슬게 한다.

5. 보관장소는 온도가 높지 않고 습기가 적은 건조한 곳에 보관한다.

좋은 가위 선정 방법 및 보관법

좋은 가위에 대한 기준은 모호하다. 디자이너에 따라 사용습관과 디자인의 선호도
가 다르기 때문에 꼭 어떠한 제품이 좋고 어떤 제품은 안 좋다고 단정하기는 어렵다.
하지만 많은 디자이너들이 우선 가위는 본인의 체형에 맞는 가위(디자인이나 손에 잘
맞는가, 무게 등 전체적인 밸런스)를 선택해야 한다고 말한다. 본인의 체형에 맞아야
만 팔에 무리가 가지 않고 쉽게 피로를 느끼지 않는다.

▶그리고 가위를 처음 사용해 봤을 때

♤ 너무 팍팍하거나 손에 무리가 가는 것은 피해야 한다.

♤ 중심점이 맞아 가위의 앞쪽에 무거운 느낌이 없어야 한다.

♤ 가위를 잡았을 때 손에 쏙 들어오는 느낌, 친숙한 느낌의 가위를 선택.

♤ 자르는 느낌이 부드러울 것.

♤ 날 안쪽 면의 가공 자국이 고른 것.

♤ thumb hole(엄지손가락 링)이 손가락 홀보다 약간 클 것.

♧ 날은 갈아서 부드럽게 할 것.
♧ R.H.C(강도 측정단위) 최소 57도 이상일 것.
♧ 안쪽 날의 마찰력이 느껴지지 않는 제품이 좋다.

그리고 마지막으로 아무리 제품이 본인의 체형에 잘 맞고 좋더라도 A/S나 제조회사가 공신력이 없는 회사라면 일단 한번 의심해 보고 품질보증서와 보증기간 등 전체적인 서비스 체계가 잘 갖춰진 회사의 제품을 선택하는 것이 중요하다. 여기서 가위를 구입할 때는 가위를 제조한 나라 즉 원산지 증명이 어떤 나라로 되어 있는 지를 정확히 살펴야 한다.

특히 주의할 것은 시중에 유통되고 있는 가위 중에서 제품의 브랜드가 언뜻 일본식 이름이고 'JAPAN'이라고 찍혀 있는 까닭에 일본제품으로 오인할 수 있으나 가위에 찍힌 'JAPAN'이라는 표시는 가위의 재료인 스테인레스가 '일본제'라는 것이지 그 가위를 일본에서 제작한 것이 아닌 제품도 있다는 것을 유념해야 한다.

한편 가위는 좋은 가위를 사는 것도 중요하지만 올바르게 사용하는 것 또한 중요하다.

▶가위를 사용할 때는 먼저

♧ 컷트 전에 모발에 물을 충분히 적셔 가지런히 정리하고 빗질로 모발에 끼여 있는 먼지나 잡티, 금속성분 등 미세한 입자를 조금이라도 줄여줘야 한다.
♧ 인모 이외에는 컷트를 금한다. 특히 종이나 나일론, 비닐 등에 사용해서는 안되며, 인모로 표시된 가발일지라도 코팅 가공해 표면이 단단해져 있을 수 있으므로 주의한다.
♧ 고무나 클립, 핀 등을 머리에 꽂고 사용해서는 안되며 이를 주의한다.
♧ 가위의 날은 면도칼처럼 예리하므로 날에 손이 베이지 않도록 주의할 것.
♧ 자를 때 올바른 습관으로 가위의 마모를 줄이고 본인의 피로를 줄일 것.

한편 사용 후에는 항상 날을 닦아서 날에 미세한 기스가 생기는 것을 방지한다. 또한 사용 후에는 매회 가볍게 닦아주고 하루 일이 다 끝난 후에는 약이 묻어 있을 경우가 있으므로 깨끗이 닦고 나사부분이나 촉점觸點, 천신賤身 등 각 부위에 기름을 충분히 발라준다.

가위의 사용방법

1. 사용하기 전에 반드시 날 부분을 세무가죽으로 닦아서 이물질을 제거하고 날 선을 정리한다. 우리 눈에는 보이지 않지만 가위는 살아있기 때문에 버어(바리, 이바리)가 안ㆍ밖으로 제멋대로 되어 있다. 강한 머리를 많이 컷트 하면 날은 손상의 위험이 크다.

2. 컷트의 스피드를 빨리 하기 위해 엄지손가락을 엄지손가락 구멍에 깊숙이 넣으면 넣을수록 개폐가 느려지고 손가락에 무리한 힘이 가게 된다. 또한 어깨가 아프게 되어 직업병의 원인이 된다. 이는 가위 손상의 주범이다.

가위 선택시 주의 사항

1. 눈으로 본다.

- 가위 끝이 넓지도 않고 좁지도 않는 머리카락 사이에 들어가기 쉽고 두피에 상처를 주지 않을 정도 끝처리.
- 날 선이 반대쪽 등보다 튀어나오지 않을 것. 손에 상처를 준다.
- 가위 전체가 약간 검은 광이 날 것. 카본(C)이 많이 함유될수록 검은 광이 나며, 컷트력이 우월하고 날이 오래간다.(단점 : 녹이 슬기도 한다.)

2. 손에 잡아본다.

- 무게, 길이 등이 손에 맞을 것.
- 손가락 구멍의 크기, 감촉이 디자이너와 맞을 것.

3. 소리를 들어본다.

- 개폐 때 날과 날이 만나는 소리가 심한가? 소리가 심하면 컷트감이 강하다.

4. 맛을 본다.

- 가는 실 또는 실크, 면 등을 잘라본다. 바람을 자르는 듯한 샤프감이 느껴지는가? 종이나 화장지 등을 잘라보면 절대 안 된다. 펄프 종류는 가위의 날을 무디게 한다.

5. 숱 가위의 선택방법

- 숱 가위는 헤어디자인을 결정하는 중요한 도구다. 종래와 같이 몇 발 몇 발로 숱 가위를 고르는 것은 시대에 뒤떨어진다. 몇 발이 중요한 것이 아니고(발의 넓이, 간격, 홈의 넓이, 깊이에 따라 컷트 량이 다르다.) 어느 정도 컷트 되어지는 컷트 량이 중요하다. 이제는 몇 퍼센트 컷트 되는가에 따라 숱 가위를 고르는 시대인 것이다. 최소한 10%, 25~35%, 50~60% 컷트 되는 3개 이상은 필요하다.

6. 외제 가위(일본가위)라고 무조건 선호하지 말라

- 국내에서 유통되고 있는 대부분의 가위는 국내에서 제작되어 made in japan이라고 각인한 것이거나 그렇지 않으면 국내에서 제작되어 수출된 후 역수입되는 것이 대부분이다.

7. 기 타

- 가위는 고가의 도구이므로 선택 시 여러 가지 주의를 요한다. 위에서 열거한 제품 이외에도 가격을 따져볼 필요가 있다. 특히 구매자에 따라 몇십만원의 차이가 있다고 하니 주의할 것.

가위의 수명

　가위는 적어도 6개월에 한 번은 정기수리가 필요하다. "평생 수리하지 않아도 된다. 가위질을 하면서 저절로 날이 다시 세워진다."라고 하는 것은 거짓말이다. 칼이든 가위든 날 종류는 쓰면 쓸수록 무디어진다.

　가위를 만들기보다 수리하는 것이 제조자 입장에서 볼 때 더욱 어렵다. 힘들게 세운 날의 각도, 밸런스 등을 아무 데서나 칼 갈 듯이 그라인드로 갈아서 수리하는 것은 절대 안 된다. 비싸게 구입한 가위가 싸구려 가위가 되어버린다. 될 수 있으면 그 가위의 제조회사에 A/S를 요청하든가 아니면 전문가에게 의뢰해야만 한다.(제조회사마다 날의 각도, 밸런스 등이 전부 틀리다.) 스타일을 연출하고자 할 때 어떠한 가위를 사용하느냐는 헤어디자인 전체에 많은 영향을 미치기 때문이다.

　따라서 디자이너에게 가위는 디자이너의 가치를 보다 높일 수 있는 수단인 것이다.

　이러한 추세를 반영하듯 최근 들어서는 디자이너들이 본인의 로고가 새겨진 브랜드를 손수 주문 제작해서 사용하거나 이를 하나의 상품으로 만들어 시장에 발표하기도 하고 있다. 세계적으로 유명한 헤어디자이너를 비롯해서 국내에서도 몇몇 디자이너들을 중심으로 본인의 로고나 이니셜이 새겨진 가위를 출시하는가 하면 이와 더불어 각 디자이너의 특색에 맞는 컷트기법 등도 함께 발표하고 있어 이러한 추세는 더욱 확대될 전망이다.

가위의 분류

1. 일반적인 분류

　- 컷트용 가위 : 두발을 자르고 지간을 잡고 싱글링을 하는데 쓰인다.
　- 숱 가위 : 모발의 양을 감소시키는데 사용. 예전에는 30, 35, 40, 45목 정도의 가위를 사용하였는데 현재에는 발수의 양으로 바뀌었음. 제일 많이 쓰이는 것은 26발, 27발, 28발 정도고 절삭량은 15%~25%정도의 양을 주로 사용한다.

- 리버스 가위: 레자의 날을 끼워 사용한다.

2. 생산방식에 의한 제조 분류

- 주물 가위 : 모양의 틀에 쇳물을 부어서 만들어낸 가위.
- 단조 가위 : 대장간 방식으로 쇠를 달구어 망치로 두들겨 만든 가위.
- 포징 가위 : 쇠를 젤 상태로 만들어 가위 모양의 틀을 이용.
- 연마 가위 : 철판을 연마하여 만드는 가위.

3. 생산방식에 의한 분류

- 착강 가위 : 협신부와 날의 부분이 서로 다른 재료로 되어있으며, 양쪽의 강철을
  연결시켜 용접해서 만듦.
- 전강 가위 : 전체를 특수강으로 만듦.

4. 소지걸이의 유무에 의한 분류

- 고정형 : 손잡이와 소지 걸이가 일체형으로 고정되어 있음.
- 탈착형 : 손잡이와 소지걸이가 분리됨.

가위의 기본 원리

가위는 헤어 컷팅에 제일 중요한 도구이다. 윗날과 아랫날이 교차되면서 모발을 절삭하며, 물리학자였던 아르키메데스(BC.287~212)의 지렛대 원리를 바탕에 두고 있는 것이다.

가위는 종류별로 크게 세 가지로 나눌 수 있다.

*원지점식: 자수용 가위 등

*중지점식: 의료가위 이 · 미용가위, 재단가위 등.

*선지점식: 작두. 시거잭 등.

가위의 길이

예전에는 헤어가 이용·미용의 구분이 정해져 있었지만 현시대에는 스타일 등이 같이 가는 유니섹스 시대이기 때문에 헤어의 스타일이 변하면서 가위도 디자이너 취향에 맞게 변했다.

일반적으로 4.5"에서 7.5"의 가위를 선호하는데, 이용에서는 7.0"에서 7.5"의 가위를 선호하고, 미용에서는 5.0"에서 6.5" 사이의 가위를 선호한다. 간단하게 이유를 들자면 이용은 남자들이 시술을 하기에 손이 커서 가위의 날이 길어야 잡기가 쉬운 반면에 미용은 여자들이 하는 작업이라 손이 작아서 아무래도 7.0"급의 가위는 손이 작은 여성들에게 조금 무리이기 때문이다. 하지만 길이가 짧은 가위는 섬세한 시술을 할 수 있고 길이가 긴 가위는 힘 있고 빠른 시술을 할 수 있다는 장점이 있다.

미용가위의 원리 및 구조

미용가위는 동動날과 정靜날 두 개의 날로 가공물을 물고 절단능력을 이용해서 절단하는 도구이다. 즉 두 개의 날이 하나의 나사로 연결되어 나사를 기점으로 개폐하는 구조다.(지렛대의 원리) 정 날의 자루를 엄지 이외의 네 손가락으로 움직이지 않게 잡고 동 날을 엄지손가락으로 움직여 이어 닫을 때 가공물이 절단되는 구조다. 가위의 원리는 굳이 설명하지 않아도 2개의 날과 날이 서로 교차하면서 모발이 절삭되는 원리이다.

그러나 미용가위는 미세한 머리카락을 헤어디자이너가 원하는 정확한 컷트라인을 커팅해 주어야 고객이 원하고 디자이너가 원하는 작품이 탄생하기 때문에 아무 가위나 무턱대고 사용하면 안 된다. 예를 들어 연필을 부엌칼로 깎았을 때와 연필 전용 칼로 깎았을 때의 차이는 많기 때문이다. 설령 연필 전용 칼로 깎아도 칼날이 무디어진 상태라면 잘려지는 모양이나 매끄러움 정도가 다르기 때문에 각각의 용도에 맞는 것을 선택하는 것은 매우 중요한 일이다. 이렇듯 가위는 기술 못지 않게 중요하다. 나쁜 가위로 시술하면 절삭 부위가 단면이 아닌 어슷하게 절단되어 모발 끝이 말리기 때문이다.

컷트 시술 후 가위 관리

1. 컷트 후 가위를 휴지나 천으로 닦아 둔다.(위생상, 미관상)
2. 하루 업무가 끝난 후 나사를 약간 풀어준 후 가위 쪽에(맞물리는 축에 손잡이 쪽으로) 오일을 충분히 떨어뜨려 가위를 맞물려 닫은 후 반대로 뒤집어서 가위가 움직이지 않게 양쪽을 잡고 세게 세 번 정도 털어낸다.
3. 원위치 시켜 다시 세 번 정도 털어낸다.
4. 가위를 벌려 나사 부분의 이물질을 닦아 낸다.
5. 나사를 다시 조절한다.
6. 정리대나 살균소독기에 겹치지 않게 가지런히 놓는다. 가위는 쇠 종류이기 때문에 습기와 상극이다.

▶ 처음 구입한 품질 상태를 유지하고 싶다면 도구를 소중히 관리하는 것이 첫째 지름길임을 잊지 말 것. 그리고 A/S는 되도록 가위 전문 수리 업체에 의뢰하는 것이 바람직하다.

미용가위의 기초종류

5.5" 블런트가위

절삭력 50% 이중가위

3홈 25발 문양

5.5" 스트록가위

10홈 요술가위

* 이밖에도 5홈 7홈 요술가위, 커브가위 백 컷트 가위 등 여러 가지의 가위가 있고, 개인가위업체 가위 등 여러 가위들이 존재하고 있다.

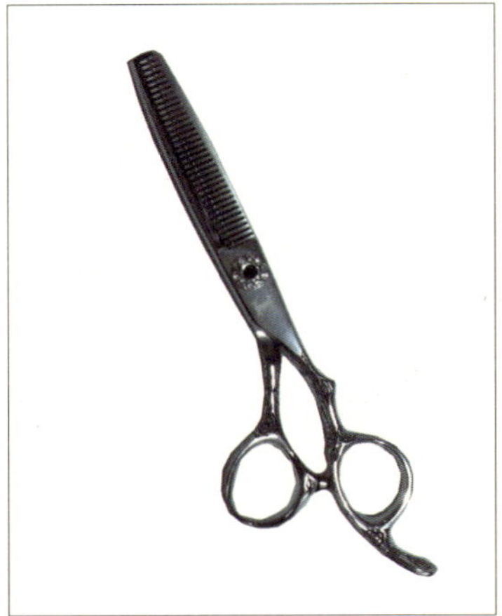

1홈 35발 문양

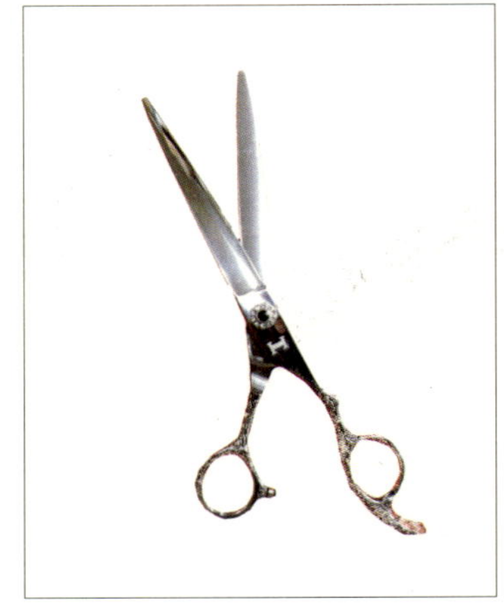

7.0"블런트장가위

* 이밖에도 1홈 30발, 반홈 35발, 1홈 40발 등 6.5"부터 장가위로 쓰고, 6.75"와 7.0", 7.25"까지 있다. 그리고 커브가위, 백 컷트 가위, 개인가위업체 가위 등 여러 가위들이 존재하고 있다.

가위의 정의

가위의 정의는 머리카락을 자르고 정리한다는 의미가 있다. 일반적인 구분으로 컷팅가위, 미니가위, 숱 가위로 나뉜다.

미용가위

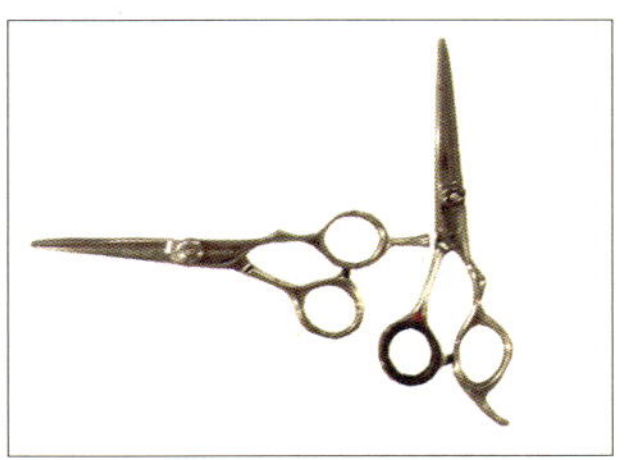

일명 미니가위라고도 부르는 미용가위는 손안에 들어오기 때문에 손이 작은 여성들에게 어울리며 섬세한 모양의 시술이 용이하다.

길이는 4.0"~6.5"가 대부분이다.

컷팅가위

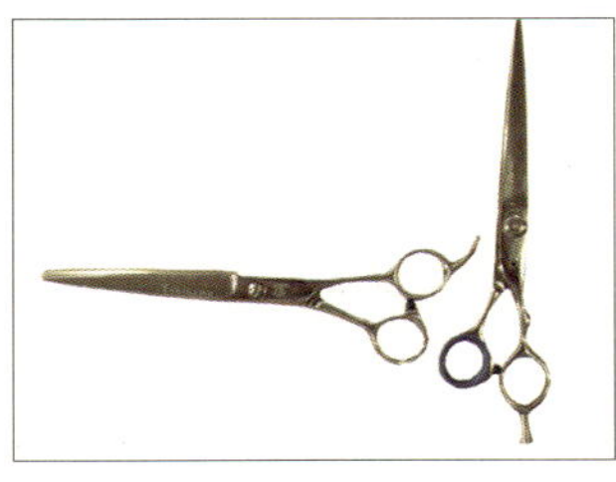

컷팅가위는 이용가위라고도 부른다. 이용사들이 주로 사용해서 그런 것인데 절삭력이 상당하고 힘 있는 시술을 할 때 좋다.

길이로는 6.5" 이상의 길이가 대부분이다 .

숱 가위

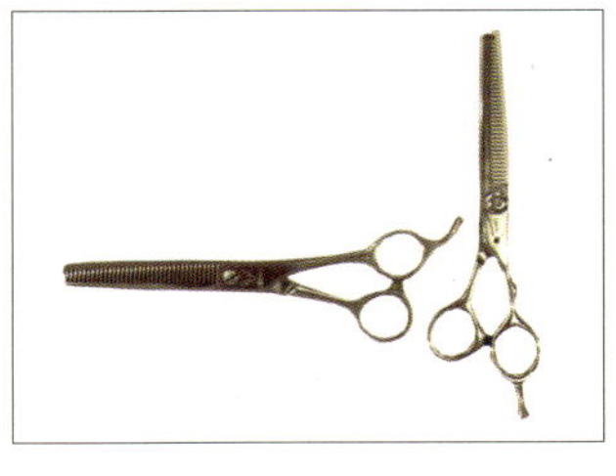

숱(틴닝)가위는 숱을 정리하는 개념인데 분류로는 앞에서 이야기했듯 목에 의한 분류, 날에 의한 분류 그리고 홈에 의한 분류가 있다.

가위의 구조

동날
가위목
약지걸이
소지걸이
협신부
정날
엄지걸이

협신부
약지걸이
소지걸이
봉인날. 동날
즐인날. 정날
가위목
엄지걸이

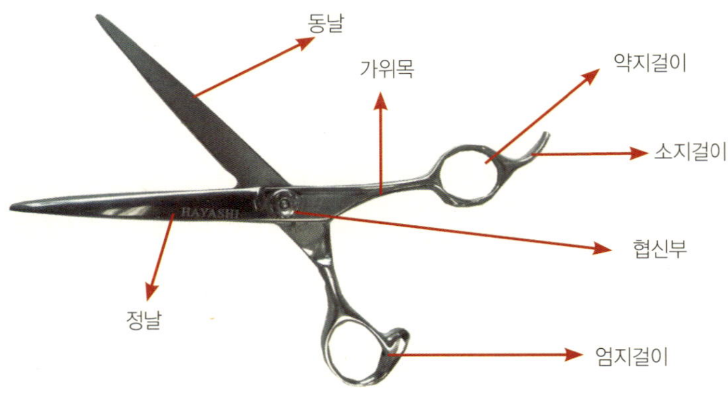

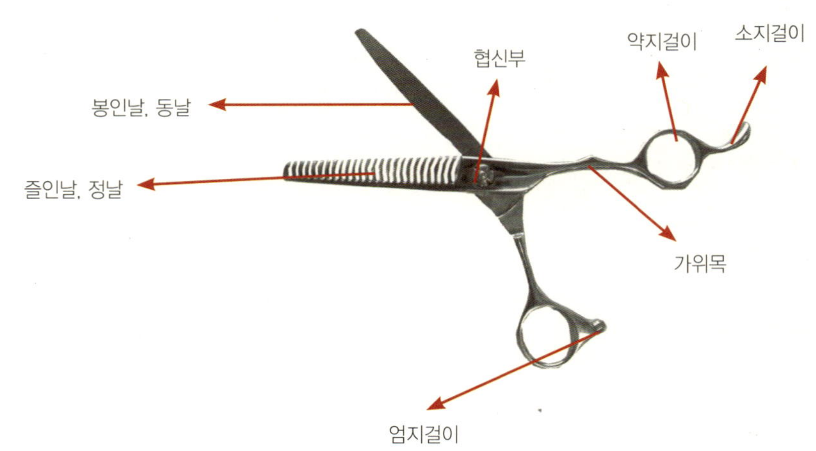

가위 잡는 자세(바로잡기)

손을 펼친 자세에서 바로잡기 자세이다. 검지와 중지는 손가락 끝에서 둘째마디로 가위 목을 감아주고 약지와 소지는 일자로 뻗어준다.

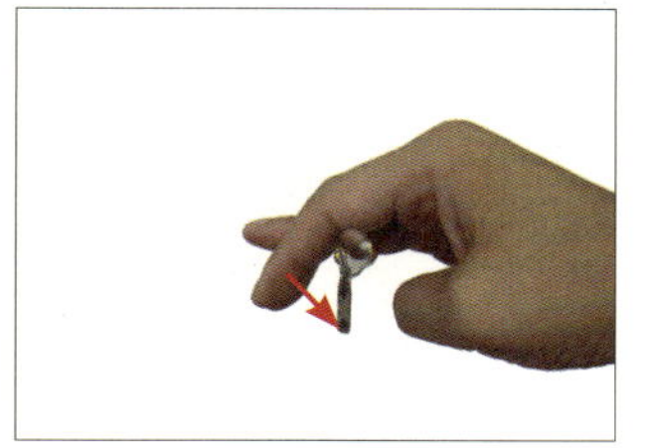

사진의 화살표처럼 검지와 중지로 가위 목을 감아쥐는 것이 바른 자세라 할 수 있다.

가위 잡는 자세가 잘 되어야만 손목을 보호하고 무리하게 근육을 쓰지 않기 때문에 편안하게 시술할 수 있는 모양이 나온다.

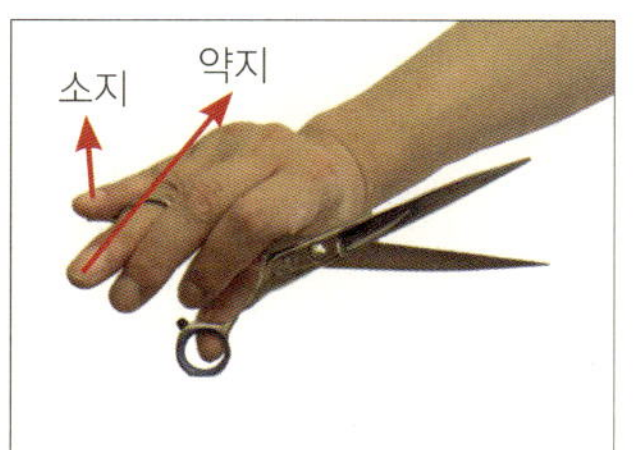

소지와 약지는 뻗어 있는 상태로 검지와 중지로만 가위 목을 감아쥐고 손목을 약간 오른쪽으로 틀어주면 가위날이 눈앞에 오게 된다. 가위날이 눈 앞에 있어 시술이 용이하다.

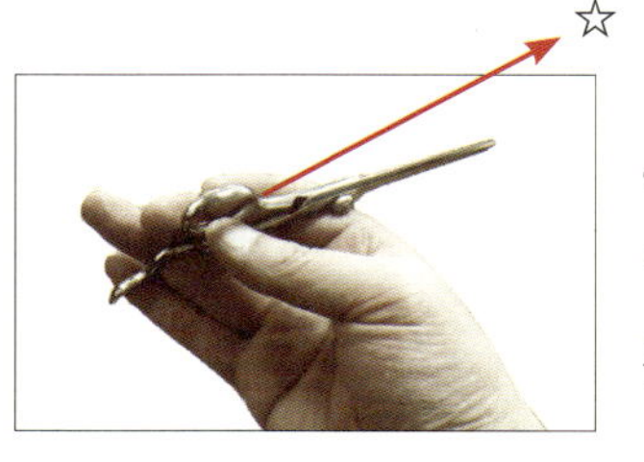

엄지는 엄지걸이에 넣는 것이 아니고, 사진처럼 엄지걸이에 엄지를 걸쳐주는 것이 요령이다. (☆)의 엄지를 걸쳐 엄지로만 가위를 개폐하는 것이다. 이 자세가 바로 기본인 것이다.

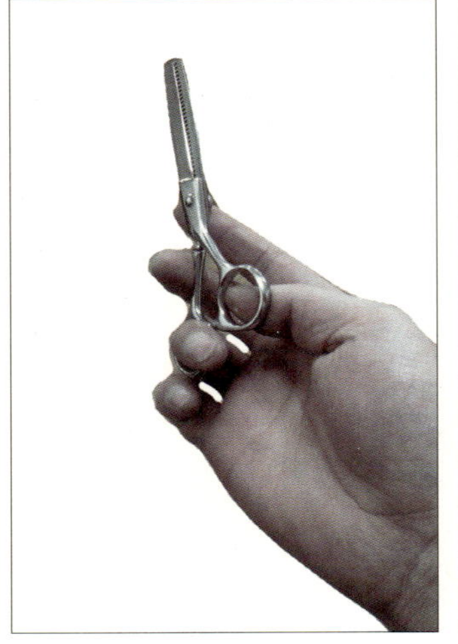

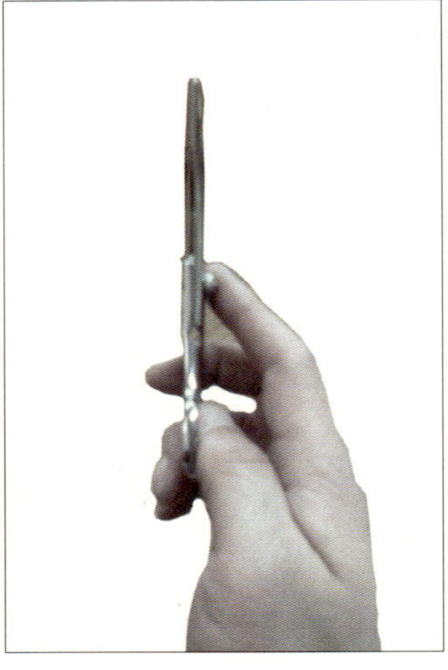

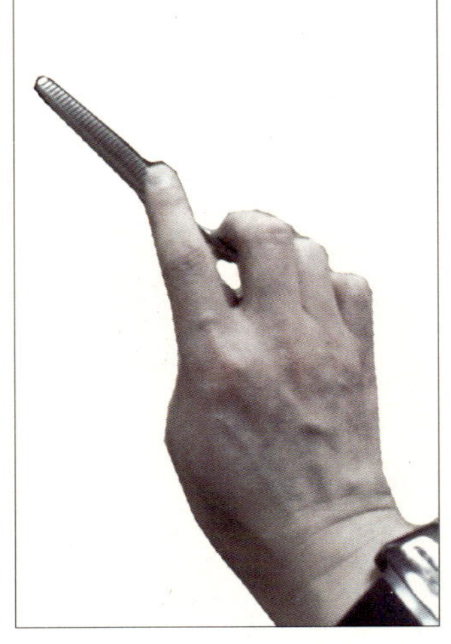

세워잡기의 자세이다. 바로잡기와 달리 세워잡기는 손가락의 위치가 바뀔 뿐이다. 바로잡기에서는 검지와 중지가 가위의 목을 감았다면 세워잡기에서는 약지와 소지가 약지걸이와 소지걸이를 감아주는 것이 다르다.

검지와 중지는 가위의 목을 감싸주는 것을 풀고 가위목에 걸쳐주고 약지와 소지는 각각의 걸이를 감아쥔다. 이렇게 하고나면 가위와 손바닥이 붙게 되는데 이때 엄지를 사진처럼 엄지걸이에 걸쳐준후 개폐하여 준다.

검지는 가위의 협신부에 위치하고 중지는 가위목에 걸쳐준 후 약지와 소지는 각각의 걸이를 감싸쥔다. 가위 잡는 자세는 이 두 가지가 모든 과정을 아우를 수 있다. 물론 스트록의 기법에 가위 잡는 자세가 여러가지 있지만 남성컷트는 두 가지다.

테이퍼링(옆가위질) 자세

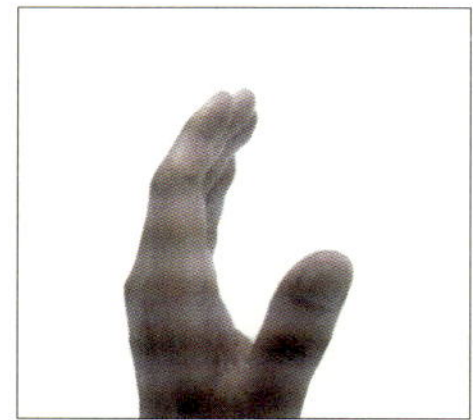

테이퍼링을 하려면 일단 자세가 중요하다. 사진에서보면 손바닥과 손가락은 곡선미를 가지고 있어야 하고 엄지는 바로 세워주는 것이 바른 자세이다.

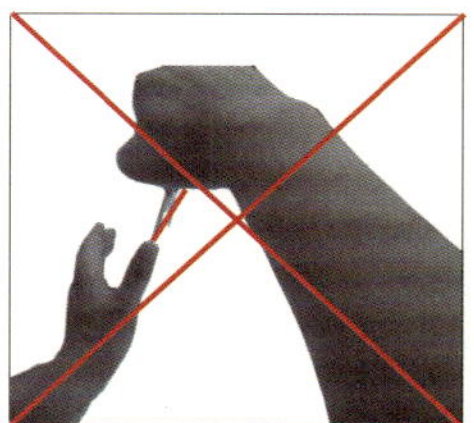

엄지에다 가위날의 끝부분을 갖다 댄다. 지금 사진에서는 가위날이 안쪽으로 들어와 있는데 이 경우는 가위날이 안쪽으로 들어오면 두상 쪽으로 향하는 것이기 때문에 하지 말아야 할 자세다.

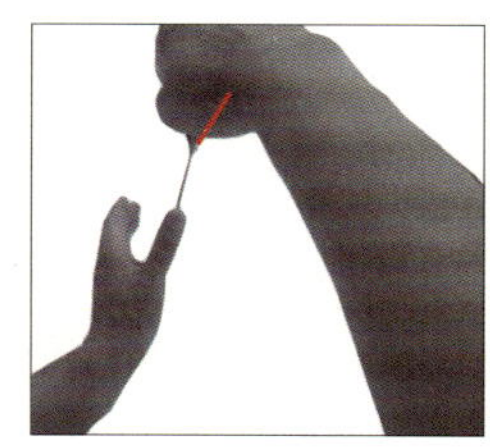

엄지에다 가위날의 끝부분을 갖다 댄다. 가위의 날이 일직선상에 놓여있는 걸 볼 수 있다. 이 경우가 엄지에 가위날을 대주는 바른자세다.

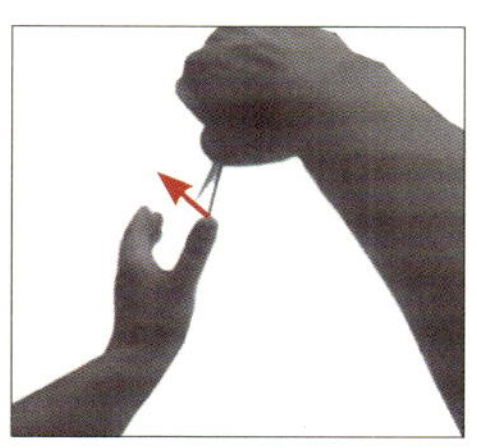

엄지에다 가위날의 끝부분을 갖다 댄다. 가위의 날이 두상 바깥쪽으로 놓여있는 걸 볼 수 있다. 이 경우도 엄지에 가위날을 대주는 바른자세다.

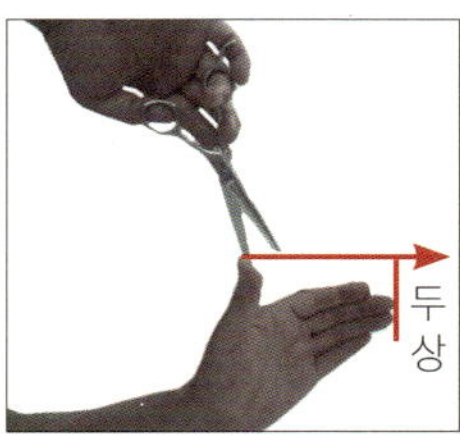

가위 잡는 자세를 안쪽에서 본 장면이다. 중지 손가락쪽은 가만히 있는 자세에서 엄지로 가위를 밀어서 중지 손가락쪽으로 간다. 중지 손가락이 가만히 있는 이유는 중지 손가락쪽은 두피에 붙어있는 상태이기 때문이다.

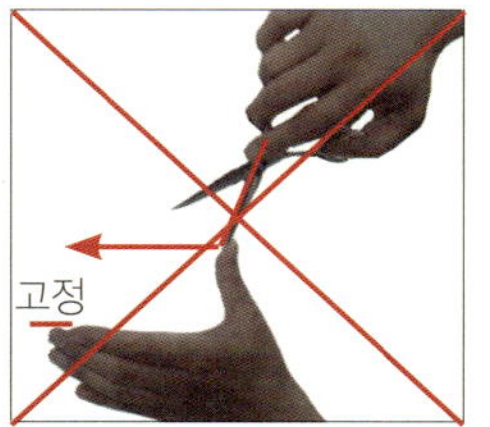

가위가 엄지 손가락에 붙어 있는 자세는 가위날이 엄지에 많이 붙어있다. 이 경우는 가위날에 손가락을 안전하게 하지만 가위가 누워있는 자세라 위험요소가 있어 좋지 않다.

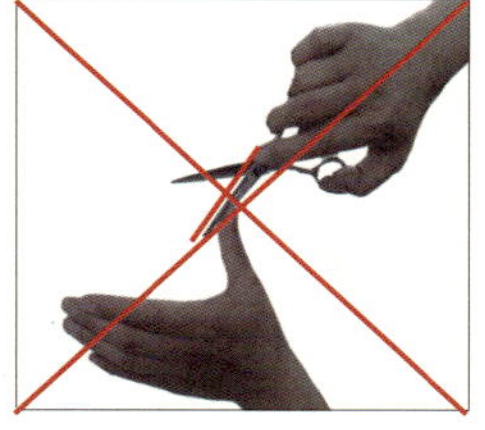

가위가 엄지 손가락에 붙어 있는 자세는 가위날이 엄지에 많이 내려와 있다. 그리고 가위가 너무 누워있는 자세라 바른 자세가 아니다.

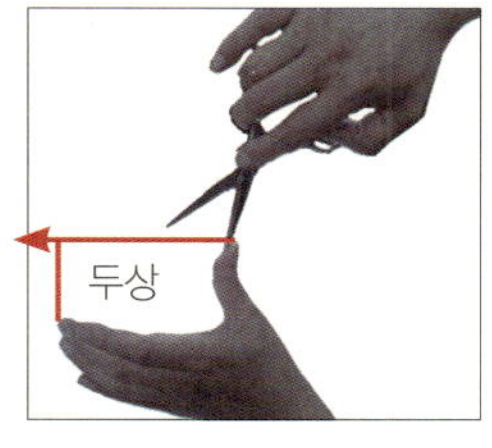

가위의 자세는 수직에 가깝게 세워주고 가위날의 끝은 엄지 손가락에 얹어준다. 엄지로 가위를 밀면서 가위를 개폐하여 준다. 중지 손가락 끝쪽은 두피에 붙여준다. 이 자세가 바른 자세이다.

빗은 머리카락을 가지런히 빗거나, 때나 먼지 비듬 등을 제거하는 생활용품이며, 우리 일상생활에 밀접한 관계를 맺고 있는 필수 도구이다.

특히 우리 조상들은 단정한 차림을 중시하여 모발을 청결히 하고 건강을 유지하기 위해 매일 아침 50~100여회에 걸쳐 빗질을 하였다. 이처럼 빗은 이·미용과 더불어 건강적인 측면까지 쓰임새가 많았던 도구이다.

하지만 컷트에서 빗은 머리카락을 자르는 작업을 수행할 때 머리카락의 양을 조절하는 도구이다. 클리퍼로 머리카락을 자르는 시술을 할 때나 가위로 머리카락을 시술할 때에도 빗은 머리카락의 구획을 정하고 들어내는 중요한 역할을 하고 있다.

이용빗 2~7호

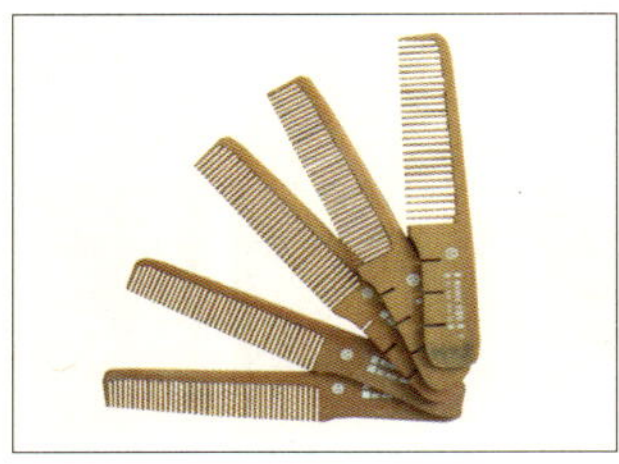

미용빗

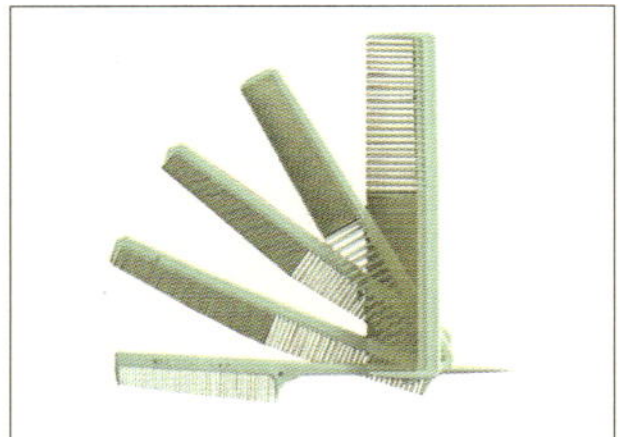

옆의 사진에서 보듯이 이용에서 쓰이는 컷트 빗은 손으로 잡을 수 있어서 컷트 시술작업에 용이하게 되어 있다. 빗의 종류로는 밑머리의 작업이 용이한 1호, 2호부터 시작해서 15호, 18호까지 빗이 있는데 대체로 기장 컷트나 숱(틴닝) 처리할 때에는 10호나 12호 정도 크기의 빗이 좋고, 클리퍼나 싱글링을 할 때에는 2호나 5호 정도의 얇은 빗을 주로 사용한다. 하지만 미용 빗은 파마전용 꼬리 빗을 빼고는 빗의 모양이 거의 비슷하고 몸통이 두껍다.

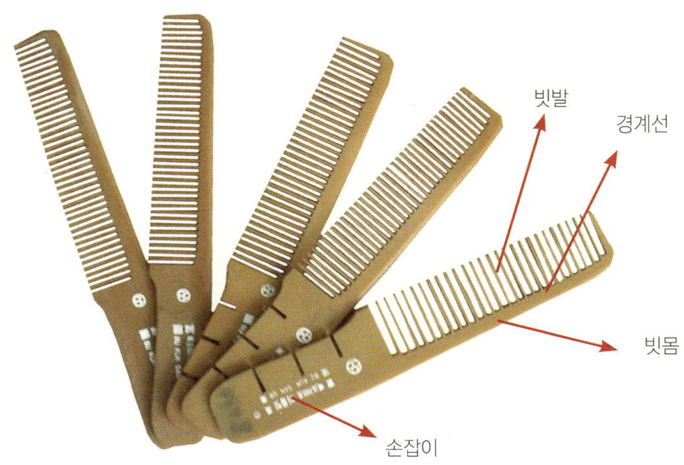

* 빗은 손잡이와 빗발 그리고 빗몸으로 3박자의 요소를 가지고 있다. 기능으로는 손
잡이는 당연히 손가락으로 손잡이를 잡아주고 빗발은 모발을 잡아 올리고 빗어
내리는 역할을 하고 있다. 빗몸은 빗발이 모발을 잡아 올릴 때 모발을 모아놓는
역할을 하고 있다.
모발을 자르는데 있어서 중추적인 역할을 하고 있는 것이 빗이다. 모발을 자르기
위해서 손가락으로 모발을 잡지만 빗이 모발을 잡아내지 않는다면 모발은 깨끗하
게 잡지 못한다. 이렇듯 빗은 컷트에서 중요한 역할을 하기에 소홀하게 대하면 않
될 것이다.

빗 잡는 자세

1

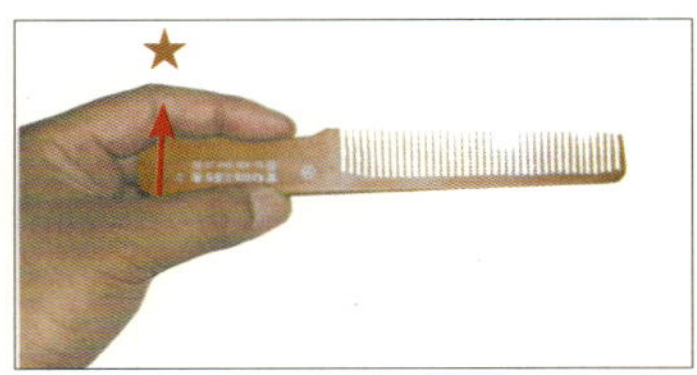

사진에서 보듯이 엄지는 빗 손잡이의 아래를 받쳐 주고 검지는 손잡이의 윗 부분을 잡는다.

이때 검지의 손가락 끝 부분에서 두 번째마디(☆) 부분까지만 빗 손잡이를 잡는 것이 요령이다.

2

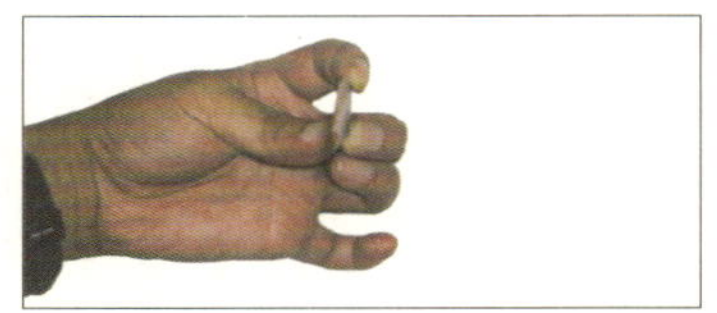

사진에서 중지는 엄지와 같이 빗의 밑 손잡이를 같이 잡아준다. 이것이 빗을 잡는 올바른 자세라 하겠다.

3

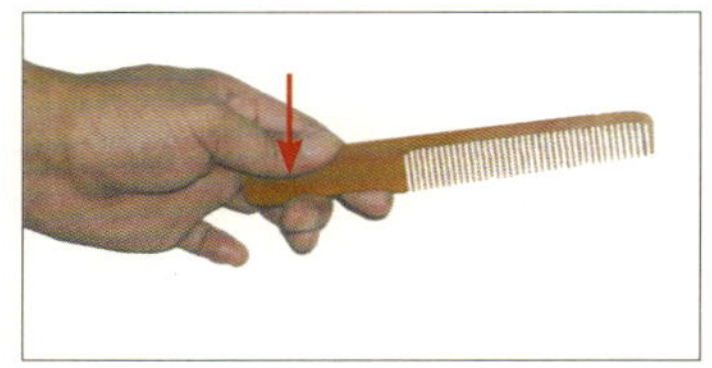

사진에서 보면 빗발이 아래로 향하고 있다. 1, 2번 사진은 모발을 아래에서 위로 올릴 때의 자세이고, 이 자세는 모발을 올라가면서 자르게 되면 모발이 헝크러짐이 있는데, 헝크러진 모발의 정리를 위해서 빗어 내려야 하기 때문에 빗발이 아래를 향하는 것이다.

4

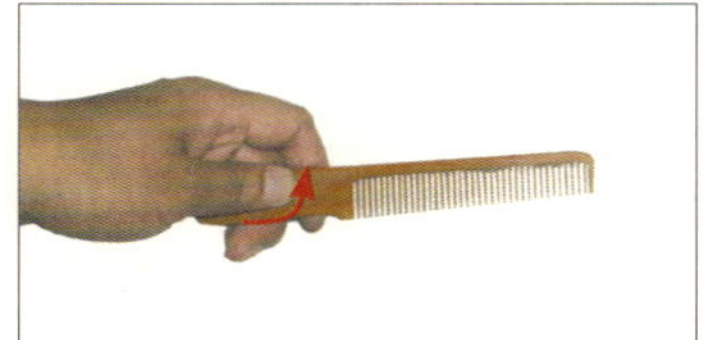

빗을 잡는 자세는 원래 요령이 있지만 지면으로 이야기하기에 다소 무리가 따른다. 자세한 것은 동영상으로 확인하시고, 간단하게 얘기하자면 3번 사진의 엄지가 빗 손잡이를 내리고 4번 사진의 중지에 있는 손잡이를 화살표 방향으로 당겨주면서 빗을 1번 사진의 모양처럼 만들어준다. 빗을 돌릴 때에는 손으로 돌리는 것이 아니고 손목의 스냅으로 자연스럽게 돌려야 한다.

클리퍼(바리깡)의 정의

숱(틴닝)가위

클리퍼(바리깡)는 전기 조발 기구이며, 자르는 성질 밖에 없다. 클리퍼는 시술 시간을 절약해주는 중요한 도구인데, 종류로는 긴 머리 시술을 하는 클리퍼(일명:프로, 장미 등)와 잔 털을 정리하는 클리퍼(일명:토끼)가 있다.

초기의 양손 클리퍼(바리깡)

한 사람이 양 손으로 손잡이를 잡고 다른 한 사람이 날 부분을 눌러주어 양손으로 날을 교차시켜 머리카락을 자르는 기계이다.

한손 클리퍼(바리깡)

윗날과 아랫날을 교차시키는 것은 같으나 옆 사진처럼 양손을 사용하지 않고 한 손으로만 가위날을 움직이는 기계다.

현재의 전동 클리퍼(바리깡)

시대가 변하고 기술이 발전하면서 모터를 장착한 조발기구가 나왔다.

배터리를 이용하고 충전도 용이하여 지금 제일 많이 사용되고 있는 기계다.

클리퍼(바리깡) 구조 및 기능

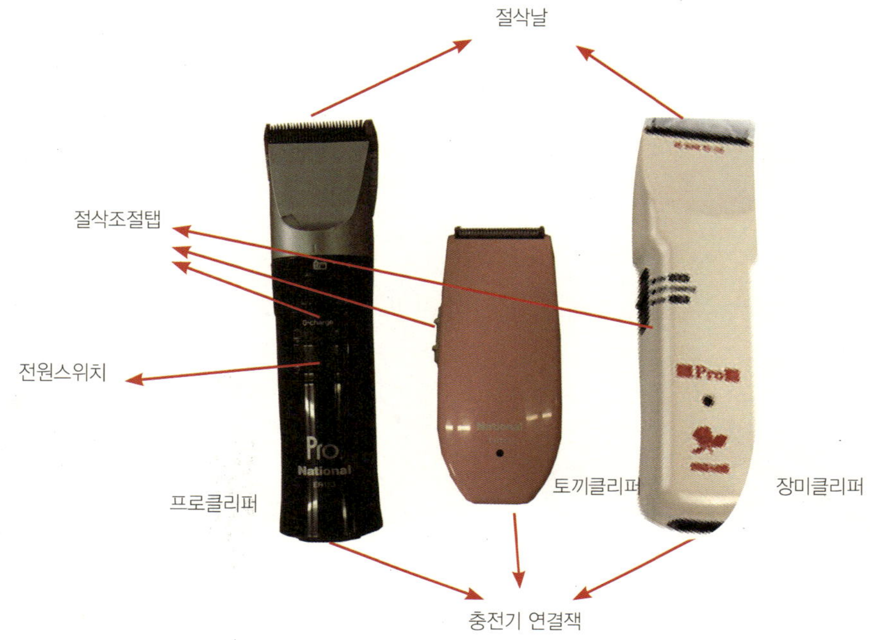

* ER153은 제품명이 PRO라고 해서 일명 PRO 클리퍼로 불리운다. 절삭날 부분이 절삭을 조절할 수 있는 요소를 가지고 있다. 초보자들이 무리없이 사용할 수 있는 제품이다.

* ER143은 제품이 작고 귀여워 토끼처럼 생겼다해서 토끼 클리퍼로 불리운다. 컷트작업이 끝난 후 잔털 정리에 좋다.

* CL-7000K는 장미문양이 있어 장미클리퍼라고 불린다. 약간의 실수에도 절삭이 쉽기 때문에 초보자들보다는 클리퍼를 능숙하게 사용할 수 있는 숙련자들이 쓰기에 좋다.

클리퍼 잡는 자세

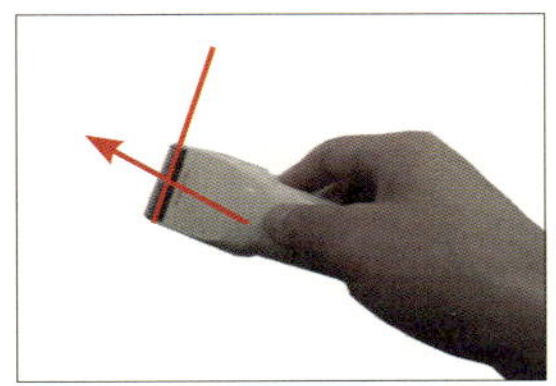

클리퍼를 잡는 자세는 사진처럼 손가락들로만 클리퍼의 몸통을 감아쥐듯이 살며시 잡는 것이 기본자세이다. 클리퍼의 날은 사진처럼 사선이 되게 하여 손목의 스냅으로 시술한다.

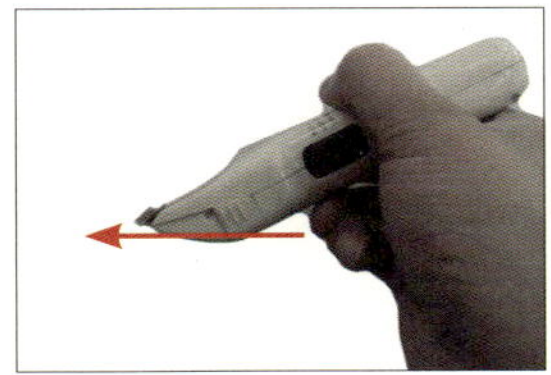

이 사진은 스포츠 컷트 천정부 시술을 할 때의 자세이다. 나중에 스포츠 컷트 해설에서 자세하게 설명하겠지만, 빨간선처럼 수평을 맞추어야 하기에 이 자세다.

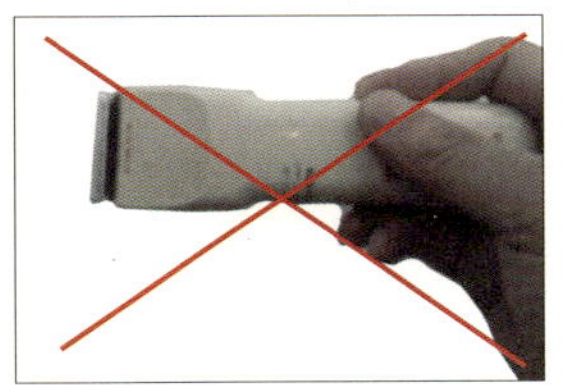

간혹 클리퍼를 옆의 사진처럼 클리퍼 밑둥을 감아쥐는 경우가 있는데 이 경우는 힘의 전달력이 뒤에 있어서 안좋다.

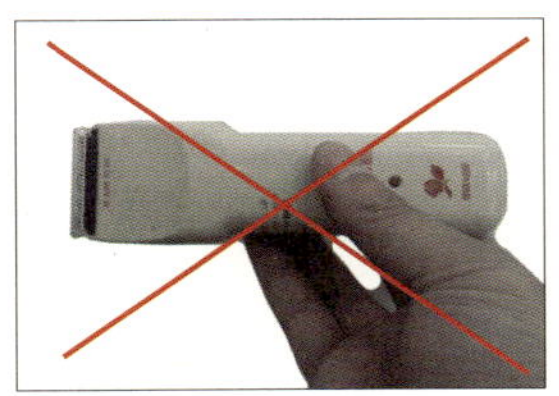

클리퍼를 사진처럼 밑에서 쥐게 되면 시술시에 어깨가 밑으로 쳐져서 올바르지 못한 자세가 나와서 안좋다.

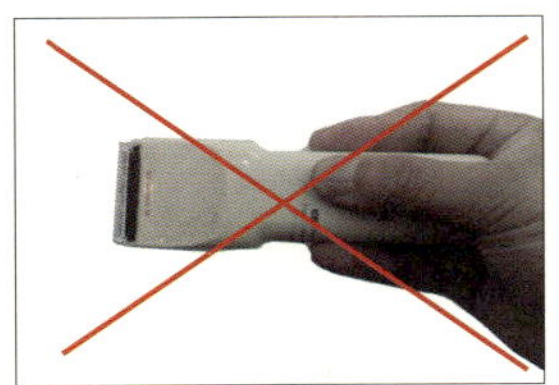

위의 사진은 클리퍼의 밑둥을 잡는 사진이었지만 이 사진은 밑둥에서 클리퍼의 몸통을 잡은 사진인데 이 경우는 손목의 스냅으로 시술해야 하는 클리퍼 시술에서 직선으로만 시술되는 자세기에 올바르지 못한 자세이다.

클리퍼의 드롭핑(끊어치기) 자세

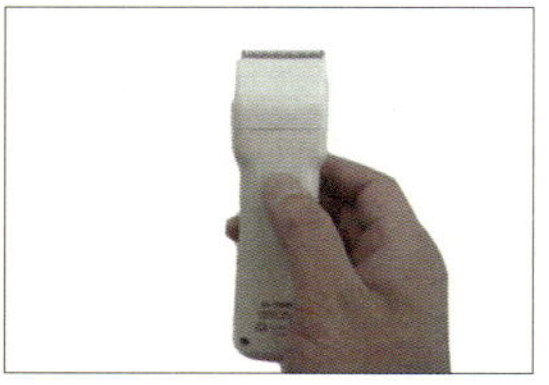

　드롭핑은 클리퍼 컷트를 시술하고 나면 절삭되지 않고 남아 있는 잔 모발을 처리하기 위한 시술 방법이다. 클리퍼의 자세와는 반대자세이다. 앞에서 본 클리퍼 자세는 사선으로 누워 있는 반면에 드롭핑은 사진처럼 거꾸로 잡는 것이 바른 자세이다.

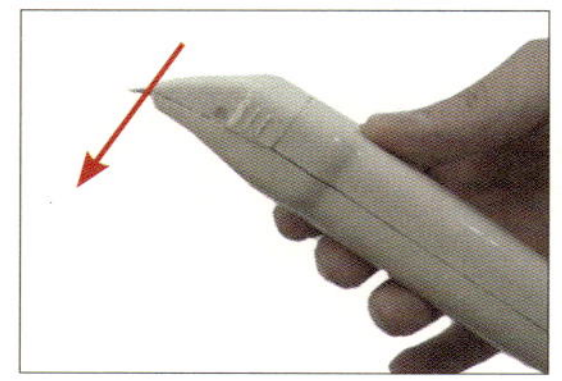

　드롭핑을 할 때는 사진처럼 위에서 아래로 내리는 방식이며 전체 모발을 자르는 것이 아니고 잔 모발만 처리한다.

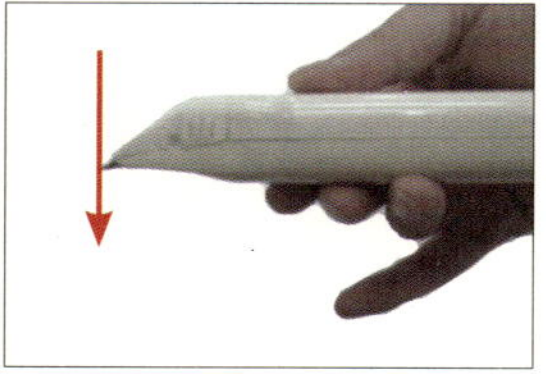

　위에서 클리퍼로 드롭핑을 시술하면 잘리는 부분은 클리퍼가 사진처럼 수평이 되어 있을 때이다. 위의 사진은 내려오면서 절삭될 모발을 보며 내리는 시작점이고, 지금 사진은 모발이 잘리는 곳이다.

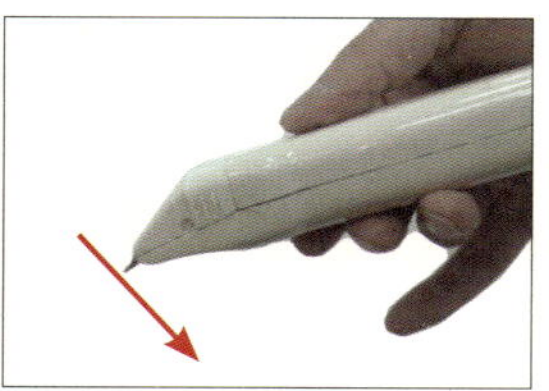

　지금 이 사진은 위의 사진 다음 장면인데 모발을 클리퍼로 드롭핑 시술을 한 후에 내려가는 자세이다.

k-7 프로 클리퍼

힘은 보통이나 소음이 적고 부드러운 절삭력이 장점

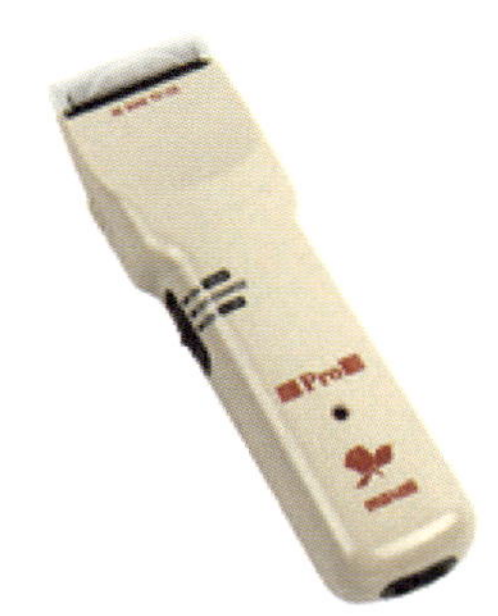

ER-153 프로 클리퍼

힘은 좋으나 날이 약하고 오래가지 못함

ER-1431 토끼 클리퍼 잔털 정리용

ER-123 클리퍼(단종)

CL-7000K 장미 클리퍼

초기 버전은 좋으나 새로운 버전은 약함

숱(틴닝)가위란?

숱 가위의 정의는 얇고 가느다란 컷트 기구이며, 모발의 질감 처리와 모류의 교정, 숱의 감소를 담당하고 있다.

막대 모양의 동날과 빗살 모양의 정날로 모발을 감소시키는 도구이며 빗살 모양의 정날은 바로 있는 반면에 동날이 내려오면서 모류를 교정하며 숱의 양을 조절한다. 정날 사이의 간격과 홈의 넓이 그리고 날 끝 홈의 모양으로 절삭되는 양이 달라지게 된다. 숱 가위의 날은 막대모양의 날을 봉인날이라고도 하고, 빗살모양의 톱니를 가지고 있는 날을 즐인날이라고 부른다.

모발이 컷트되는 순간에 정날의 모양에 따라 절삭량이 정해지며 예전에는 30, 34, 40, 45, 50목으로 정해졌었는데 이는 절삭량을 의미하는 것이다.

35목은 35% 40목은 40%와 같지만 현재의 숱 가위는 발 수에 많은 영향을 가진다. 29목, 27목 같이 10% 15% 모발의 양이 감소함에 따라서 절삭량도 줄어들게 되어 모발을 생각하는 기구가 되었다.

숱의 종류는 앞서도 얘기했듯이 30, 35, 40, 45, 50목의 얇은 V홈 숱 종류와 23 발, 25발, 26발, 27발과 같이 발 수로 정하는 것이 있고 역인 숱 가위, 수평 홈 숱 가위, 무 홈 숱 가위, 2중 숱 가위, 3중 숱 가위 등 여러 가지의 숱 가위가 있다. 시술자 자신의 손과 시술력에 맞는 숱 가위를 정하는 것도 바른 시술의 한 방법이다. 종류에 따른 분류는 다음장에서 보자.

숱 가위의 분류

* 목에 의한 분류

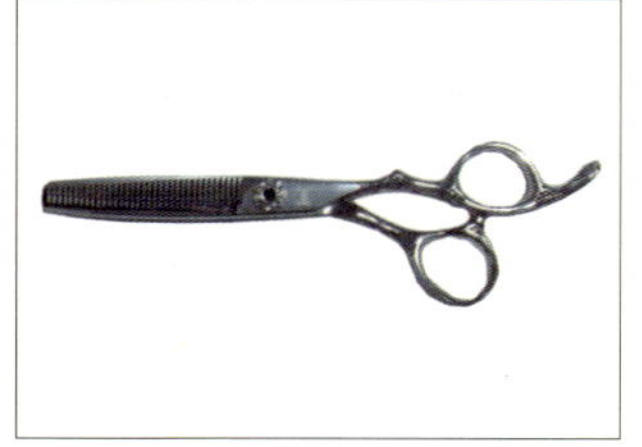

얼마 전까지는 숱 가위의 종류가 단순했다. 그때 당시만 해도 모발이 풍성하고 모발이 짙어서 숱 처리가 주목적이었기 때문에 숱 가위의 종류도 단순했다. 종류로는 30, 35, 40목이 있는데 이때는 절삭량을 의미했다. 30목은 30%의 절삭량을 35목은 35%의 절삭량을 의미했다.

* 발에 의한 분류

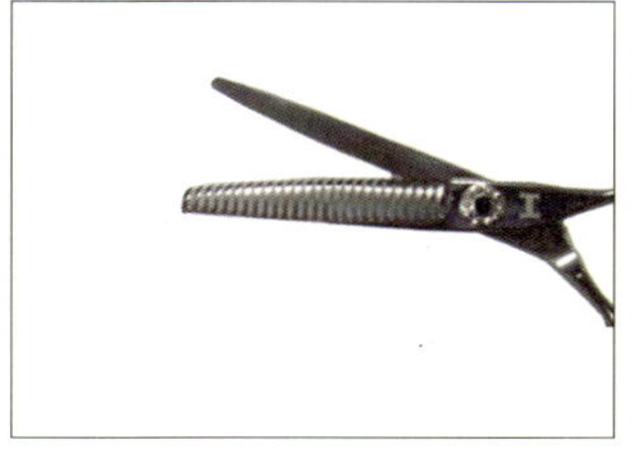

하지만 지금은 사진처럼 발에 의한 분류로 갈린다. 현대는 환경이나 오염 스트레스 등으로 모발의 양이 현저하게 줄어들고 있다. 그래서 26발, 27발, 29발 같이 절삭량은 줄어들고 큐티클의 손상이 거의 없도록 숱 가위도 현대 사회의 상황과 맞게 바뀌었다.

* 홈에 의한 분류

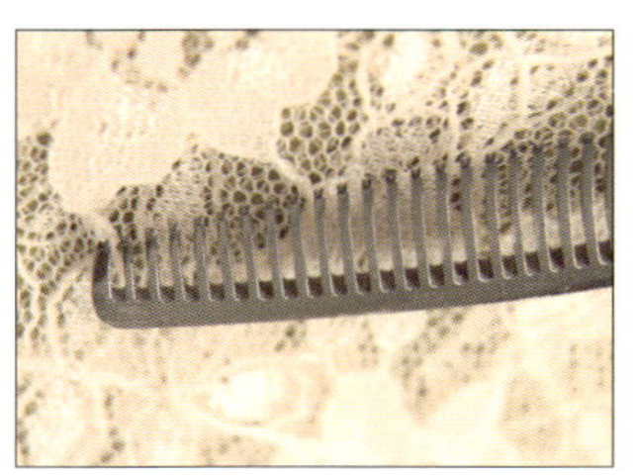

숱 가위의 분류 중에는 홈에 의한 분류도 있다. 발과 발 사이 홈의 넓이에 따른 것인데 홈이 넓으면 모발이 많이 들어가기 때문에 절삭력이 줄어든다. 하지만 날이 넓으면 절삭력이 높아지기도 한다.

* 날에 의한 분류

숱 가위 날에는 ☑자 홈과 무홈과 2중홈과 3중홈의 숱 가위가 있다. ☑홈은 날의 중간에 V자의 홈이 있어 이곳에서 모발을 자르는 절삭력이 많아지고 무홈은(⌒) 사진처럼 곡선을 띠면서 내려오는데 모발이 곡선에 밀리기 때문에 절삭력이 낮다. 2중 홈은(⌒) 이렇게 홈이 하나 있고, 절삭력은 25%정도 된다. 3중 홈은(⌒⌒)이렇게 2개의 홈이 있는데 절삭력은 35%정도이다.

10–10 틴닝

일명 요술 가위의 한 종류로 발이 1발이고 발 하나에 날이 10개인 틴닝 이다.

반홈 틴닝

절삭력이 그리 높지 않아 안정적이다. 기본계열의 틴닝이다.

세로 틴닝

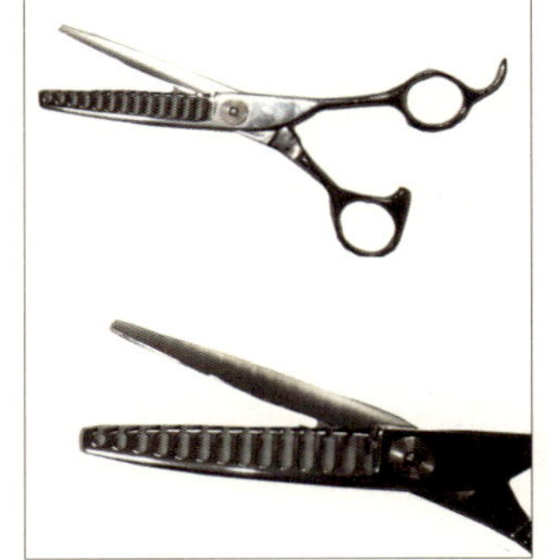

절삭력은 15%대로 안정적이고 편안하게 시술할 수 있는 장점이 있다.

양날 틴닝

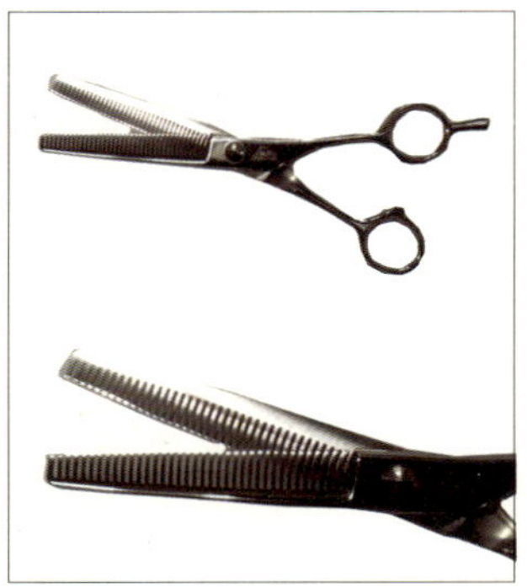

톱날이 양쪽에 있는 틴닝으로 절삭력이 꽤 높다.

역날 틴닝

기존의 개념을 깨트린 틴닝인데 사실은 별 의미 없다.

숱가위
시술방법

숱(틴닝)가위의 시술시 방법들

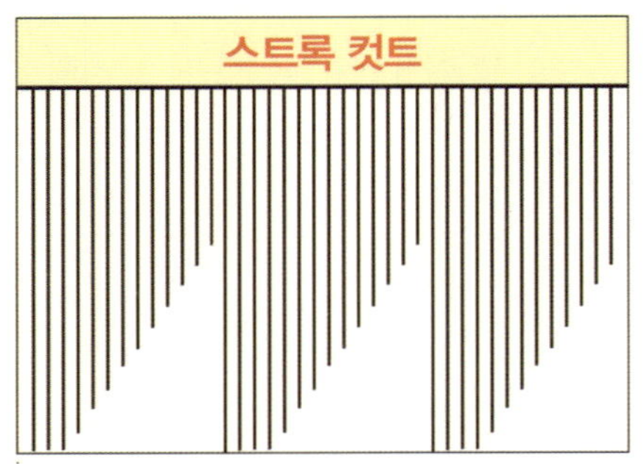

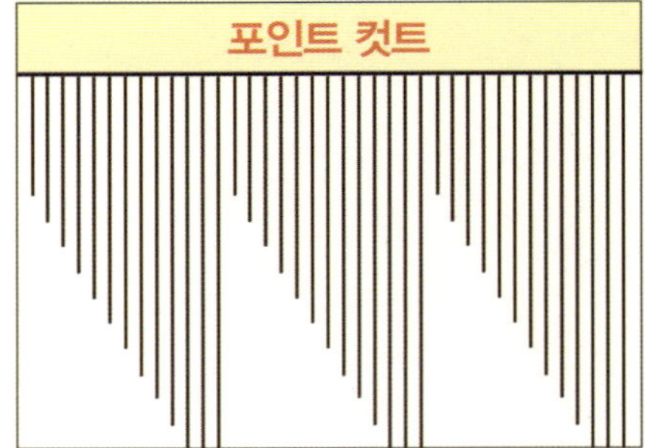

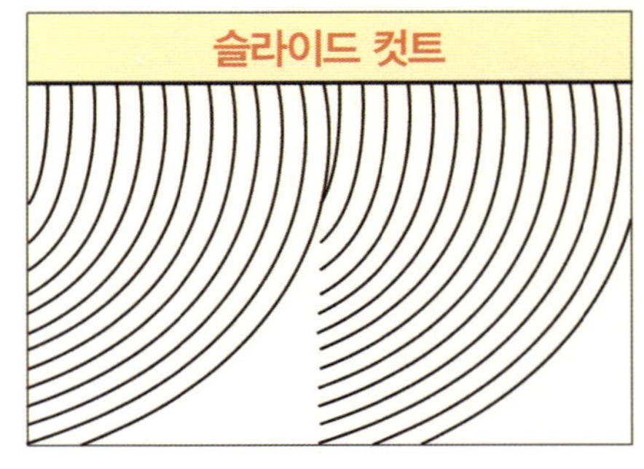

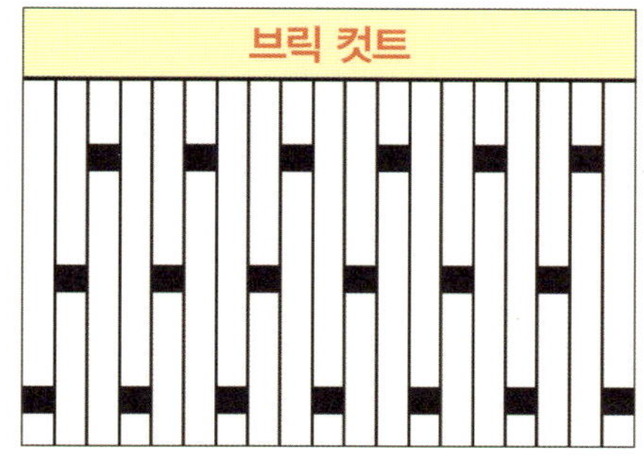

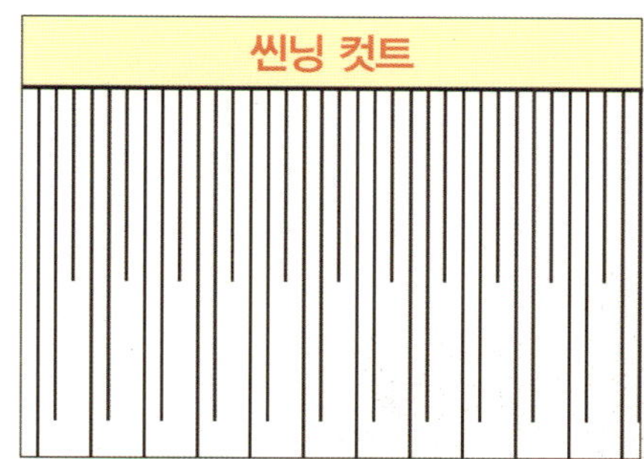

＊ 숱(틴닝)에서 사선 틴닝법, 곡선 틴닝법, 수평 틴닝법 등 여러 기술이 있다. 이런 테크닉을 이용해 시술의 다양성과 모류의 순류 작업 그리고 스타일의 다변화를 이루어보자.

숱가위 천정부 시술시 기본방법들

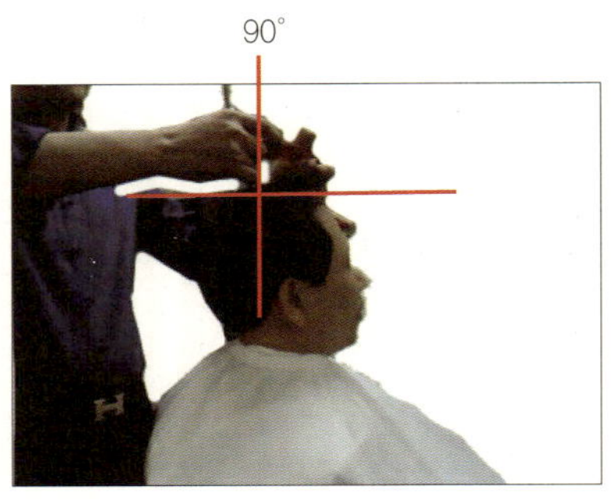

틴닝 작업을 할 때에는 기본 방법과 하상중 컷트 중에 틴닝 기법이 다른 것이 있다. 하상중 컷트 기법은 뒤에 따로 하겠지만 기본 틴닝의 천정부 틴닝 기법은 위의 사진에서 보듯이 빗으로 뿌리에서 모발을 깨끗하게 잡아올려 검지와 중지로 잡혀 있는 모발을 틴닝 처리하는 것이 일반적인 틴닝 기법이다.

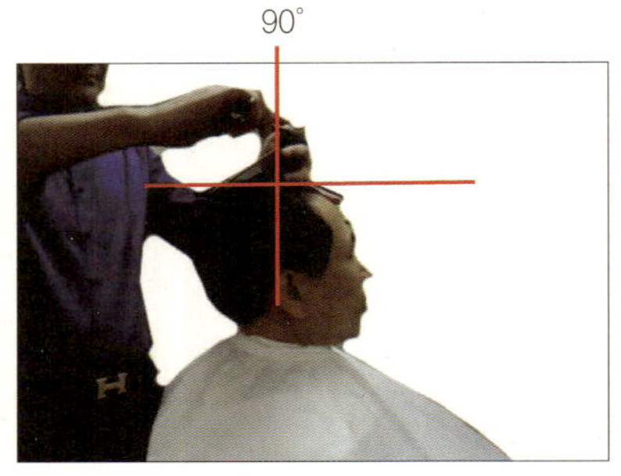

기본적인 틴닝 처리를 할 때에는 검지와 중지 사이에 잡혀있는 모발을 블런트 기법을 이용하여 한 번에 틴닝 절삭을 하여주고 다음으로 넘어가면서 차분히 균형을 맞추면서 기본 틴닝 작업을 수반하여 준다. 기장컷트의 방법과 같으며 한 번만 작업을 하는 것이 아니고 종과 횡이 맞게끔 틴닝 작업을 하여 준다. 코 위의 기준부분이 끝나면 눈 위의 부분을 같은 방법으로 하여 준다.

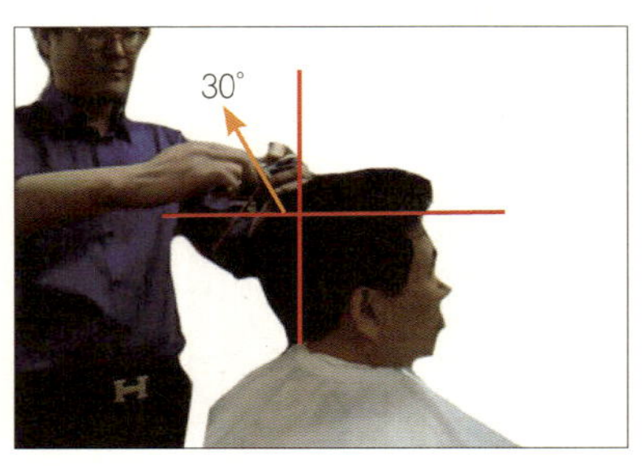

이렇게 앞의 사진에서 보듯이 앞부분의 모발부터 차분히 틴닝 작업을 하여 주다가 가마부분 자리에서 시술자의 방향으로 모발을 30"정도 잡아당기면서 틴닝 시술을 하여준다. 이 모든 작업은 기장컷트의 방식과 동일하며 다른 것은 아무것도 없다 할 것이다.

숱가위 측면부(후두부)시술시 기본방법들

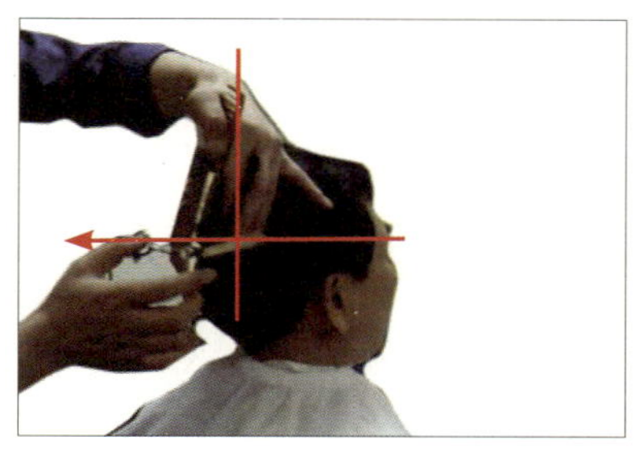

측면부를 시술할 때에는 귀 앞부분의 모발부터 시작하여 틴닝 시술을 하여 준다. 모발을 잡을 때에는 검지로 모발 속으로 집어넣으면서 검지와 중지로 뿌리에서부터 모발을 잡아 올리면서 틴닝 작업을 해야 할 곳에서 멈추고 틴닝 작업을 수행한다.

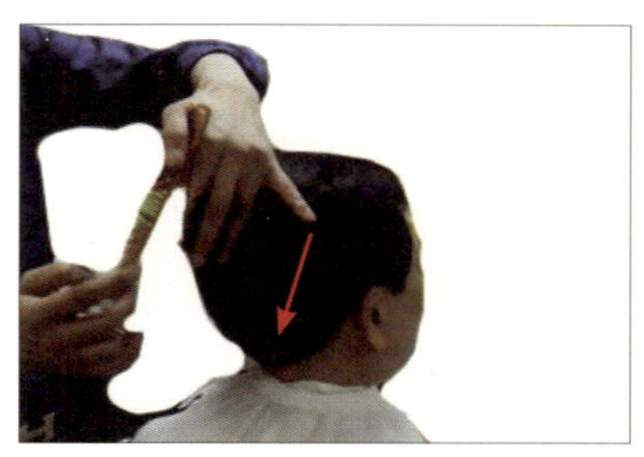

위에 사진에서 보듯 귀 앞부분에서 시작하여 후두부에 이르게 되면 자세가 흐트러져 화살표처럼 목 부분으로 내려오게 되는데 그렇게 되면 전체의 균형이 무너져서 한쪽이 늘어지는 현상을 초래한다. 따라서 모발을 잡아내는 평행 감각을 꼭 지켜주어야 한다.

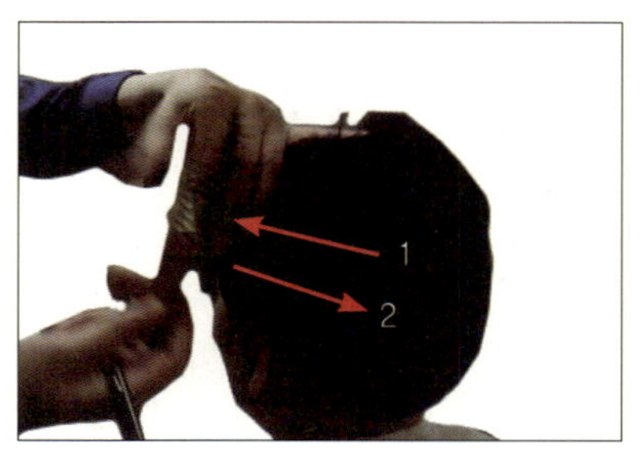

우측면부에서 시작하여 후두부를 지나 좌측면에 오게 되면 대부분이 자세가 많이 엉크러지는 것을 볼 수 있다. 자세는 언제나 정확해야 한다는 것을 명심하기 바라고 1번에서는 우측에서 돌아가는 자세를 말하는 것이고 2번은 되돌아나올 때를 말하는데, 빗이 반대로 되어 모발을 틴닝 처리한다.

숱 가위 시술자세

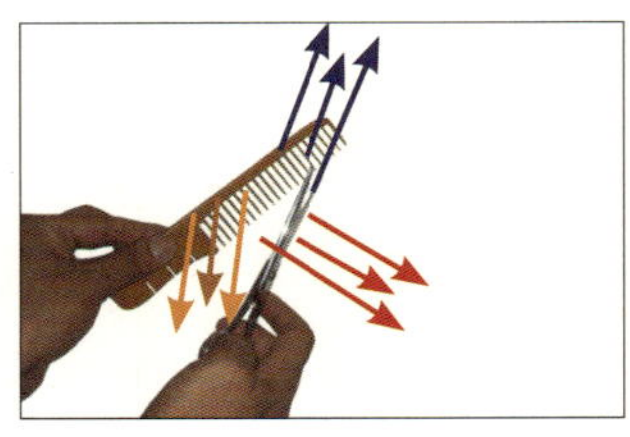

이 사진은 앞머리, 측면부, 후두부의 모발을 숱(틴닝) 처리하는 요령이다. 파란색 화살표는 가위가 들어가는 방향이고 빨간색은 가위가 들어가서 모발을 자르고 내려오는 방향이다. 노란색은 모발을 자르고 가위가 내려오면 빗이 모발을 빗어 내려올 방향이다.

이번 사진은 귀앞머리, 앞머리, 가마 부분의 모발을 숱(틴닝)처리하는 요령이다. 위의 사진과 별반 다르지 않으나 가위의 각도 차이가 있다. 그리고 귀앞머리의 경우는 가위내리는 방향이 슬라이스나 슬라이드 방법으로 내리는 것이 요령이다.

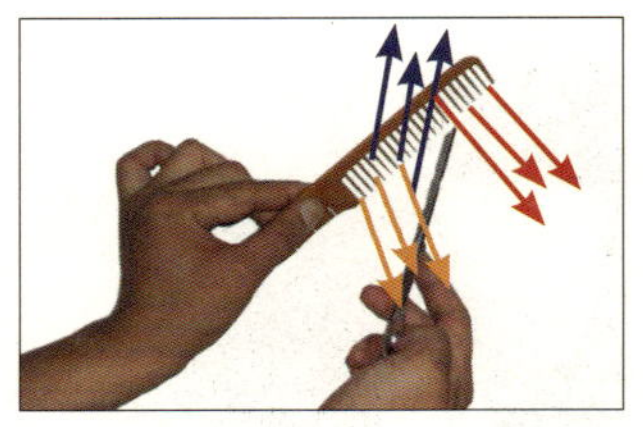

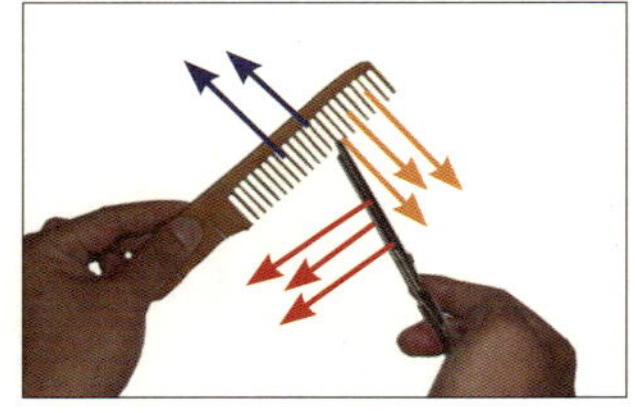

이번 사진은 위의 사진과 달리 가위의 방향이 바뀌어 있다. 위의 사진은 우측면부를 말하는 것이고 이번은 좌측면부를 말하는 것이다. 위의 사진은 우측면의 귀 뒤모발을 이 사진은 좌측 귀뒤의 모발을 처리하는 자세이다.

이번 사진은 천정부의 숱(틴닝)처리 장면이다. 빗위에 가위가 있다. 이 경우는 가르마가 있는 경우 가르마에서 모발을 빗어가면서 숱(틴닝)처리하는 요령이다. 빗이 모발 끝부분에 오면 빗위에 가위를 놓고 모발을 정리해 나간다.

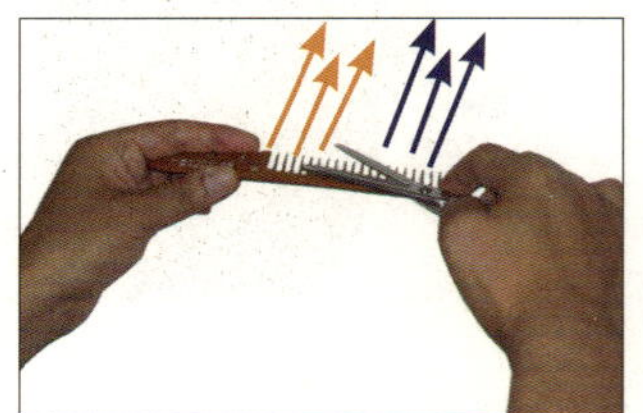

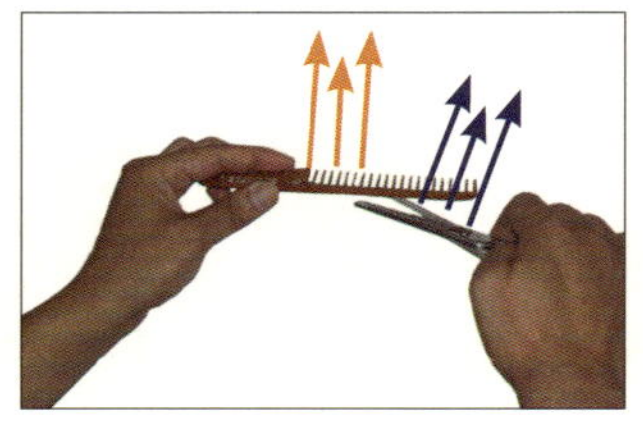

위의 사진과는 다르게 이번 사진은 가위가 빗 밑에 들어간다. 이 경우는 가르마에서 모발을 빗어가면서 모발 중간부분을 지나서 들어가는 요령이다. 모발의 끝부분을 정리할 때는 가위가 빗 위에 있고 모발의 중간부분을 지나서는 가위가 빗 밑에 있다는 것을 명심하길.

숱(틴닝)가위 좌측면부 시술방법

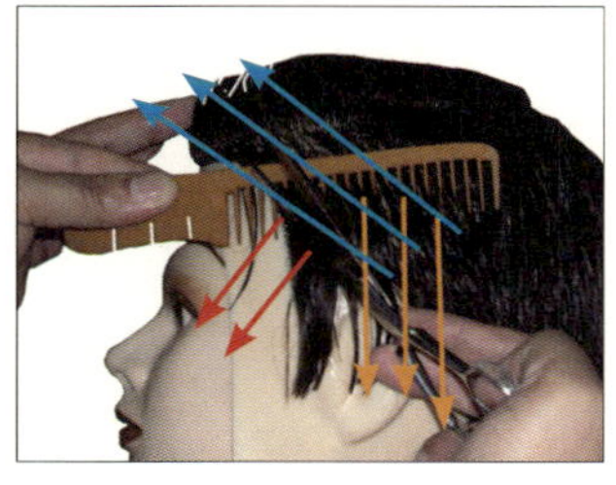

틴닝의 정의는 예전의 숱을 자르는 개념이 현실에는 맞지 않는다. 왜냐하면 현대인의 머리숱의 양은 환경, 오염, 스트레스, 불규칙적인 식습관 등 여러 가지 요인으로 평균 모발의 양이 20%정도 감소가 되었다. 따라서 모발을 감소시키기 보다는 숱의 정리로 정하는 것이 맞다.

좌측면부의 숱(틴닝)처리 방법이다. 가위가 들어갈 때 가위의 끝부분은 사진처럼 바깥으로 나오게 해야 한다. 가위에 들어온 모발을 다 자르는 것이 아니고 모발의 무거움과 뻗침 등 요소만 정리한다는 개념으로 가위의 끝을 들면서 모발을 정리한다.

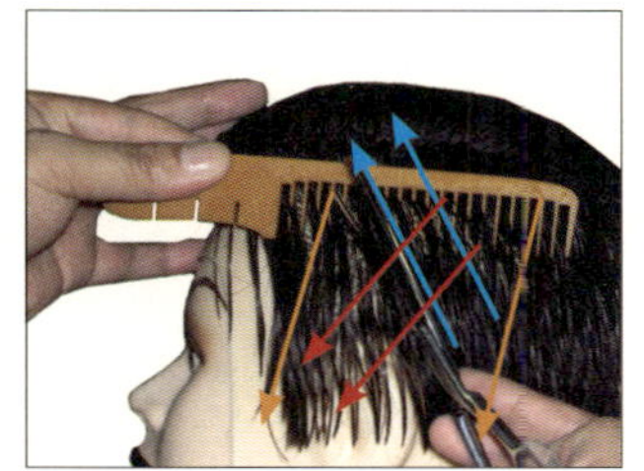

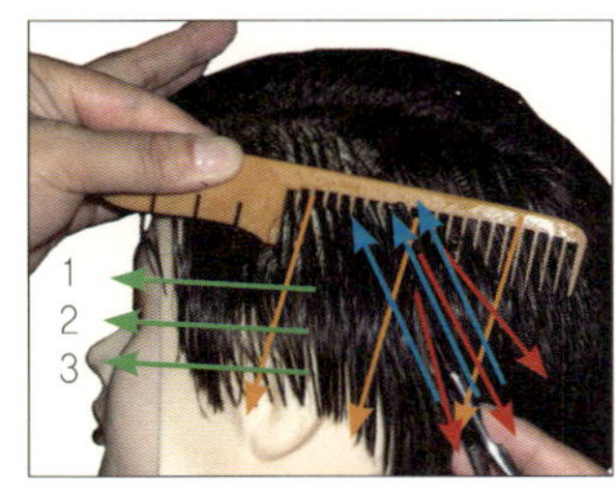

이번 사진은 귀 뒤의 부분을 정리하는 방법이다. 가위는 역시 밑에서 가위 끝을 사진처럼 세워서 밑에서 위 방향으로 가위를 벌려 모발 사이로 넣은 뒤 가위를 닫고 화살표 방향으로 내려온다. 이때에 가위의 끝은 꼭 들어주어 모발의 양을 적게 조절하는 것이 요령이다. 모발의 양을 조절하고 깊이를 정할 때에 모발 길이의 절반정도가 적당하다. 가마나 가르마 부분의 모발은 절반을 넘어가면 뜨는 현상을 만들기에 안되지만 나머지는 사선처리를 하면 괜찮다. 녹색의 화살표는 숱가위를 정리할 때의 시술순서인데 중간부분에서 밑으로 내려오면서 시술하는 것이 요령이다.

숱(틴닝)가위 우측면부 시술방법

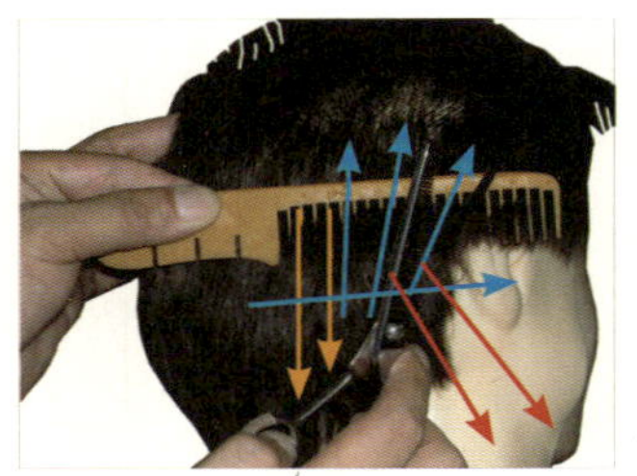

숱가위를 시술할 때에는 모발 전체를 절삭하는 것이 아니다. 모발은 필요한 모발과 불필요한 모발로 갈리는데, 필요한 모발은 놔두고 불필요한 모발은 숱가위로 정리를 하여 두 가지 모발이 같이 어울리게 만들어 주어야 한다. 시술자는 모발을 시술할 때 이 두 가지 모발을 구별할 줄 알아야 한다.

위의 사진은 후두부를 지나 우측면부로 넘어가는 우측 귀뒤 모양이다. 좌측면부와 같은 방식이지만 가위의 자세가 바뀌어 있다. 좌측은 좌측으로 가위가 가고 우측은 우측으로 가위가 가게 되어 있다. 숱가위를 시술함에 있어서 기본인 포인트 숱가위를 하지 않는 이유는 사선으로 처리하면 더욱 모발을 자연스럽게 하기 때문이다.

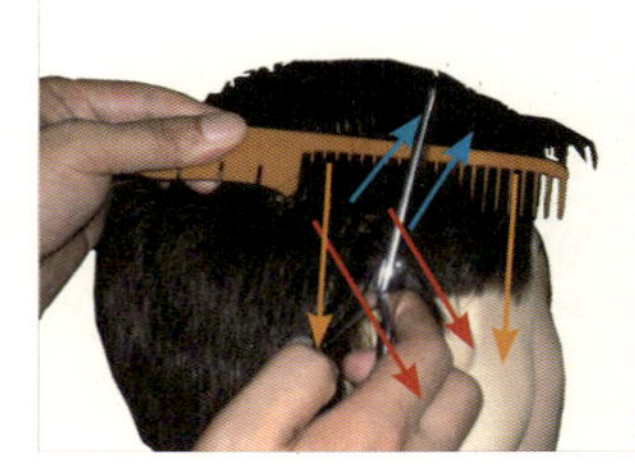

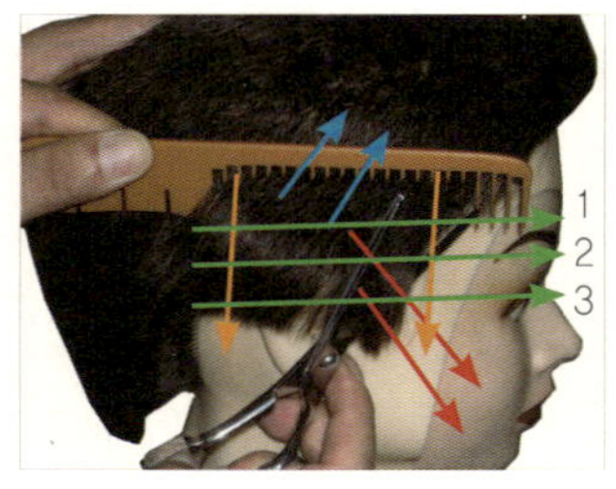

귀뒤 부분이 정리되면 귀위의 모발도 같은 방법으로 정리하여 주고 귀앞의 모발 역시 같은 방법이다. 여기서 주의할 부분은 모발을 전부 정리하는 것이 아니고 무거운 부분을 정리하여주는데 이때에는 뿌리부분의 모발 지점까지 정리를 하여도 무방하다. 앞장에서도 얘기했듯이 모발을 시술하는 순서는 녹색 화살표처럼 중간부분에서 밑으로 내려가며 순차적으로 시술하는 것이다.

숱(틴닝)가위 후두부 시술방법

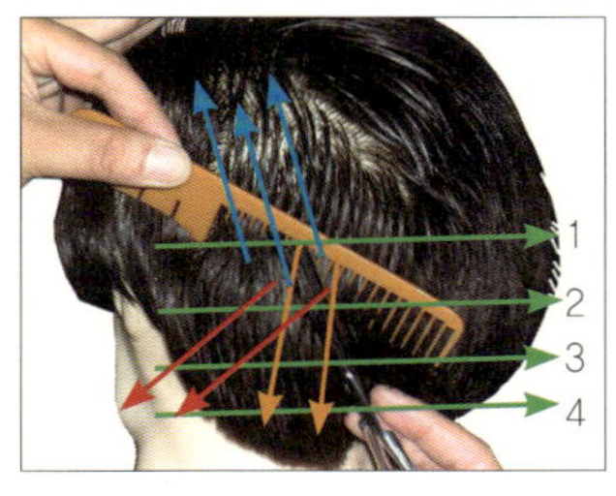

좌측을 하고 나면 좌측 귀뒤의 모발을 거쳐 후두부로 넘어오는 장면이다. 녹색의 화살표처럼 위에서 아래로 순차적으로 시술하며 내려온다. 화살표 방향으로 가위와 빗의 진로를 확실하게 인지하고 시술한다. 이 방식으로 좌측 귀뒤를 지나 후두부도 같은 방법으로 시술하여 준다.

가마 부분의 숱가위 시술장면이다. 가마 부분은 가위 끝이 깊이 들어가면 모발이 뜨는 현상을 만든다. 그래서 가마밑이 아니고 가마와 후두부의 중간지점이라고 생각하면 될 것이다. 이 부분의 모발 숱을 정리하여 주면 모발이 뜨는 현상을 방지하고 모발을 가라앉게 하는 효과가 있다.

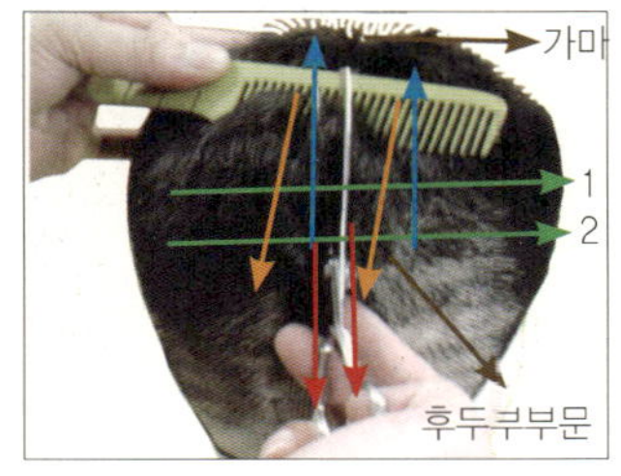

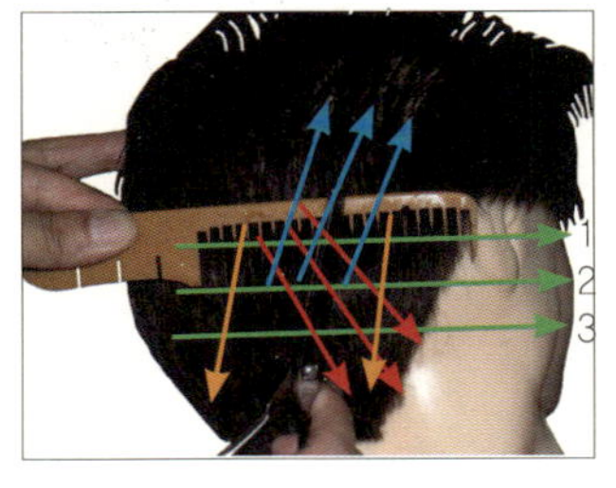

이 사진은 후두부를 시술하고 넘어오다 우측 귀뒤 부분의 숱처리 장면이다. 앞장과 같은 방식으로 시술을 하고 녹색의 화살표를 따라 꼭 위에서 아래로 내려가며 시술한다. 가위는 언제나 벌린 상태에서 밑에서 들어가며 시술하고 가위가 닫힌 상태에서 가위를 화살표 방향으로 빼내어준다. 가위의 날이 좋지 않으면 모발을 가위가 찝을 수 있으니 가위 선정도 신중하게 해야 할 것이다.

숱(틴닝)가위 천정부 시술방법

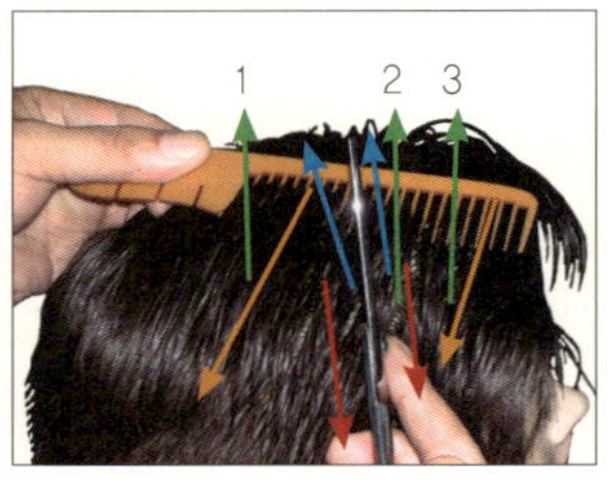

모발은 사진처럼 단정히 빗은 상태가 좋다. 숱가위가 들어가는 방법은 앞장처럼 모발 사이로 동날이 들어가서 가위를 개폐하면 동날이 모발을 들어올리면서 숱정리를 하게 된다. 세워잡기 자세는 바로잡기 자세와 바뀌지만 정날은 고정자세이고 동날의 움직임으로 모발을 정리한다.

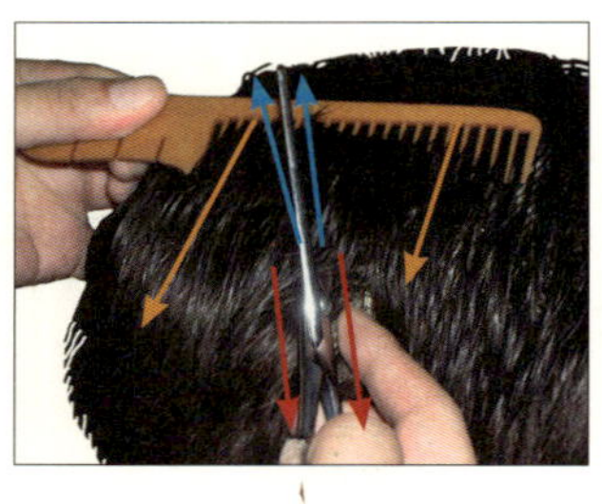

1, 2, 3번 순서처럼 시술하며 가마 앞까지 시술한다. 천정부의 숱가위처리는 모발 길이의 절반을 넘기면 안된다. 모발 길이의 절반을 넘게 시술하면 모발이 뜨는 현상을 초래하기 때문에 절대 절반을 넘기면 안된다. 숱가위가 시술하고 내려올 때 꼭 빗도 같이 내려와 모발을 가지런히 정돈한다.

가르마쪽에서 시술방법이다. 빗으로 모발을 밀면서 숱가위가 빗위에 있을 수도 있고 빗밑으로 들어갈 수도 있는 장면이다. 그때그때 상황에 따라 시술이 틀려지는데 모발의 무거움이 심할 때는 빗밑으로 숱가위가 들어가고 모발이 가벼울 때는 빗위로 숱가위를 올려 시술한다. 사진처럼 가르마 쪽은 절대 시술을 해서는 안된다.

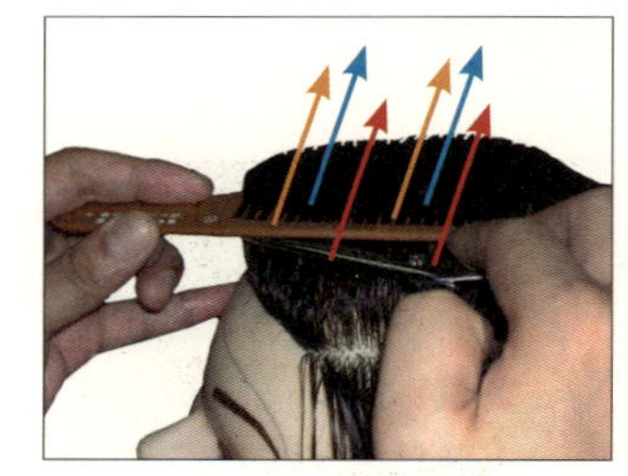

가르마 부분에서 숱가위의 시술은 빗과 숱가위가 같이 움직이며 한 방향으로 나아간다. 시술을 하고 나면 꼭 빗도 같이 빗어주어야 한다. 시술을 했는데 빗질을 안하면 시술을 했는지 안했는지 구분이 안되기 때문에 시술을 하면서 꼭 빗질을 같이 해줘야 한다.

가르마

숱(틴닝)가위 앞머리 시술방법

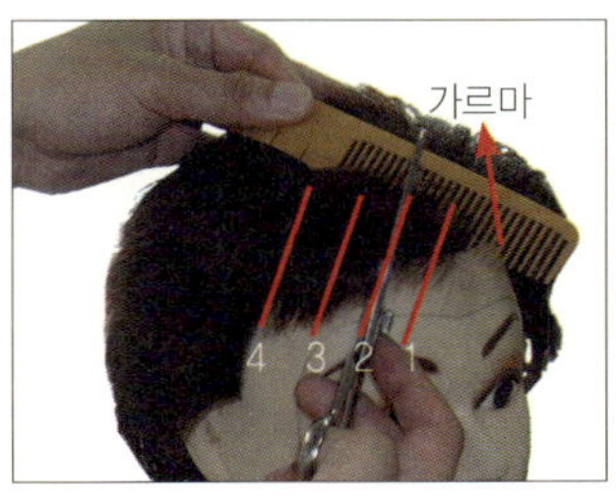

앞머리 숱가위 처리방법이다. 앞머리 모양에서 주의해야 할 점은 숱가위가 두피쪽으로 깊이 들어가면 앞머리의 모발이 감소되어 이마 부분이 훤하게 드러날 수 있는 위험요소가 있다. 천정부, 측면부, 후두부는 깊이 들어가게 되더라도 당장은 표시가 나지 않지만 앞머리는 단점으로 나타난다.

가르마 부분에서 귀앞머리까지 이마를 덮고 있는 모발 모양을 앞머리부분이라고 정의할 수 있다.

녹색 순서대로 2cm 간격으로 화살표 방향으로 사선 처리하여 준다.

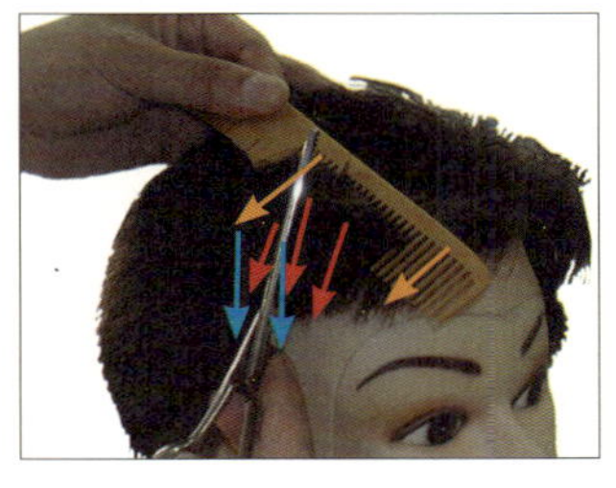

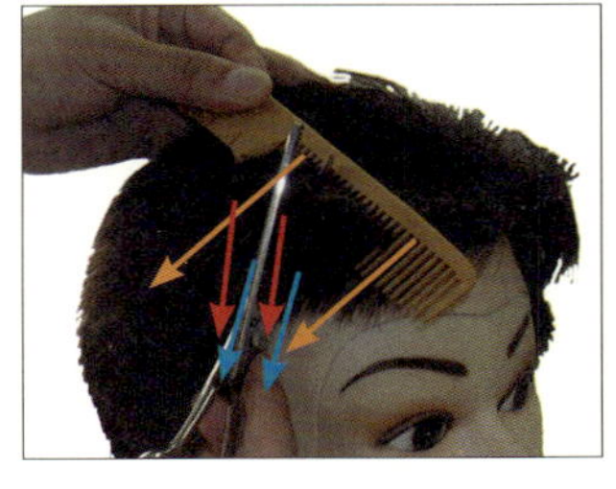

귀앞머리 부분의 모양인데 이곳에선 숱처리부분을 좀 더 신경써야 한다. 남성들의 앞머리는 이 부분이 귀윗머리에 앞머리가 걸쳐지며 모발이 넘어가야 모양이나 발란스적 요소가 알맞다. 하지만 앞머리의 모발이 길면 귀윗머리에 앞머리가 얹히는 요소가 나올 수 있으니 모발 길이를 잘 맞추어야 한다.

위의 사진에서 넓은쪽의 앞머리 처리를 알아봤다. 이 사진은 좁은쪽의 가르마 부분이다. 남성들의 경우는 가르마를 가르지 않는다고 하는 분들도 상당수 있다. 가르마를 가르지 않더라도 모발의 손질을 위해서 앞머리 부분이 중요하다. 모발의 간격을 2cm로 하고 모발 끝에서 절반을 넘지 않은 상태로 처리하여 자연스러움을 연출해 준다.

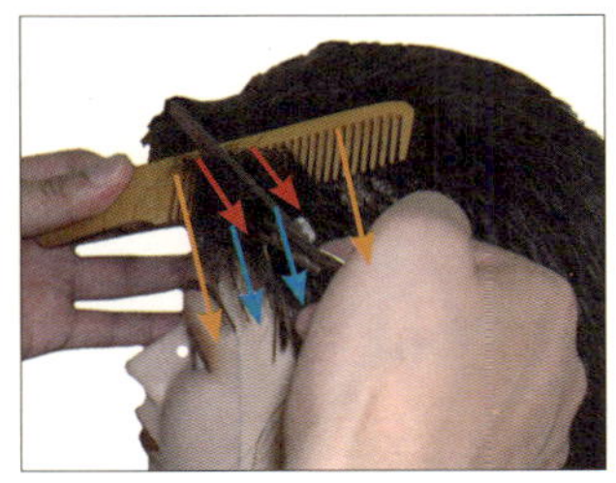

베이직 컷트

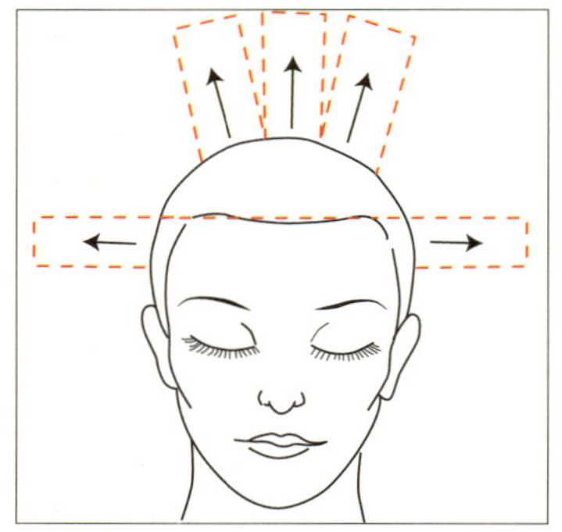

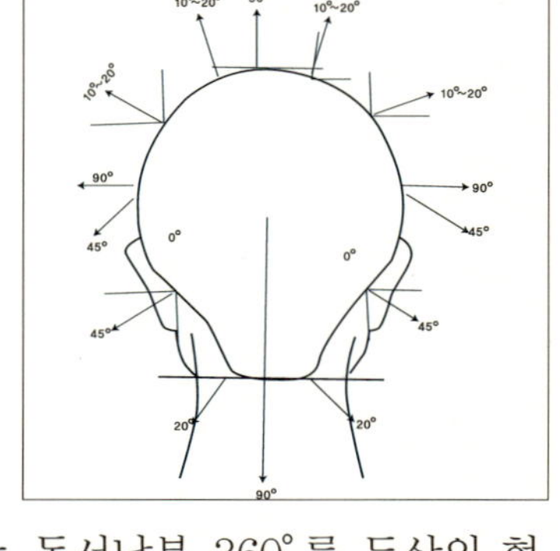

4WAY 컷트의 정의는 동서남북 360°를 두상의 형태에 대비시켜서 컷트 시작을 하지만 컷트를 할 시에는 자르고자 하는 곳에서 4WAY 컷트를 대비시켜 컷트를 좀 더 쉽고 빠르게 할 수 있다는 장점이 있다.

단점으로는 손가락이 정확히 자리를 잡고 시술에 들어가야 하는 것이다. 모발을 보고 정확하게 각도를 만들면 자르는 것은 그리 어려운 일이 아니다. 많은 사람이 보지를 못하니 자르지 못할 뿐이다. 보는 각도를 만들면 자르는 일이 쉬워진다.

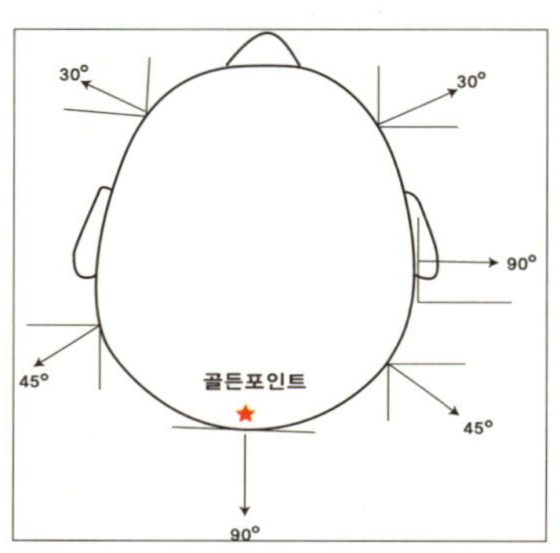

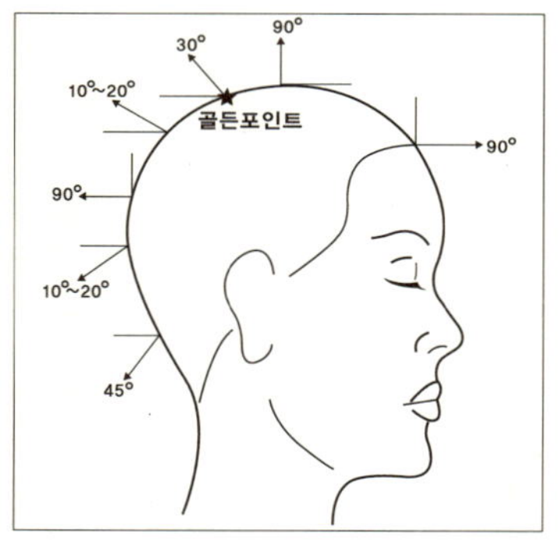

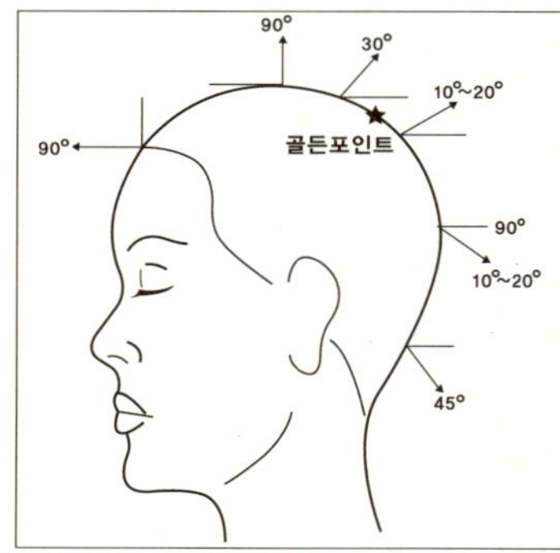

베이직 컷트 도해도

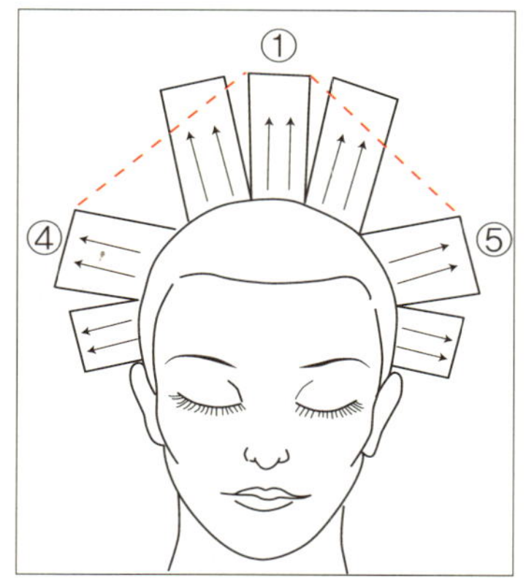

두정부는 3등분으로 나누어 컷트 시술을 하는데, 기준이 있어야 컷트선이 부드러워진다. 3등분을 나누게 되면 코 부위가 기준이 되고 눈 위의 부분이 2번과 3번으로 갈리게 된다. 코 부분의 절삭은 수직으로 들리지만 눈 위의 부분은 4WAY 컷트에서 10~20"정도 편차를 주고 절삭한다. 4WAY 컷트는 자르고자 하는 자리에서 각도를 정하는 것이기 때문이다. 여태까지는 전체의 조경에서 보았으나 앞으로는 4WAY 컷트 시점으로 보면 컷트가 더 쉬워질 것이다.

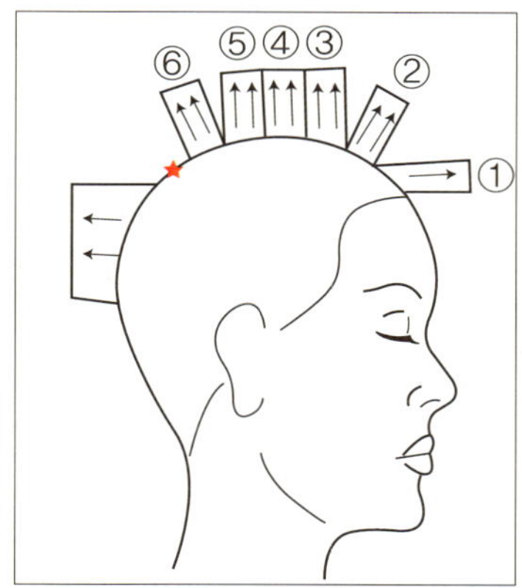

두정부의 방식을 측면에서 본 것인데 두정부 앞 모발 부분은 사진과 같이 4WAY 컷트에서 90° 앞으로 모발을 잡아내어 절삭하고 2번은 자르고자 하는 곳에서 45"를 3~5번까지는 90°로 모발을 잡아올려 절삭하며 6번인 가마 바로 앞은 4WAY 컷트에서 20~30° 정도 잡아당기면서 절삭하고 눈 위 부분까지 3군데를 절삭하면 두정부의 기장컷트는 끝난다.

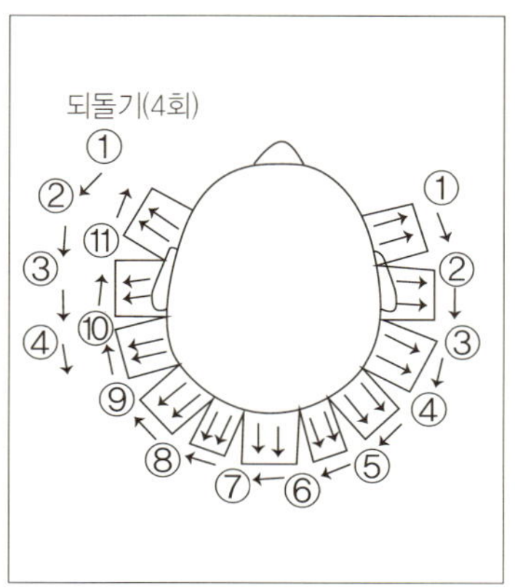

측면부의 모발을 절삭할 때 우측 귀 앞부분의 모발은 사진처럼 4WAY 컷트에서 20~30° 정도 밀어내며 절삭하고 좌측 귀 앞부분은 20~30° 정도 당겨주면서 절삭한다. 우측에서 후두부를 지나 좌측으로 오면 사람이 하는 일 이라 실수가 나오게 마련이다. 좌측면은 귀 앞부분에서 귀 뒤까지 되돌아 나오는데 3회에서 4회 정도만 나오고 귀 뒤에서 측면 기장컷트를 마무리한다.

컷트
기초이론

잘려야 할 모발/잘리지 말아야 할 모발

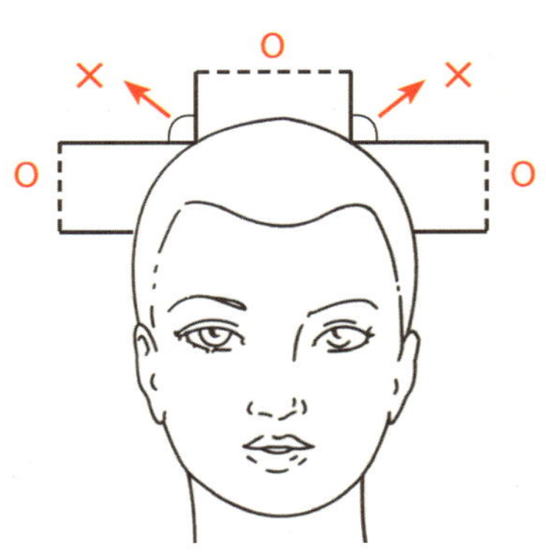

옆의 사진을 보면 ○와 ×표가 있다. 동그라미는 잘라도 되지만 ×표는 자르지 말라는 의미이다. 시술시 사람 두상의 구조는 사각형의 구조를 가지고 있다. 사진의 시술모양도 역시 사각형 구조를 토대로 하고 있는 것이다. 천정부는 모발을 수직으로 들어올려 절삭하고 측면부는 수평으로 모발을 잡아내어 절삭한다. ×표는 사각지대 부분인데 이 부분은 화살표의 방향으로 잡아내는 것이 아니다. 하지만 천정부로나 측면부로 모발이 절삭되기 때문에 일부러 모발을 잡아내어 절삭하는 것이 아니다.

　　천정부나 후두부의 모양도 역시 잘
라야 할 모발과 자르지 말아야 할 모
발로 구분이 된다. 천정부의 가마 전
모발을 사진처럼 10°정도 당겨서 절
삭을 하고 후두부는 모발을 수평으로
잡아내어 절삭한다 스타일 컷트는 컷
트 방법에 변화가 있지만 컷트의 기본
인 상고에서는 이 모양이 당연한 것이
다. 모든 헤어 스타일에서 상고스타일

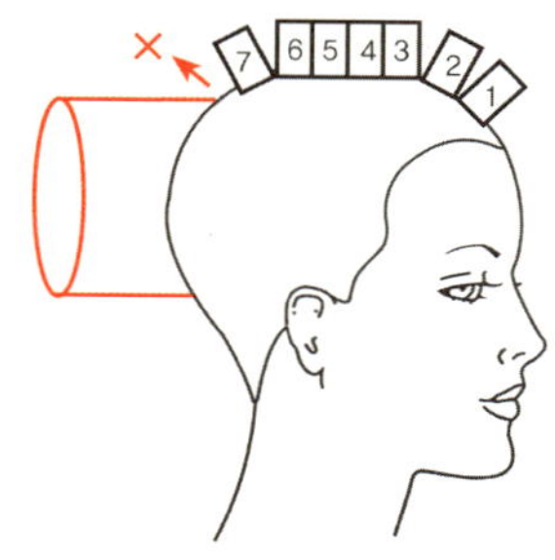

은 컷트의 교본이다. 상고 스타일에서 모양이 수백가지로 가지가 뻗어가는 것이다.
다시 사진으로 돌아가서 측면부나 후두부의 모발을 수평으로 잡아내라는 이유는 수
평으로 모발이 절삭되면 층이 없는 무층의 모양을 만들 수 있기 때문이다. 기본에서
는 층이 없는 스타일을 만들 줄 알아야 층을 쉽게 만들 수 있다. 층을 만드는 모양만
배운 사람들은 무층을 만들지 못한다. 층이 없어야만 헤어 스타일이 차분해진다.

두정부(천정부) 기장 컷트 가위자세

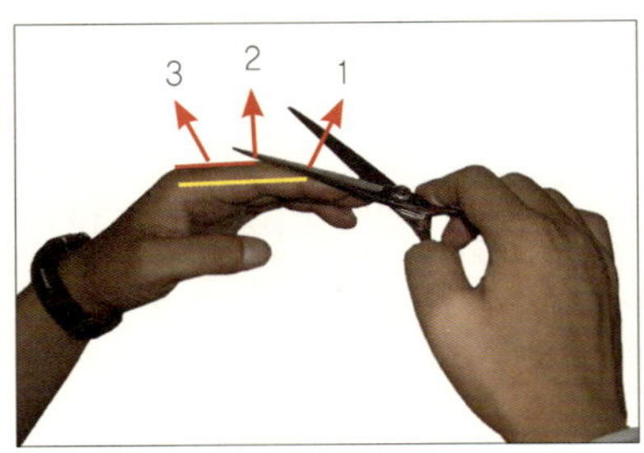

사진에서 보듯 가위를 잡은 손은 세워잡기를 한 상태이다. 왼손은 손가락 끝과 끝을 수평으로 한 상태에서 손가락은 약간의 곡선(⌒)을 만들어 준다. 가위는 사진처럼 손톱쪽에 가위날을 붙이면 가위 끝은 사진처럼 세워지게 된다. 가위를 손가락에 대고 자르는 시작점이 1번이다.

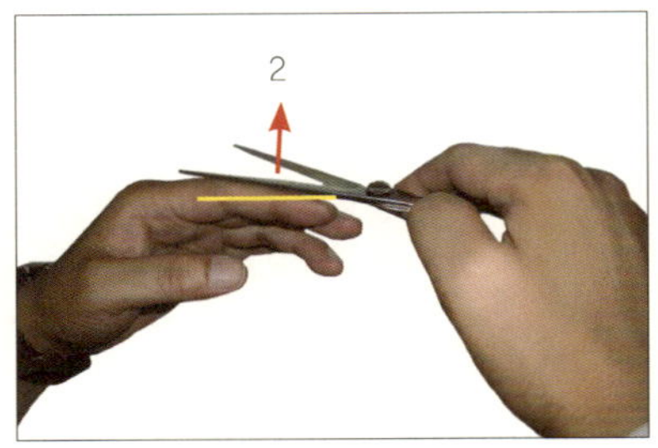

사진을 보면 가위의 중간 날이 2번 위치에 있다. 가위를 손톱쪽에 대고 가위날을 닫으면서 손가락 등을 따라가며 모발을 잘라나간다.

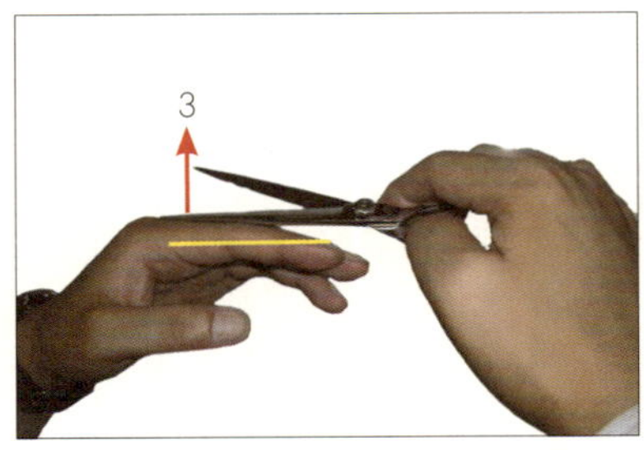

위의 사진부터 아래 사진까지 하나의 연결로 본다면 사진처럼 가위날의 끝은 손등쪽에 도착하게 된다. 한번의 동작으로 연결하듯이 컷팅을 하여야 모발이 깨끗하게 잘린다. 시작은 가위 협신부가 손톱쪽의 손가락에 붙고 마지막에 가위날의 끝 부분이 손등쪽의 손가락 끝에 붙게 된다.

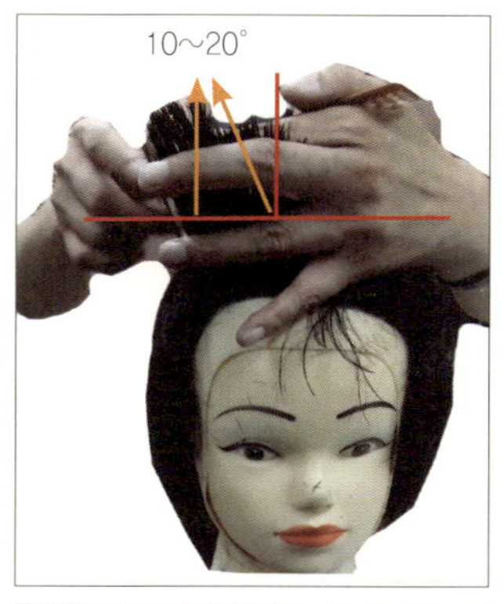

기장컷트에서 코 위부분은 사방위에서 정각도로 잡아 올려야 하지만, 우측 눈 위는 사방위에서 사진의 화살표 방향으로 10~20° 정도 잡아 당기면서 절삭하여주어야 두상의 현상에 맞게 잘리게 된다. 손가락의 자세 역시 수평에서 손가락의 끝이 노란색선인 10~20° 정도 내려서 잘라야 한다는 걸 명심하자.

우측 부분의 기장컷트를 할 때 눈앞 부분부터 시작하여 가마 바로 앞까지 못 잘려도 5번, 평균 6~7번의 절삭을 하여 주어야 한다.

그래야 두정부의 균형이 생겨 모발 자체로 탄력이 생겨 모발이 풍성하게 보이는 현상이 생긴다.

앞부분의 모발부터 가마 부분까지 6~7회의 절삭을 하고 나면 우측 눈 위 부분의 모양이 자세를 잡게 된다. 여러 번에 걸쳐 기장컷트를 하는 이유는 균형미를 만들기 위함이고 균형미가 생겨야 자연스러운 헤어스타일을 만들 수 있다. 요령과 스타일만 난무하는 지금이지만 최소한 기술자라면 손님의 모발을 좀 더 생각하며 절삭해야 할 것이다.

기장컷트에서 코 위부분은 사방위에서 정각도로 잡아 올려야 하지만, 좌측 눈 위는 사방위에서 사진의 화살표 방향으로 10~20° 정도 잡아 당기면서 절삭하여주어야 두 상의 현상에 맞게 잘리게 된다. 손가락의 자세 역시 수평 에서 손등쪽이 노란색선인 10~20° 정도 내려서 잘라야 한 다는 걸 명심하자.

앞부분의 모발부터 가마 부분까지 6~7회의 절삭을 하 고나면 좌측 눈 위 부분의 모양이 자세를 잡게 된다. 여러 번에 걸쳐 기장컷트를 하는 이유는 균형미를 만들기 위함 이고 균형미가 생겨야 자연스러운 헤어스타일을 만들 수 있다. 요령과 스타일만 난무하는 지금이지만 최소한 기술 자라면 손님의 모발을 좀 더 생각하며 절삭하여야 할 것 이다.

좌측 눈 위 부분의 기장컷트를 할 때 눈앞 부분부터 시 작하여 가마 바로 앞까지 못 잘려도 5번, 평균 6~7번의 절삭을 하여 주어야 한다.
그래야 두정부의 균형이 생겨 모발자체로 탄력이 생겨 모발이 풍성하게 보이는 현상이 생긴다.

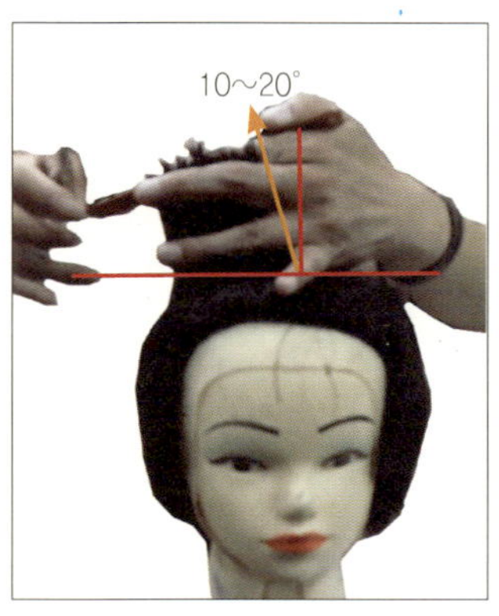
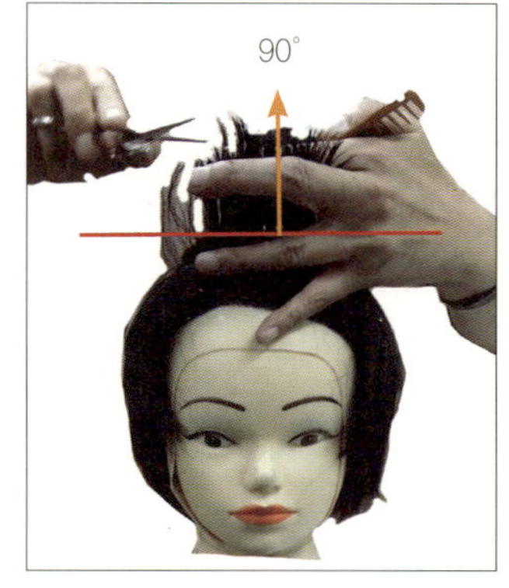
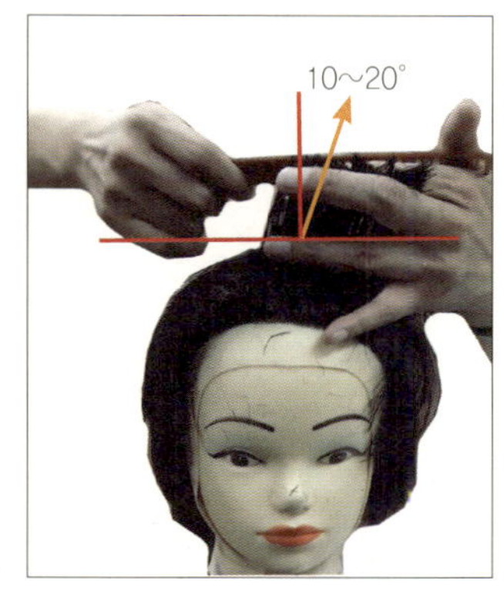

기장컷트에서 코 위부분은 사방위에서 정각도로 잡아올려야 하지만, 우측 눈 위는 사방 위에서 사진의 화살표 방향으로 10~20° 정도 잡아당기면서 절삭하여 주어야 두상의 현상에 맞게 잘리게 된다. 손가락의 자세 역시 수평에서 손가락쪽이 노란색선인 10~20° 정도 내려서 잘라야 한다는 걸 명심하자.

앞부분의 모발부터 가마 부분까지 6~7회의 절삭을 하고나면 전체 균형미를 만들 수 있는 기준선을 만드는 것이다. 기준선을 만들고 나면 우측 눈 위부분과 좌측 눈 위의 부분이 연결되어 잘리게 된다. 그러면 균형미가 생기고 자연스러운 헤어스타일을 만들 수 있다. 요령과 스타일만 난무하는 지금이지만 최소한 기술자라면 손님의 모발을 좀 더 생각하며 절삭하여야 할 것이다.

좌측 눈 위 부분의 기장컷트를 할 때에는 눈앞 부분부터 시작하여 가마 바로 앞까지 못 잘려도 5번, 평균 6~7번의 절삭을 하여 주어야 한다.

그래야 두정부의 균형이 생겨 모발 자체로 탄력이 생겨 모발이 풍성하게 보이는 현상이 생긴다.

측면부, 후두부 기장 컷트 가위자세

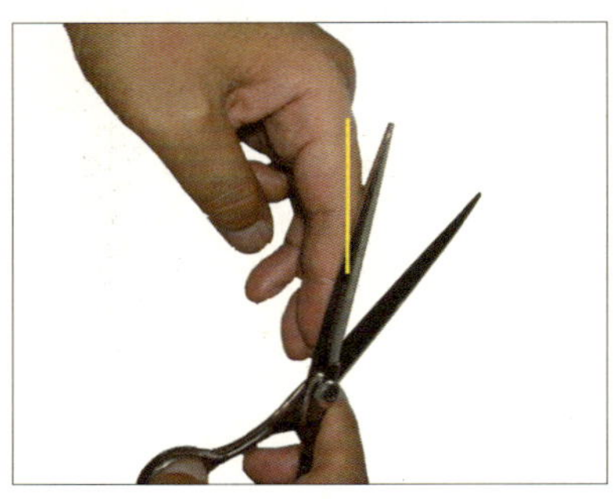

사진에서 보듯이 가위 잡는 모습은 세워잡기이며 왼손의 자세는 천정부 자세를 세로로 세워놓은 것이다. 이 역시 가위의 끝은 손가락과 떨어져 있는 것을 알 수 있다. 몸통쪽의 가위는 손가락 끝에 걸쳐 있는 상태다. 손가락의 자세는 수평선처럼 약간의 곡선미를 가지고 있어야 한다.

이번 사진은 위의 사진에 이은 모발을 연속적으로 잘라내는 장면이다. 손가락끝 부분에 붙어있던 가위가 이번 사진에선 가위날의 중간부분에 붙어있다. 가위로 모발을 절삭하는데 있어서 자세가 중요하다. 손가락의 자세를 보면 팔의 위치를 알 수 있는데 영상에서 자세도 자세히 보기 바란다.

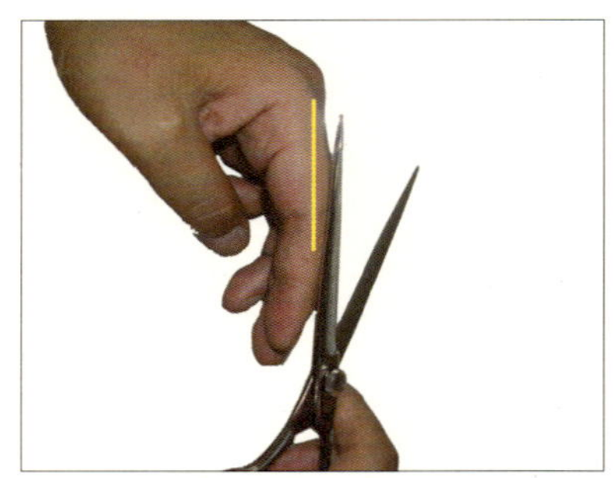

제일 위의 사진과 지금의 사진을 보면 정반대의 상황이다. 위의 사진은 가위의 몸통이 붙어 있는 반면 이번 사진은 가위의 날끝이 손가락에 붙어 있다. 위의 사진부터 연속적으로 모발을 한번에 절삭을 해나오면 사진과 같은 모양이 나오게 된다. 사진처럼 손가락은 세로로 수직이 되어야 한다.

측면부 기장 컷트 자세

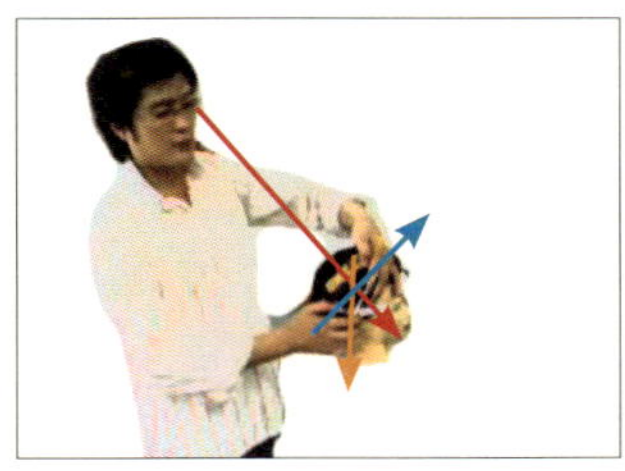

측면부의 모발을 절삭할때 제일 중요한 점은 시술자의 시선이 어디를 향해야 하는가이다.

시술자는 사진처럼 눈으로 모발이 제대로 서있는가 먼저 보고 손가락의 자세는 제대로인가를 보고나서 가위가 잘라야 할 모발을 보고 시술에 들어가야 한다.

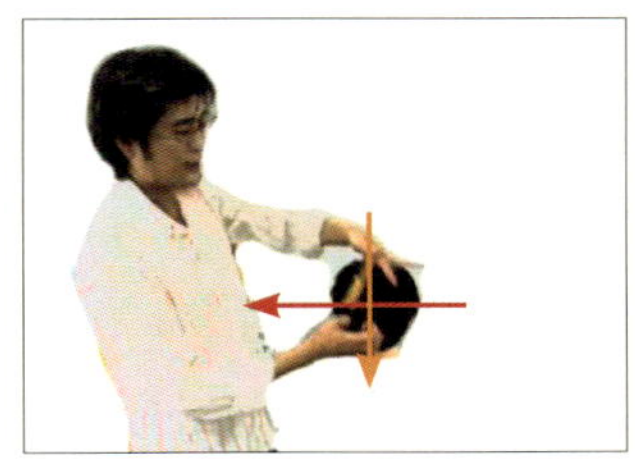

우측면부부터 시술을 차분히 하면서 후두부로 돌아온다. 하지만 사진의 노란화살표처럼 손위치가 밑머리 부분으로 내려오는 경우가 많다. 그러면 절대로 안되고 붉은선처럼 일정하게 따라 나가야 한다. 그것이 균형을 만드는 제일 기본적인 자세다.

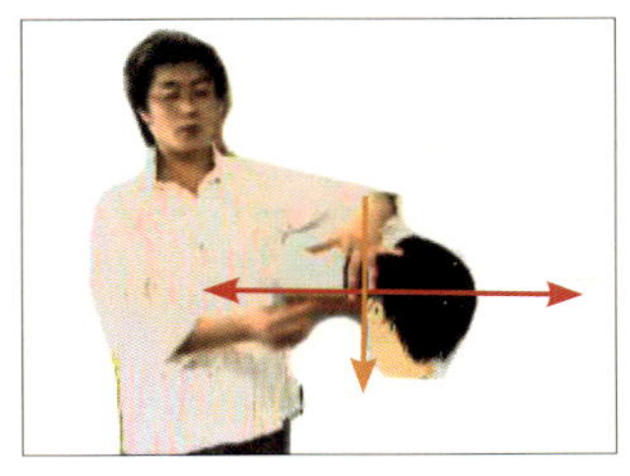

후두부의 모발을 잘라가면서 좌측면부로 돌아간다. 사진처럼 몸이 돌아가면서 시술을 하여야 하는데 몸 자체가 돌아가지 못하고 다시 손님의 뒤로 돌아와서 자르고 있는 모습을 종종 볼 수 있다. 사진처럼 몸이 따라 가더라도 손가락 자세는 수직이 되어야 하고 팔의 자세는 수평을 유지해야 올바른 자세라 할 수 있다.

우측면부에서 시작해서 후두부를 지나 좌측면부까지 시술을 해오다보면 우측면부의 모발 길이와 좌측면부의 길이에 편차가 생길 수 있다. 그것을 방비할 수 있는 방법은 사진처럼 노란화살표로 되돌아나오면서 귀 뒤까지 3~4회 정도 모발을 뿌리에서부터 깨끗하게 잡아올려서 절삭하여 준다. 역시 손가락은 수직을 유지한다.

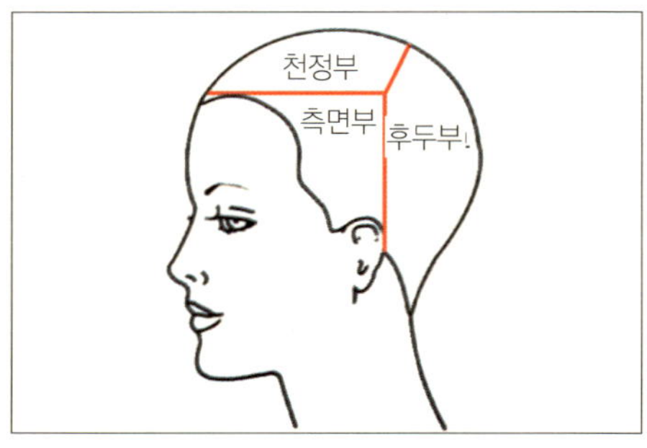

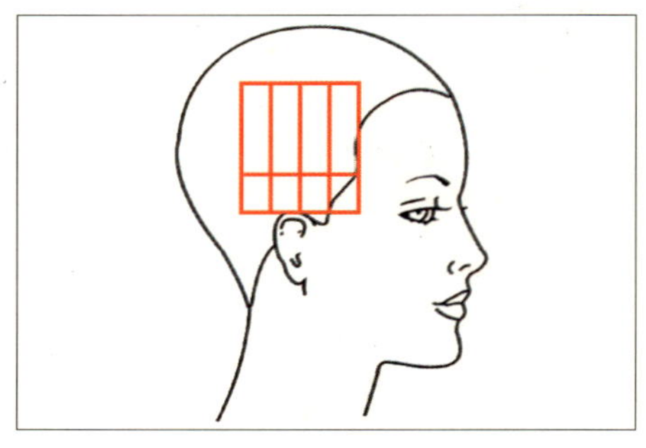

　앞장에서 천정부를 알아봤다. 천정부와 후두부는 넓은 반면에 측면부는 그 폭이 넓지 않다. 사진에서 보면 EP에서 GP까지 보는데 남성컷트는 귀뒤까지 보는 게 맞다. 적은 양이지만 상당히 중요한 자리를 잡고 있다. 천정부를 시술하고 나면 측면부를 시술해야 하는데 왼손잡이는 왼쪽부터 시작하고 오른손잡이는 오른쪽부터 시작한다. 측면부의 모발은 귀앞 모발부터 수평으로 잡아내어 절삭한다. 하지만 귀앞의 처음 시작하는 모발은 기준자세에서 45° 앞으로 잡아내어 절삭한다.

　사진을 보면 모발의 모양은 수평을 이루고 있다. 이렇듯 모발을 수평으로 모발 뿌리부터 빗으로 잡아내어 절삭한다. 칸의 넓이는 2~3cm가 적당하며 너무 많은 양을 잡으면 모발이 가위날에 밀려 한번에 절삭하기 쉽지 않다. 모발을 절삭할 때에는 한번에 절삭을 하여주고 다음칸으로 연결하듯이 절삭하여 나간다. 사진의 빨간선 밑은 짧은 모발일 때 잡을 모발이 없다. 따라서 빨간 부분 위의 모발을 잡아내는데 모발을 손가락에 잡아낸 길이는 3~4cm정도 밖에 안된다. 그래서 한번에 절삭하기 좋다. 좀 더 자세한건 다음장에서 알아보자.

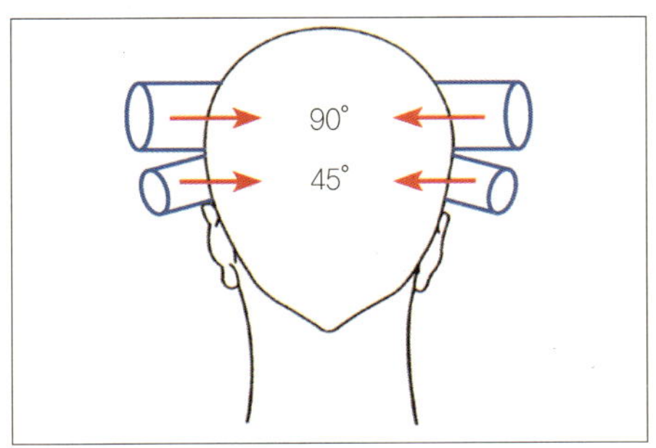

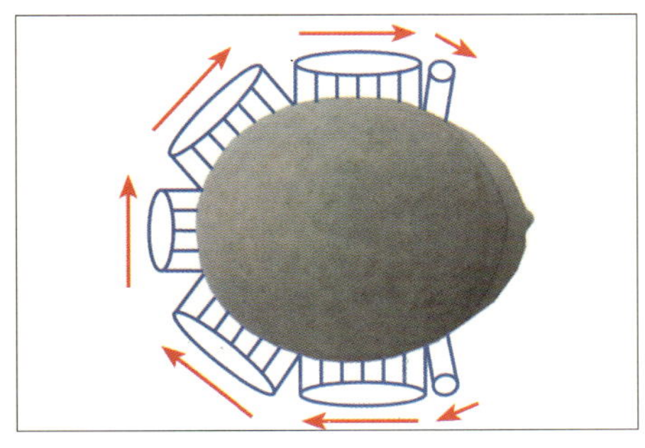

이것도 측면부의 시술방법이다. 측면부를 시술할 때 사진처럼 오른쪽에서 시작하는데, 스타일 컷트를 할 때는 귀 위의 모발을 한번 더 잡아야 한다. 귀 위의 모발이 귀를 덮고 있는 경우가 많은데 사진처럼 45°로 빗으로 모발을 잡아낸 후 시술한다. 측면부의 시술은 기본인 상고컷트를 할 경우에는 귀 위의 모발을 잡을 필요가 없다. 이유는 클리퍼로 귀 위의 모발을 잘라냈기 때문에 귀 위의 모발이 짧아서 손가락으로 모발을 잡지 못한다. 그럼 기본 상고컷트를 할 때에는 90°로 모발을 수평으로 이루게 빗으로 잡아낸다.

위의 사진은 위에서 내려본 두상이다. 사진에서 보면 측면부의 모양과 후두부의 모양이다. 모발을 들어내는 방향과 시술하며 가는 방향이다. 우측 앞모발에서 시작하여 후두부를 지나 좌측 앞모발까지 가는데 모발을 다 세워놓으면 사진처럼 부채꼴의 모양을 가진다. 시술은 시술자의 입장에서 눈앞의 모발을 절삭하는 것이다. 화살표 방향으로 돌아가며 모발을 시술한다. 모발을 빗으로 잡아 낼 때 가로 수평으로 잡아내고, 모발이 수평에서 위로 가거나 밑으로 가면 안된다. 그런 경우는 스타일컷트에서 알아보겠다.

기본 머리 모양은 위의 자세가 기본이라 하겠다. 좀더 자세한 해설은 사람시술에서 알아본다.

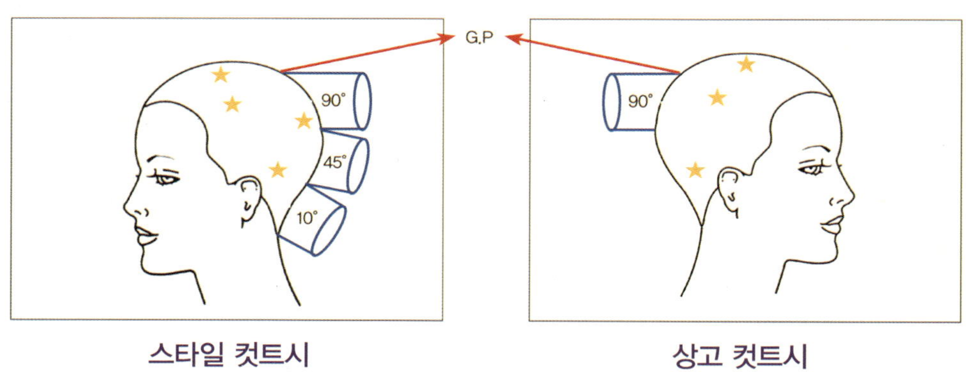

<table>
<tr><td>스타일 컷트시</td><td>상고 컷트시</td></tr>
</table>

　스타일 컷트시 후두부의 모발은 사진처럼　후두부 중앙은 90°로 모발을 수평으로 잡아내어 절삭하고 중앙의 밑 모발은 45°로 모발을 잡아내어 절삭한다. 후두부 밑 부분 모발은 0~10°로 잡아내면 된다. 스타일 컷트에서는 후두부 밑 부분의 모발을 자연스럽게 처리하기 때문에 모발이 길다. 기본인 상고 컷트를 할 때는 후두부 중앙만 처리하면 된다. 이 역시 후두부 밑 부분 모발을 클리퍼로 시술을 하였기에 밑 부분이 짧다. 그래서 굳이 모발을 잡으려 해도 잘 안잡힌다. 그래서 클리퍼 시술을 한다. 중앙의 모발을 시술할 때는 사진처럼 90°로 잡아내어 시술하는 것이 바른 시술방법이다.

　* 앞에서 이야기했듯이 두상은 사각형의 기조를 띄고 있다. 두상의 형상은 보는 이에 따라 달리보일 수도 있다. 둥그렇게 보일 수도 있으나 시술을 할　때의 기조는 사각형으로 알고 있어야 한다. 자신들의 두상을 만져봐도 알 것이다. 측면부를 만져보면 천정부로 올라가다보면 뛰어나온 곳이 있다. 그곳이 사각지대인데 사각지대 부분을 놓고 천정부와 측면부로 나누는 것이다.

클리퍼 빗에 걸치는 방법

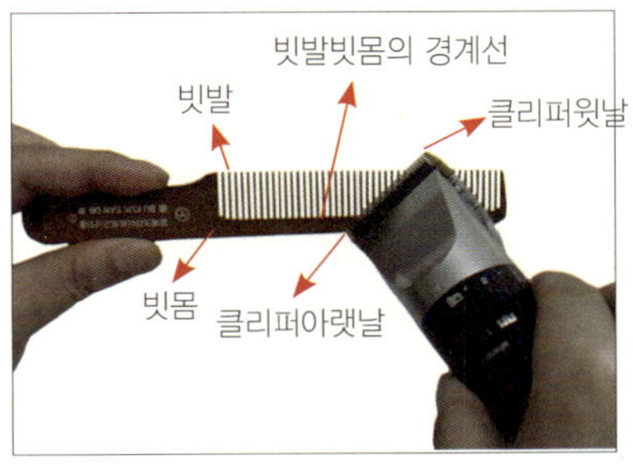

클리퍼의 정의는 자르는 성질 밖에 없다는 것이다. 자르는 성질을 완충하는 것이 빗이다. 사진을 보면 빗은 수평이고 클리퍼의 날이 빗발에 붙어 있다. 빗에 클리퍼를 붙일 때 사진처럼 비스듬히 붙이는 것이 맞다. 세워서 붙이면 클리퍼날이 빗발을 긁기 때문이다. 클리퍼의 아랫날은 빗몸에 붙여주어야 바른 자세이다.

클리퍼를 빗에 붙인 후 클리퍼의 진행을 해야한다. 사진에서 클리퍼의 아랫날은 빗몸에 붙이고 클리퍼 윗날은 사진처럼 10°정도 벌려준 후 사진의 화살표 방향으로 클리퍼를 시술한다. 시술할 때는 빗끝에서 안까지 가는 것이 아니고 3~4cm정도의 모발을 절삭한다.

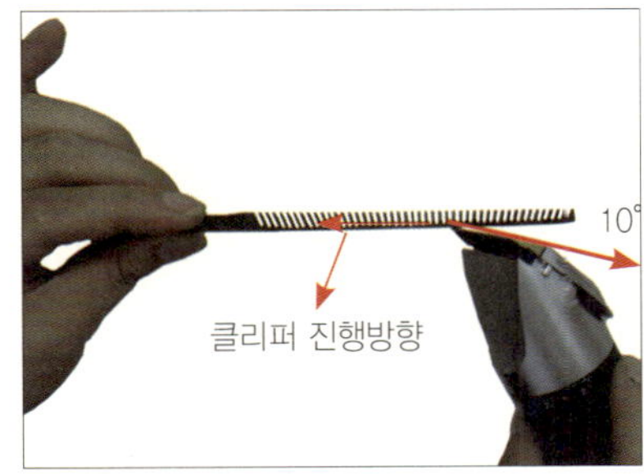

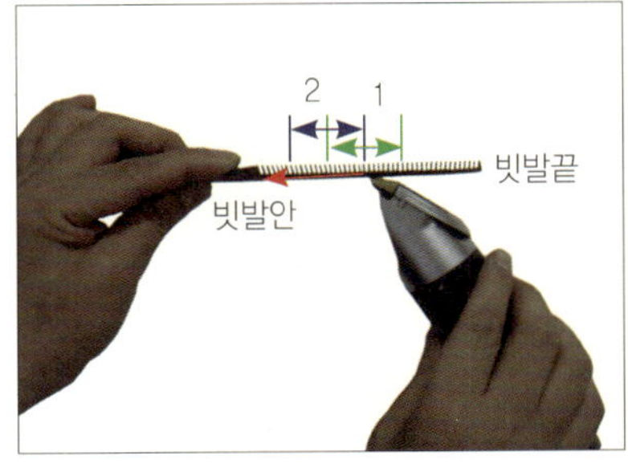

클리퍼를 진행할 때는 빗발 끝에서 시작하는 것이 아니고 사진처럼 녹색 1번인 중앙에서 중앙으로 시술하던지 아니면 파란색 2번 중앙에서 빗발 안으로 시술을 하여야 한다. 빗발끝에서 시술하려다가 빗밑으로 클리퍼가 들어가게 되어 모발을 절삭하면 스타일에 영향을 주게 된다. 실수를 하지 않으려면 안전한 시술방법을 선택해야 한다.

클리퍼 두피 시술 방법

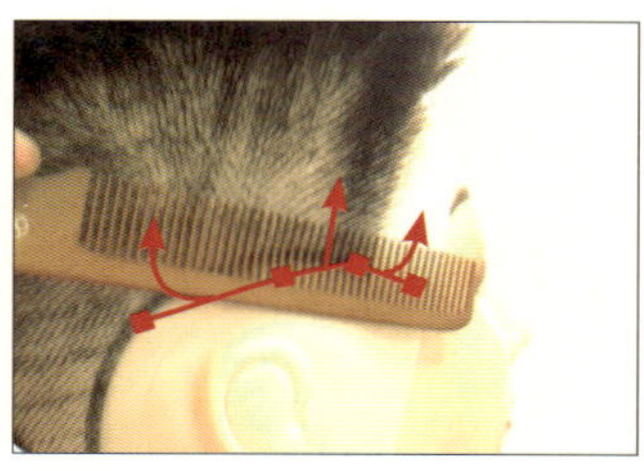

　　사진에서 보듯 빗의 경계선에 모발의 시작선을 붙이는 것이 기본인데 이유는 모발은 자라서 밑으로 내려오기 때문에 빗발 속에 모발을 집어넣는 것이 먼저이기 때문이다. 클리퍼 시술의 시작은 역시 오른손잡이는 오른쪽에서 왼손잡이는 왼쪽에서 시작하는게 맞다. 1~3번까지의 선이 있는데 1번은 귀앞의 자세이며 수평에서 빗이 사선으로 되어 있다. 이 경우는 사선의 빗을 수평으로 만들어준 후 빗이 올라가고, 2번은 빗이 수평이므로 그냥 위로 올라가면서 시술하며, 3번 역시 빗이 사선으로 있으니 빗을 수평으로 맞추면서 위로 올라가면서 시술한다.

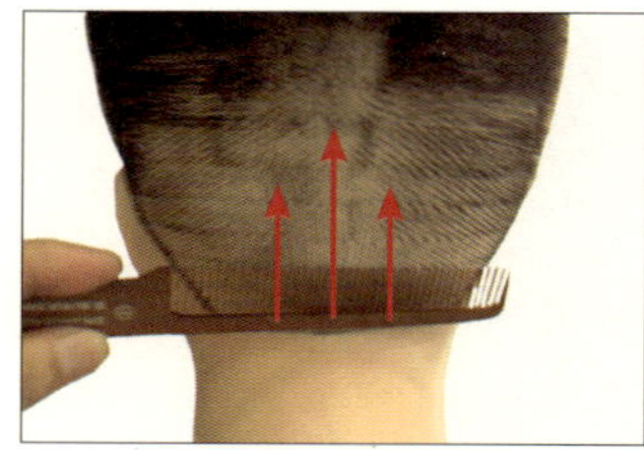

　　후두부에 빗을 붙이는 자세이다. 사람들의 머리 모양은 남자나 여자나 거의 비슷하지만 모류의 차이가 많이 나고 모발의 길이 역시 많은 차이가 있다. 하지만 후두부 밑부분의 차이는 약간 있지만 평평함을 이루고 있으니 빗 역시 평평하게 자세를 잡고 시술하며 위로 올라간다. 사람들의 모발은 앞에서 뒤로 넘어가는 것이 아니라 중력을 영향을 받기에 위에서 아래로 내려오는 것이 일반적이다. 하지만 모류가 역행을 하는 것이 있기 때문에 시술을 할 때 모발을 빗으로 잘 잡아내어 시술하여야 한다.

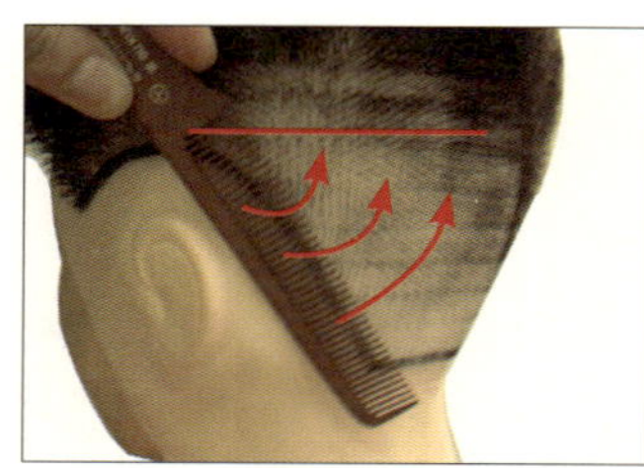

　　우측면부에서 후두부로 넘어올 때나 후두부에서 좌측면부로 넘어올 때 빗이 사진처럼 수평에서 45° 정도 사선으로 되어 있다. 지금의 사진은 후두부에서 좌측면으로 넘어가는 자세이다. 이 경우는 빗끝이 밑에 있다. 그럼 우측면에서 후두부로 넘어올 때는 빗을 잡고 있는 손이 밑에 오게 된다. 그러면 사진의 화살표처럼 빗을 수평으로 만들어야 하는데 우측면부는 빗을 잡고 있는 손이 올라오면서 빗을 수평으로 만들어주고 사진에서는 빗끝이 올라오면서 빗을 수평으로 만들어 주어야 한다. 좀더 빗이 올라가가는 자세는 다음장에서 알아보자.

클리퍼로 시술하며 빗 올리는 방법

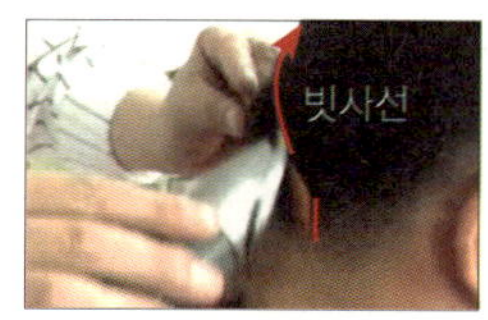

후두부 밑모발에 사진처럼 빗을 붙인 후 빗발만 세워준다. 그후 화살표를 따라 빗이 올라가며 시술한다.

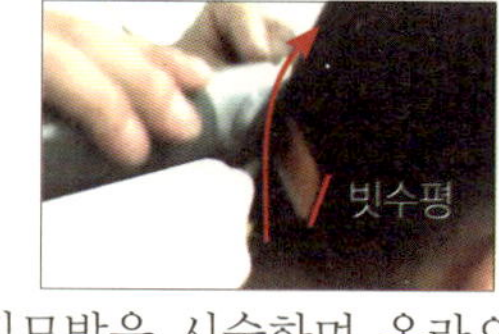

밑모발을 시술하며 올라오면 자르고자 하는 부분의 중간부분에 빗은 사진처럼 수평이 되어야 한다.

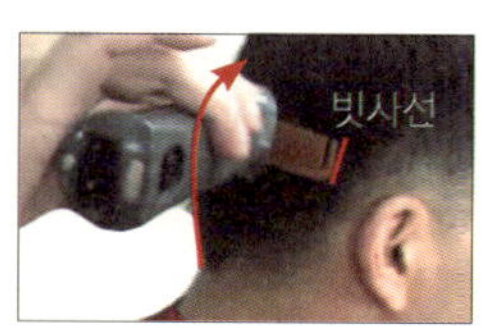

빗이 사선으로 올라와 빗을 수평으로 만들면서 모발을 클리퍼 시술하며 수평된 빗의 바로 위 2cm지점에서 멈춘다.

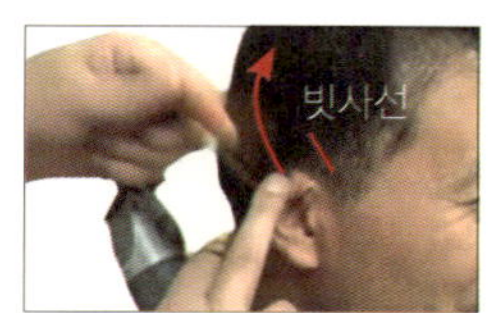

측면부에서 사진처럼 손가락으로 귀를 살며시 내려주면서 빗이 들어가서 두피에 빗몸을 붙이며 빗발을 세워준다.

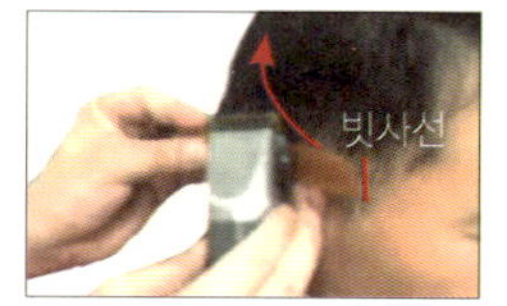

귀뒤의 부분도 손가락으로 귀를 내려주고 빗을 두피에 붙인 후 빗발을 사진처럼 세워준다.

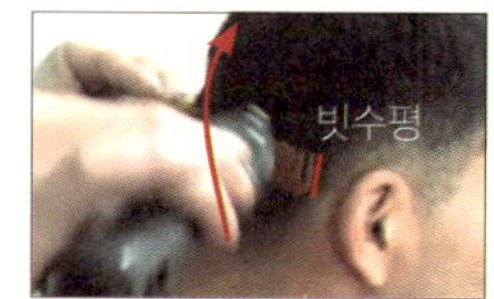

빗발을 세워서 밑모발부터 시술하여 올린다. 사진처럼 빗은 수평을 이루어야 한다.

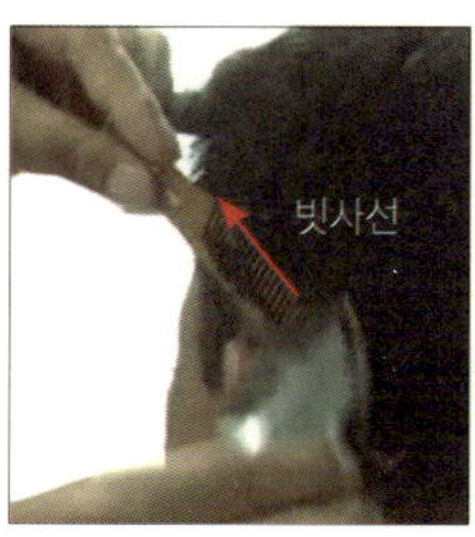

뒤에서 본 측면부의 모습

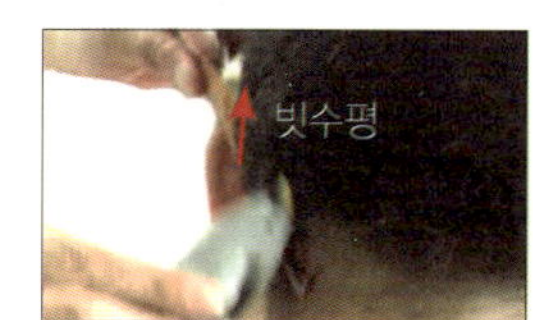

측면부의 모발을 밑에서부터 시술을 하여 올라오면 빗의 중간부분은 꼭 위의 사진처럼 수평으로 만들어야 한다.

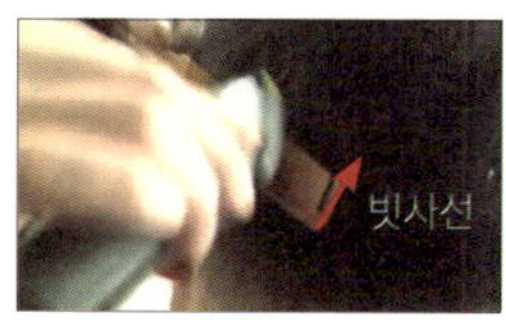

중간 부분의 빗이 수평을 이루게 빗을 올려주고 나서는 사진처럼 다시 돌아나가는데 이 때 빗이 수평을 이루고 나서는 2cm정도만 더 올라간다.

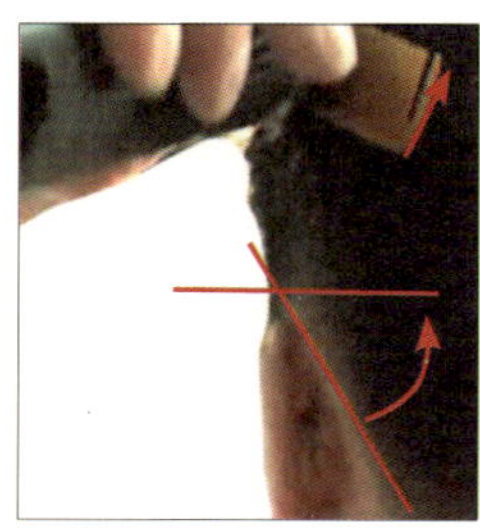

뒤에서 본 귀뒤 부분 모습

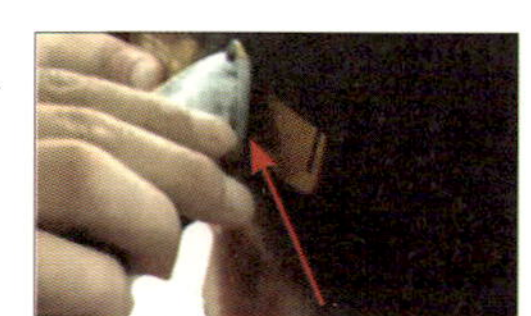

측면부다. 후두부는 시술해야 하는 양이 2~3cm정도라고 했다. 하지만 귀뒤 부분의 밑모발은 사진의 사각형에서 사각형까지 한번에 절삭을 해도 무방하다.

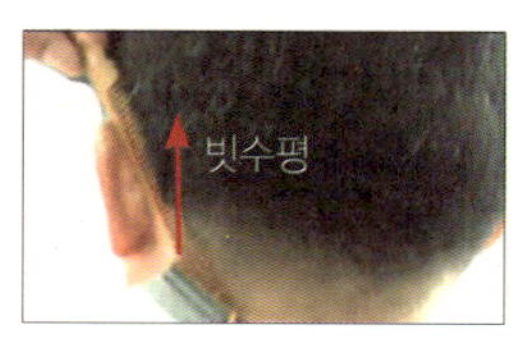

다시 한 번 강조하자면 빗을 두피에 붙이는 것은 밑모발을 빗발로 잡아내기 위해서인데 빗으로 모발을 밀면서 잡아내는 것이 아니고 빗을 붙인 후 모발을 잡아내야 한다.

클리퍼 후두부 밑머리 처리하는 방법

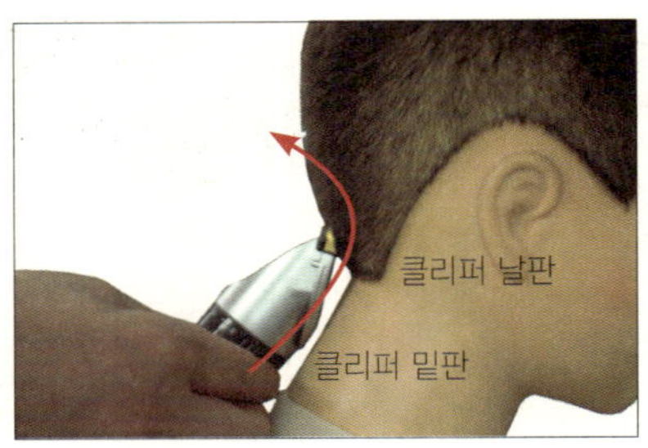

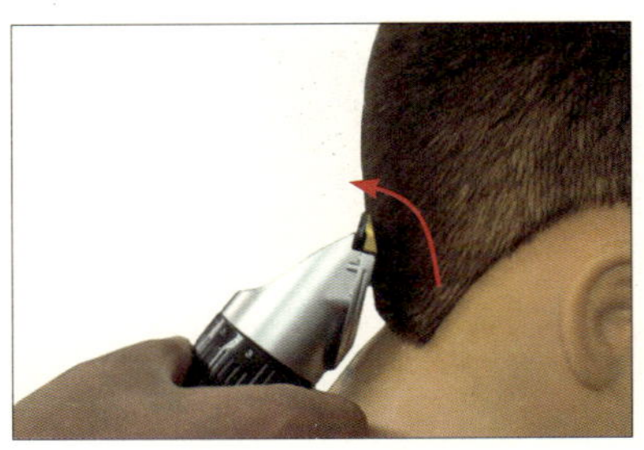

일반적으로 클리퍼 시술을 할 때, 두 가지 작업으로 나뉜다. 한 가지는 깨끗하게 할때의 상황이고 다른 하나는 단정하게 할때의 상황이다. 깨끗하게 한다는 것은 밑모발이 없이 클리퍼로 밀어 일명 하이칼라 스타일이고, 단정하게 한다는 것은 밑모발을 싱글링 한 것처럼 단정하게 만드는 것을 의미한다. 사진에서 보면 클리퍼날은 각을 이루고 있다. 밑판을 두피에 붙이는 것이 아니고 날판을 두피에 붙인다. C컷으로 한번에 화살표 방향으로 시술한다. 밑의 사진의 클리퍼 라인은 저자가 임의로 정한 것이기 때문에 C컷을 할 경우에는 손님의 의사를 먼저 알아야 한다.

클리퍼로 밑모발을 확실하게 정리하려면 한번에 시술해야 한다. 먼저 중앙 부분의 밑모발에서 클리퍼 라인을 정하고, 정한 클리퍼 라인에 맞추어 클리퍼를 C컷을 하여 그 기준점을 만들어야 좌측 밑모발이나 우측 밑모발을 기준에 맞추어 C컷 한다. 클리퍼 시술에 어떤이들은 클리퍼의 날로 긁는 경우가 있는데 사람의 피부를 긁으면 부작용을 초래할 수 있다. 따라서 클리퍼의 날로 긁기보다는 위의 방식으로 모발을 잘라내면 위험요소를 만들지 않기 때문에 안전하게 시술을 할 수 있다.

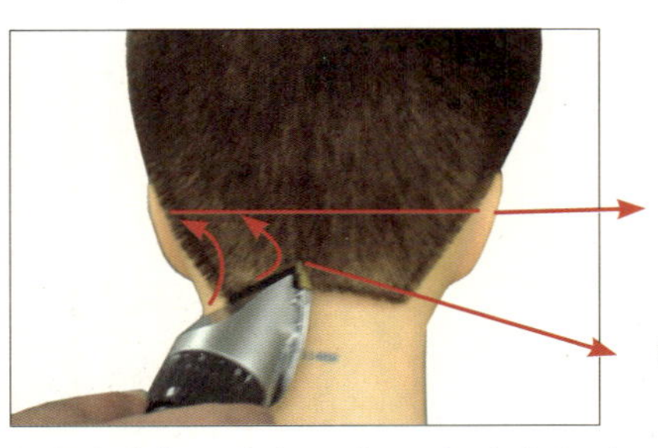

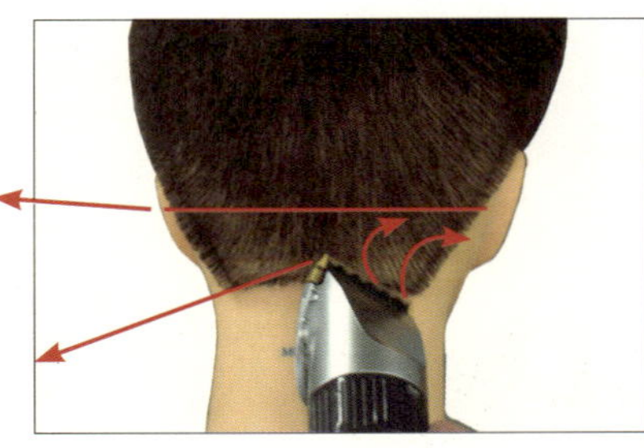

위에 사진에서 클리퍼로 밑 중앙 부분의 기준을 정하는 것을 했다. 그러면 사진처럼 좌측의 밑모발을 처리해야 한다. 클리퍼의 라인에 맞추어 중앙에서 좌측으로 클리퍼를 돌리면서 역시 c컷 처리한다.

좌측 밑모발의 클리퍼 처리를 하였으면 이제 위의 사진처럼 우측 밑모발의 클리퍼라인 처리를 하면 된다. 이 역시 클리퍼를 중앙에서 우측으로 돌리면서 c컷 처리한다. 다음장에서는 측면에 클리퍼 라인 처리방법을 알아보자.

클리퍼 측면부 밑머리 처리하는 방법

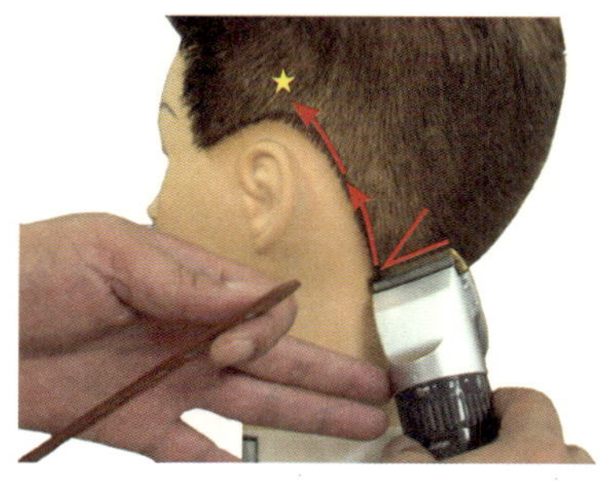

평균적으로 손님들은 시원하게, 깨끗하게, 단정하게라고 이야기를 많이 한다. 시원하게의 의미는 밑모발을 4~5cm정도 클리퍼 처리하는 것을 의미한다. 깨끗하게는 밑모발을 2~3cm정도 처리한다. 단정하게는 밑모발을 1cm만 처리를 한다. 측면부와 후두부의 균형은 1:2비율이라고 생각하면 된다. 천정부에서 측면부 귀위 모발까지 길이가 10이라고 하면 천정부에서 후두부 밑모발까지는 20으로 보면 된다. 그래서 1:2비율이라고 한다. 이것이 모양의 균형미다. 하지만 시술시에 균형은 후두부의 밑모발이 1cm정도 짧아야 한다. 후두부의 밑모발을 5cm 클리퍼 처리하였다면 1:2비율에서 측면부는 2.5cm를 해야 하지만 실제는 2cm만 시술을 하여야 한다. 이유는 후두부 밑모발이 측면부보다 1cm 짧아야 하기 때문이다. 그럼 후두부 밑모발을 1cm 클리퍼처리를 하였다면 측면부는 클리퍼처리를 하지 않는다는 것을 명심하길…

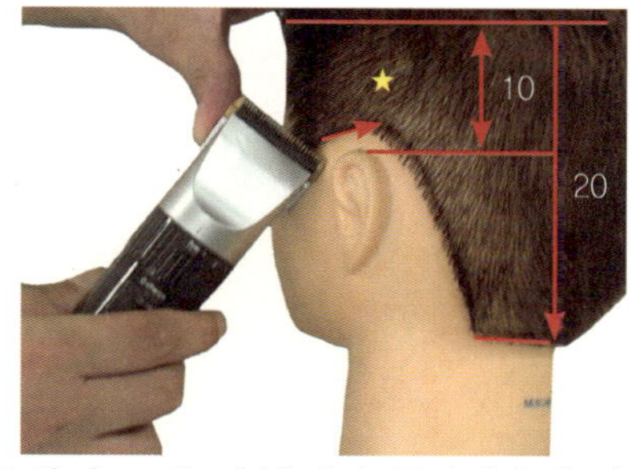

후두부에서 클리퍼라인을 잡고 나면 측면부로 넘어오게 되는데 클리퍼의 밑날을 사진처럼 밑모발에 붙이고 클리퍼의 윗날은 띄게 한다. 그러면서 사진의 화살표 방향을 별표까지만 클리퍼라인 처리한다. 사진은 좌측면부이지만 우측면부 역시 같은 방법으로 처리한다. 좌측면부에서는 클리퍼의 날이 밑날이었지만 우측면부에서는 클리퍼의 윗날이 아래로 내려오게 된다. 위의 사진처럼 좌측면부를 별표(☆)까지 클리퍼라인 처리하고나서 귀앞과 귀위의 모발을 사진처럼 귀앞에서 클리퍼의 날을 사선으로 붙이고 별표(☆)까지 클리퍼라인 처리하여야 한다. 우측면부도 역시 같은 방법으로 처리하여 준다.

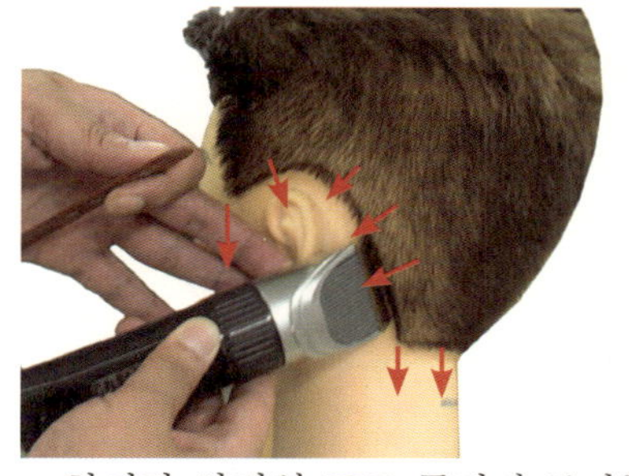

클리퍼라인 처리를 하고 나서 밑라인의 구분을 명확하게 해야 한다. 클리퍼를 사진처럼 거꾸로 잡고 라인에 클리퍼의 날을 맞추고 화살표 방향으로 모발의 잔털을 정리하여 준다. 후두부 밑부분의 모발 라인도 역시 같은 방식으로 잔털을 정리해 준다. 클리퍼 시술 후 잔털 정리를 꼭 해주어야 밑머리 라인의 모양이 살아나게 된다. 후두부에서 측면으로 넘어가는 밑라인 그리고 귀 부분의 라인 역시 클리퍼로 정리하여 준다.

하지만 사진의 프로 클리퍼 보다는 토끼 클리퍼가 잔털의 처리를 확실하게 한다. 토끼 클리퍼는 밑날과 윗날의 간격이 0.3mm정도 밖에 안되기 때문에 잔털을 확실히 처리할 수 있다.

빗에 가위 붙이는 방법

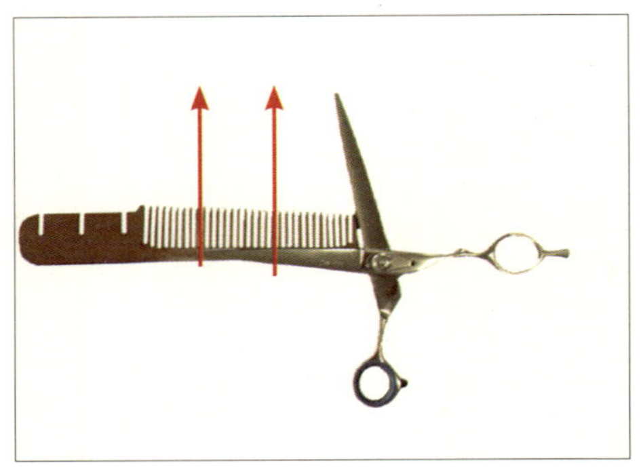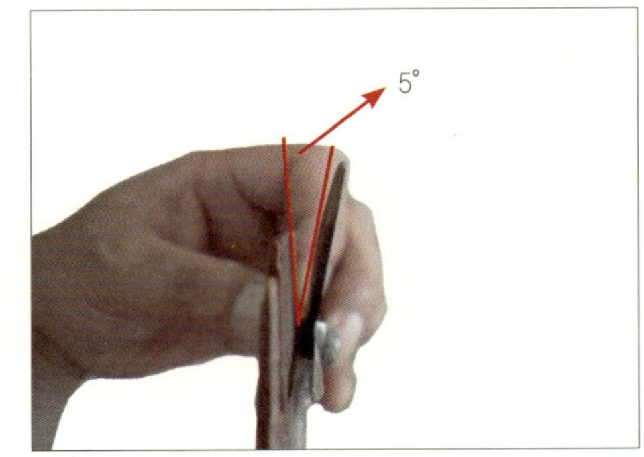

* 사진에서 보듯이 빗에 가위를 붙이는 자세이다. 가위잡기는 바로잡기를 하여 주고 가위의 날은 수평을 이루어준다. 빗도 수평을 이루어주고 빗의 경계선에 가위의 정날을 일직선으로 붙여준다. 빗과 가위가 화살표 방향으로 올라가면 모발이 빗발을 거쳐 빗등 바로 앞인 경계선에 걸치게 되는데 이때 가위의 정날은 고정하고 동날이 내려와서 모발을 절삭한다.

이때에 주의할점은 가위의 정날이 올라오면서 자르면 안되고 가위의 동날이 내려오면서 잘라야 한다. 이때에 가위의 정날은 빗의 경계선에 붙어야 하지만 가위의 동날은 사진처럼 5° 정도 빗발과 거리를 두어야 한다. 가위의 동날을 빗과 일직선 상에 붙이게 되면 가위의 동날이 내려오면서 빗발을 갉아낼 수 있기 때문이다. 빗과 가위의 동날에 공간을 줘도 되는 이유는 모발이 빗발에 있는 모발을 자르는 것이 아니고 빗의 경계선에 있는 모발을 자르는 것이기 때문이다.

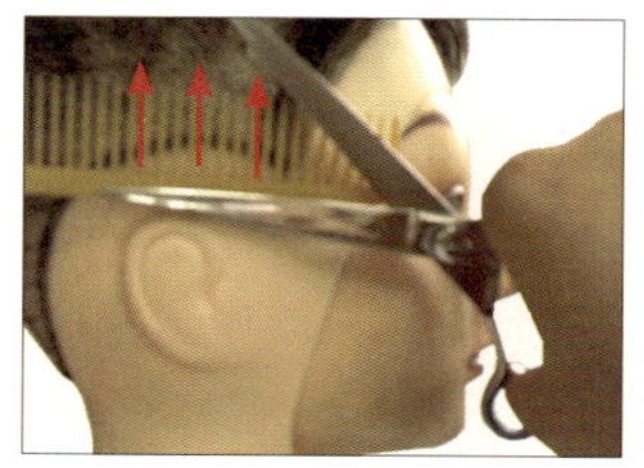

빗과 가위를 두피에 붙이는 방법은 클리퍼의 방법과 같다. 사진처럼 빗의 경계선은 모발 밑라인에 맞추어 주고 가위를 빗의 경계선에 일자가 되게 맞추는 것이다.

우측면 귀뒤의 라인을 올리는 장면이다. 빗을 잡고 있는 손을 올리면서 빗을 수평으로 만들고 잘리지 않고 남아 있는 모발을 정리하는 것이다.

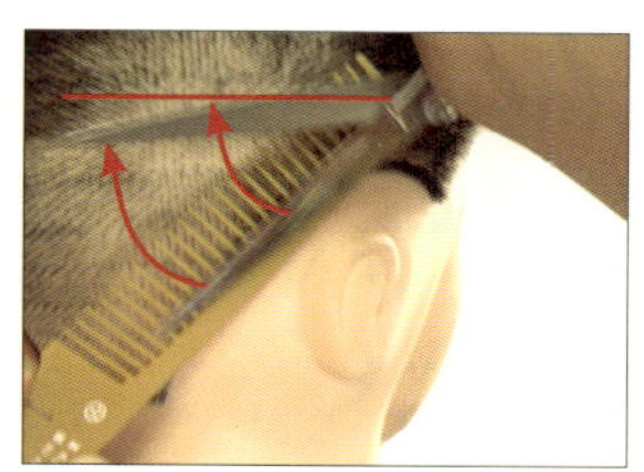

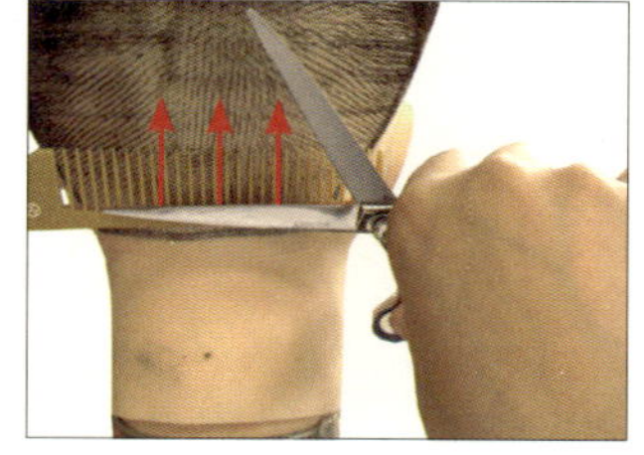

후두부 역시 모발 밑에서 빗을 두피에 붙이고 가위를 빗과 일직선상이 되게 만들어주고 밑모발부터 자르면서 화살표의 방향으로 올라가며 모발을 정리한다.

좌측면부 귀뒤의 빗은 사진처럼 사선으로 되어 있는데 이때에는 빗끝 부분을 수평으로 만들어주면서 모발을 정리하며 올라온다.

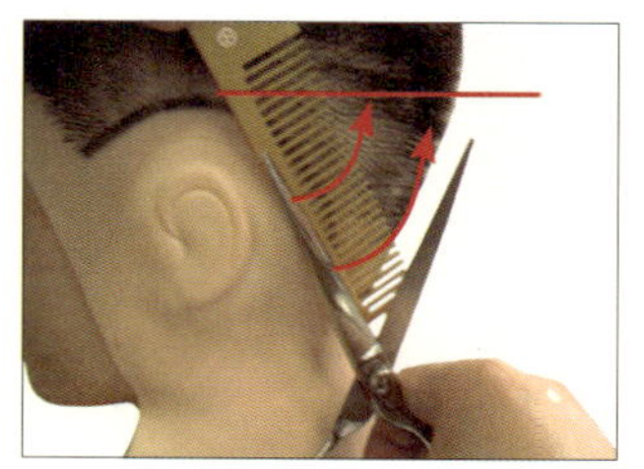

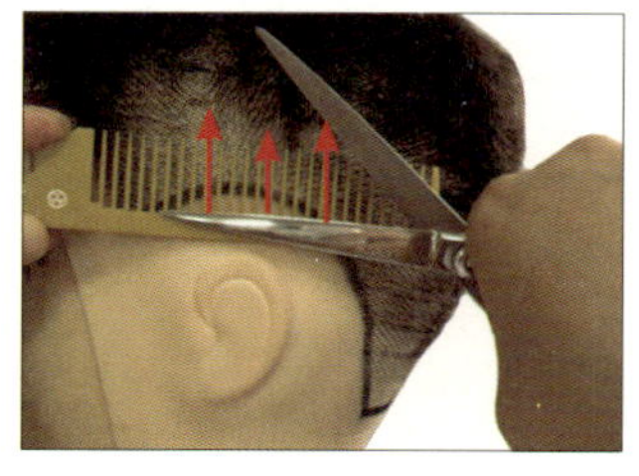

우측면부의 자세와 같다 싱글링은 사진처럼 클리퍼 시술 후 자른 모발을 정리하는 의미도 있지만 가위 컷트를 할 때에도 사용된다. 손님의 경우 클리퍼를 싫어하는 손님들도 있는데 이 경우는 클리퍼시술시 밑모발을 많이 잘라내서 싫어하는 경우다. 이런 경우는 가위로만 사진처럼 싱글링 시술을 한다.

귀앞모발(구렛나루)가위밥 주는 방법

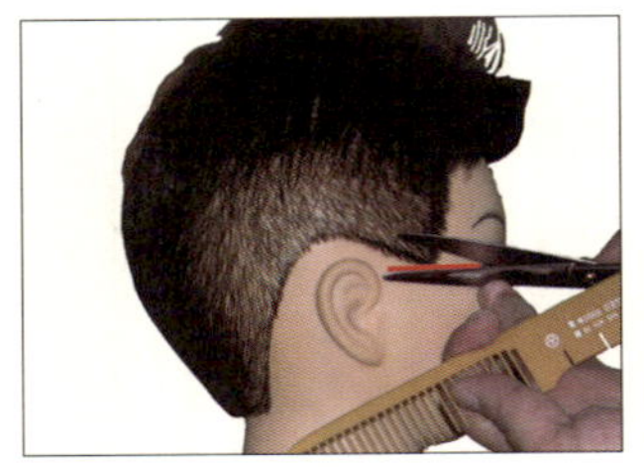

모발을 절삭하다보면 귀앞머리(구렛나루) 부분이나 귀 위에서 귀 뒤 등 가위로 모발의 밑 라인을 마지막으로 정리를 하여주어야 헤어스타일에 안정감을 줄 수 있다. 젊은 층은 스타일의 다변화로 인해 토끼클리퍼로 잔털 정리만 하면 되지만 중년층은 가위로 정리를 하는 것을 선호하는 편임.

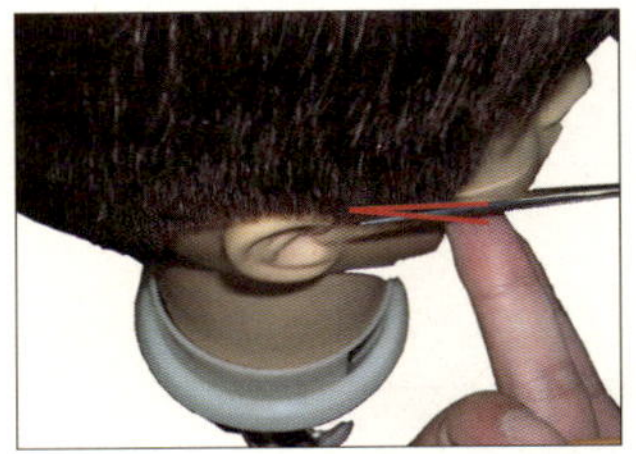

위의 사진과 옆의 사진을 보면 가위밥을 줄 때 한번에 일자로 라인을 잘라내야 한다. 빨간선처럼 한번에 끊어주면서 깨끗한 라인을 만들어준다. 왼손 중지로 가위를 받쳐주고 가위는 사진처럼 기울여서 시술하여야 실수의 여지가 없다.

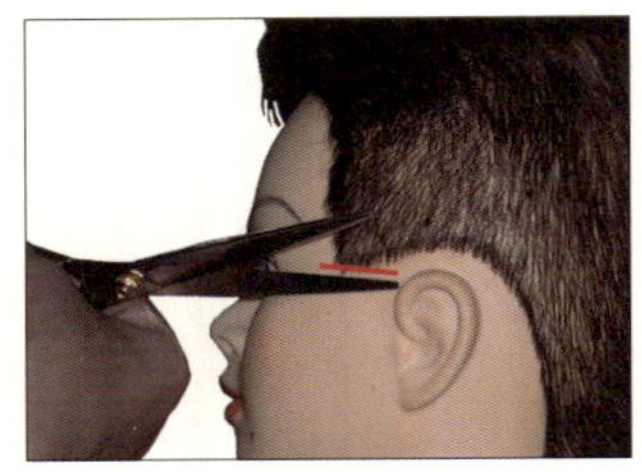

위의 사진과 아래의 사진은 위에서 잡은 모습인데 가위의 아래날은 두피에 붙인 상태에서 윗날은 모발과 떨어져서 가위가 내려가며 절삭한다.

*TIP: 꺾어잡기는 바로잡기의 반대 자세이다 .

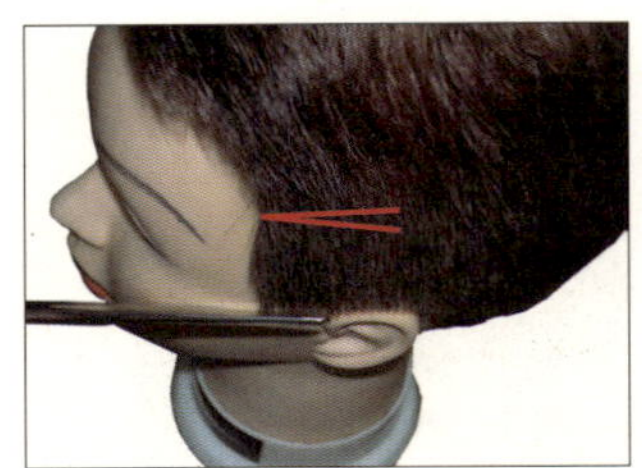

위의 사진에서 우측면부는 가위가 세워잡기이고 좌측면부인 지금의 사진은 꺾어잡기이다.

귀쪽에서 가위가 오지 않는 이유는 귀에서 가위가 오게 되면 귀에 손상을 입힐 수 있기 때문이다. 컷트를 할 때는 안전을 먼저 염두에 둬야 한다.

측면부 밑모발 가위밥 주는 방법

앞장에 이어서 측면부의 가위밥 주는 방법을 알아보자.

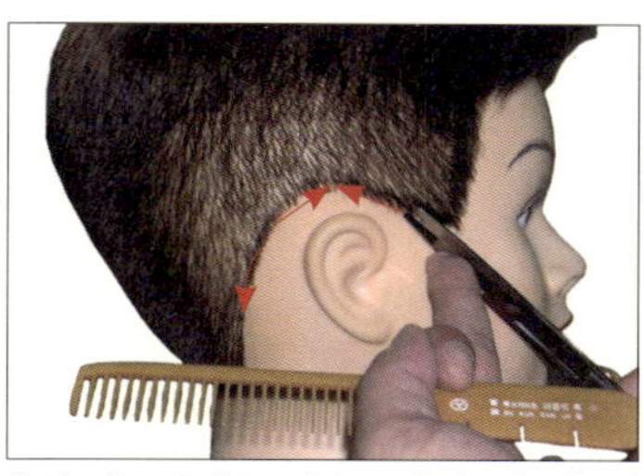

우측면부의 귀앞모발(구렛나루)에 가위밥을 시술하면 화살표 따라 귀위의 부분과 귀 뒤에서 후두부로 내려오는 라인을 가위밥 시술한다.

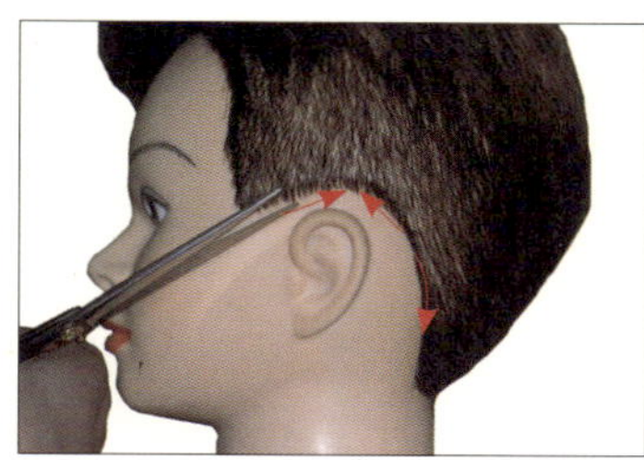

좌측면부의 귀앞모발(구렛나루)에 가위밥을 시술하면 화살표 따라 귀위의 부분과 귀 뒤에서 후두부로 내려오는 라인을 가위밥 시술한다.

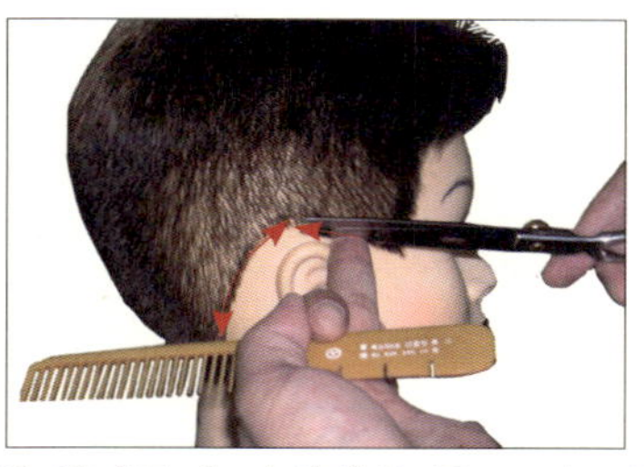

가위의 앞날로만 가위밥을 주고 밑모발 라인에 맞추어 일정하게 시술한다.

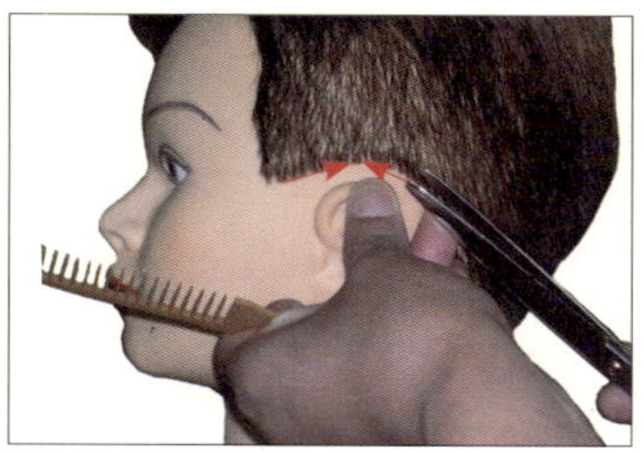

가위의 앞날로만 가위밥을 주고 밑모발 라인에 맞추어 일정하게 시술한다.

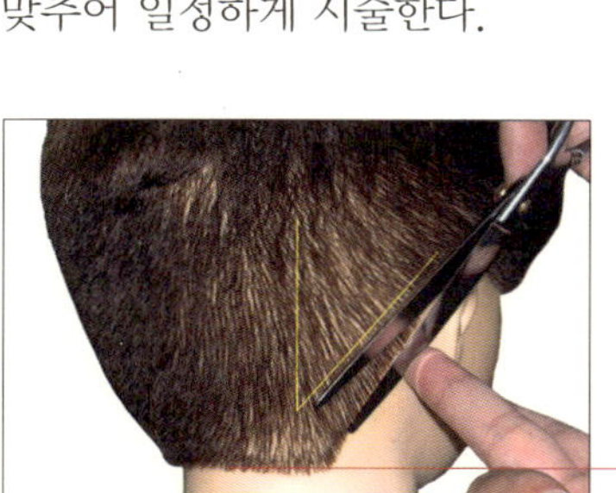

파란색 화살표의 후두부 밑모발 라인은 가위밥을 주는 것이 아니다. 가위의 날은 사진처럼 밑날은 두피에 붙이고 윗날은 사선으로 들어가서 시술한다.

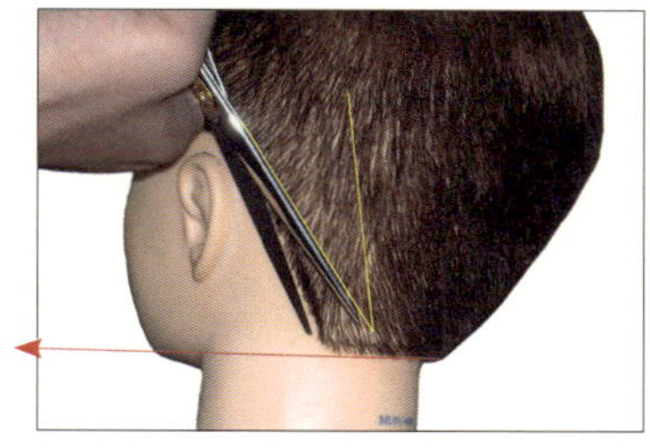

파란색 화살표의 후두부 밑모발 라인은 가위밥을 주는 것이 아니다. 가위의 날은 사진처럼 밑날은 두피에 붙이고 윗날은 사선으로 들어가서 시술한다.

베이직 컷트 스타일

상고 컷트 스타일

상고 스타일 숱가위 시술

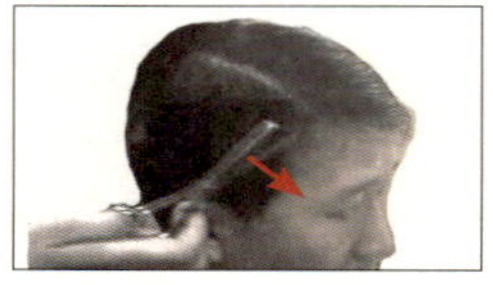 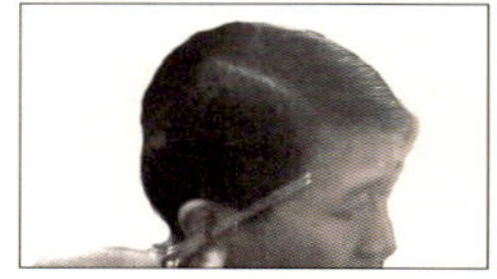 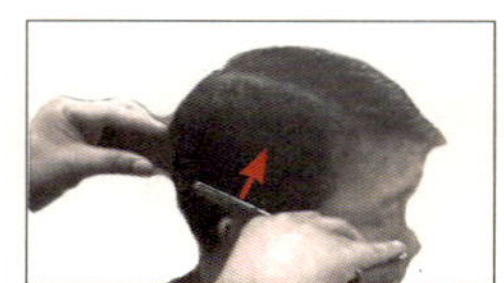 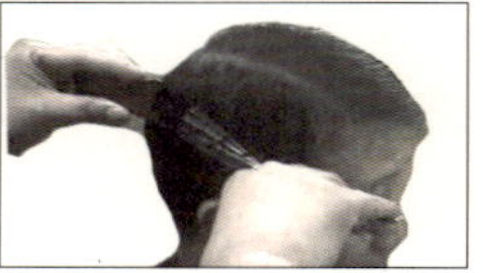

숱(틴닝)가위를 화살표 방향으로 내리면서 시술한다.

숱(틴닝)가위를 화살표 방향으로 올리면서 시술한다.

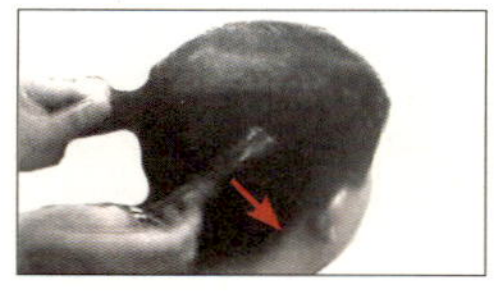 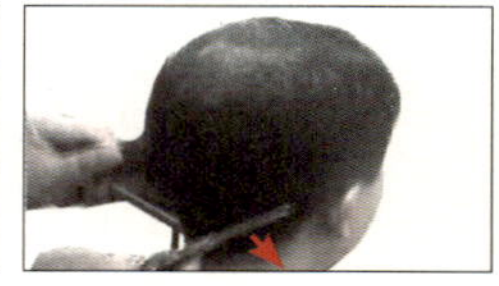 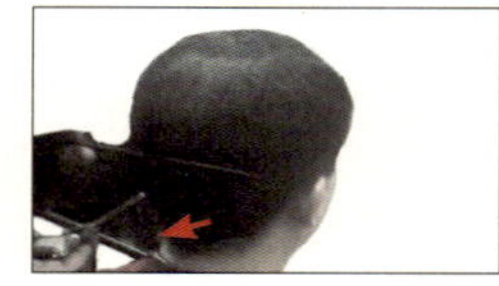 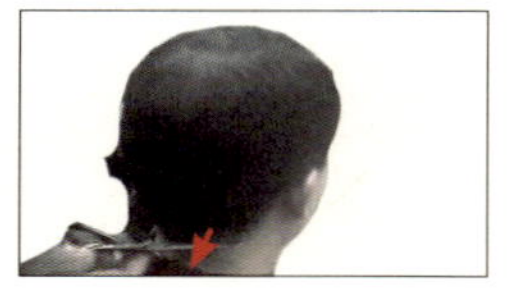

숱(틴닝)가위를 화살표 방향으로 내리면서 시술한다.

숱(틴닝)가위를 화살표 방향으로 당기면서 시술한다.

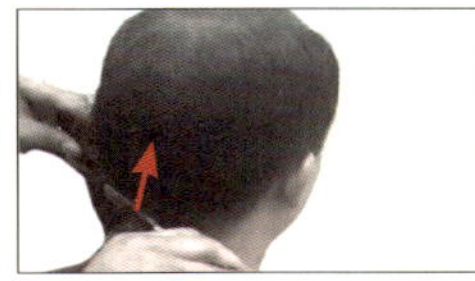 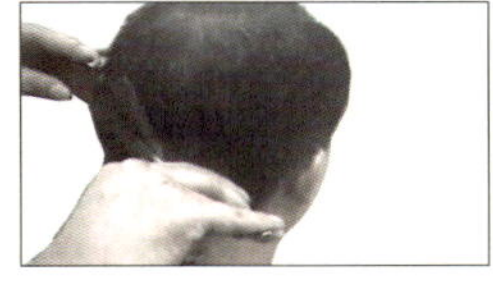 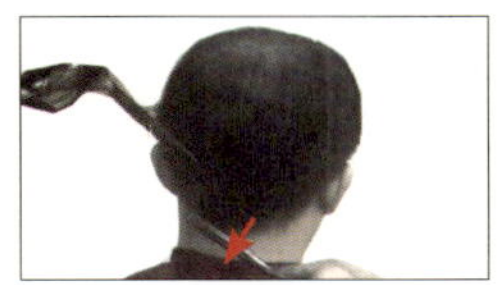

숱(틴닝)가위를 화살표 방향으로 올리면서 시술한다.

숱(틴닝)가위를 화살표 방향으로 내리면서 시술한다.

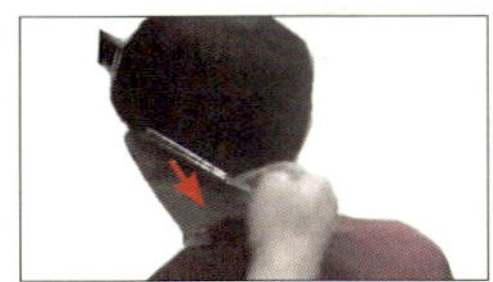 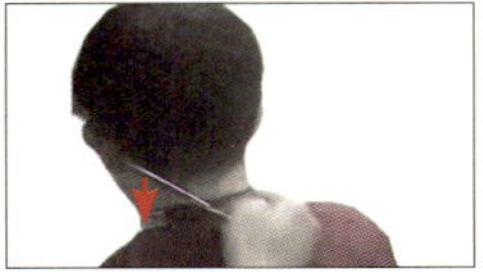 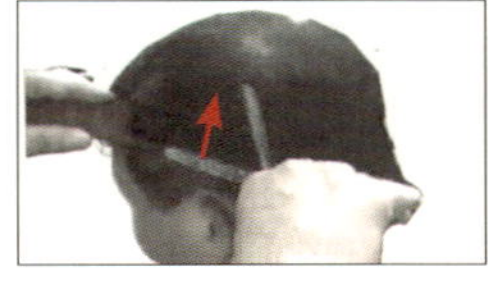 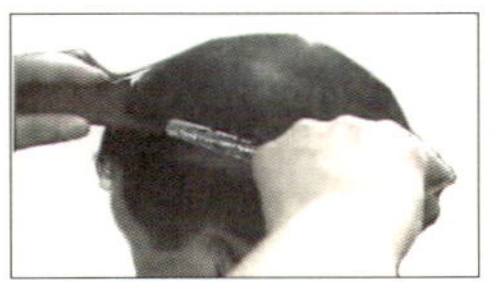

숱(틴닝)가위를 화살표 방향으로 내리면서 시술한다.

숱(틴닝)가위를 화살표 방향으로 올리면서 시술한다.

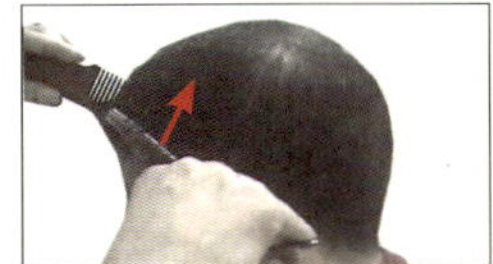 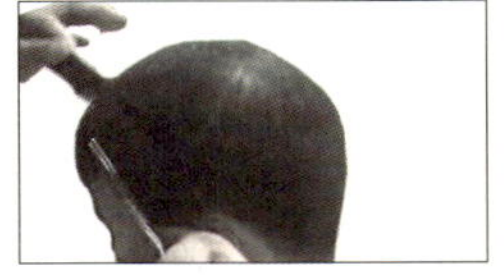 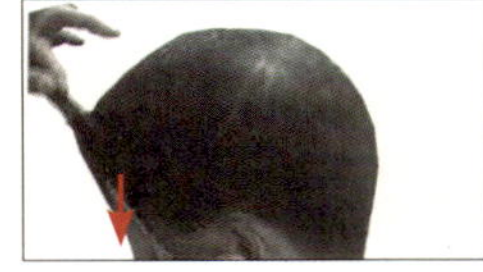 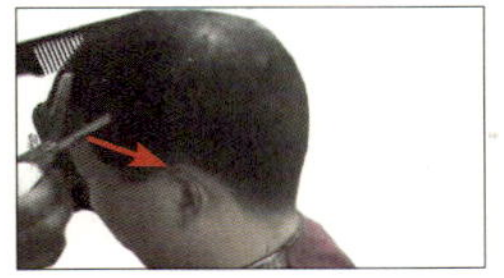

숱(틴닝)가위를 화살표 방향으로 올리면서 시술한다.

숱(틴닝)가위를 화살표 방향으로 내리면서 시술한다.

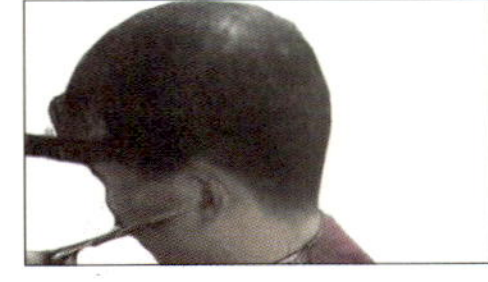 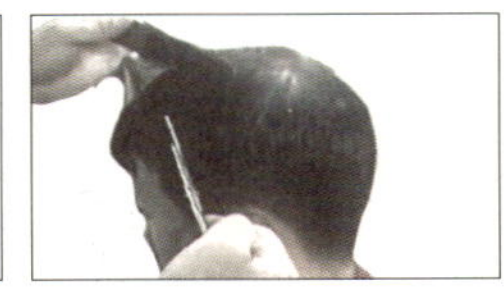 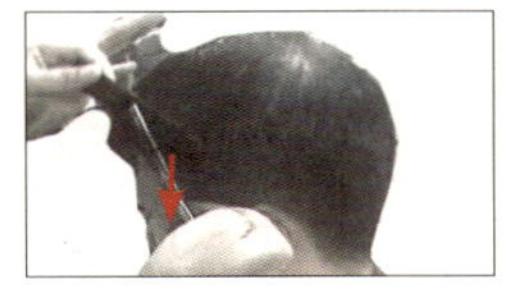 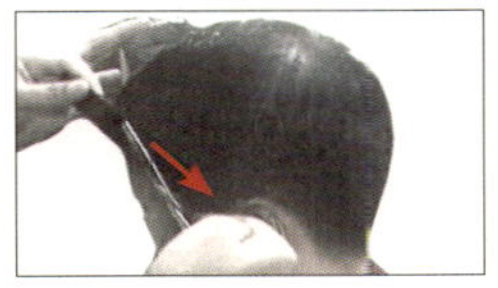

숱(틴닝)가위를 화살표 방향으로 내리면서 시술한다.

숱(틴닝)가위를 화살표 방향으로 내리면서 시술한다.

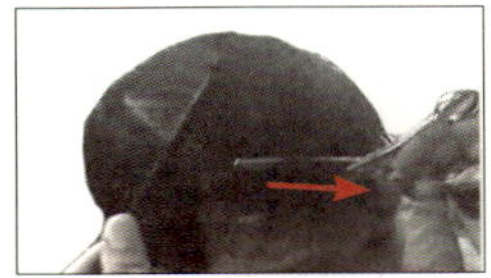 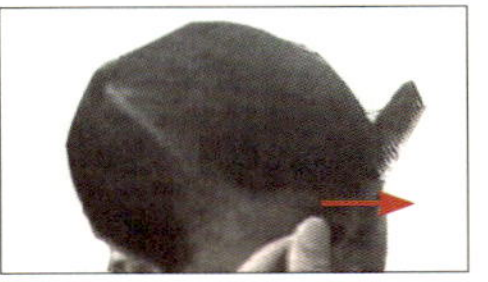

숱(틴닝)가위를 화살표 방향으로 당기면서 시술한다.

상고 스타일 기장컷트 시술

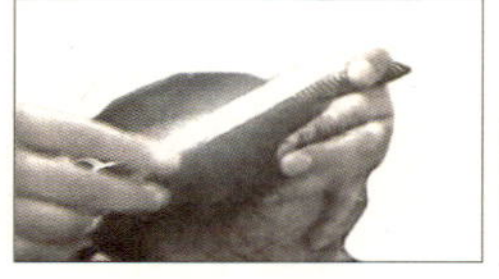 

천정부 기준인 중앙을 기장컷트 한다.

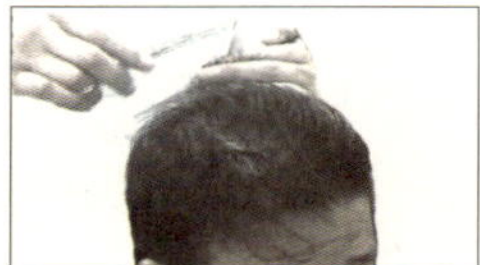

좌측 눈위의 부분을 기장컷트 한다.

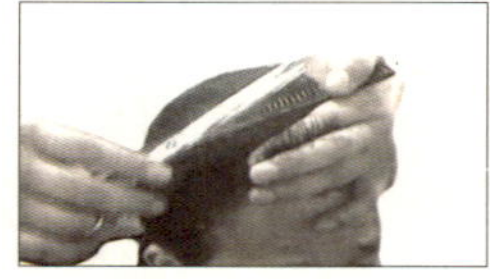 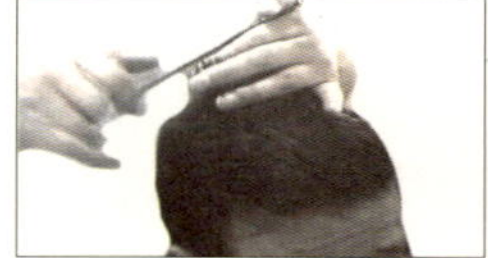

우측 눈위의 부분을 기장컷트 한다.

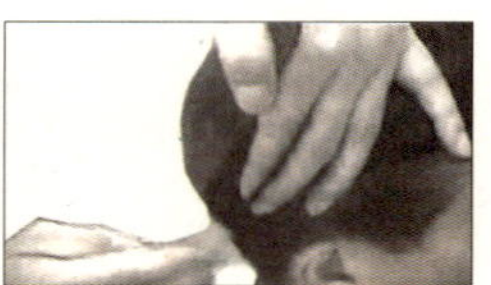

우측면부부터 기장컷트 한다.

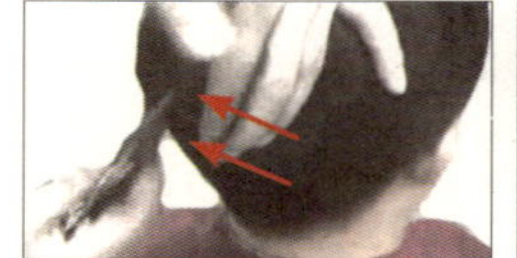 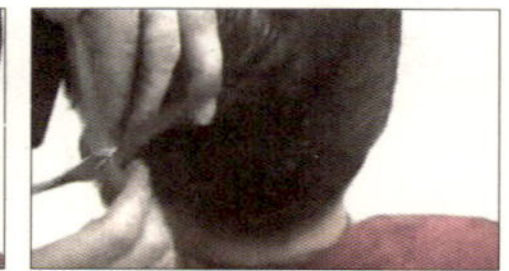

후두부의 모발을 연결해서 기장컷트 한다.

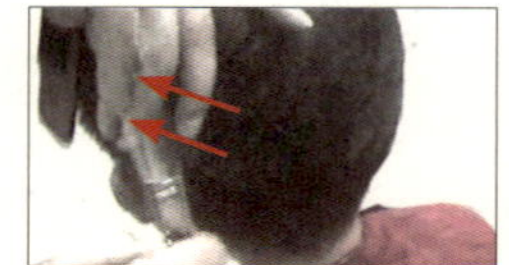 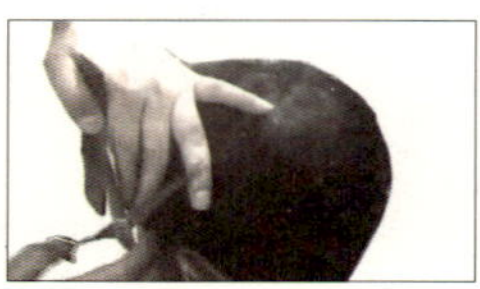

좌측면부의 모발을 연결해서 기장컷트 한다.

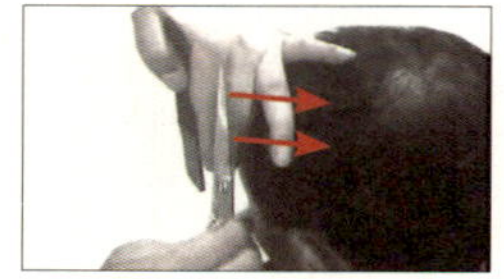 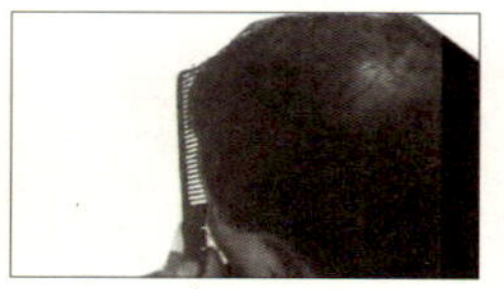

좌측면부 앞모발을 기장컷트 한다.

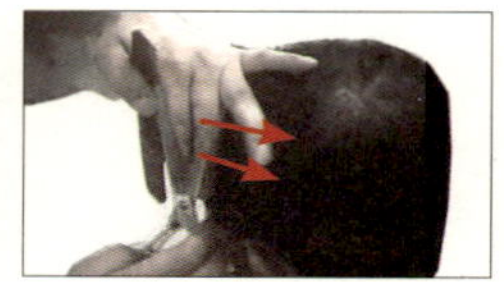 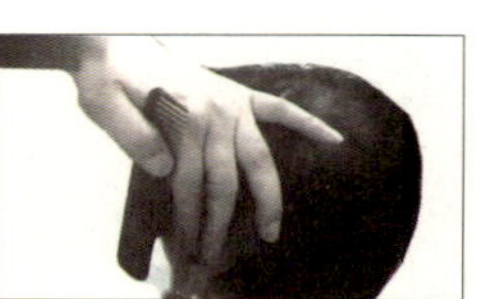

좌측면부의 앞모발을 되돌아 나오면서 기장컷트 한다.

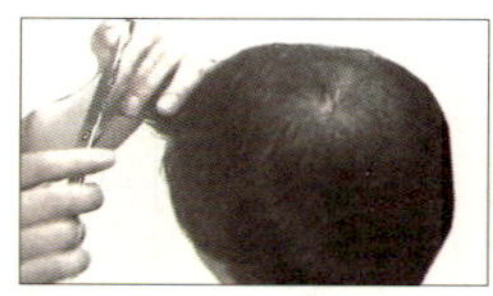 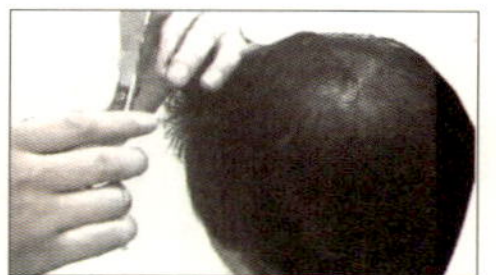

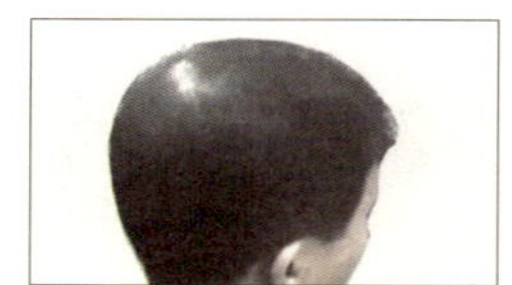

천정부 앞모발을 수평으로 잡아내어 모발 정리를 하여준다. 앞모발은
천정부 기장컷트 할 때 잘리지만 모발 라인에 따라 밑으로 내려온 모
발이 있어서 한번 더 처리해야 한다.

완성

상고 스타일 클리퍼 시술

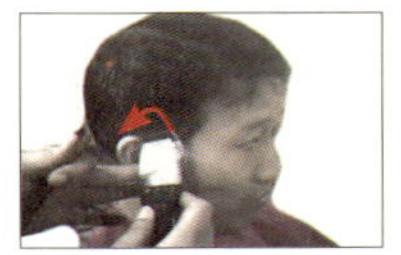 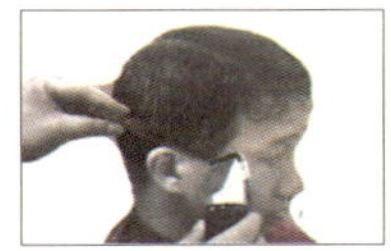 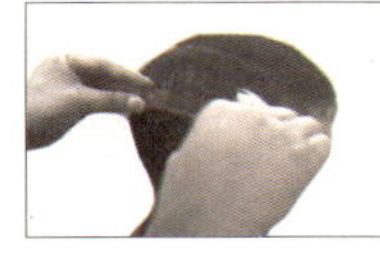 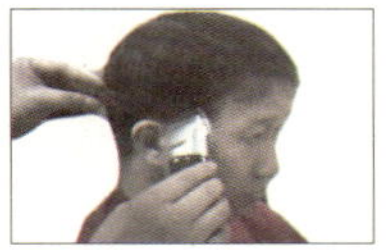 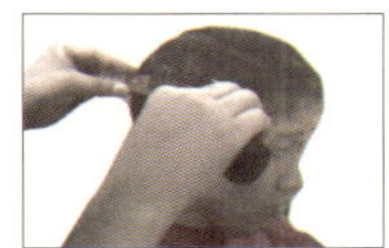

우측면부 귀위모발부터 빗을 두피에 붙이고 중간지점까지 빗을 올리면서 클리퍼 시술한다.

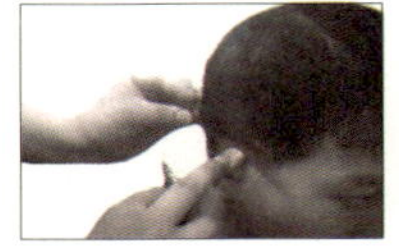 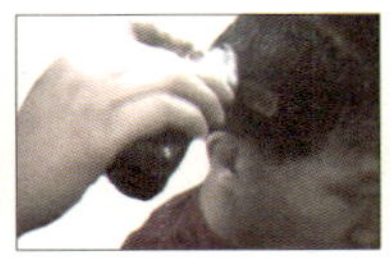 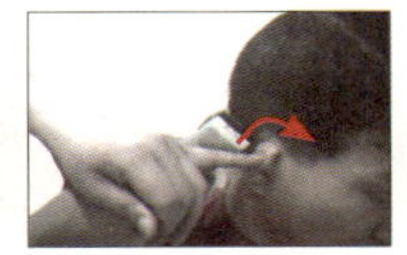 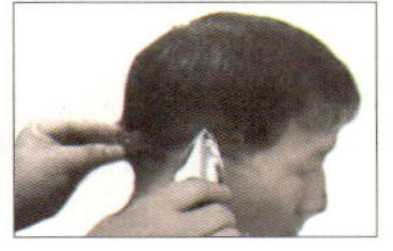 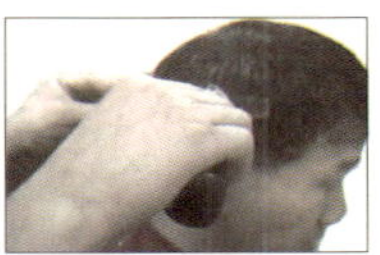

귀뒤의 모발에 빗을 사선으로 붙이고 빗을 수평으로 만들면서 클리퍼 시술한다.

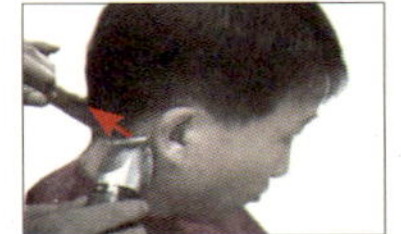 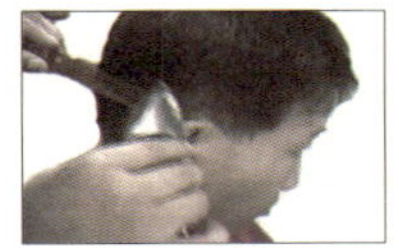 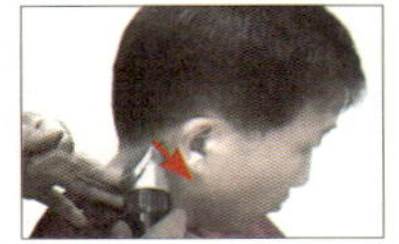 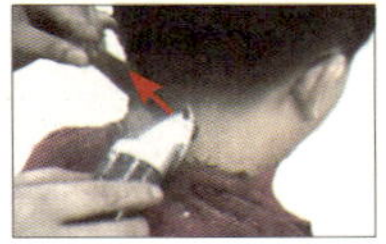 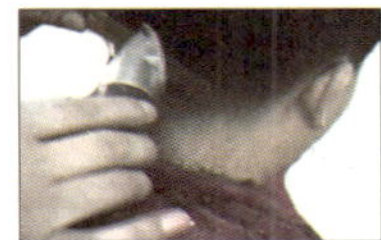

후두부의 밑모발부터 빗을 두피에 붙이고 수평으로 올리면서 클리퍼 시술한다.

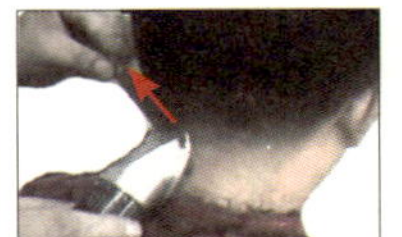 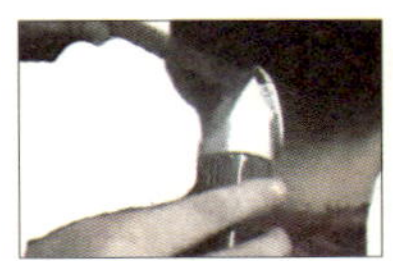 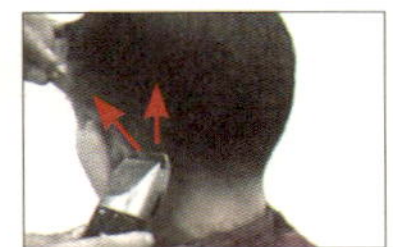 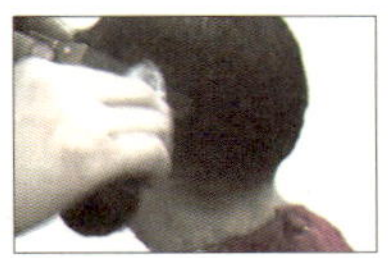 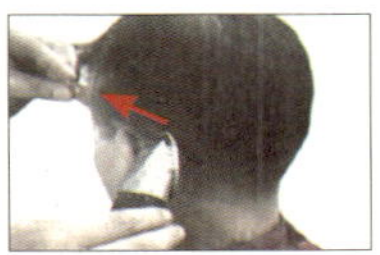

좌측 귀뒤의 부분에 빗을 사선으로 붙이고 빗을 수평으로 올리면서 클리퍼 시술한다.

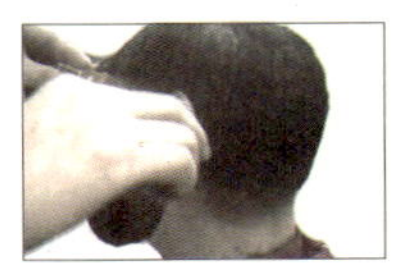 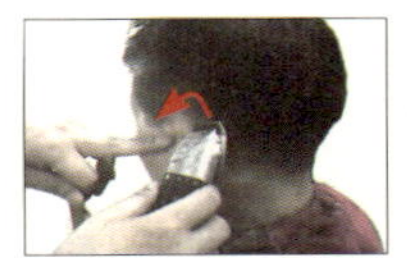 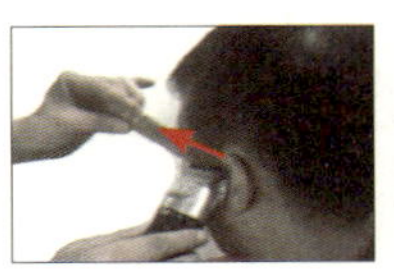 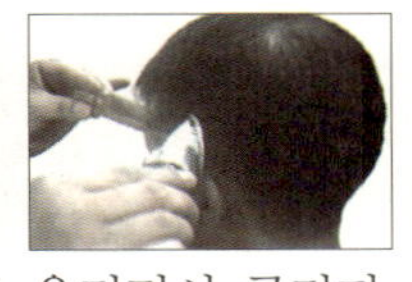 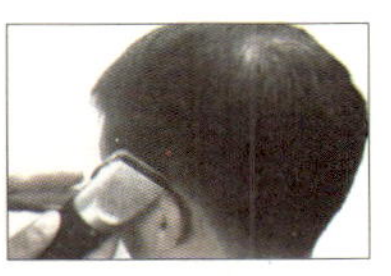

좌측 귀위의 부분에 빗을 두피에 붙이고 빗을 수평으로 올리면서 클리퍼 시술한다.

클리퍼의 윗날로 귀위 라인을 정리한다.

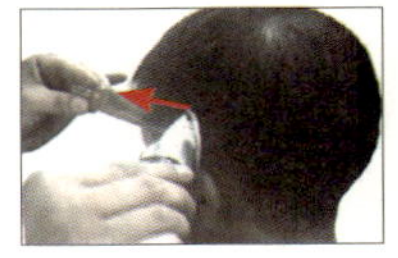 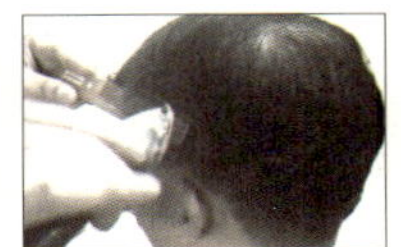 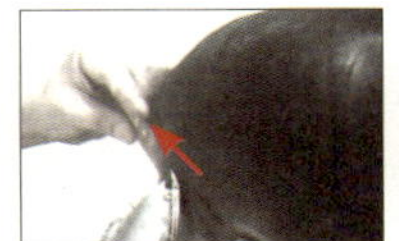 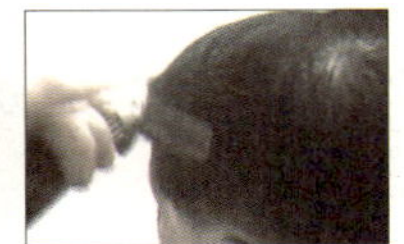

좌측 귀앞의 부분에 빗을 두피에 붙이고 빗을 수평으로 올리면서 클리퍼 시술한다.

상고 스타일 가위밥 테이퍼링 시술

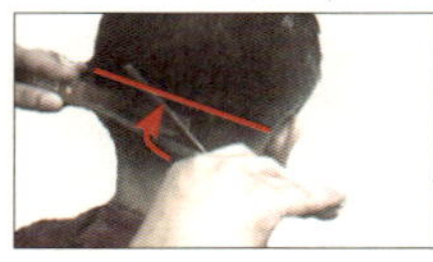 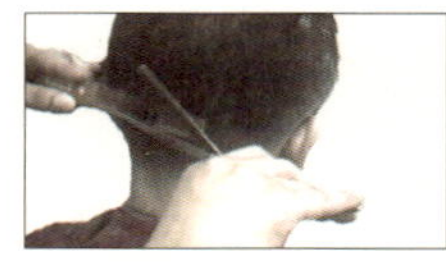 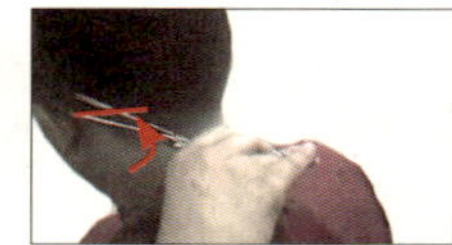 

빗을 두피에 붙이고 가위를 이용하여 밑라인에서 윗라인까지 잘리지 않고 남은 모발을 싱글링 시술한다.

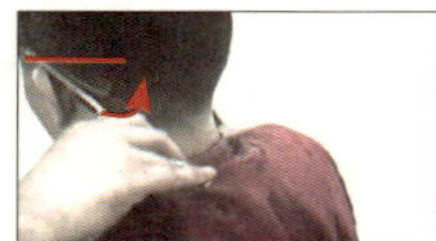  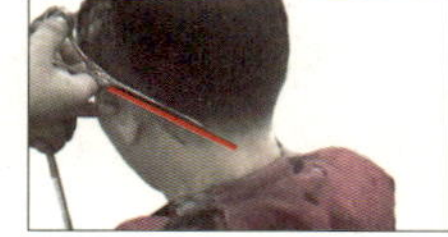 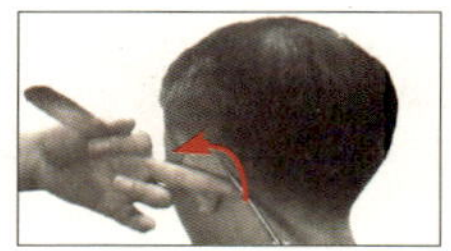

잘리지 않고 남은 모발을 싱글링 시술한다.   가위밥을 주어 라인을 정리한다.

 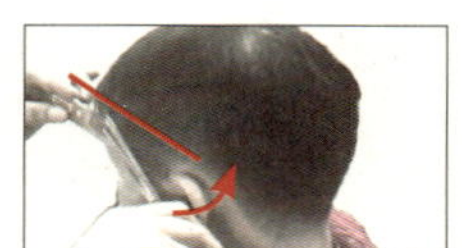 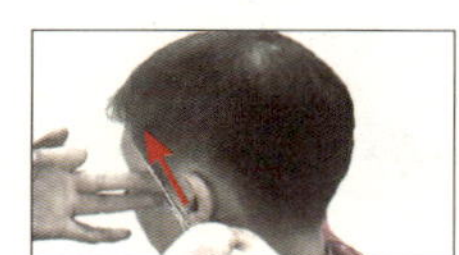

빗을 두피에 붙이고 가위를 이용하여 밑라인에서 윗라인까지 잘리지 않고 남은 모발을 싱글링 시술한다.

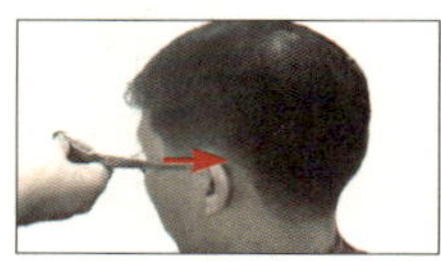 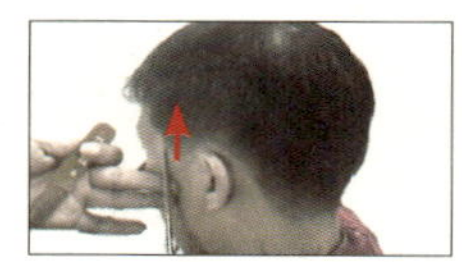 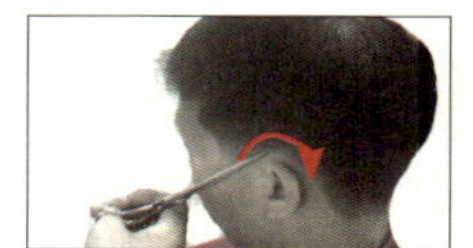 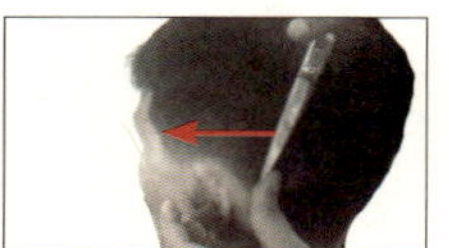

구렛나루 부분과 귀 앞라인과 귀위의 라인을 가위밥을 주어 라인을 정리한다.

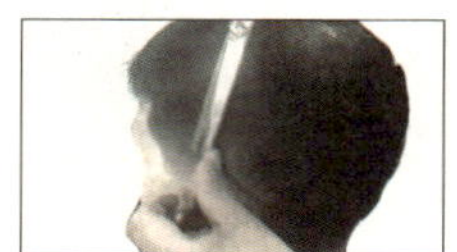 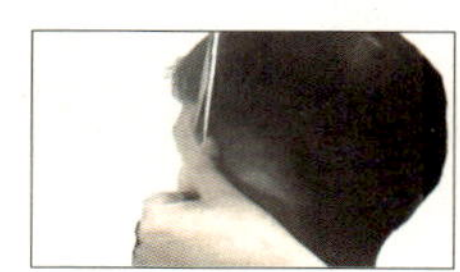 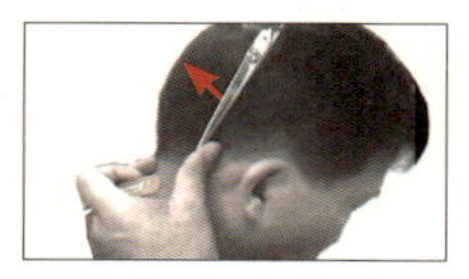 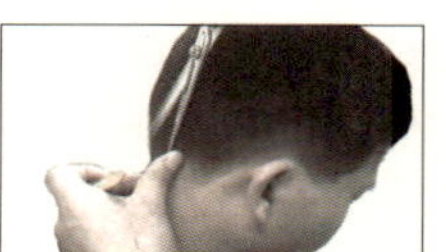

테이퍼링 기법을 이용하여 좌측면부와 후두부의 모발에 잘리지 않고 남아 있는 잔모발을 테이퍼링 시술한다.

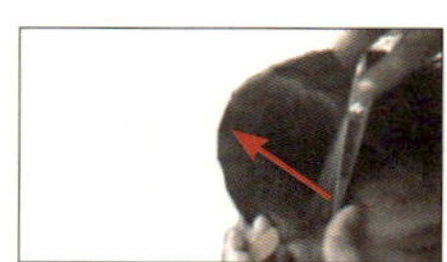 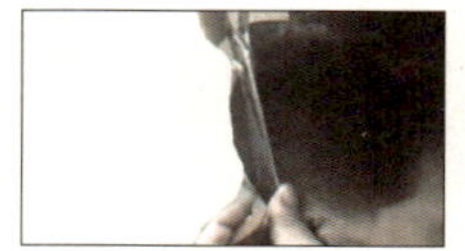 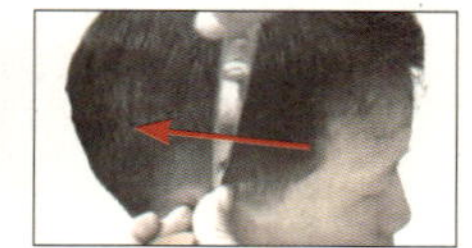 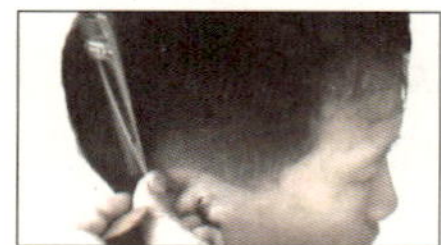

테이퍼링 기법을 이용하여 우측면부와 앞모발에 잘리지 않고 남아 있는 잔모발을 테이퍼링 시술한다.

숏 컷트 시술 해설

* 숏 컷트는 상고 스타일보다 짧은 형이다. 상고 스타일과 같이 알아보자.

1. 천정부 시술 해설

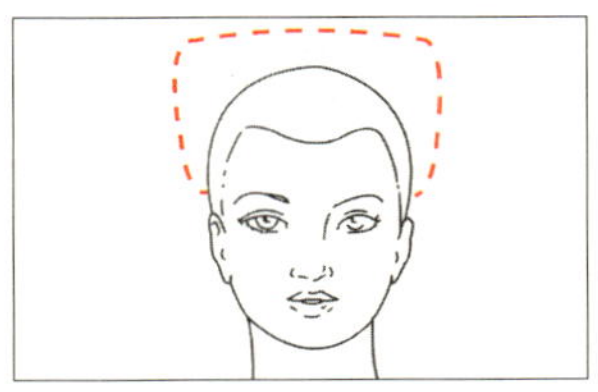

숏 컷트의 천정부는 기장컷트 방식과 같다. 그리고 길이의 차이만 있을 뿐이다. 상고 스타일은 평균 모발의 길이가 7~10cm정도이고, 숏 컷트의 모발 길이는 4~7cm정도다. 모발의 길이가 4cm밑으로 내려오면 스포츠 스타일의 모발 길이가 된다.

2. 후두부 시술 해설

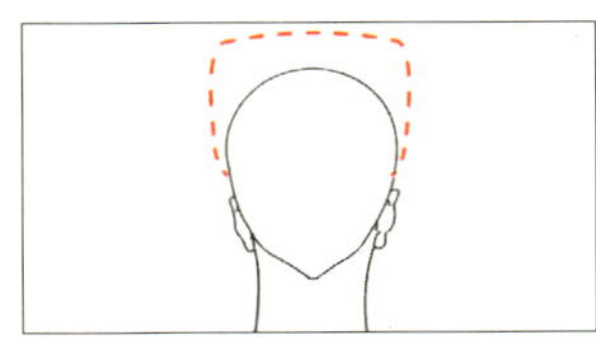

후두부의 모양은 사진대로 상고 스타일과 같다. 단지 모발 길이의 차이와 밑의 모양이 다를 뿐이다. 앞서 서술했던 것들은 상고 스타일을 기준으로 서술했던 것이다. 밑모발의 클리퍼 처리법도 같다. 단 상고스타일의 경우는 클리퍼의 처리가 많아야 1cm 정도이고 숏 컷트 스타일은 5cm 정도이다. 사진에서 보듯이 5cm 정도를 클리퍼 처리하고 천정부와 측면부를 기장처리하며 클리퍼 컷트하여 스타일을 만든다.

3. 측면부 시술 해설

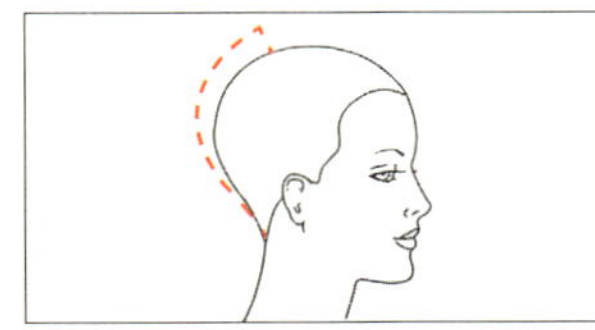

측면부의 모양은 밑모발을 클리퍼 처리하고 나서 두피에 빗을 붙이고 빗발을 세워준 후 약간의 곡선미로 빗과 클리퍼가 올라가며 모발을 절삭한다. 하지만 그전에 측면부 기장컷트를 하는데 모발의 길이는 길어야 5cm 정도이다. 사진처럼 중앙부분의 모양만 기장컷트가 되는데, 중앙부분 밑의 모발은 짧아서 잡히지 않고 클리퍼에서 처리를 하는 부분이기에 사진처럼 시술한다.

4. 완성도

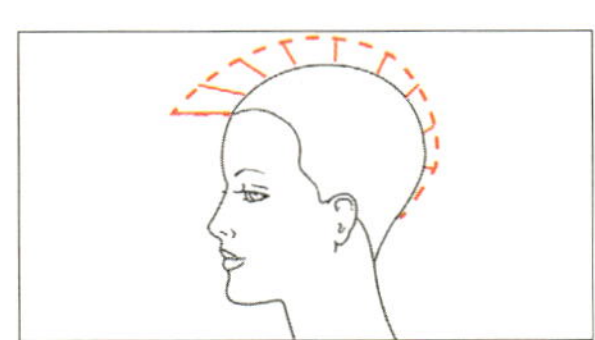

숏 컷트 스타일도 전체적인 모양은 정해져 있다. 하지만 고객의 의중에 따라 밑라인의 모양이 정해진다. 숏 컷트는 시원하게 올리는 부분에서 높낮이가 다르다. 상고 스타일은 모발의 길이가 길어야 10cm이고 숏 컷트 스타일은 모발의 길이가 길어야 7cm 정도다. 앞에서 서술했듯 고객의 의중을 잘 알고 시술을 해야 시술이 쉬워진다.

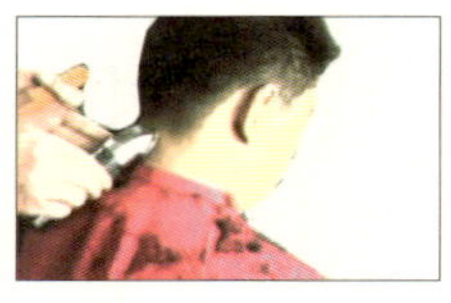 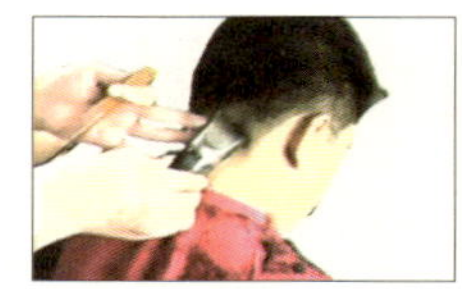 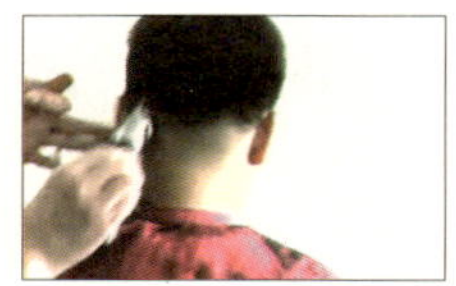 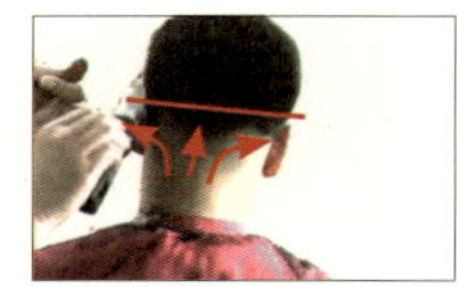

후두부 밑라인 모발에 클리퍼 라인을 정하고 그 라인에 맞추어 밑머리를 사진처럼 클리퍼 처리한다.

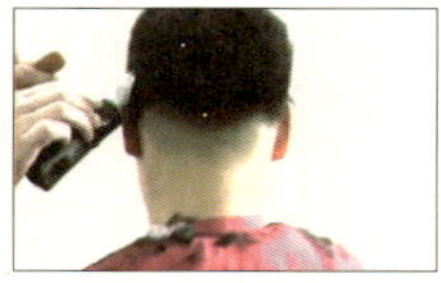 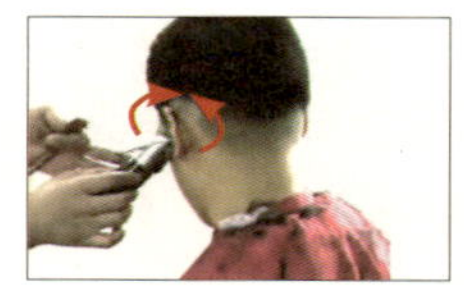 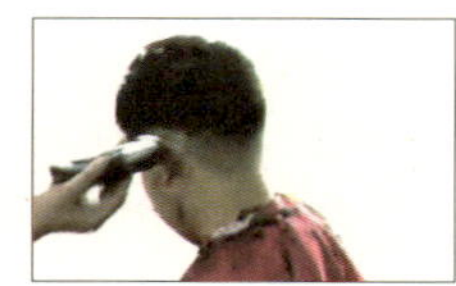 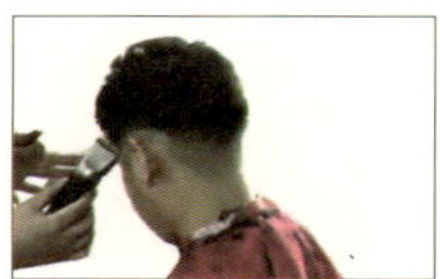

좌측면부의 밑라인을 사진처럼 클리퍼 처리하는데 후두부의 1/2에서 1cm 더 빼고 시술한다.

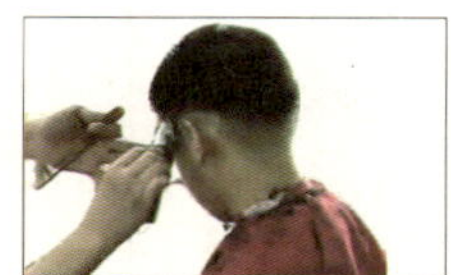 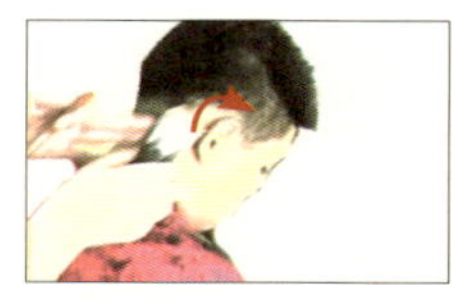  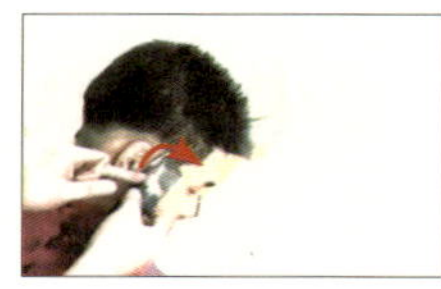

우측면부의 밑라인을 사진처럼 클리퍼 처리하는데 후두부의 1/2에서 1cm 더 빼고 시술한다. 그리고 귀앞 부분은 사진처럼 화살표 방향으로 처리한다.

 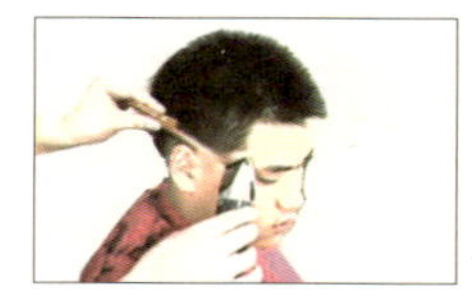

귀앞에서 사각지대까지 클리퍼를 빗에 붙이고 곡선으로(화살표) 절삭하며 올라간다.

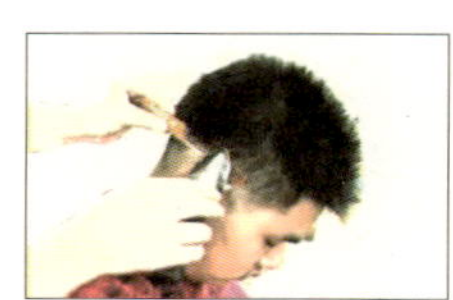

귀뒤에서 사각지대까지 클리퍼를 빗에 붙이고 곡선으로(화살표) 절삭하며 올라간다.

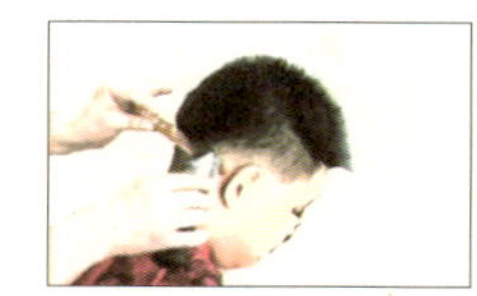

후두부에서 사각지대까지 클리퍼를 빗에 붙이고 곡선으로(화살표) 절삭하며 올라간다.

후두부에서 사각지대까지 클리퍼를 빗에 붙이고 곡선으로(화살표) 절삭하며 올라간다.

숏 컷트 클리퍼 시술 2

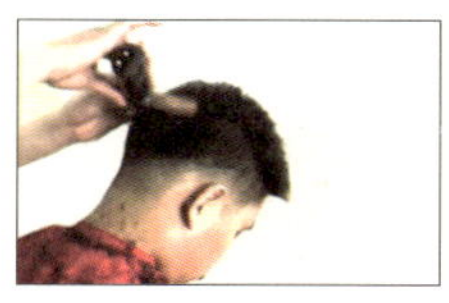 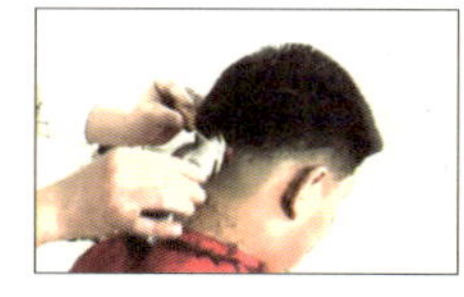 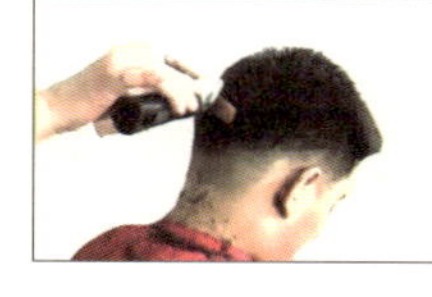 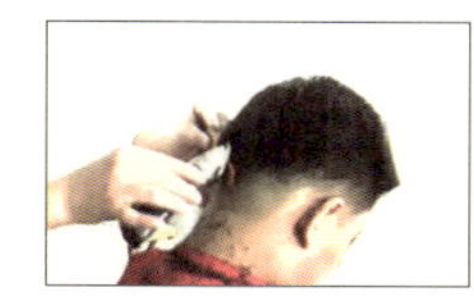

후두부에서 사각지대까지 클리퍼를 빗에 붙
이고 곡선으로(화살표) 절삭하며 올라간다.

후두부에서 사각지대까지 클리퍼를 빗에 붙
이고 곡선으로(화살표) 절삭하며 올라간다.

 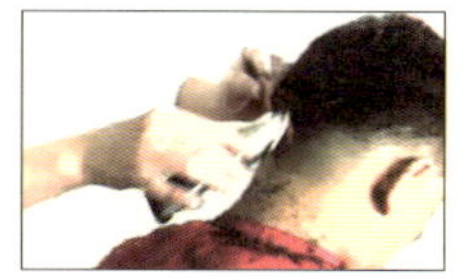 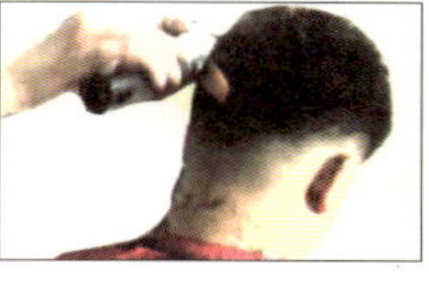 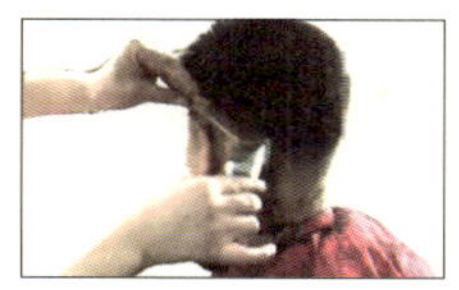

후두부에서 사각지대까지 클리퍼를 빗에 붙
이고 곡선으로(화살표) 절삭하며 올라간다.

귀뒤에서 사각지대까지 클리퍼를 빗에 붙이
고 곡선으로(화살표) 절삭하며 올라간다.

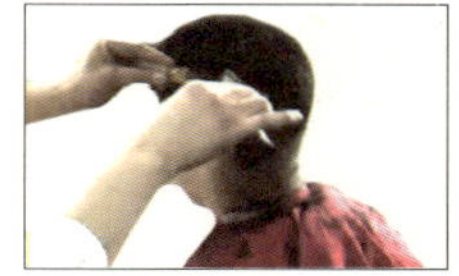 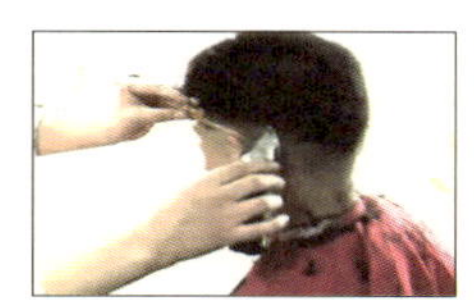 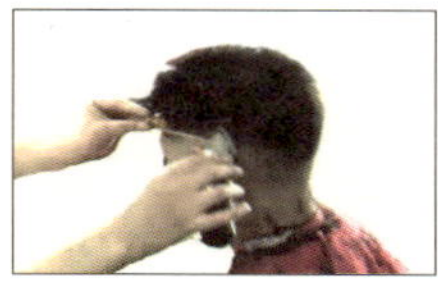 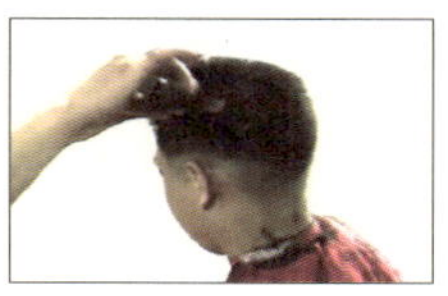

귀위에서 사각지대까지 클리퍼를 빗에 붙이
고 곡선으로(화살표) 절삭하며 올라간다.

귀위에서 사각지대까지 클리퍼를 빗에 붙이
고 곡선으로(화살표) 절삭하며 올라간다.

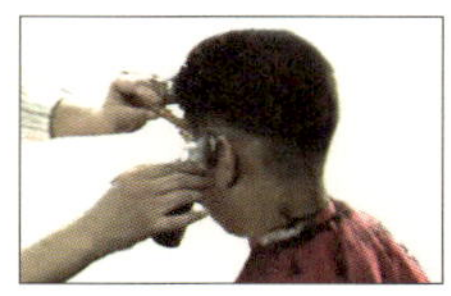 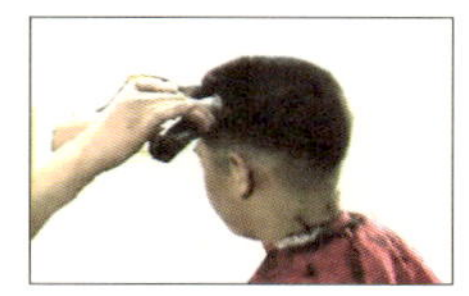 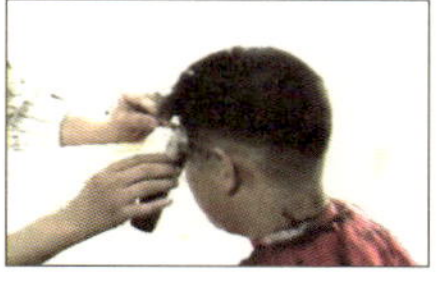 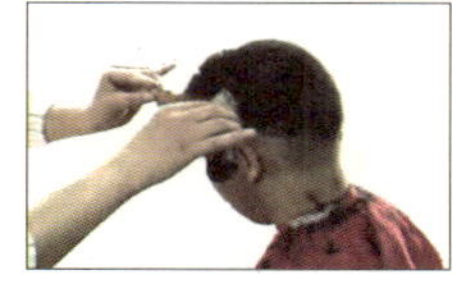

귀앞에서 사각지대까지 클리퍼를 빗에 붙이
고 곡선으로(화살표) 절삭하며 올라간다.

귀앞에서 사각지대까지 클리퍼를 빗에 붙이
고 곡선으로(화살표) 절삭하며 올라간다.

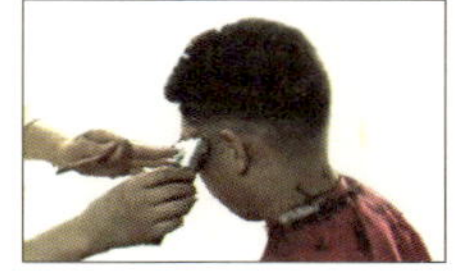 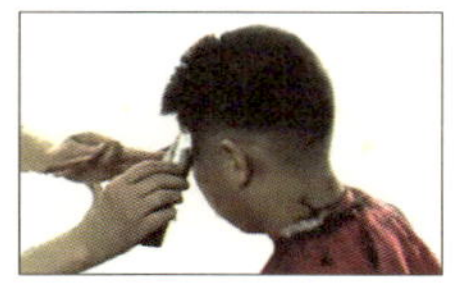 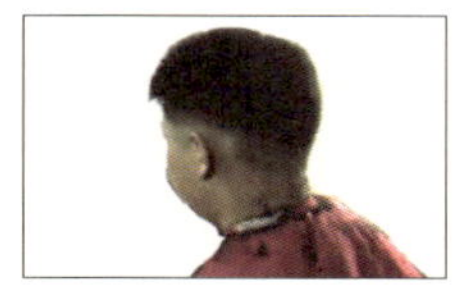

귀앞에서 앞모발을 클리퍼로 곡선으로(화살
표) 절삭하며 올라간다.

완성

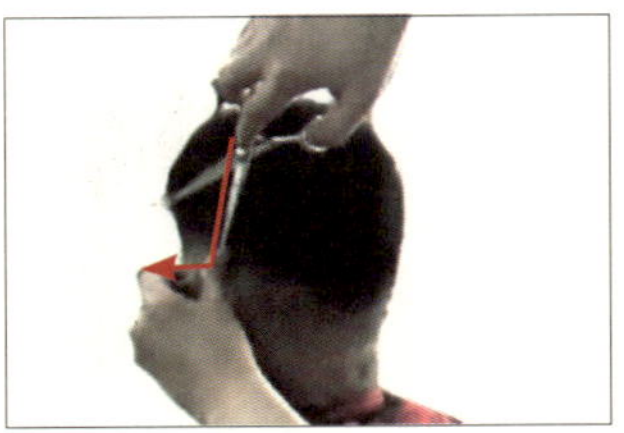

가위는 세워서 엄지손가락
에 가위날을 걸치고 가위를
개폐하면서 엄지를 밀어나
간다.

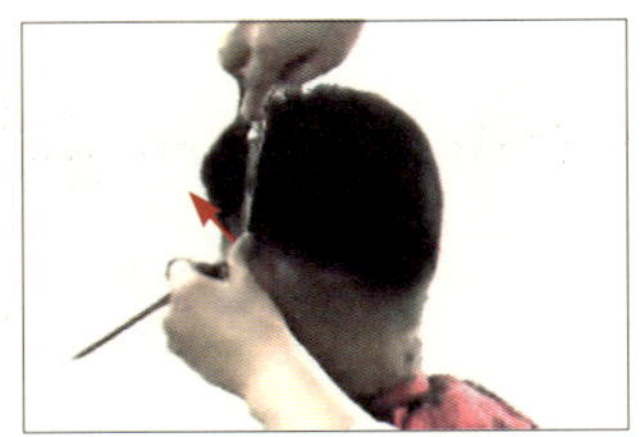

엄지손가락에 가위날을 걸
치고 가위를 개폐하면서 엄
지를 밀어나간다.

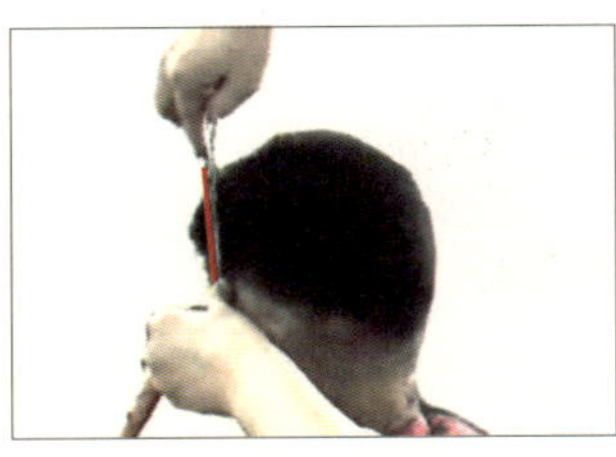

엄지손가락에 가위날을 걸
치고 가위를 개폐하면서 엄
지를 밀어나간다.

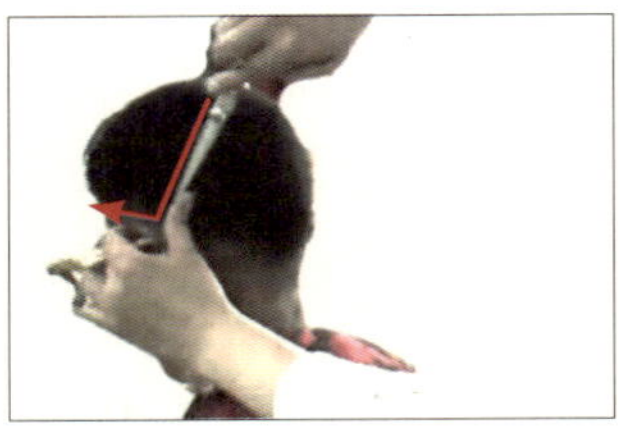

가위는 사선으로 누이고 엄
지손가락에 가위날을 걸치
고 가위를 개폐하면서 엄지
를 밀어나간다.

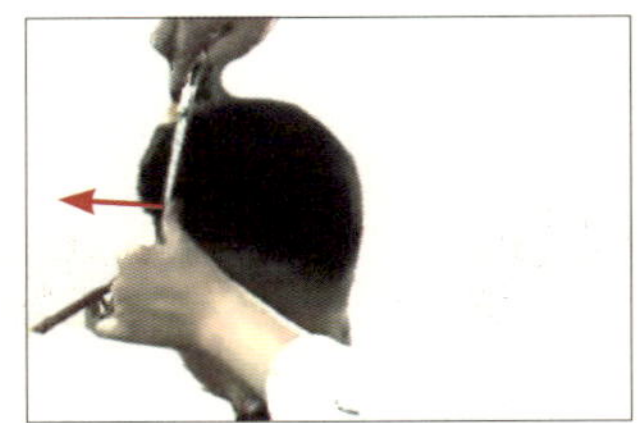

엄지손가락에 가위날을 걸
치고 가위를 개폐하면서 엄
지를 밀어나간다.

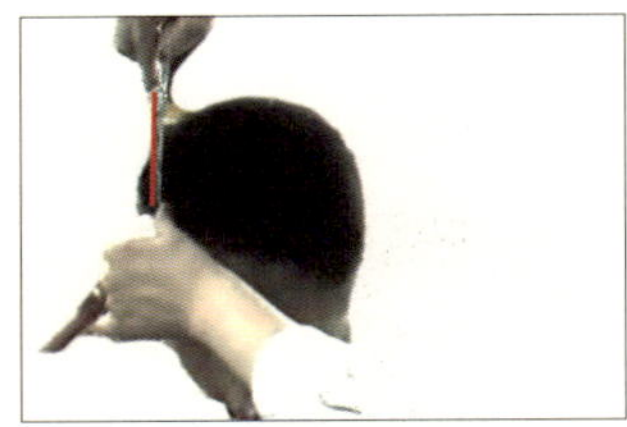

엄지손가락에 가위날을 걸
치고 가위를 개폐하면서 엄
지를 밀어나간다.

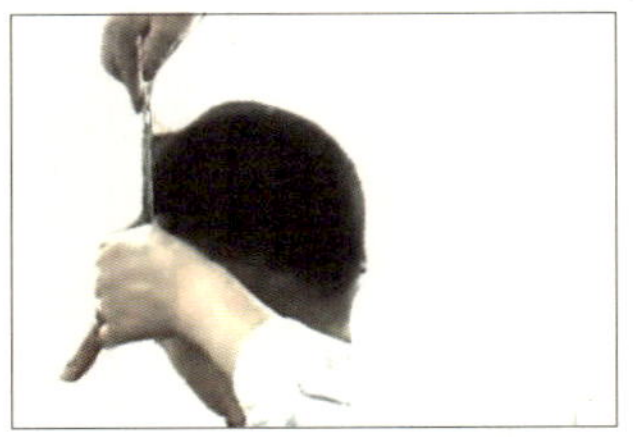

가위를 사선으로 누이는 이
유는 면의 모양이 형태로
되어 있어서다. 그러면 시술
하는 방법도 이런식으로 해
야 하기 때문이다.

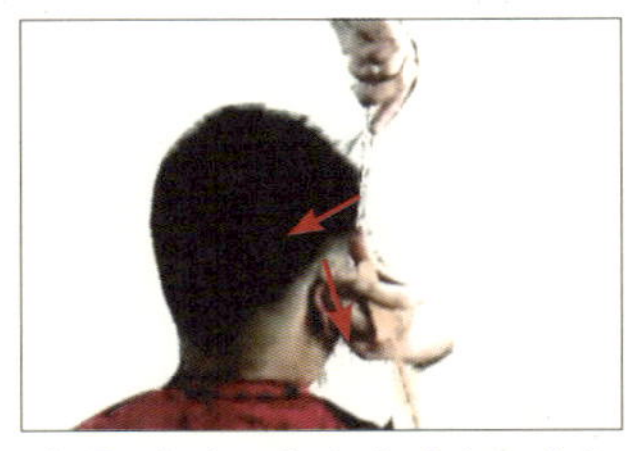

우측면의 테이퍼링을 시술
할 때는 사진처럼 앞에서
가위가 가는 방향을 보면서
엄지로 가위를 밀면서 시술
한다.

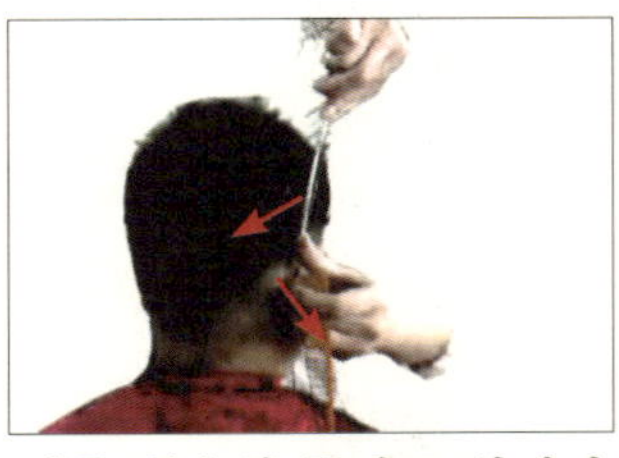

귀를 왼손의 중지로 살며시
누르면서 귀의 손상을 방지
하고 안전하게 시술을 하여
야 한다.

스포츠 스타일 시술 해설

* 스포츠형은 모든 헤어 스타일 중 기본적인 스타일이다.

* 스포츠형을 컷트 시술할 때는 3가지 공식이 있다.

1. 천정부 시술하는 해설

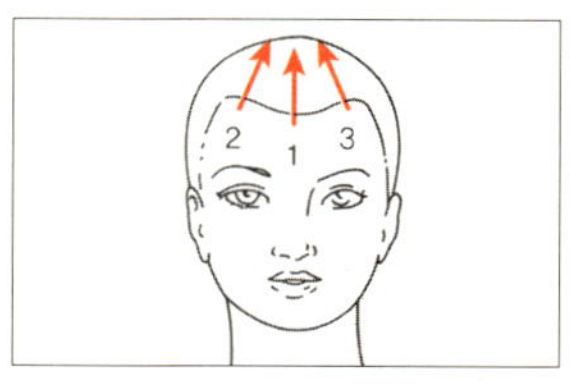

먼저 그림에서 보듯이 (앞면)컷트를 시작하기 전에 기준을 정하는 것이 중요하다. 기장컷트 때와 같은 방법이지만 스포츠는 빗과 클리퍼로 시술한다. 1, 2, 3번의 숫자에서 중앙 부분인 1번이 기준점이 되는데 이때 시술 방법은 빗을 수평으로 만든 상태에서 가마를 향하여 클리퍼를 빗에 붙이고 수평으로 (→) 밀면서 모발을 절삭하는 것이다. 1번을 시술하고나면 2번과 3번 중 어느쪽을 먼저 가도 상관없다. 그럼 2번, 3번을 간다면 빗으로 모발을 세우면서 가마를 향해 빗을 수평(→)으로 밀어간다.

2. 사각지대 시술하는 해설

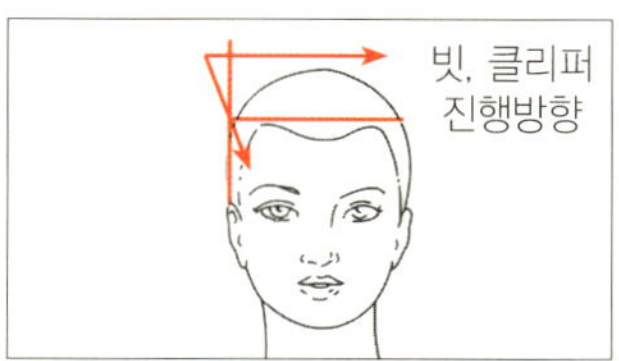

우측면부와 좌측면부는 E.P에서 G.P까지이다. 밑라인에서 사각지대까지 빗에 클리퍼를 붙이고 수직(→)으로 클리퍼 시술하며 올라간다. 빗이 수직으로 올리지만 측면부의 두상은 사진처럼 약간의 곡선미를 가지고 있다. 그래서 잘라낸 모양도 약간의 곡선미가 남아 있는 것이다. 우측면부나 좌측면부도 같은 방법으로 시술을 하여준다. 후두부는 밑라인에서 곡선으로 가마까지 올라간다.

3. 측면부 시술하는 해설

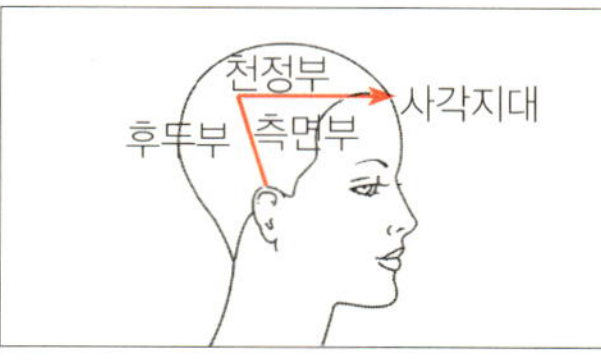

천정부를 시술하고 측면부를 시술하고 나면 측면부와 천정부의 연결을 만들어야 한다. 이 경우는 천정부와 측면부의 경계선인 사각지대 부분에서 밑으로 2~3cm정도에 빗을 화살표처럼 사선으로 모발 사이로 넣어주어 사선의 상태로 모발을 천정부쪽으로 밀면서 천정부의 라인과 맞추어 절삭한다. 자세한 것은 뒷장에서 알아보자.

4. 완성도

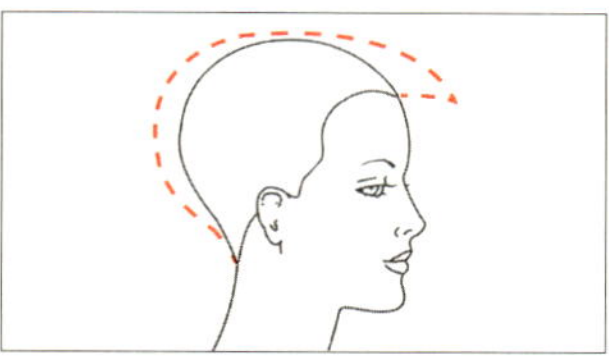

스포츠 스타일은 여러 스타일이 있다. 각 스포츠, 둥근 스포츠, 긴 스포츠, 기본 스포츠, 짧은 스포츠, 이렇게 있는데 알고보면 길이의 차이 밖에 없다.

스포츠 스타일 천정부 시술 방법

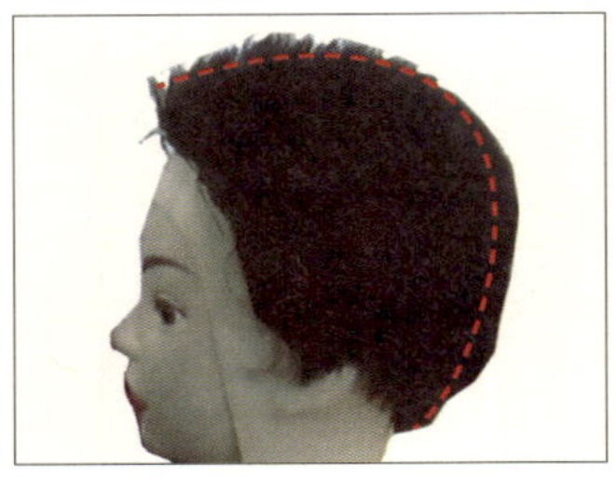

스포츠 스타일의 기본 모양은 사진과 같다. 천정부의 라인은 약간의 곡선미를 가지고 있어야 하며 후두부는 가마부터 곡선미를 가지고 내려와야 한다. 천정부의 모발 라인이 잘 나와야 전체의 스타일을 만들 수 있다.

천정부를 시술하는 방법은 앞장에서 잠깐 해설했다. 천정부를 3등분으로 나누어서 중앙의 1번이 기준점이 된다. 빗을 수평(→)으로 하고 가마를 향하여 포물선을 그리듯 모발을 절삭하며 밀어나간다. 중앙의 1번을 시술하고 나면 2번과 3번 중 어느 쪽을 가도 상관없다. 단 중앙의 1번 시술과 같이 2번과 3번도 같은 방식으로 모발을 절삭한다.

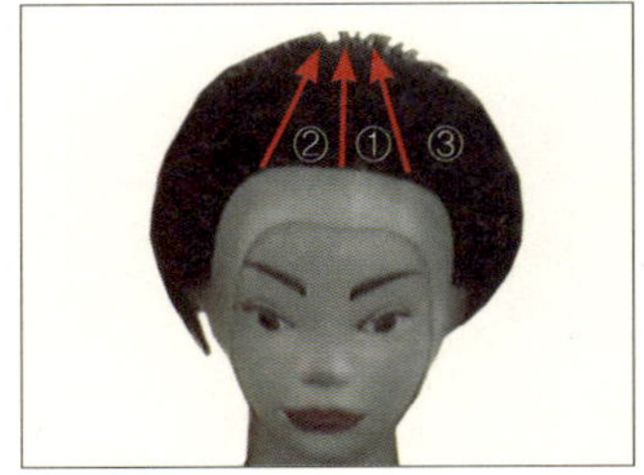

위의 사진 방식대로 시술을 하면 옆의 사진 모양이 나온다. 이렇게 앞머리에서 가마까지 같은 방식으로 시술하여 천정부의 모양을 만들어 놓은 후에 측면부로 시술이 넘어가는 것이다.

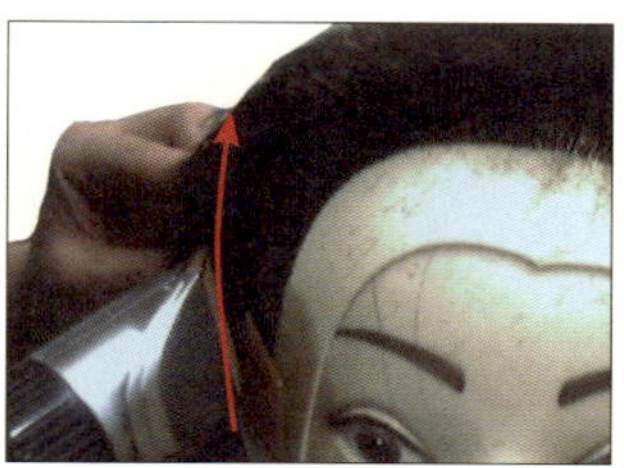

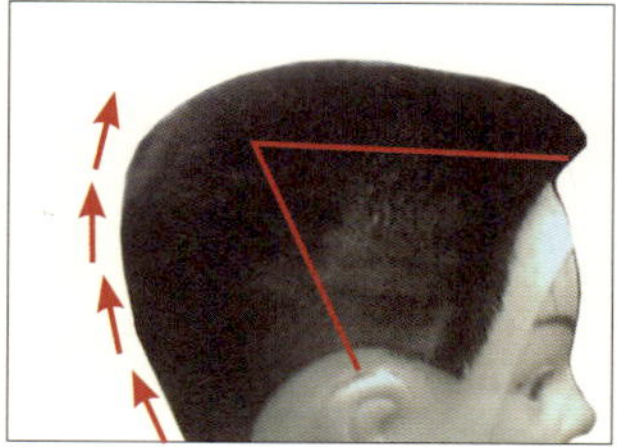

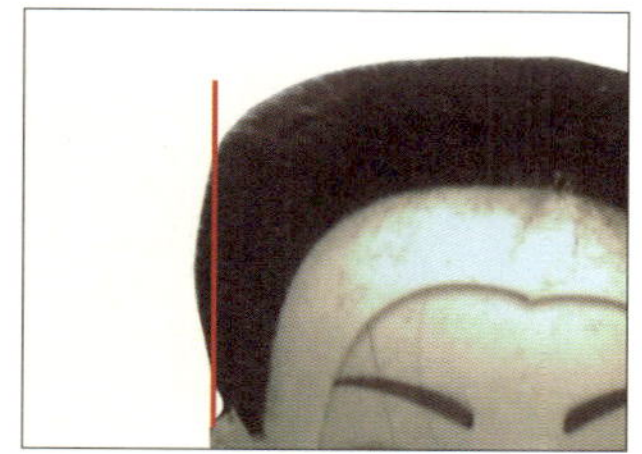

측면부의 시술은 사진에서 보면 귀 위의 부분에 빗몸이 두피에 붙여주고 빗발을 세워서 화살표를 따라 모발을 절삭하며 사각지대 부분까지 시술해 올라간다. 천정부의 시술 후 측면부를 시술할 때는 천정부의 라인에다 측면부의 라인이 일자로 맞아야 한다. 스포츠 스타일에서는 천정부의 라인과 측면부의 라인이 제일 중요하다. 스포츠의 전형적인 모양은 각 스포츠 스타일이다. 각이라고 하는 것은 직각을 의미하는 것은 아니다.

측면부는 사진의 사각지대와 E.P 지점에서 G.P 지점을 보면 만나는 부분까지 별(☆)표 까지이다. 이곳까지는 수직으로 올리는데 각이 만들어지는 부분이 바로 이곳이다. 별(☆)표 지점에서 후두부로 넘어가는 부분은 고선으로 후두부 밑라인에서 가마부분까지 빨간 곡선처럼 클리퍼와 빗이 곡선으로 올라가는 것이다.

좌측면부의 라인은 사진처럼 빗과 클리퍼가 수직으로 올라간다. 하지만 수직으로 올라가도 곡선미가 나온다. 그 이유는 측면부 두상이 곡선미를 가지고 있기 때문이다. 우측면부의 시술도 좌측면부의 시술과 같은 탕법이다.

스포츠 스타일 후두부 시술 방법

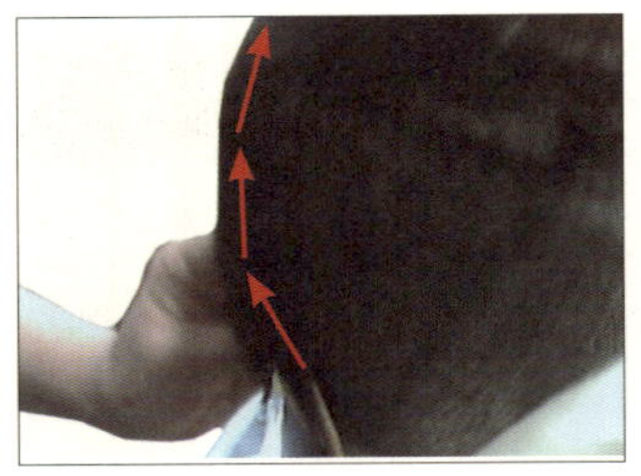

후두부의 시술 방법은 사진에서 보면 빗몸이 후두부 밑라인에 붙은 상태에서 빗발을 사진처럼 세워주어 화살표 방향으로 클리퍼 시술하며 가마부분까지 곡선미로 올라가는 것이다.

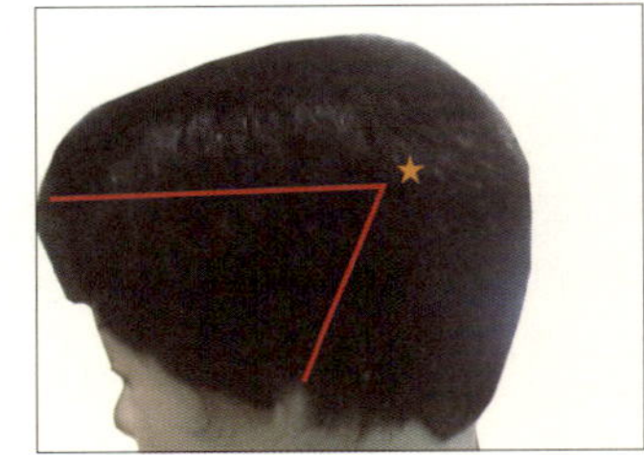

후두부의 모양은 사진처럼 곡선미를 가지고 있어야 한다. 우측면부의 E.P와 G.P가 만나는 별(☆)표 지점부터 좌측면부의 E.P와 G.P가 만나는 별(☆)표 지점까지가 후두부이다. 별(☆)표 앞쪽은 좌측면부의 시작이다. 이곳은 우측면부의 시술방법과 동일하다.

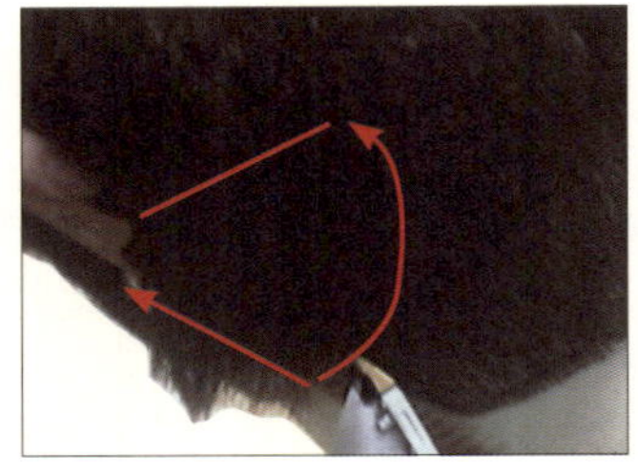

귀뒤의 부분은 상당한 정교함과 섬세함이 필요하다. 측면부나 후두부의 경우는 빗이 수평으로 올라오는데 반해 우측면부 귀뒤 부분이나 좌측면부의 귀뒤 부분은 빗이 사진처럼 사선으로 들어간다. 빗이 사선으로 들어가 빗몸을 두피에 붙이고 빗발을 세워준 후 클리퍼를 빗에 대고 빗발에 걸려나온 모발을 절삭하며 빗을 수평(화살표)으로 올린다.

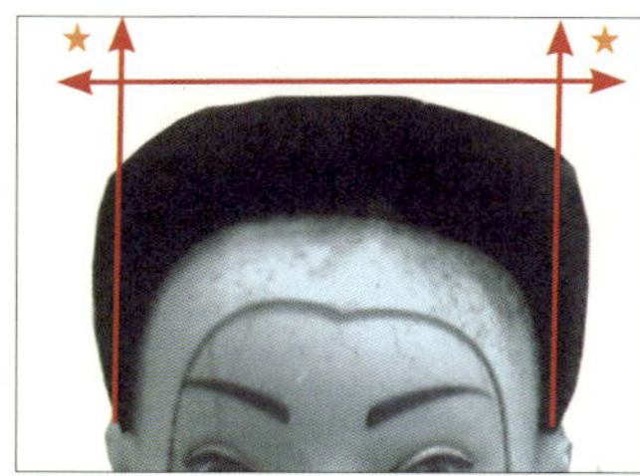

이제 정리를 하여 보면 천정부의 모양은 사진처럼 수평선을 이루듯이 약간의 곡선미가 있어야 한다. 측면부의 귀위에서 올라오는 곡선미도 자연스럽게 올라와야 한다. 스포츠 스타일의 포인트는 별(☆)부분인 각을 이루는 곳이라는 걸 잊지 말아야겠다.

후두부의 모양은 옆의 사진처럼 자연스러운 곡선미를 이루며 올라와야 한다. 그러면 천정부에서부터 후두부로 내려오는 모양은 사진처럼 둥그스러운 모양이 된다는 것을 꼭 알아두자.

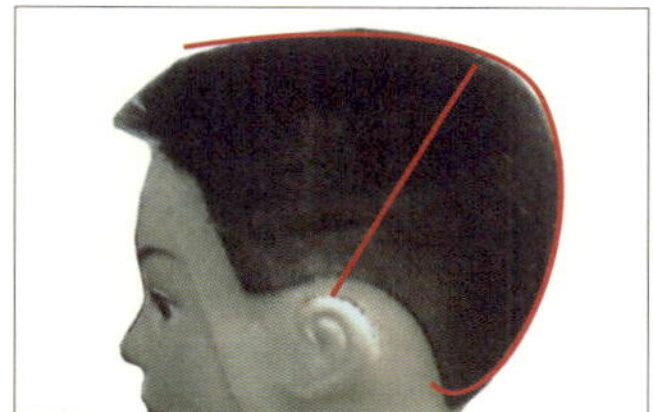

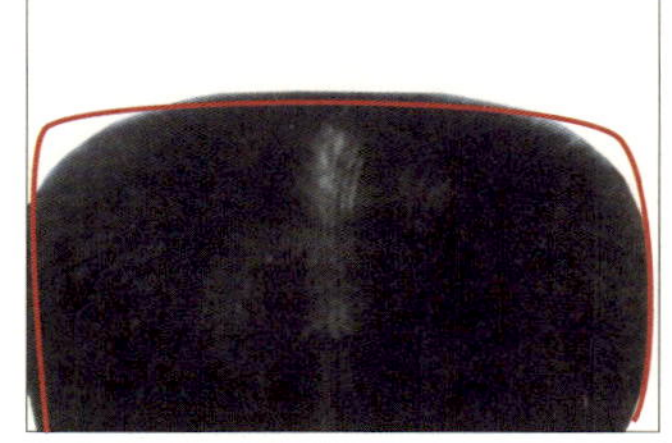

후두부에서 본 모양이다. 앞에서 보든 뒤에서 보든 스포츠 스타일은 사각지대의 각이 잘 살아야 한다. 측면부에서 볼때는 곡선미가 잘 살아야 하지만 앞에서나 뒤에서 볼 때는 이와 같이 각이 살아 있어야 한다.

우측면부도 좌측면부와 다를게 없다. E.P에서 G.P 별(☆)표까지 놓고 보면 별(☆)표 밑은 후두부이고 별(☆)표 앞쪽은 천정부이다. 헤어스타일을 만들때 형태를 잘 알고 있어야 시술을 할 수 있다.

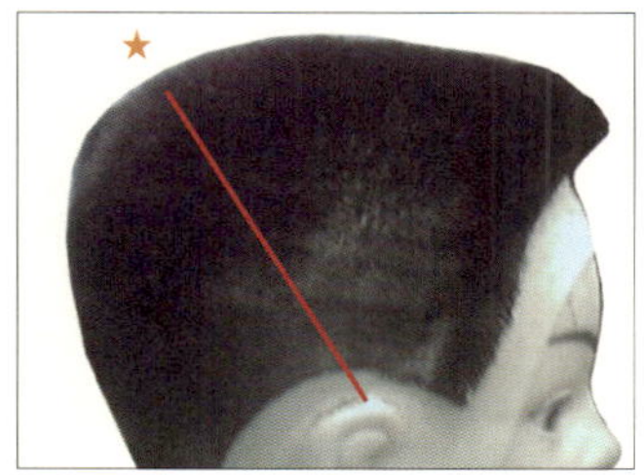

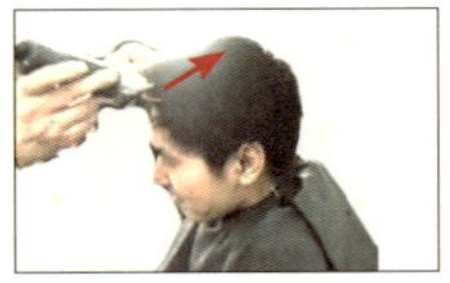 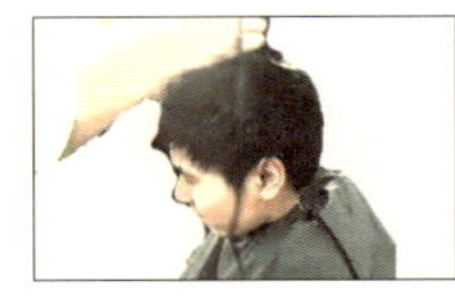

앞모발에서 가마까지 클리퍼를 빗에 붙이고 일자로(화살표) 절삭하며 나간다.

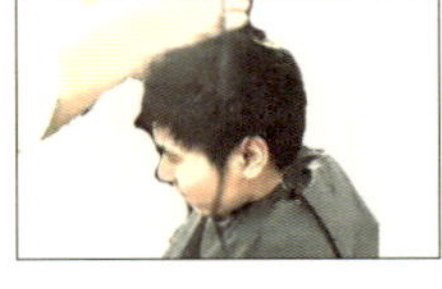 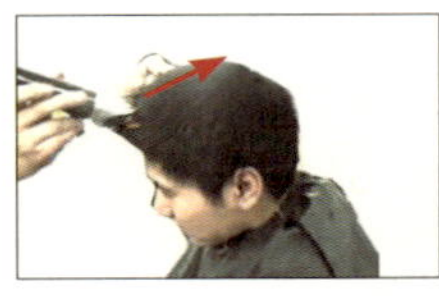

오른쪽 눈위에서 가마까지 클리퍼를 빗에 붙이고 일자로 절삭하며 나간다.

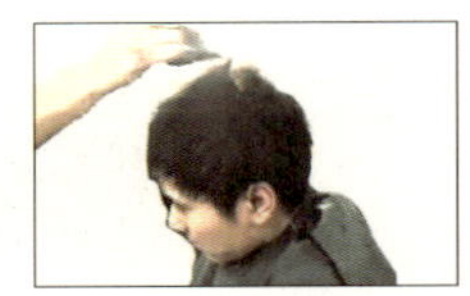 

오른쪽 눈위에서 가마까지 클리퍼를 빗에 붙이고 일자로 절삭하며 나간다.

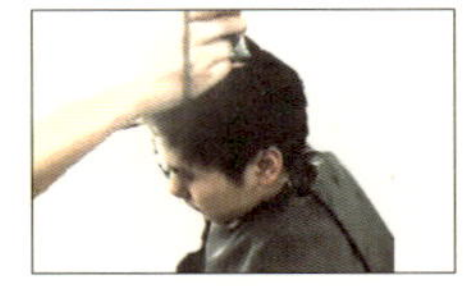 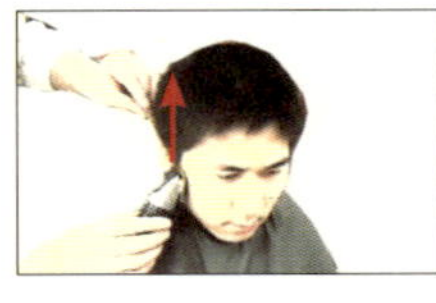

귀위에서 사각지대까지 클리퍼를 빗에 붙이고 일자로(화살표) 절삭하며 나간다.

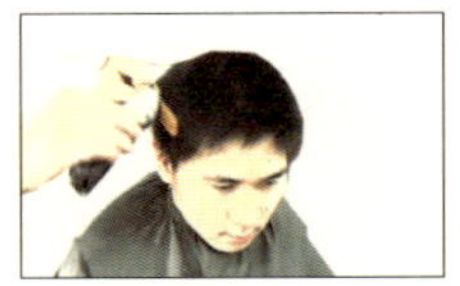 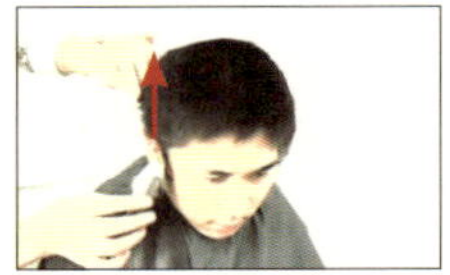

귀위에서 사각지대까지 클리퍼를 빗에 붙이고 일자로(화살표) 절삭하며 나간다.

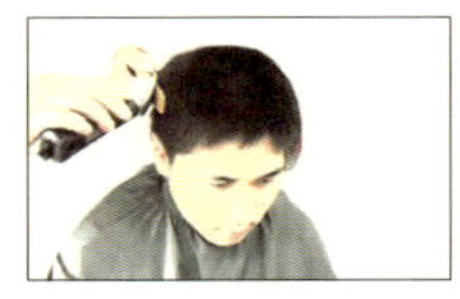 

사각지대에서 천정부로 일자로 절삭한다.

귀는 오른손 중지로 살며시 내려준다.

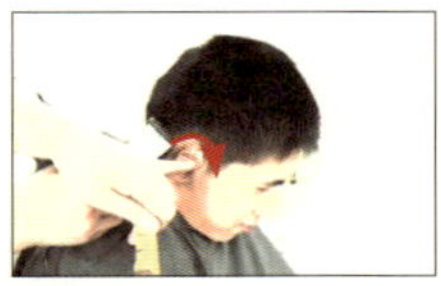

클리퍼의 밑날로 귀위 라인을 정리한다.

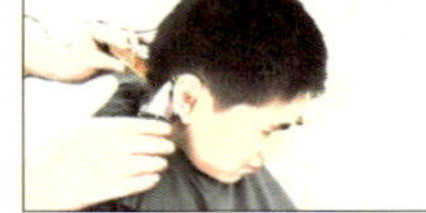 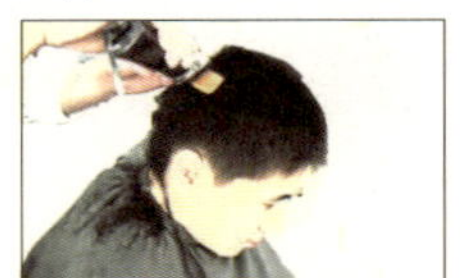

귀뒤에서 가마까지 클리퍼를 빗에 붙이고 곡선으로(화살표) 절삭하며 올라간다.

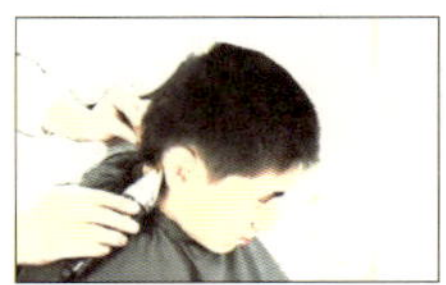 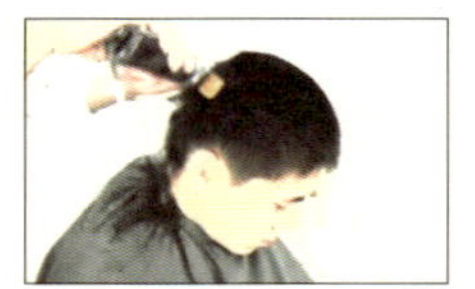

귀뒤에서 가마까지 클리퍼를 빗에 붙이고 곡선으로(화살표) 절삭하며 올라간다.

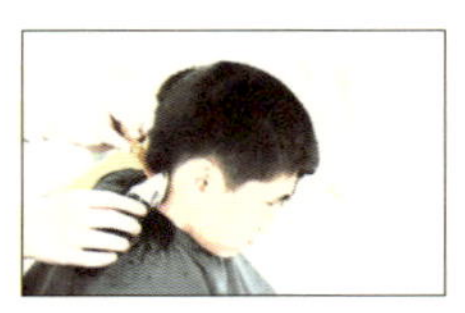 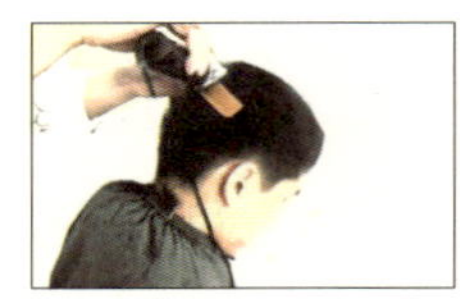

후두부 밑부분에서 가마까지 클리퍼를 빗에 붙이고 곡선으로(화살표) 절삭하며 올라간다.

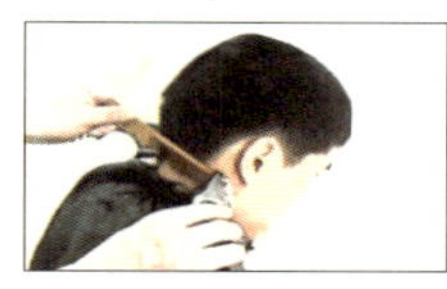

역행하는 모발은 빗을 거꾸로 잡아 밑으로 내리며 모발을 세워 절삭한다.

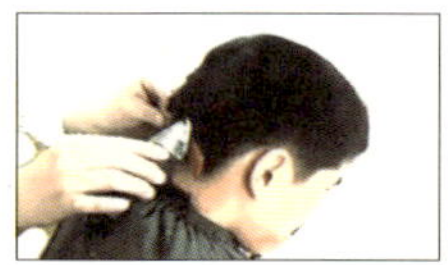 

후두부 밑부분에서 가마까지 클리퍼를 빗에 붙이고 곡선으로(화살표) 절삭하며 올라간다.

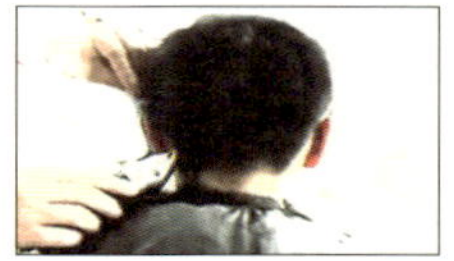 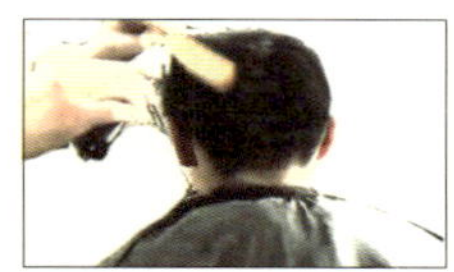

귀뒤에서 가마까지 클리퍼를 빗에 붙이고 곡선으로(화살표) 절삭하며 올라간다.

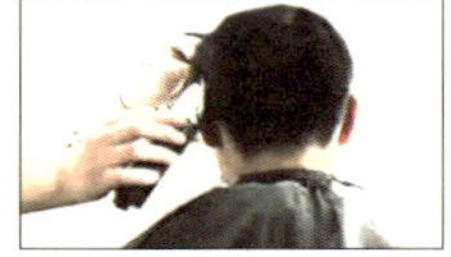 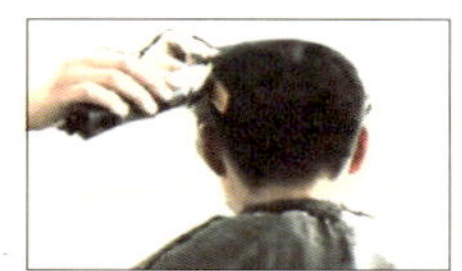

귀뒤에서 가마까지 클리퍼를 빗에 붙이고 곡선으로(화살표) 절삭하며 올라간다.

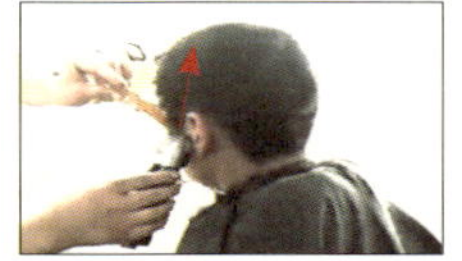 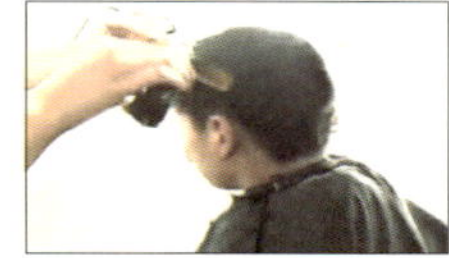

귀앞에서 가마까지 클리퍼를 빗에 붙이고 일자로(화살표) 절삭하며 올라간다.

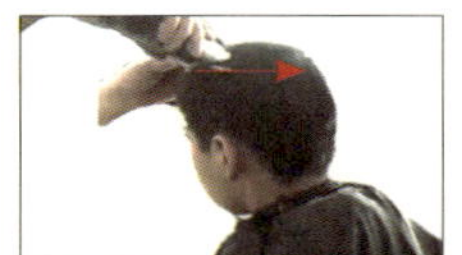 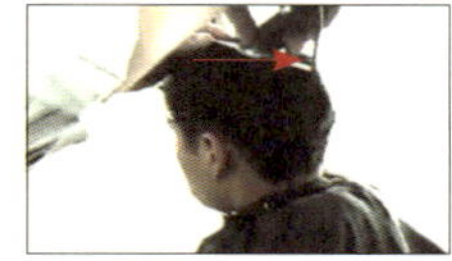

사각지대에서 천정부로 일자(화살표)로 절삭한다.

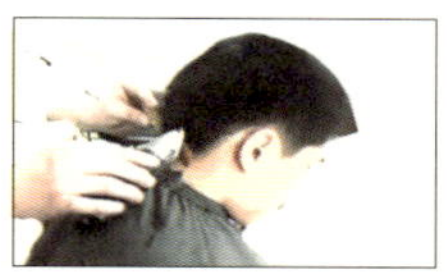 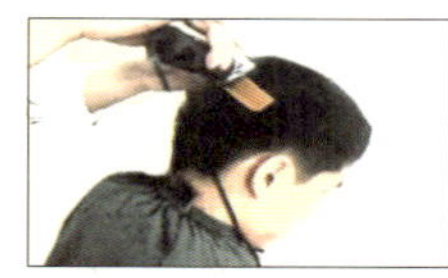

후두부 밑부분에서 가마까지 클리퍼를 빗에 붙이고 곡선으로(화살표) 절삭하며 올라간다.

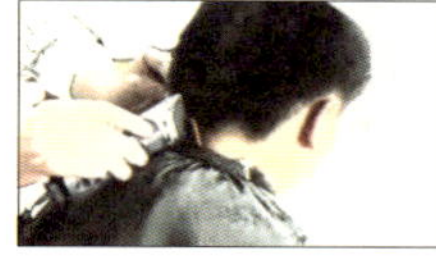 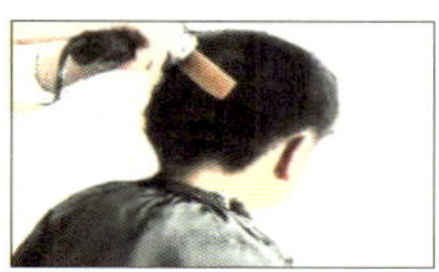

후두부 밑부분에서 가마까지 클리퍼를 빗에 붙이고 곡선으로(화살표) 절삭하며 올라간다.

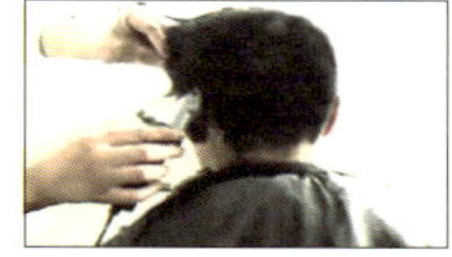 

귀뒤에서 가마까지 클리퍼를 빗에 붙이고 곡선으로(화살표) 절삭하며 올라간다.

 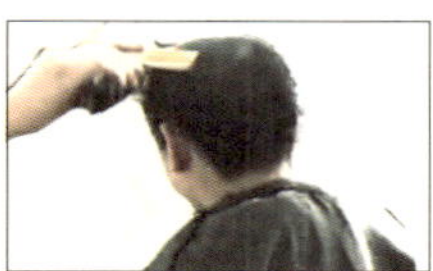

귀위에서 가마까지 클리퍼를 빗에 붙이고 일자로(화살표) 절삭하며 올라간다.

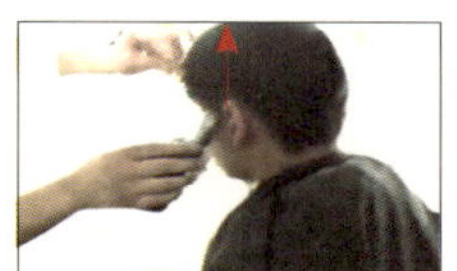 

귀앞에서 가마까지 클리퍼를 빗에 붙이고 일자로(화살표) 절삭하며 올라간다.

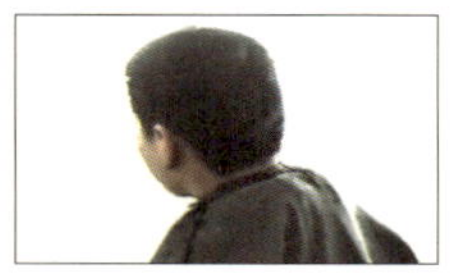

완성

스포츠 스타일 테이퍼링 시술

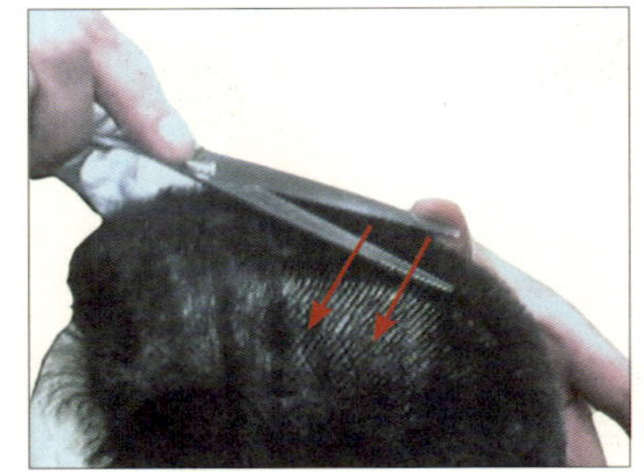

　스포츠 스타일은 천정부도 테이퍼링을 시술해야 한다. 테이퍼링을 시술하는 이유는 클리퍼의 시술이 끝나도 잘리지 않고 남아 있는 미세부분이 있기 때문이다.

　테이퍼링 하는 방법은 측면부의 자세와 시술이 동일하다. 하지만 천정부는 수평선의 곡선미를 잘리지 않고 남아 있는 미세부분을 정리하는데, 사진처럼 가위가 누운 상태로 엄지에 걸려 있는 가위날을 밀면서 가위를 개폐하며 밀어간다. 가위의 날이 두피쪽으로 내려가지 않게 주의한다.

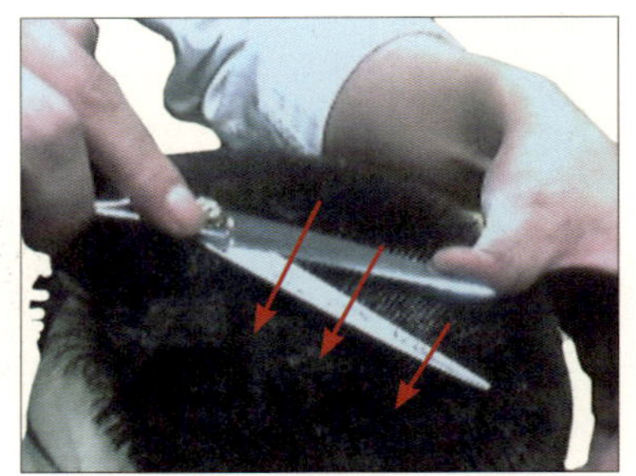

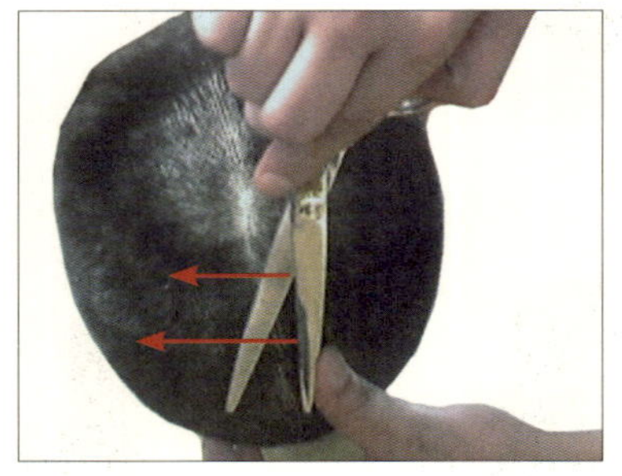

　가마부분도 테이퍼링을 해주어야 한다. 상고나 숏컷트에서는 가마부분이 자연스럽게 남아있지만 스포츠 스타일에서는 잘려나가기 때문에 가마부분도 테이퍼링 시술을 한다. 사진처럼 측면부의 테이퍼링과 같은 방식으로 엄지에 걸려있는 가위날을 밀어가며 가위를 개폐하여 준다.

스타일
컷트

숱(틴닝)가위 시술 1

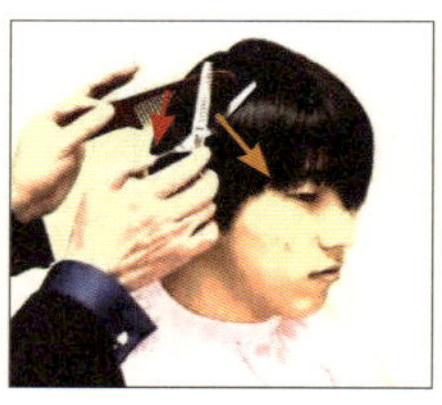 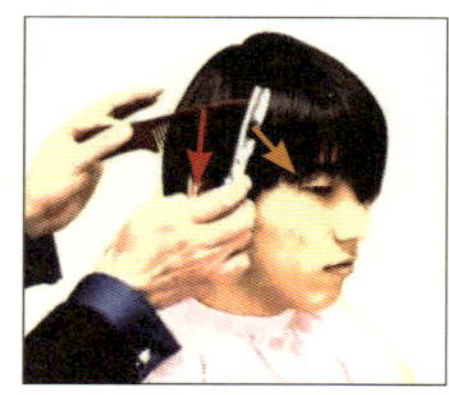 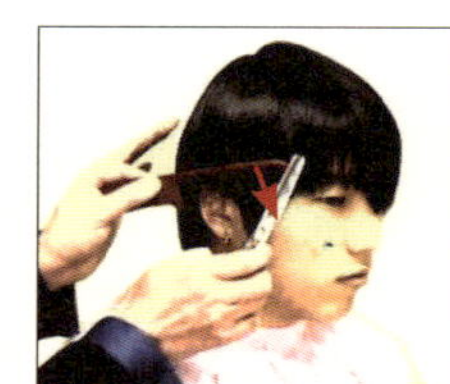 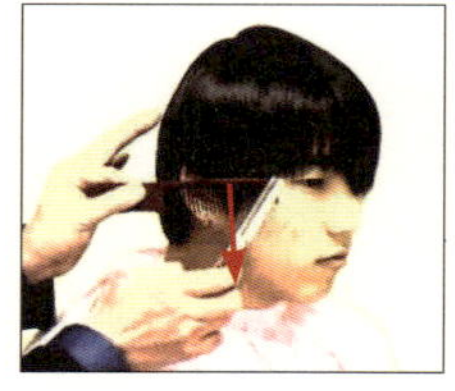

귀위에서 귀앞으로 넘어오는 장면이다. 화살표 방향으로 빗은 아래로 향하고 가위는 얼굴쪽으로 내려온다.	귀앞모발의 장면이다. 가위의 방향은 아래로 내려오고 가위는 얼굴쪽으로 내려온다.	빗은 구렛나루쪽으로 내려오고 가위는 얼굴쪽으로 내린다.	빗은 역시 구렛나루쪽으로 내리면서 가위는 턱쪽으로 내린다.

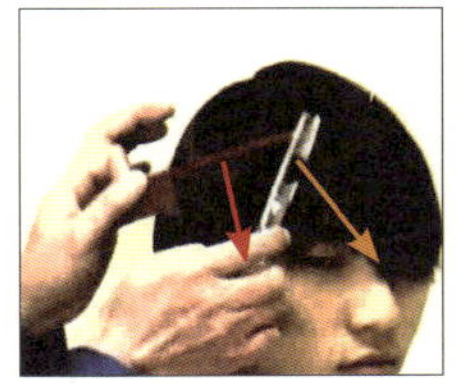

빗은 눈쪽으로 내
리면서 가위는 코
쪽으로 내린다.

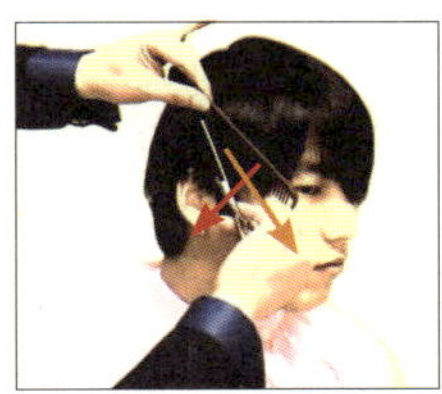

빗은 귀쪽으로 내
려오며 가위는 구
렛나루쪽으로 내린
다.

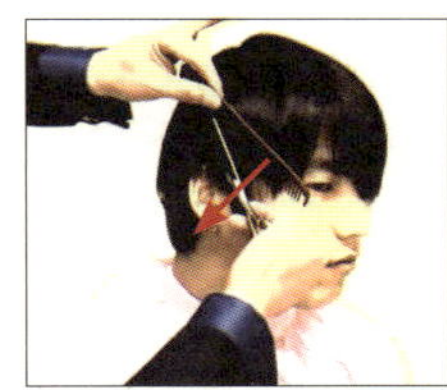

빗은 구렛나루쪽으
로 내려오며 가위
도 구렛나루쪽으로
내려온다.

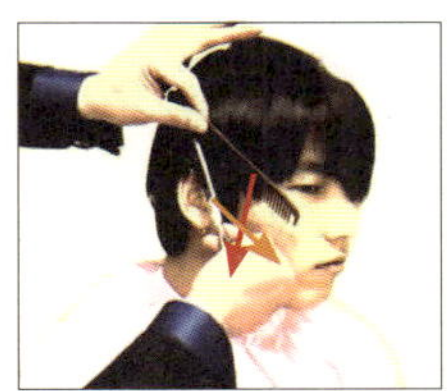

빗은 귀쪽으로 내
려오며 가위는 귀
앞쪽으로 내려온
다.

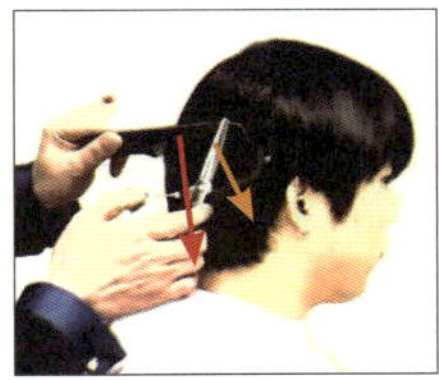

우측면 귀뒤의 장면
이다. 빗은 목으로
내리고 가위는 귀뒤
쪽으로 내려온다.

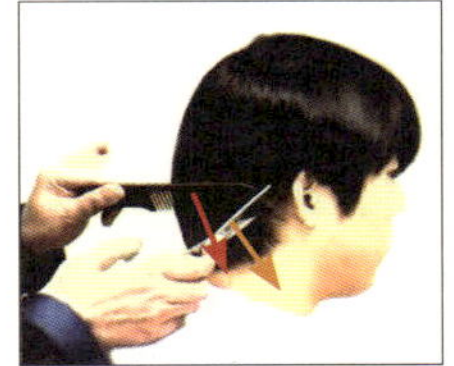

빗은 목으로 내리
고 가위는 역시 귀
뒤로 내려준다.

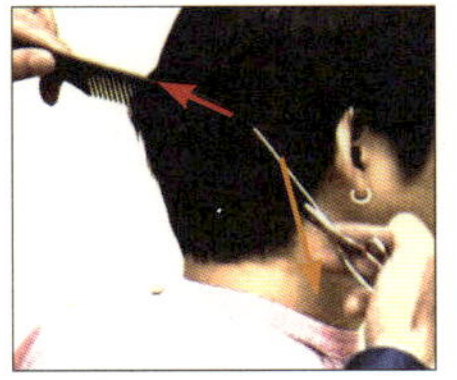

빗으로 모발을 걷
어내고 가위는 귀
뒤로 내려준다.

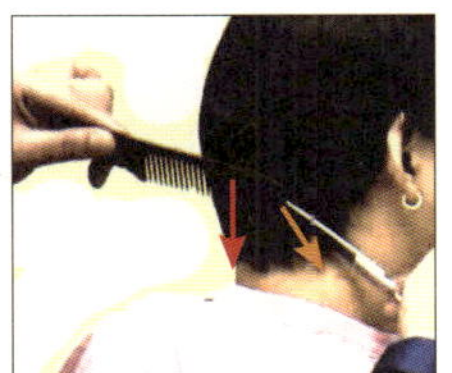

빗은 목으로 내려
오고 가위는 화살
표 방향으로 내려
준다.

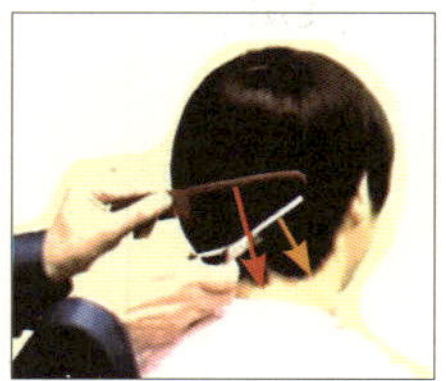

빗은 목쪽으로 내려 주고 가위는 귀뒤라 인으로 내려준다.

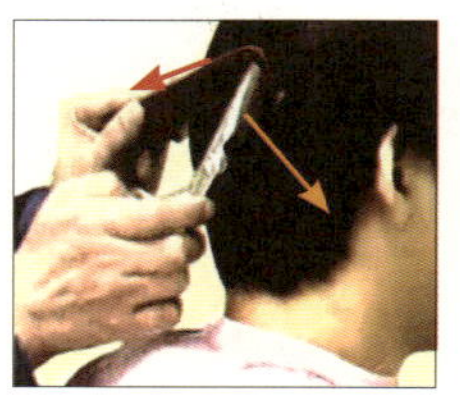

가위는 화살표 방향 으로 모발을 걷어내 고 가위는 화살표 방향으로 내려준다.

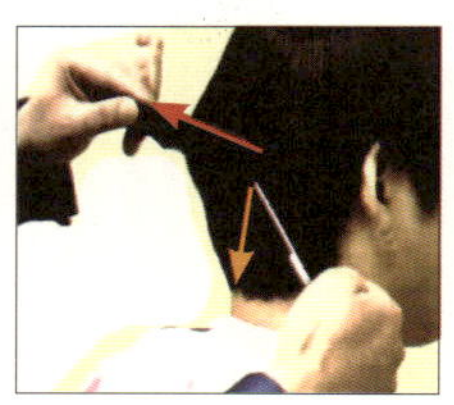

빗으로 모발을 걷 어주고 가위로 화 살표 방향으로 내 려준다.

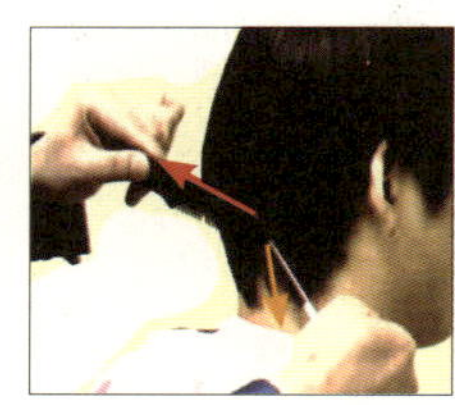

역시 빗은 모발을 걷어주고 가위는 화살표방향으로 내 려준다.

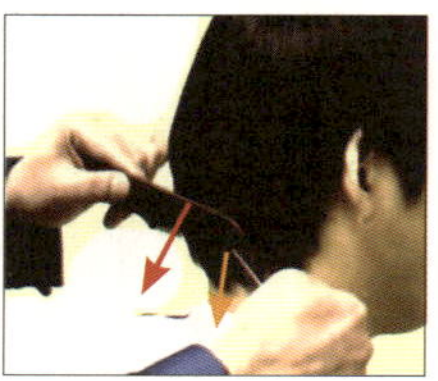

빗은 모발을 걷어 주고 가위는 화살 표 방향으로 내려 준다.

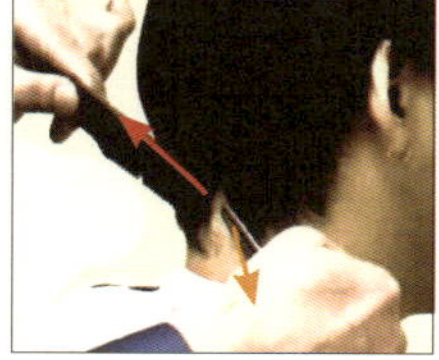

빗은 목쪽으로 내 려주고 가위도 목 쪽으로 내려준다.

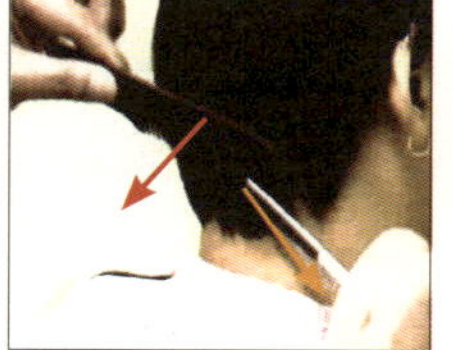

빗으로 모발을 걷어 주면 걷은 모발 밑 부분의 모류를 보고 시술하는 것이다. 가위는 화살표 방향 으로 당겨준다.

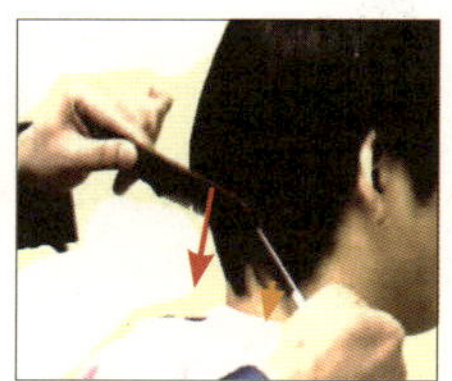

빗은 목쪽으로 내 려주고 가위도 목 쪽으로 내려준다.

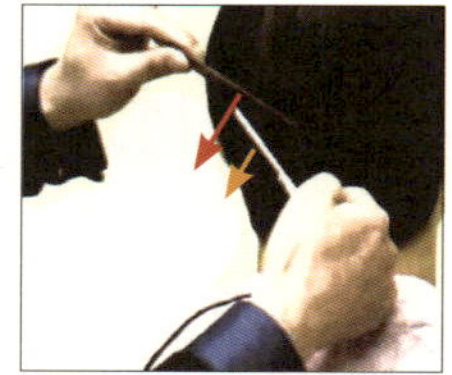

빗으로 모발을 걷 어주고 가위는 화 살표 방향으로 내 려준다.

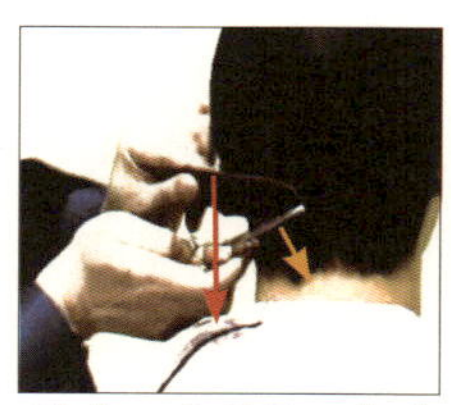

빗은 아래로 내리 면서 가위는 목쪽 으로 내려준다.

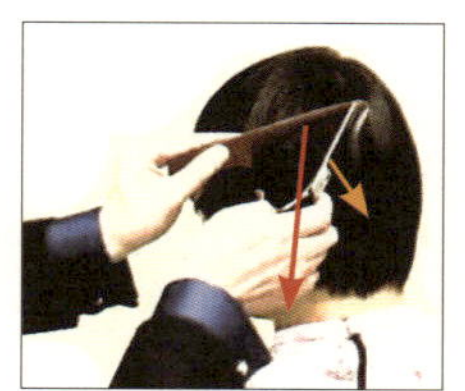

빗은 화살표 방향 으로 내려주며 가 위도 화살표 방향 으로 밀어준다.

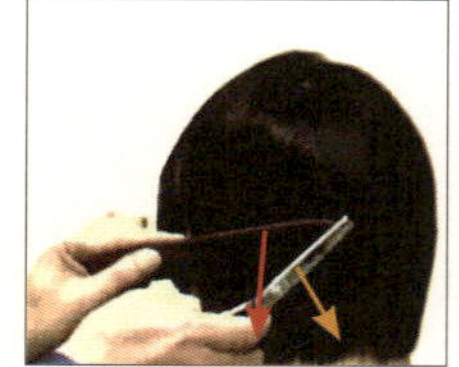

빗은 화살표 방향 으로 내려주고 빗 도 화살표 방향으 로 밀어준다.

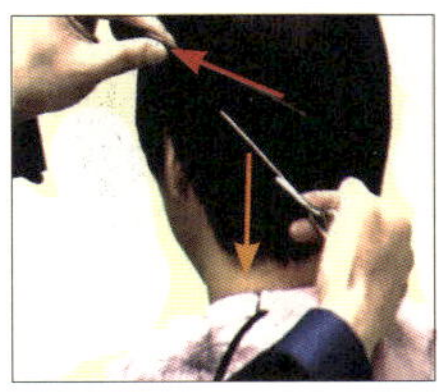 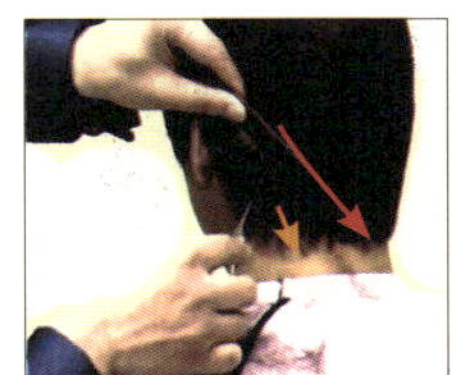 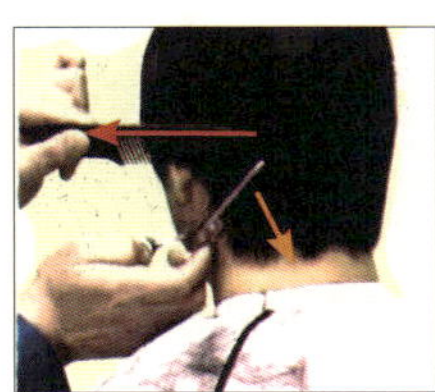 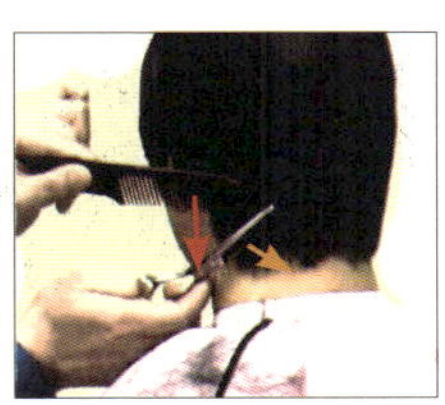

빗은 모발을 걷어주고 가위는 화살표 방향으로 내려준다.

빗은 화살표 방향으로 모발을 밀면서 걷어주고 가위도 화살표 방향으로 밀어준다.

빗으로 모발을 화살표 방향으로 걷어주면 밑모발이 잘보여서 시술이 용이하다. 가위는 화살표 방향으로 밀어준다.

빗은 화살표 방향으로 내려주고 가위도 화살표 방향으로 내려준다.

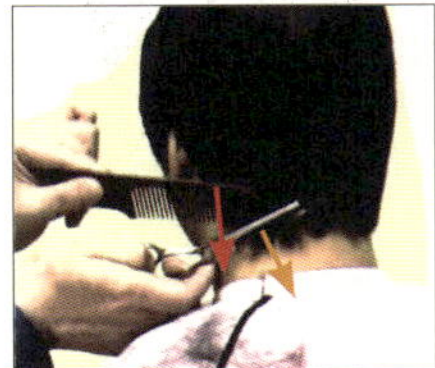 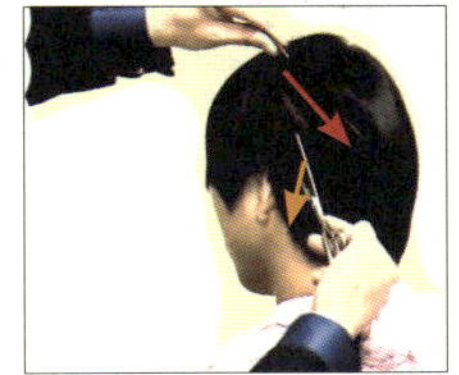 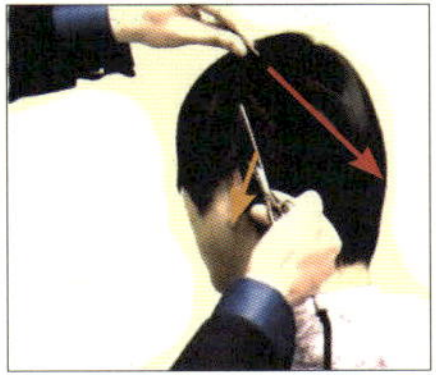 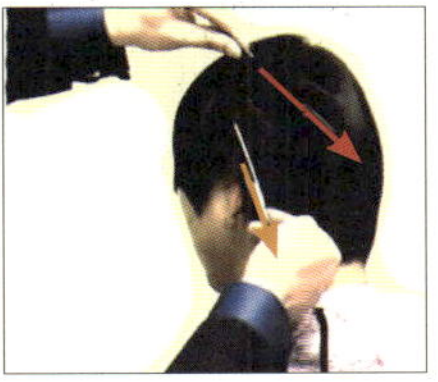

빗은 화살표 방향으로 내려주고 가위도 화살표 방향으로 내려준다.

빗은 화살표 방향으로 모발을 밀면서 걷어주고 가위도 화살표 방향으로 내려준다.

빗은 화살표 방향으로 모발을 밀면서 걷어주고 가위도 화살표 방향으로 내려준다.

빗은 화살표 방향으로 모발을 밀면서 걷어주고 가위도 화살표 방향으로 밀어준다.

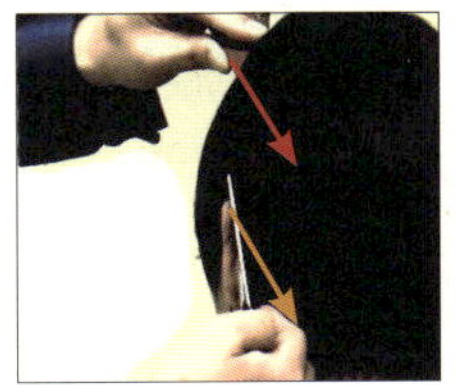 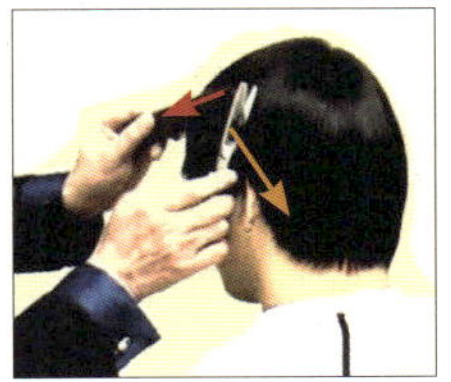 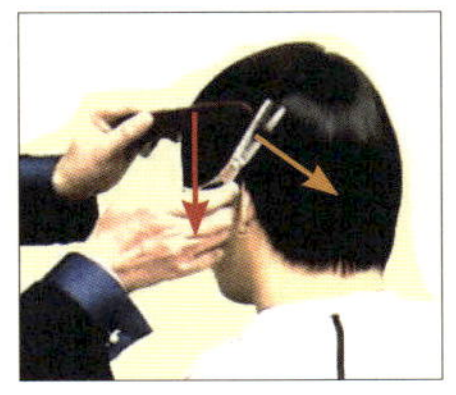 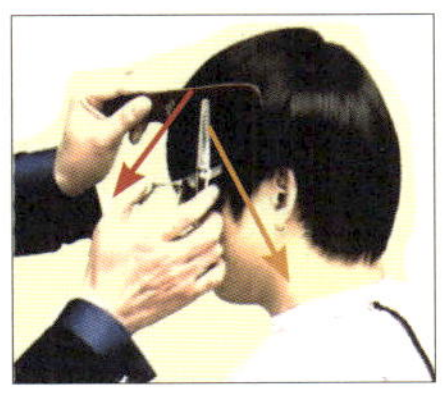

빗으로 모발을 걷어주고 가위는 화살표 방향으로 내려준다.

빗은 화살표 방향으로 내려주고 가위도 화살표 방향으로 내려준다.

빗은 화살표 방향으로 내려주고 가위도 화살표 방향으로 밀어준다.

빗으로 모발을 걷어주고 가위는 화살표 방향으로 밀어준다.

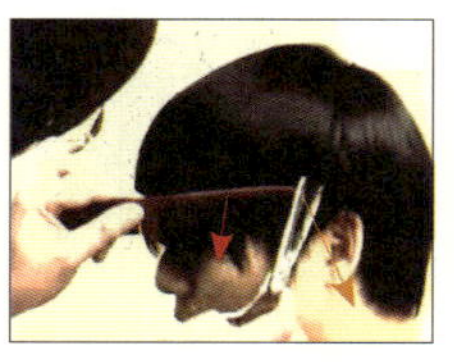

빗은 화살표 방향
으로 내려주고 가
위도 화살표 방향
으로 밀어준다.

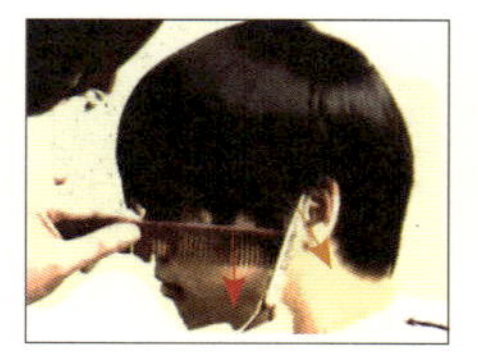

빗은 화살표 방향
으로 내려주고 가
위도 화살표 방향
으로 밀어준다.

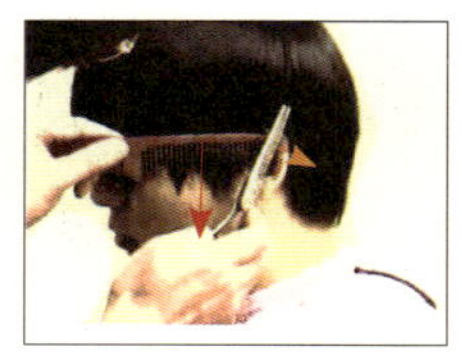

빗은 화살표 방향
으로 내려주고 가
위도 화살표 방향
으로 밀어준다.

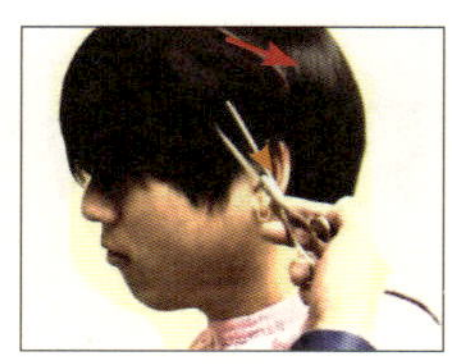

빗으로 모발을 걸
어주고 가위는 화
살표 방향으로 내
려준다.

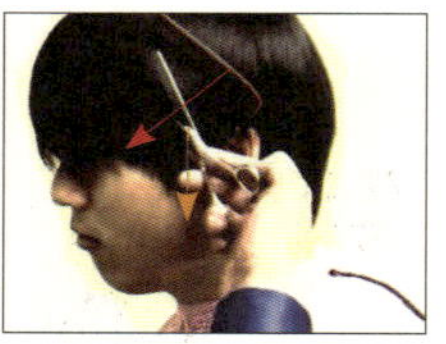

빗은 화살표 방향
으로 내려주고 가
위도 화살표 방향
으로 내려준다.

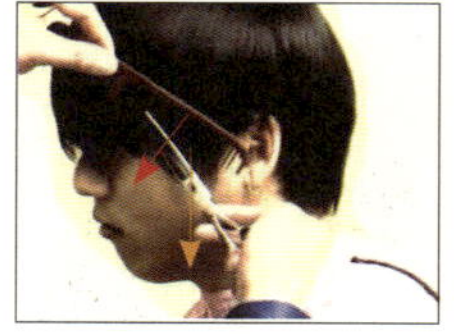

빗은 화살표 방향
으로 내려주고 가
위도 화살표 방향
으로 내려준다.

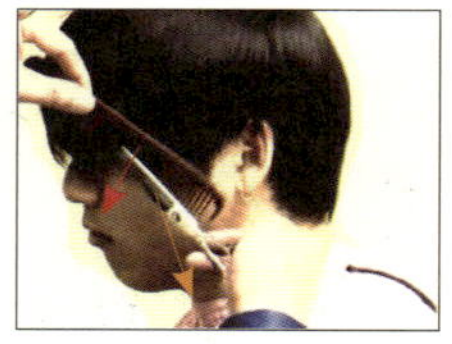

빗은 화살표 방향
으로 내려주고 가
위도 화살표 방향
으로 내려준다.

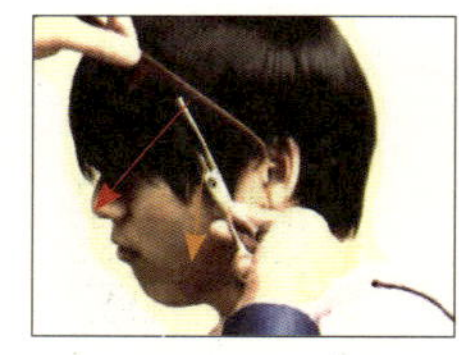

빗은 화살표 방향
으로 내려주고 가
위도 화살표 방향
으로 내려준다.

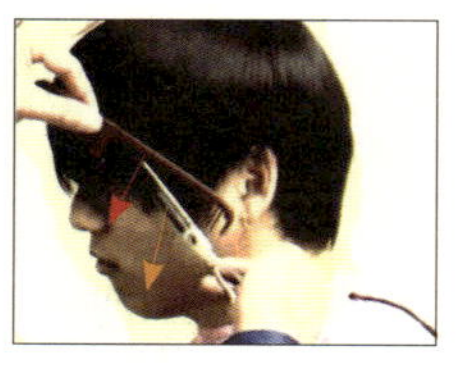

빗은 화살표 방향
으로 내려주고 가
위도 화살표 방향
으로 내려준다.

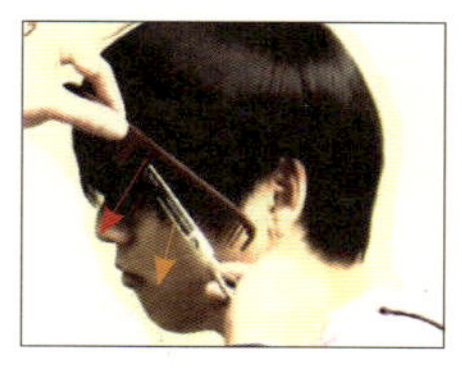

빗은 화살표 방향
으로 내려주고 가
위도 화살표 방향
으로 내려준다.

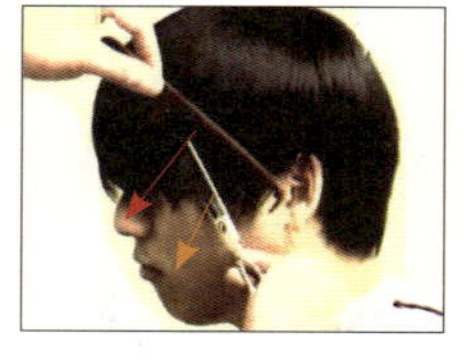

빗은 화살표 방향
으로 내려주고 가
위도 화살표 방향
으로 내려준다.

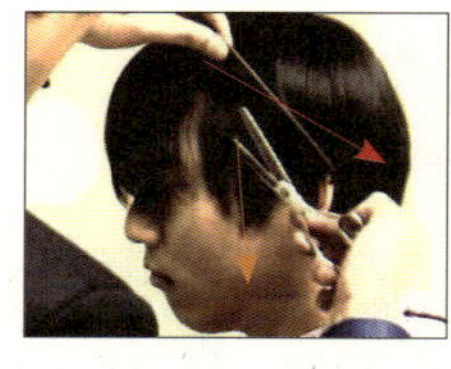

빗은 화살표 방향
으로 모발을 밀면
서 걸어주고 가위
도 화살표 방향으
로 내려준다.

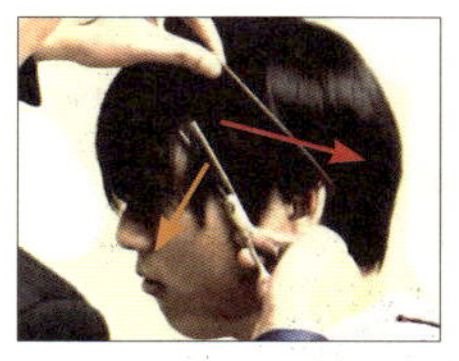

빗은 화살표 방향으로 모발을 밀면서 걷어주고 가위도 화살표 방향으로 내려준다.

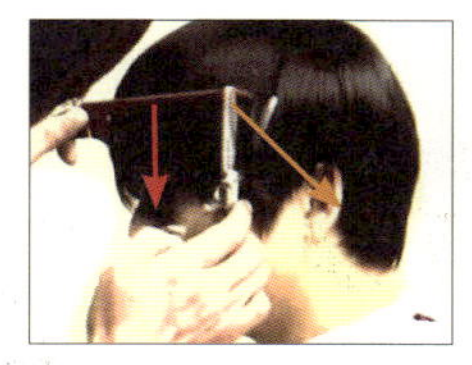

빗은 화살표 방향으로 내려주고 가위도 화살표 방향으로 밀어준다.

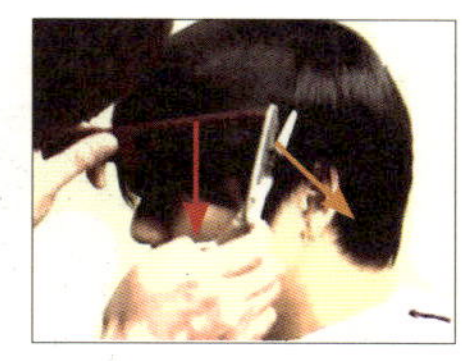

빗은 화살표 방향으로 내려주고 가위도 화살표 방향으로 밀어준다.

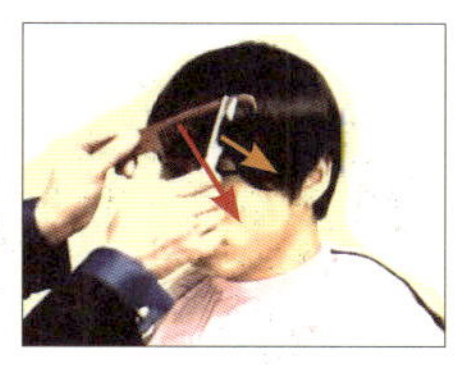

빗은 화살표 방향으로 내려주고 가위도 화살표 방향으로 밀어준다.

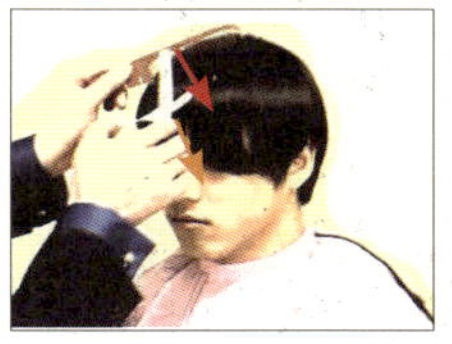

빗은 화살표 방향으로 내려주고 가위도 화살표 방향으로 내려준다.

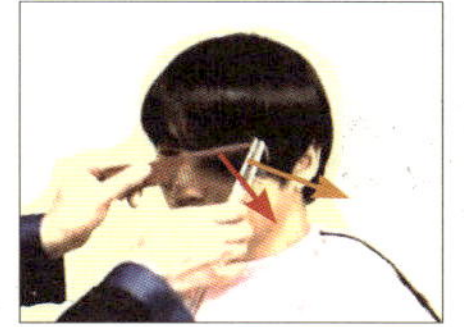

빗은 화살표 방향으로 내려주고 가위도 화살표 방향으로 밀어준다.

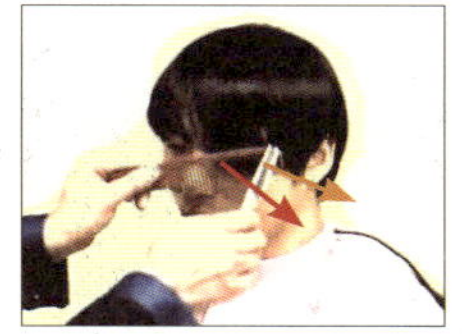

빗은 화살표 방향으로 내려주고 가위도 화살표 방향으로 밀어준다.

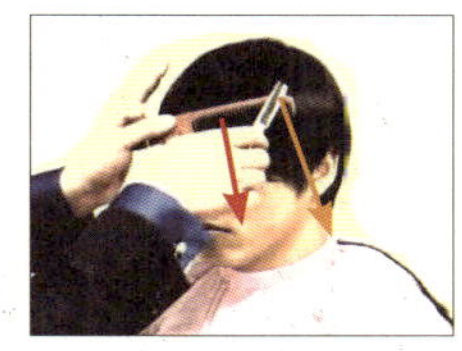

빗은 화살표 방향으로 내려주고 가위도 화살표 방향으로 내려준다.

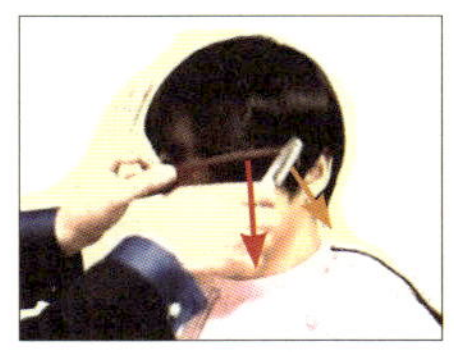

빗은 화살표 방향으로 내려주고 가위도 화살표 방향으로 밀어준다.

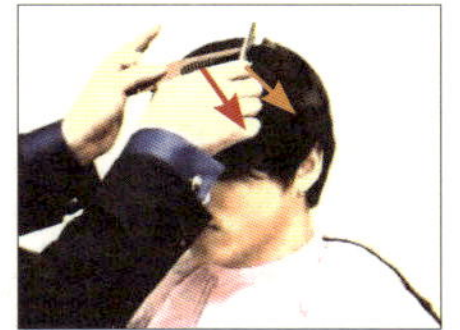

빗은 화살표 방향으로 내려주고 가위도 화살표 방향으로 내려준다.

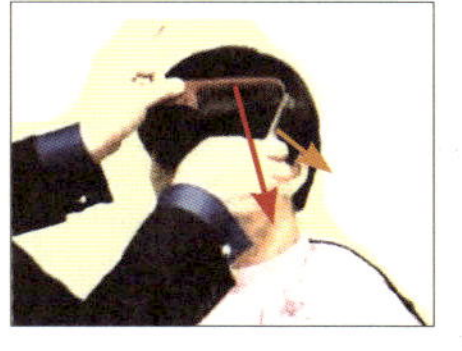

빗은 화살표 방향으로 내려주고 가위도 화살표 방향으로 밀어준다.

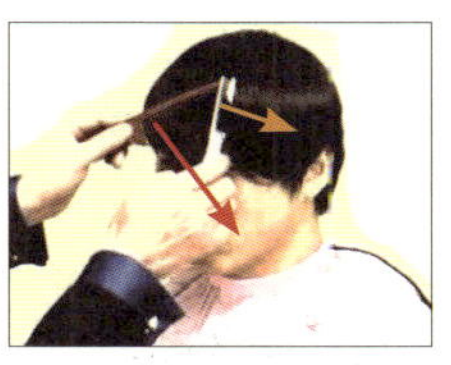

빗은 화살표 방향으로 내려주고 가위도 화살표 방향으로 밀어준다.

천정부 기장컷트 시술

눈에서 눈까지 천정부의 모발을 화살표처럼 수평으로 잡아올린다. 앞모발에서 가마까지 6~7번으로 시술을 해준다.

시술할 때 가위의 몸통을 손톱쪽에 붙이고 사진처럼 손등을 따라 한번에 컷트한다.

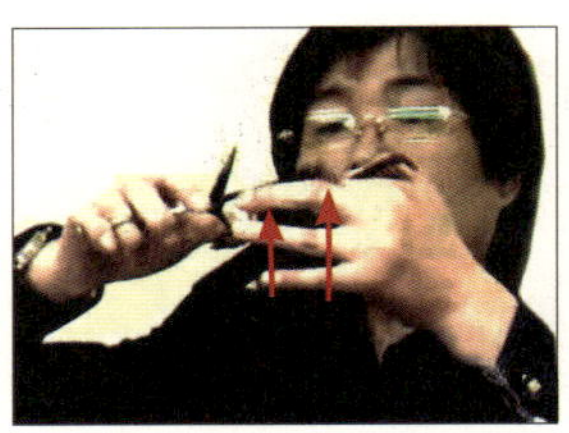

손가락 검지와 중지로 모발을 잡고 가위는 손톱쪽에 대고 한번에 시술한다.

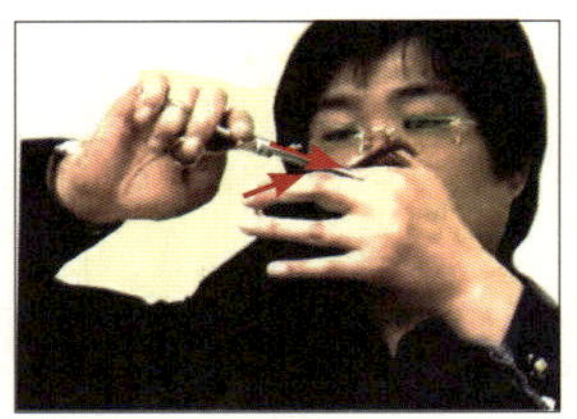

전 사진은 가위의 몸통을 대는 모양이고 지금 사진은 모발을 절삭하고 가위끝이 손가락에 붙어 있는 모양이다.

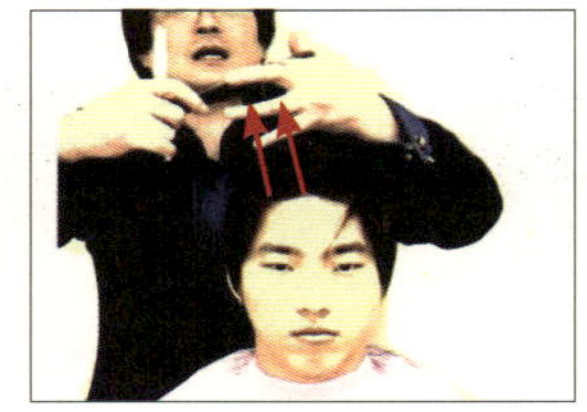

오른쪽 눈위 부분의 모발은 사진처럼 10° 정도 기울여 시술한다. 손가락도 역시 10° 정도 기울여 시술한다. 이곳도 6~7번으로 나누어 시술한다.

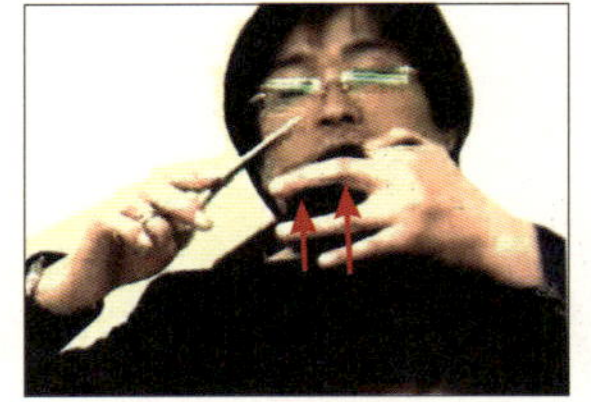

가위를 손가락에 대줄 때 빨간선처럼 대주어야 한다.

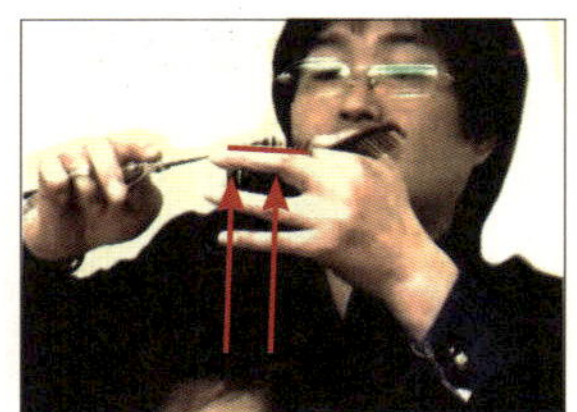

좌측 눈위의 모발도 사진처럼 10° 정도 기울여 시술한다. 좌측 천정부도 앞모발에서 가마까지 6~7번을 시술해 준다.

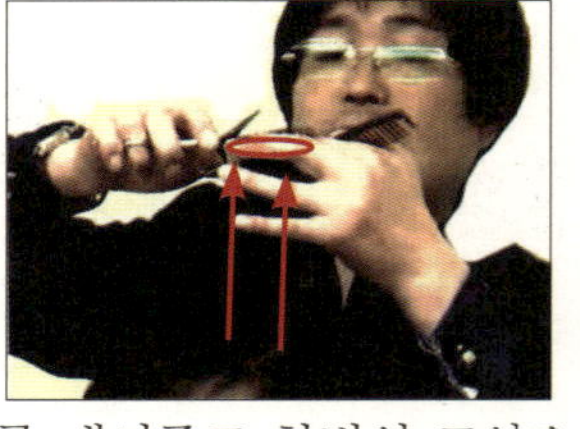

가위를 대어주고 한번의 모양으로 시술하여 모발을 깨끗이 하여 준다. 층을 내야 할 때에는 포인트 컷트를 하면 된다.

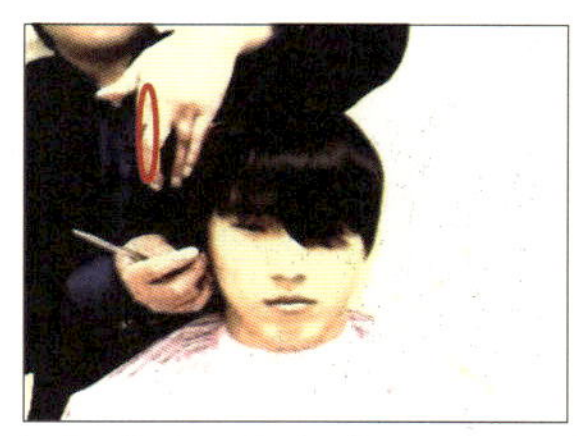

우측면부 귀앞의 모발부터 사진처럼 손가락은 세로 수직으로 모발을 잡아내면 모발의 자세는 ⇒수평으로 나오고 손가락은 ⇓수직으로 떨어지므로 크로스가 된다. 그래서 손가락 밖으로 나온 모발을 절삭한다.

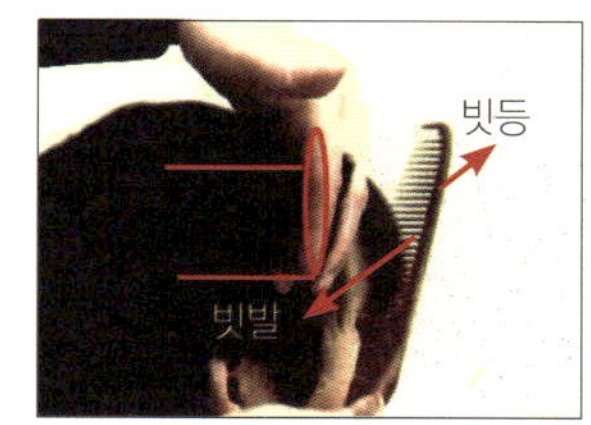

손가락은 세로 수직으로 자세를 잡고 손가락 밖으로 나온 모발을 절삭한다. 이때에 가위의 자세는 세워잡기다. 모발을 빗으로 잡아낼 때에는 빗발로 뿌리에서부터 한번에 잡아내어 검지와 중지로 모발을 잡는다.

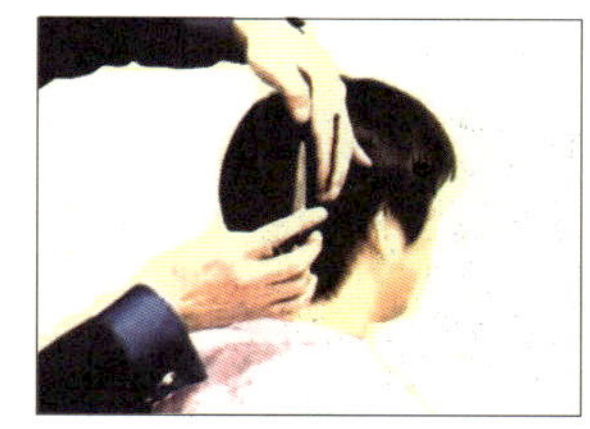

사진에서 보면 가위 잡는 자세는 세워잡기이다. 측면부의 모발을 시술할 때는 세워잡기가 좋다. 시술함에 있어서 자세가 편해야 많은 시간을 작업해도 피로감이 없다.

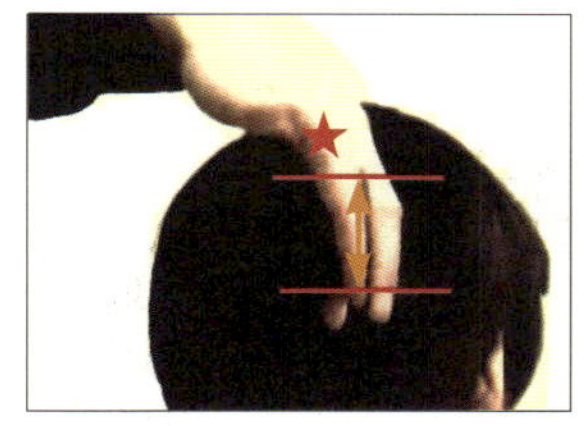

이제 후두부로 넘어가는 모양이다. 이 역시 손가락의 자세는 수직이지만 모발을 잡아낼 때 주의해야 할것이 있다. 사진의 별표 부분은 가마(크라운)부분인데 가마 부분의 모발을 잡아내는 것이 아니고 화살표 부분의 모발을 수평으로 잡아내는 것이다. 가마 부분의 모발을 잡아내어 시술하면 모발이 짧아지게 되어 모발의 뻗침 현상을 초래한다. 절대 시술을 금하는 곳이다.

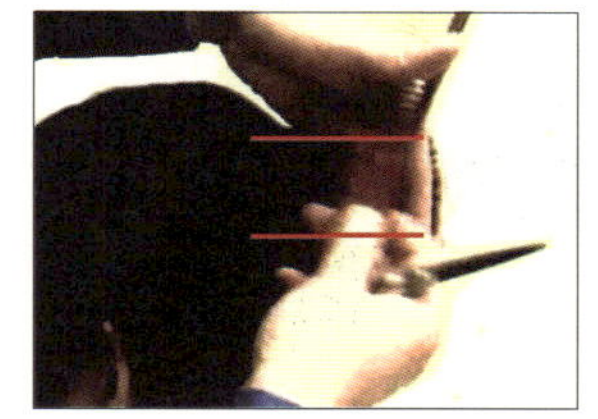

가마 밑부분의 모발을 절삭하며 후두부를 지나온다. 자세는 언제나 같은 자세를 유지하여주고 모발의 절삭은 한번에 이루어져야 한다. 모발을 한번에 절삭하는 이유는 모발의 층을 내지 않으려 하는 것이기도 하고 시간 절약을 위해서이기도 하다.

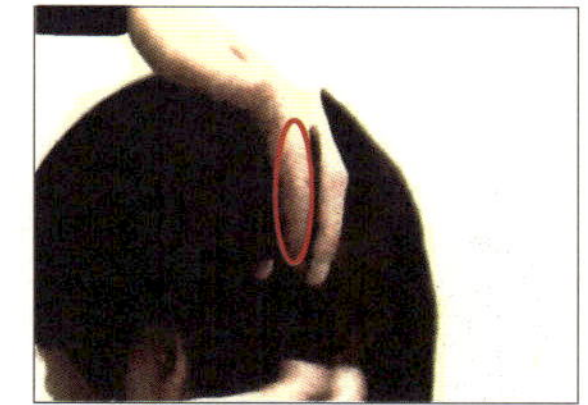

모발을 잡을 때는 2cm정도의 양을 잡아내어 시술한다. 물론 사람의 손으로 하는 작업이기에 3cm를 잡을 수도 있고 더 적은 양을 잡아낼 수도 있다. 하지만 모발을 2cm정도만 잡아서 절삭을 해야 모발이 깨끗하게 잘린다. 모발의 양을 많이 잡으면 절삭시에 모발이 밀리는 경향이 있다. 따라서 주의해야 한다.

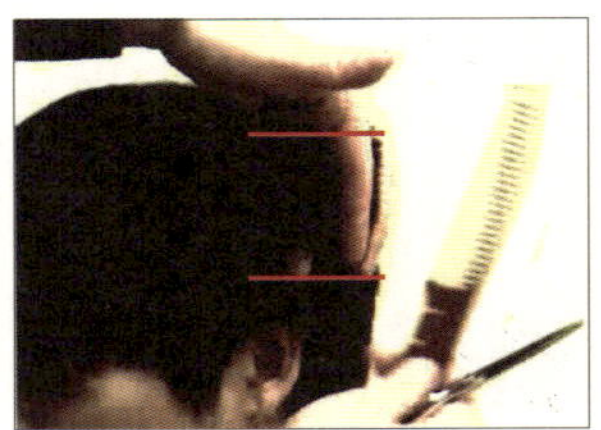

이제 좌측면부로 오는 장면이다. 이곳 역시 모발은 수평으로 들어내면서 손가락도 수직으로 절삭하며 연결하듯이 시술한다. 모발을 잡아낼 때에는 앞에서 얘기했듯이 빗으로 모발 뿌리에서부터 한번에 잡아내어 검지와 중지로 모발을 잡고 가위로 절삭한다.

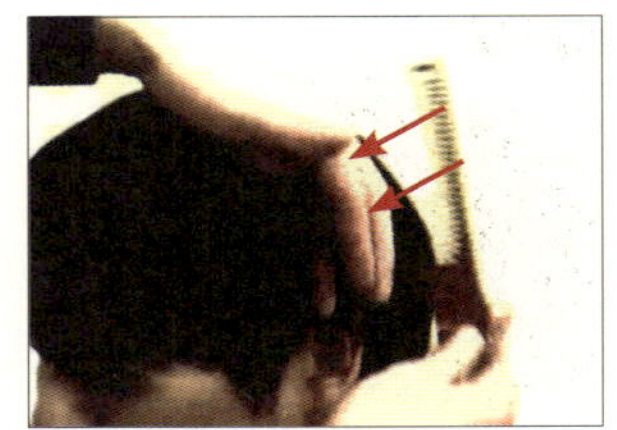

앞에 모발을 절삭을 하였다면 사진처럼 바로 빗이 뿌리 부분으로 들어가서 모발을 빗으로 세워나오면서 모발을 검지와 중지로 잡는다. 그후에 가위를 옆사진 빨간선에 대고 한번에 손가락을 따라 돌면서 모발을 절삭한다.

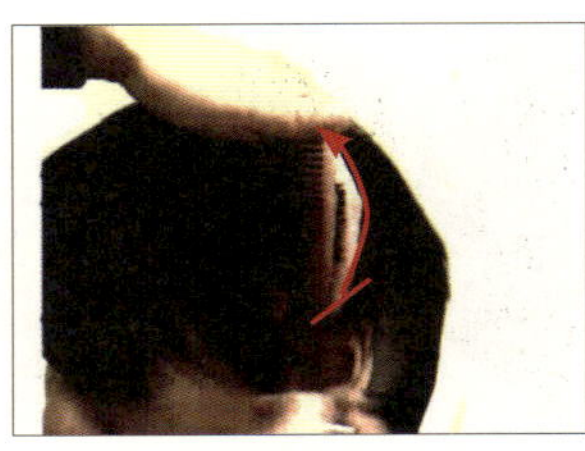

빨간선에 가위의 몸통을 대어주고 손등을 따라서 가위를 닫으며 모발을 절삭한다. 절삭을 하고나면 파란선에 가위의 날 끝이 오게 된다. 두상의 현상을 보면 측면부 라인은 수직($|$)으로 떨어지는 것이 아니라 곡선($/$)으로 내려오기에 자르는 모양도 곡선으로 잘려야 한다.

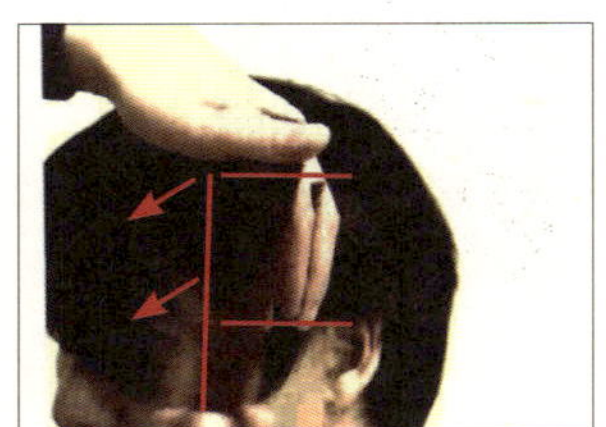

우측면부에서 시작하여 후두부를 지나 좌측면부를 시술하고 이제 좌측면부 귀앞 시술이다. 앞에서 서술한대로 시술을 하면 된다. 이곳에서는 시술시에 몸이 돌지 못해서 화살표 방향으로 몸이 빠지게 된다. 하지만 다음 사진이 그 모양을 잡는 방법이다. 그전에 귀앞 모발은 30° 정도 화살표 쪽으로 모발을 당겨서 시술한다.

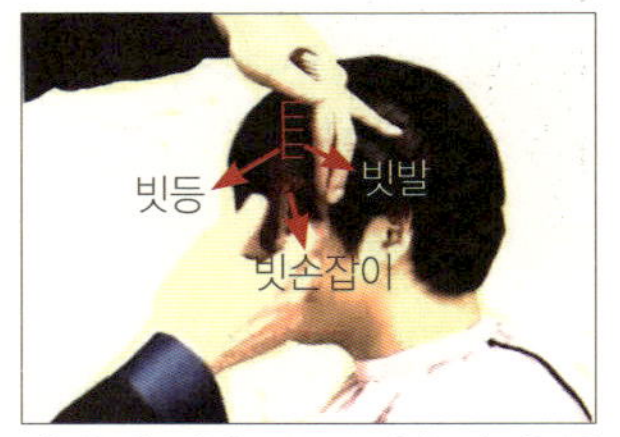

앞에서 좌측으로 시술하며 돌아오면 몸이 붙지 못하고 빠진다고 했다. 그 처방은 사진처럼 빗을 반대로 돌려 화살표 방향으로 빗을 밀면서 검지와 중지로 모발을 잡아낸다. 이전에는 빗몸이 우측이었고 빗발이 좌측이었는데 이때는 반대로 바뀌는 것이다. 빗을 이전에는 당기면서 시술을 하였고 지금은 빗을 밀면서 모발을 잡아야 한다.

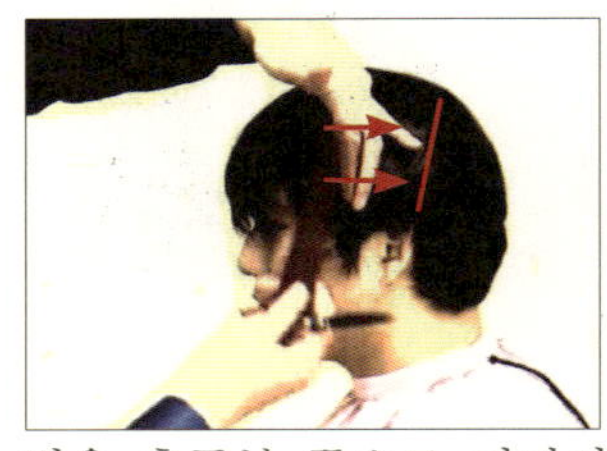

빗을 후두부 쪽으로 밀면서 모발을 잡아내는데 이때에는 E.P에서 G.P까지 선을 그은 곳에서 시술이 끝난다. 이 경우는 모발의 양을 2cm로 본다면 5번 정도만 시술을 하면 된다. 이때에는 빗 손잡이를 손가락으로 반대로 돌려서 밀어주며 모발을 잡는 것이다. 이곳 역시 모발은 수평으로 잡아내고 손가락은 수직으로 자세를 유지해야 한다.

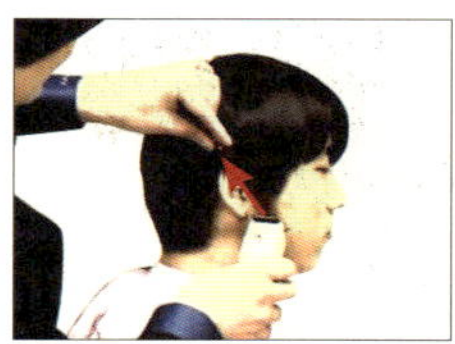

클리퍼 시술의 시작은 오른손잡이는 오른편에서 왼손잡이는 왼편에서 시작하는 것이 좋다. 이유는 클리퍼 시술 들어올 때의 위험 요소가 없기 때문이다. 귀앞부분은 사진처럼 빗이 사선으로 들어가서 빗발을 세우고 클리퍼의 날로 절삭한다.

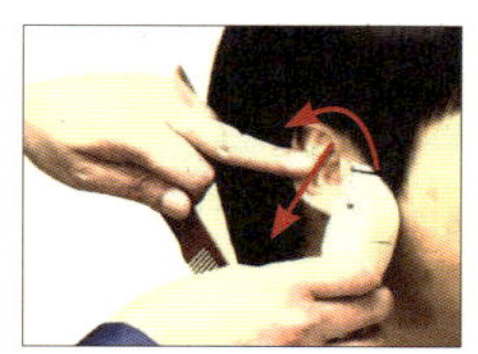

절삭하고 남은 모발을 사진처럼 클리퍼의 밑날로 귀위로 돌아가는 라인을 정리한다. 클리퍼를 시술할 때는 사진처럼 귀를 왼손의 중지로 안전하게 내리고 시술을 한다. 귀는 클리퍼의 날에 손상을 입기 쉬우니 안전을 먼저 생각해야 한다.

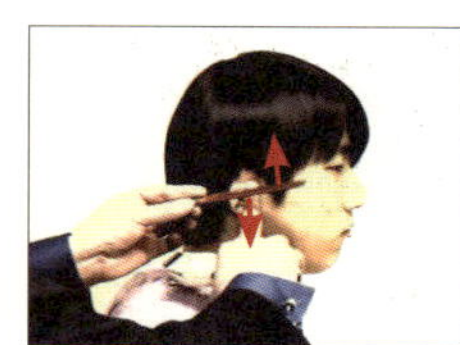

귀위 부분에 빗이 들어갈 때 사진처럼 오른손 중지로 귀를 눌러 내려놓으면 빗이 들어갈 공간이 생긴다. 이렇게 귀를 내리고 빗을 두피에 붙인 후 빗발을 세우고 클리퍼를 빗에 붙인 후 모발을 절삭하며 위로 올라간다.

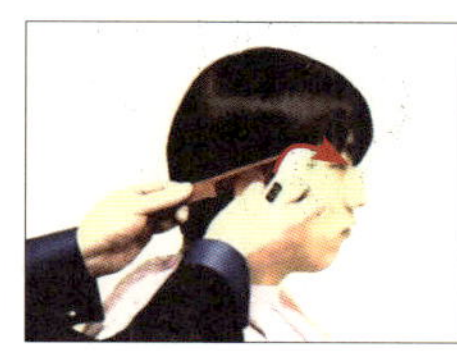

귀뒤 부분에 빗이 들어갈 때 사진처럼 오른손 중지로 귀를 눌러 내려놓으면 빗이 들어갈 공간이 생긴다. 이렇게 귀를 내리고 빗을 두피에 붙인 후 빗발을 세우고 클리퍼를 빗에 붙인 후 모발을 절삭하며 위로 올라간다.

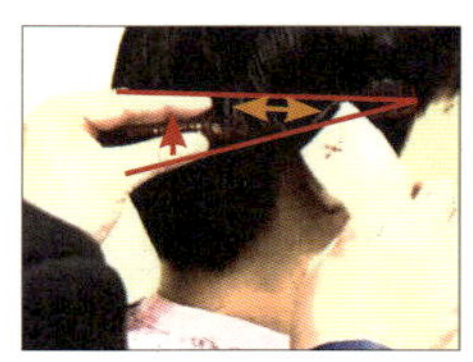

귀뒤의 부분에 빗이 사선으로 되어 있다. 빗을 수평이 되게 클리퍼를 빗에 붙인 후 밑 모발을 절삭하며 빨간선까지 올라간다. 클리퍼 시술시 절삭하는 양은 2~3cm정도인데 너무 자르지 않도록 주의한다.

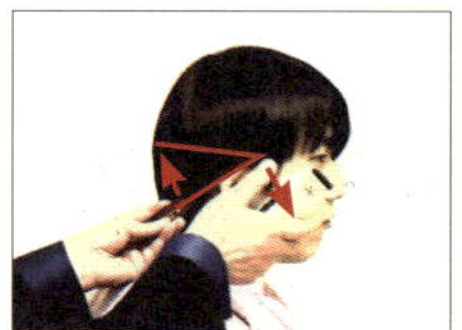

귀를 엄지로 안전하게 내려주고 빗을 사진처럼 사선으로 붙인 후 빗의 손잡이를 화살표 방향으로 수평으로 맞추면서 모발을 절삭한다. 이때 주의할 것은 사진처럼 클리퍼의 날 바닥으로 귀를 눌러주면서 클리퍼를 화살표처럼 전진, 후진하며 모발을 절삭한다.

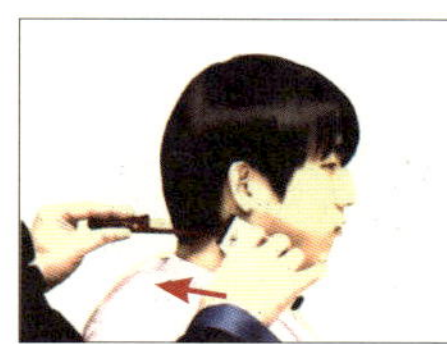

사진에서 보면 빗이 두피에 붙인 후 빗발을 세워주면 빗발 사이로 모발이 나오는데 이 모발을 절삭한다. 스타일 클리퍼 컷트 시술시에는 상고 스타일의 시술 때와는 달리 밑모발은 2~3cm정도만 빗으로 모발을 올리며 자른다. 그리고 모발 끝만 자른다.

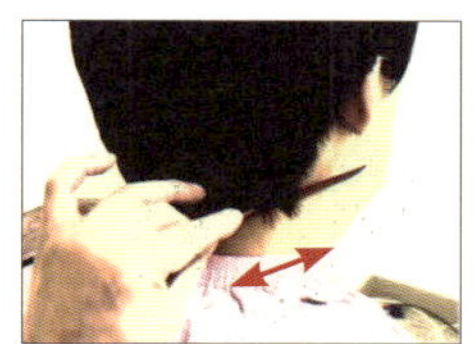

빗발에 걸쳐나온 모발을 사진처럼 절삭하며 2~3cm정도만 모발을 절삭하며 올라간다. 무리하게 많은 모발을 자르게 되면 스타일 컷트가 아니고 상고 스타일로 바뀌기 때문에 주의해야 한다.

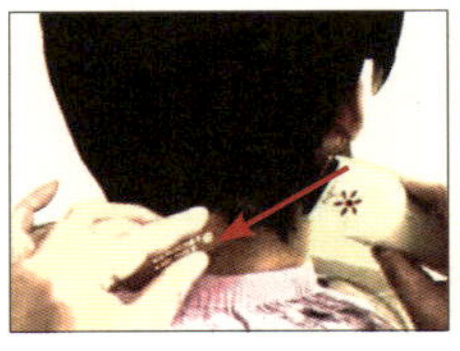 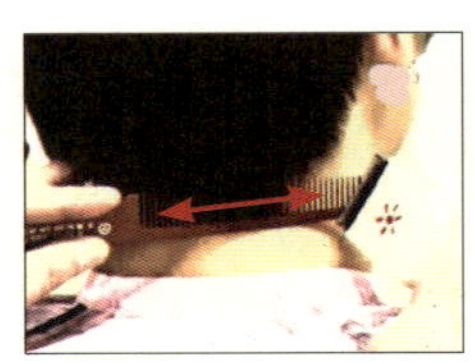 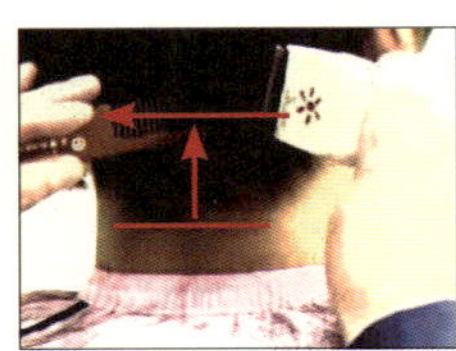 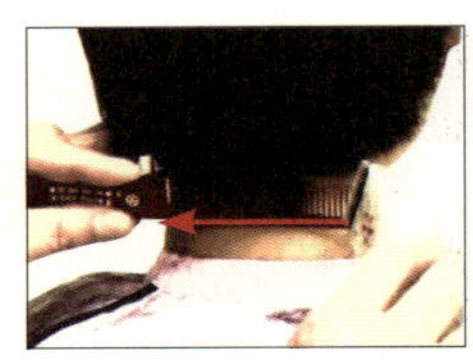

빨간선 부분의 밑모발을 클리퍼로 시술하면 옆 사진이 나오게 된다. 모발을 시술할 때에는 많은 양을 절삭하는 것이 아니고 여태까지 시술의 사진을 보았듯이 연결하듯이 시술을 하는 것이기 때문에 2~3cm정도씩만 시술을 하며 모발의 연결을 자연스럽게 하여준다.

후두부 밑모발에 빗이 두피에 붙이면서 빗발을 세워준다. 그러면 빗발에 모발이 들어오기 때문에 모발을 바로 세워주게 된다. 바로 세워진 모발을 빗과 클리퍼로 모발을 절삭하며 올라간다. 이때 빗이 올라가는 높이는 4cm이상 올라가면 안된다.

이번 사진은 빗과 클리퍼가 시술하여 올라가는 모양인데 앞서 서술한 것과 같이 4cm이상 올라가서는 안된다. 사진의 자리에서 멈추고 다시 밑모발로 빗과 클리퍼가 내려와 좌측 밑모발로 넘어가서 같은 방법으로 시술한다.

후두부 밑부분의 모발은 언제나 빗이 수평으로 들어간다. 빗을 두피에 붙인 후 빗발을 세우고 곡선을 그리면서 3~4cm 정도의 위치까지 빗을 돌린다. 그럼 이 방법은 3박자의 요소를 갖는데 바로 '붙인다, 세운다, 돌린다' 이다. 삼박자 요소를 기억하자.

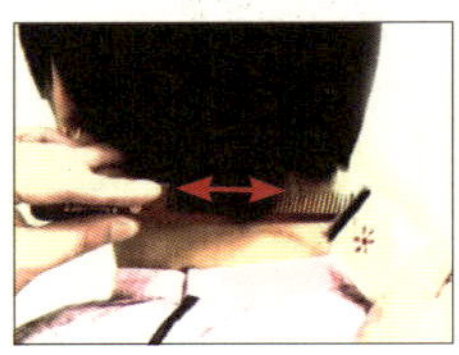 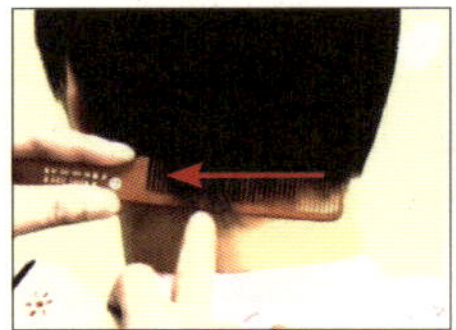 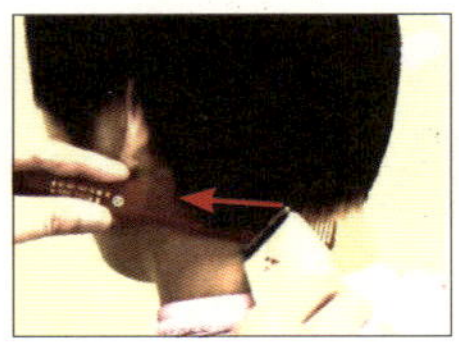 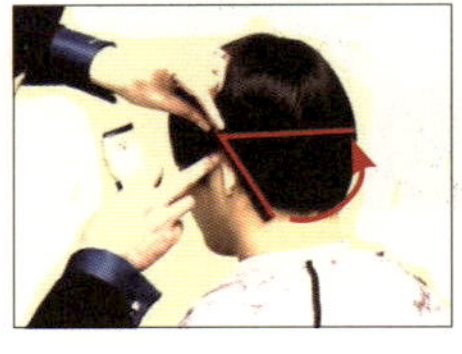

빨간선 부분의 밑모발을 클리퍼로 시술한다. 모발을 시술할 때에는 많은 양을 절삭하는 것이 아니고 여태까지 시술의 사진을 보았듯이 연결하듯이 시술을 하는 것이기 때문에 2~3cm정도씩만 시술을 하며 모발의 연결을 자연스럽게 하여준다.

사진에서 손가락을 보자. 손가락이 짚는 곳을 보면 우측의 잘린 모발과 좌측의 안잘린 모발이 있다. 안잘린 모발을 잘린 모발과 같이 자르려면 빗 경계선에 잘린 모발을 놓고 안잘린 모발과 같이 클리퍼 시술을 하면 같은 길이로 잘리게 된다.

우측의 잘린 모발과 좌측의 안잘린 모발을 잘린 모발과 같이 자르려면 빗 경계선에 잘린 모발을 놓고 안잘린 모발과 같이 클리퍼 시술을 하면 같은 길이로 잘리게 된다. 이 역시 옆 사진과 같은 방식으로 시술한다.

후두부에서 좌측면 귀뒤로 넘어가는 장면이다. 사진과 같이 귀는 오른손 중지로 내려놓고 빗을 두피에 붙이고 빗발을 세우며 화살표의 방향으로 빗끝을 올리며 모발을 절삭하고 빗은 수평을 만들어준다.

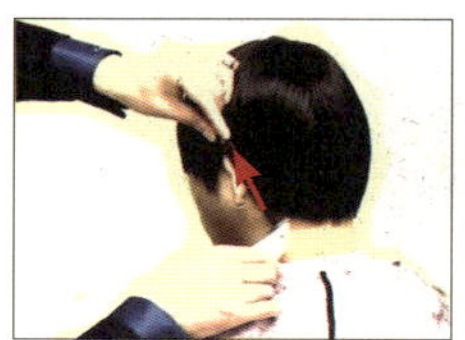 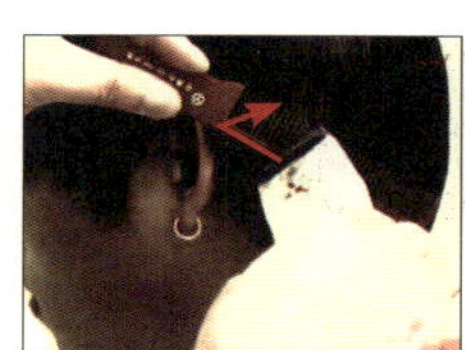 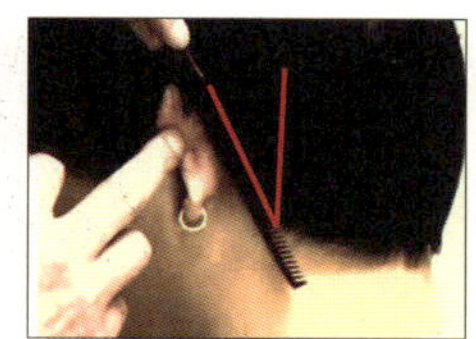 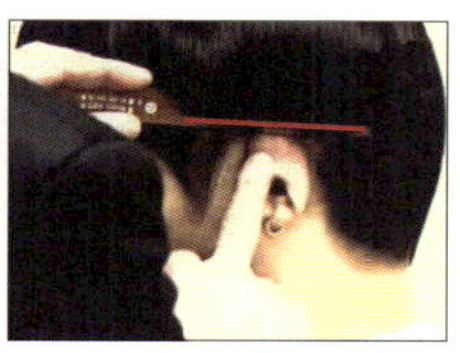

사진처럼 귀뒤에 빗을 붙이고 빗발을 세운 뒤에 클리퍼의 아랫날을 빗에 대고 밑머리를 한번에 절삭한다. 다음에 화살표 방향으로 빗을 수평을 만들면서 모발을 시술하며 올라간다. 이때 절삭되어 올라가는 곳은 3~4cm정도이다.

귀뒤의 모발을 클리퍼로 절삭하며 모발 끝부분만 절삭하고 올라가는 양은 3~4cm정도인데 빗이 사선에서 수평으로 만들면서 모발 끝만 절삭하여 준다. 스타일 클리퍼 컷트는 상고 클리퍼 컷트와 달리 모발을 많이 자르는 것이 아니다.

사진에서 보면 귀뒤에 빗을 붙이는 장면인데 빗이 귀뒤 모발 속으로 들어가서 빗을 두피에 붙이면 모발은 빗발속으로 들어온다. 빗발에 들어온 모발을 빗으로 사진처럼 세워주면 모발은 빗발속에서 바로 서게 되는데 그때 클리퍼로 시술한다.

귀위의 장면이다. 사진처럼 귀는 빗이 잘 들어갈 수 있게 으른손 중지로 내려주고 빗이 귀위로 들어가서 빗몸을 두피에 붙인 후 빗발을 세워준다. 그런 후 귀위 라인에 맞추어 모발을 클리퍼로 절삭한다.

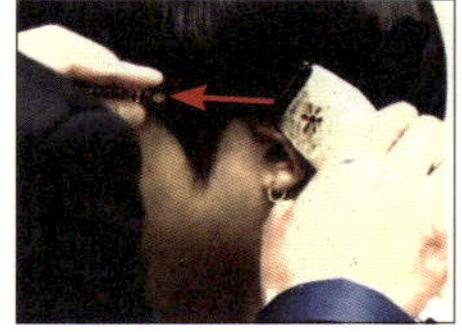 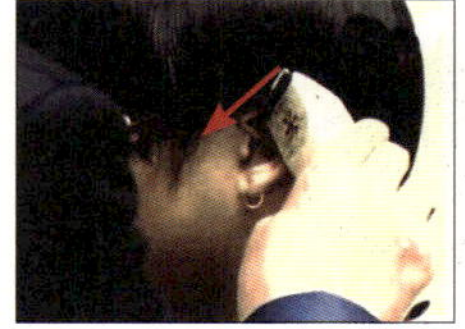 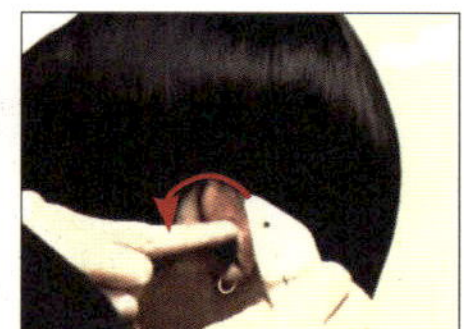 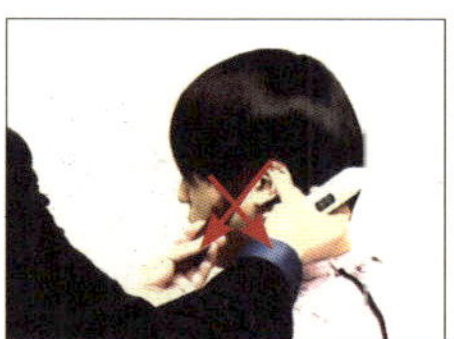

귀위의 시술 장면인데 사진처럼 귀를 클리퍼의 날로 살며시 누르면서 귀위의 라인만 클리퍼로 절삭한다. 이때 주의할 점은 라인을 절삭한 곳의 1cm 정도의 윗 모발만 한번 더 절삭한다. 스타일 클리퍼 시술을 할 때에는 많이 자르는 것이 아니다.

귀위의 모발을 절삭한 후에는 사진처럼 귀앞 모발을 절삭하는데 빗은 사진처럼 약간의 사선이 되어야 한다. 빗이 수평이 되어 구렛나루 부분까지 잘리게 되면 수습이 불가한 상황이 도래한다 밑라인 모발만 잘라야 한다.

좌측의 사진처럼 밑모발을 절삭하고 나면 밑라인의 구획을 만들어야 귀위의 부분이 끝난다. 사진처럼 모발을 절삭하고 나면 귀위의 라인에 잔털이 남게 되는데 잔털을 클리퍼의 밑날로 귀위의 라인 따라 정리한다.

구렛나루 부분은 사진처럼 빗을 50°정도로 기울려서 귀앞부분 두피에 붙인다. 그 후 모발의 자를 양을 정한 후 빗을 세워 자르고자 하는 양을 클리퍼로 절삭한다. 구렛나루 앞부분은 빗의 자세가 반대가 되게 하여 같은 방법으로 절삭한다.

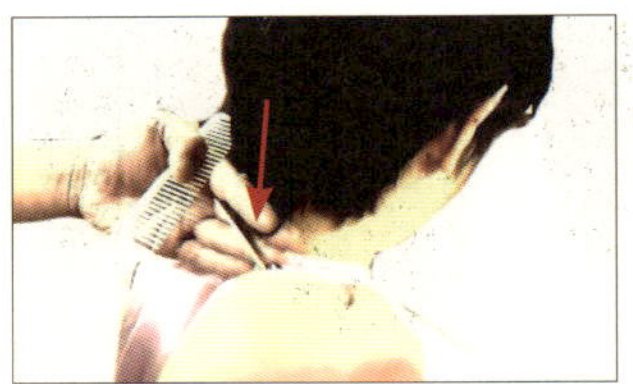

후두부 밑 라인 중앙의 모발을 0°로 잡아 내려 수평 컷트한다.

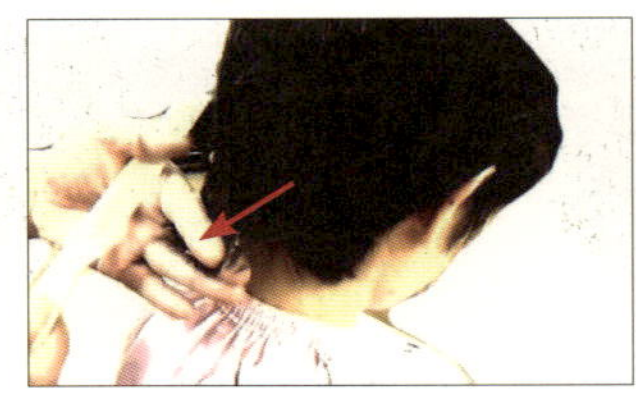

후두부 밑 라인 중앙의 모발을 45°로 잡아 올려 수평 컷트한다.

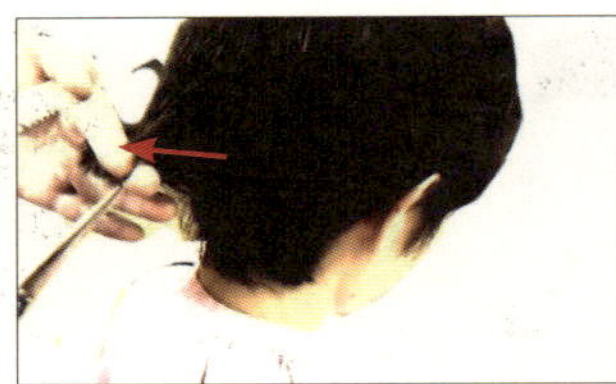

후두부 밑 라인의 모발을 90°로 잡아 올려 수평 컷트한다.

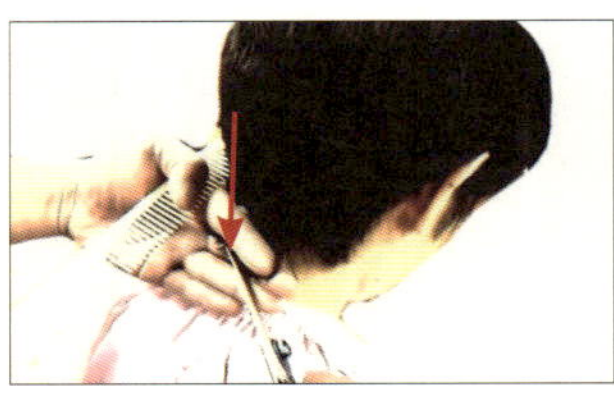

후두부 밑 라인 좌측의 모발을 0°로 잡아 내려 수평 컷트한다.

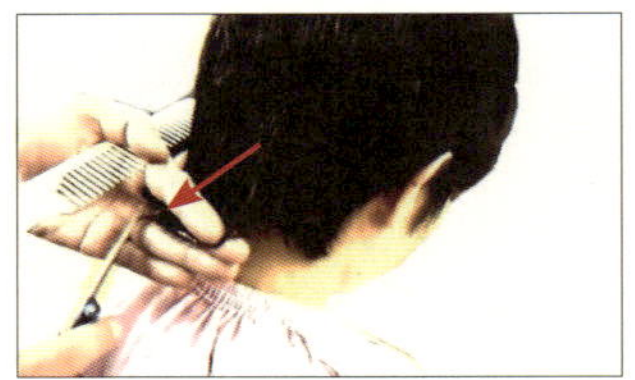

후두부 밑 라인 좌측의 모발을 45°로 잡아 올려 수평 컷트한다.

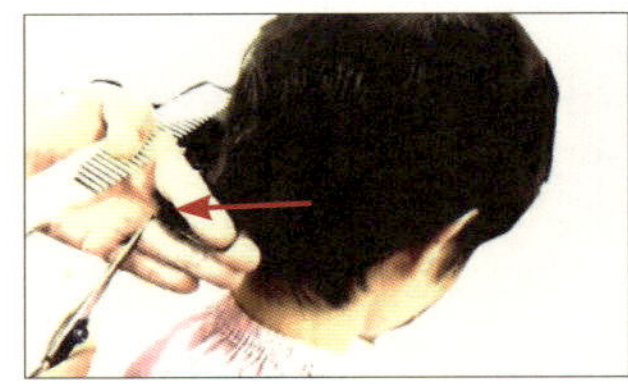

후두부 밑 라인의 모발을 90°로 잡아 올려 수평 컷트한다.

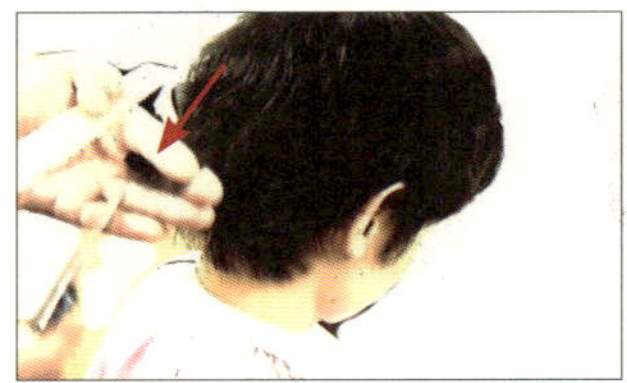

후두부 밑 라인 우측의 모발을 45°로 잡아 올려 수평 컷트한다.

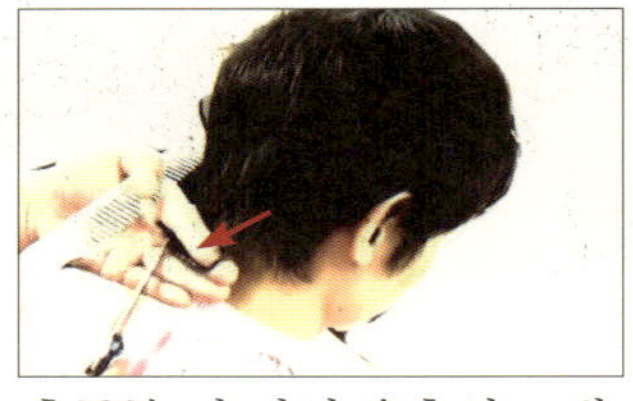

후두부 밑 라인 우측의 모발을 0°로 잡아 내려 수평 컷트한다.

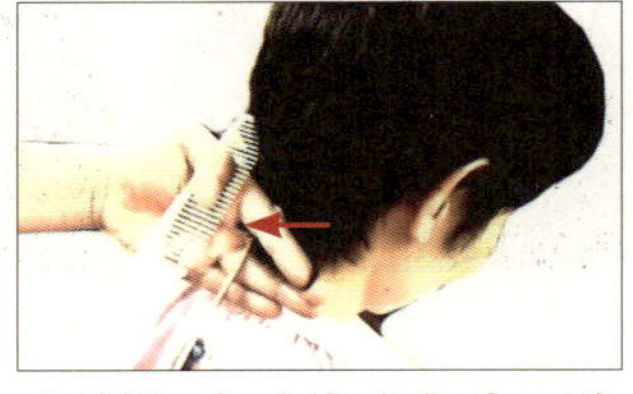

후두부 밑 라인 우측의 모발을 90°로 잡아 올려 수평 컷트한다.

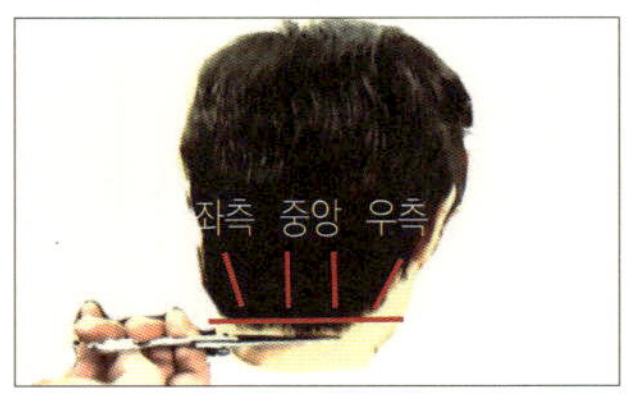

먼저 중앙 모발을 잡아내려 시술하고 45°, 90°로 모발을 잡아 올려 수평 시술한다. 이후에 좌측 부분의 밑 라인을 같은 방법으로 시술하고 밑 라인 우측라인도 같은 방식으로 시술한다. 밑 라인을 사진처럼 3등분으로 나누고 위의 사진에 대비를 하여 수평 컷트한다. 밑 라인을 시술 후에는 사진처럼 밑라인의 잘리지 않고 남아 있는 잔 모발을 가위밥을 주어 깨끗한 라인이 되게 한다.

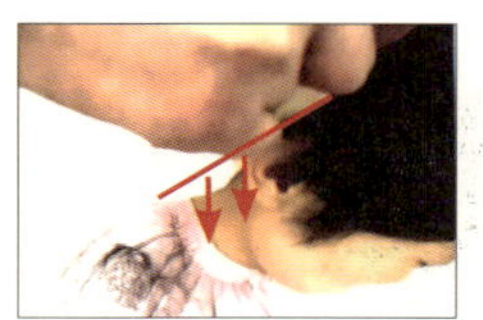 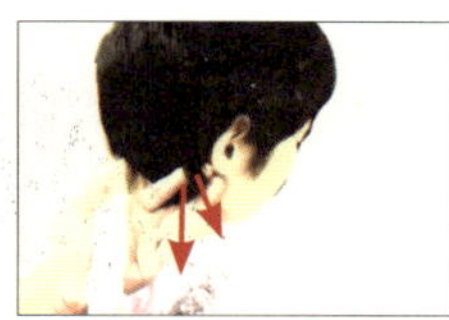 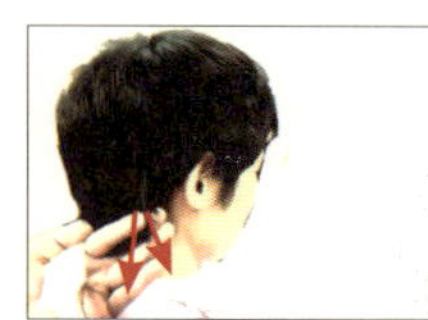 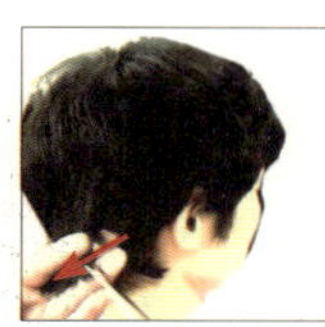

후두부의 시술이 끝나면 우측면부로 넘어 오면서 스타일 컷트를 시술한다. 측면부는 사진처럼 사선으로 내려온다.

우측면부 밑 라인의 모발을 0°로 잡아 내려 사선 컷트한다.

우측면부 밑 라인의 모발을 45°로 잡아 올려 사선 컷트한다.

우측면부 밑 라인의 모발을 90°로 잡아 올려 사선 컷트한다.

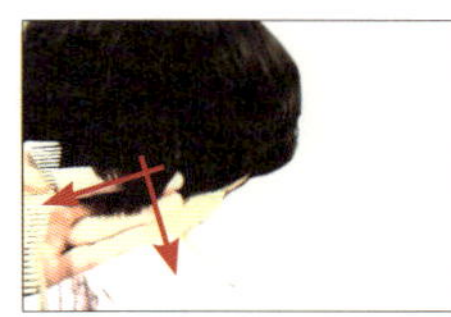 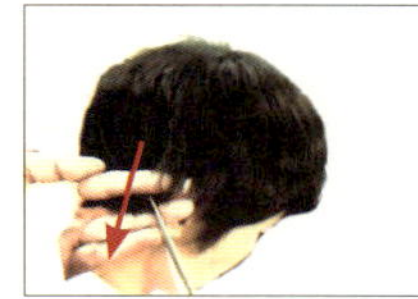 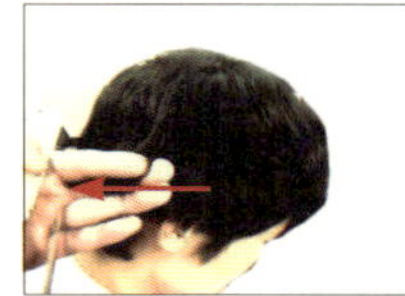

우측면부 귀 뒤 라인의 모발을 0°로 잡아 내려 사선 컷트한다.

우측면부 귀 뒤 라인의 모발을 45°로 잡아 올려 사선 컷트한다.

우측면부 귀 뒤 라인의 모발을 90°로 잡아 올려 사선 컷트한다.

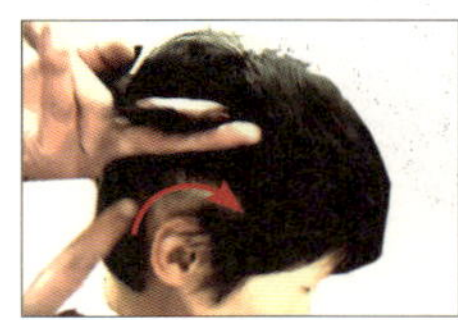 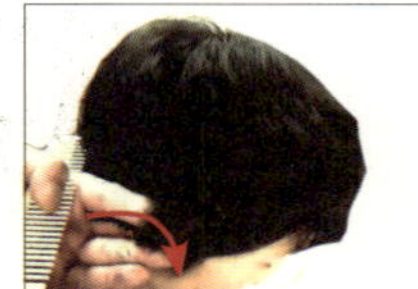 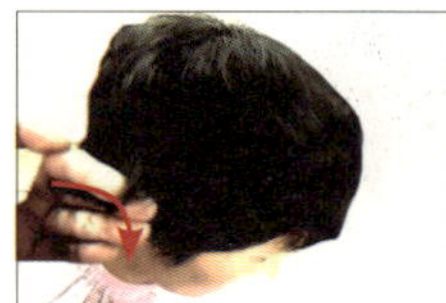 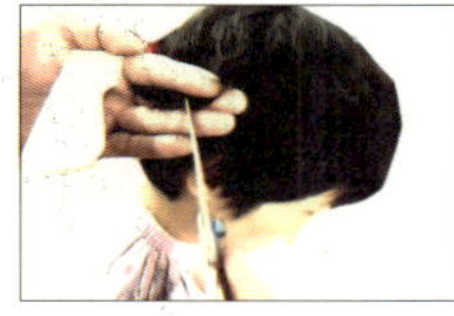

귀 위의 부분은 사진처럼 둥그렇게 돌아오는 라인이다. 귀 위의 모발 시술도 귀 라인에 맞추어 둥그렇게 시술한다.

우측면부 귀 위 라인의 모발을 0°로 잡아 내려 곡선 컷트한다.

우측면부 귀 위 라인의 모발을 45°로 잡아 올려 곡선 컷트한다.

우측면부 귀 위 라인의 모발을 90°로 잡아 올려 곡선 컷트한다.

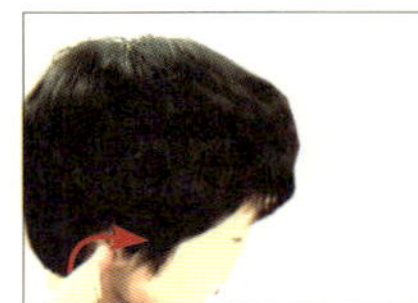 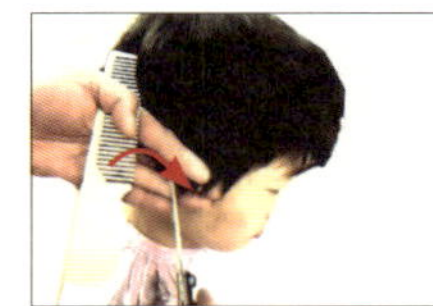 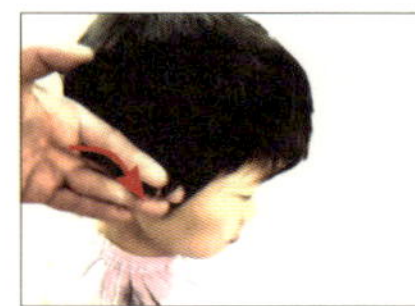 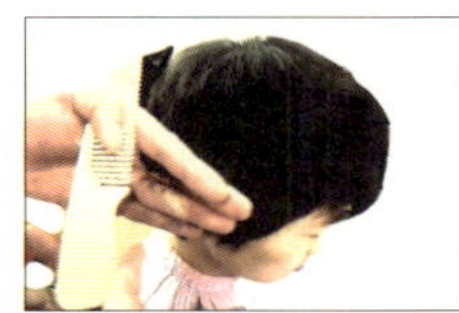

귀 위의 부분은 사진처럼 둥그렇게 돌아오는 라인이다. 귀 위의 모발 시술도 귀 라인에 맞추어 둥그렇게 시술한다.

우측면부 귀 앞 라인의 모발을 90°로 잡아 올려 곡선 컷트한다.

우측면부 귀 앞 라인의 모발을 45°로 잡아 올려 곡선 컷트한다.

우측면부 귀 앞 라인의 모발을 90°로 잡아 올려 곡선 컷트한다.

스타일 컷트 구렛나루 정리 방법

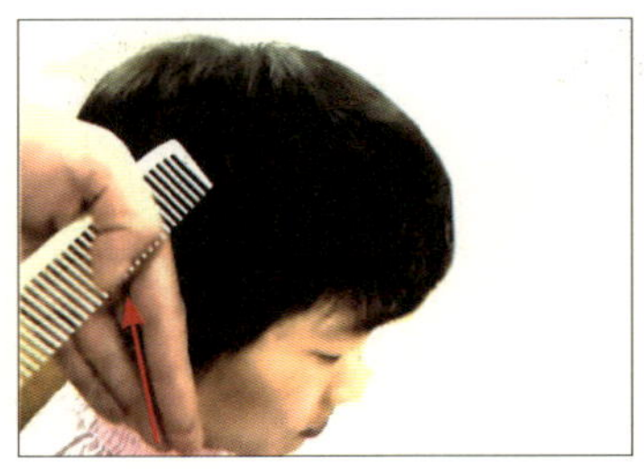

귀 앞의 구렛나루로 내려가는 모발을 사진처럼 수직에 가깝게 모발을 잡아내어 손가락은 곡선을 만들어주어 가위로 손가락 앞으로 나온 모발을 일정하게 시술한다. 스타일 컷트에서는 구렛나루의 부분이 중요한데 남자들의 로망이 구렛나루를 멋있게 기르고 싶어서 그렇다.

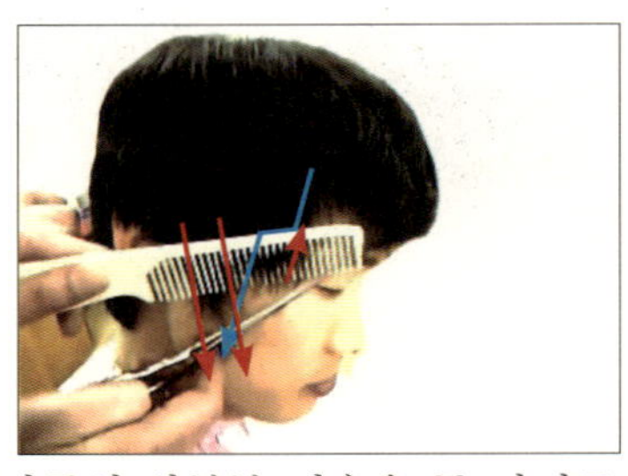

구렛나루의 앞부분 시술은 두 가지로 나뉜다. 사진에서 보면 빗 속에 있는 모발과 가위 쪽의 모발 두 가지 흐름이 있는데 사진의 녹색선처럼 모류의 흐름을 가지고 있어서 구렛나루 앞 부분은 두 번의 시술이 필요하다. 사진의 화살표처럼 시술하는 것이 그 하나다.

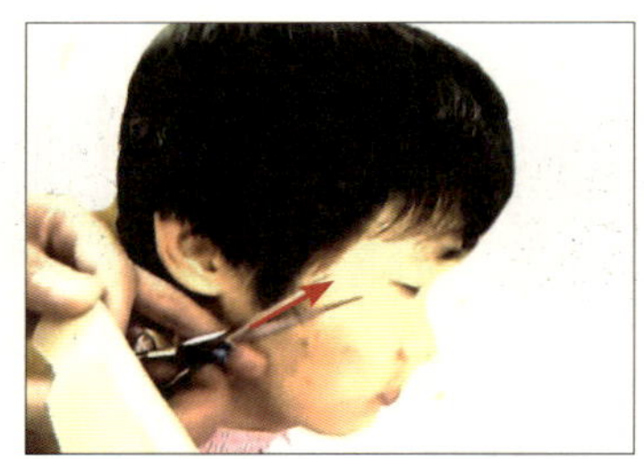

나머지 하나는 이 사진인데 앞 사진의 구렛나루 앞 모발의 윗부분을 시술하였다면 이제 밑 부분의 시술을 한다. 사진처럼 모발을 앞으로 빗어 내리고 가위가 구렛나루 라인에 맞추어 시술한다.

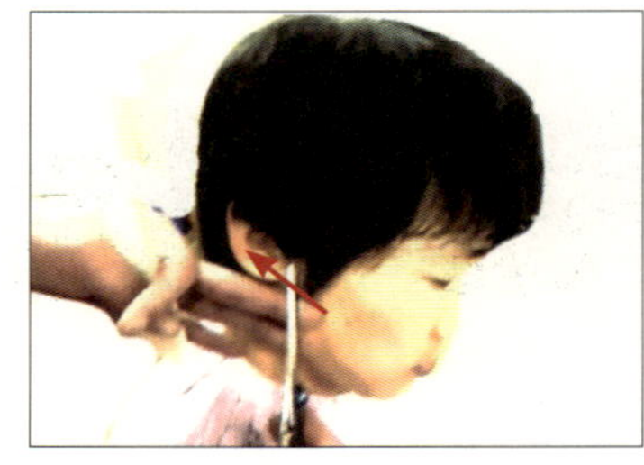

구렛나루 부분의 모발을 시술 하고나면 사진의 화살표처럼 모발을 빗어 내려놓고 귀 앞에서 귀 위로 돌아가는 라인에 잔 모발을 가위 밥 시술한다.

※ 우측면의 시술이 끝나면 좌측면의 시술을 하는데 좌측면은 모발을 잡은 손가락이 아래로 내려가게 된다는 것을 명심하고 같은 방식으로 시술한다.

드롭핑(끊어치기) 시술 방법

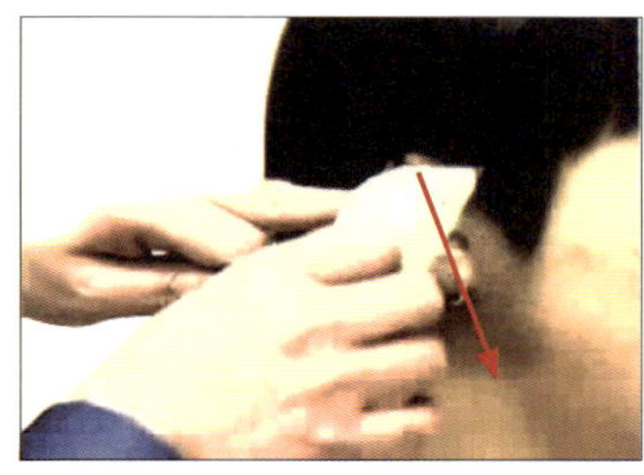

드롭핑을 하는 이유는 클리퍼의 시술이 끝났다 해서 모든 시술 과정이 끝난 것이 아니고 절삭되지 않고 남아 있는 모발이 많지 않기에 클리퍼를 위에서 아래로 내리며 남아 있는 모발을 끊어 내는 것이다.

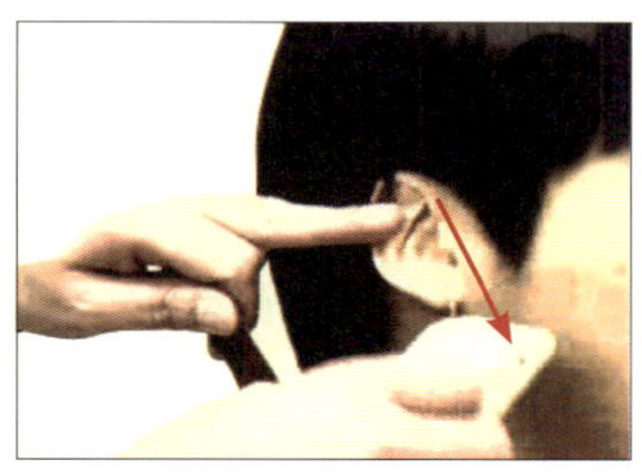

옆의 사진을 보면 귀를 왼손 중지로 내려주고 위에서 클리퍼를 내리면서 약간의 남은 모발을 끊어내는 것이다.

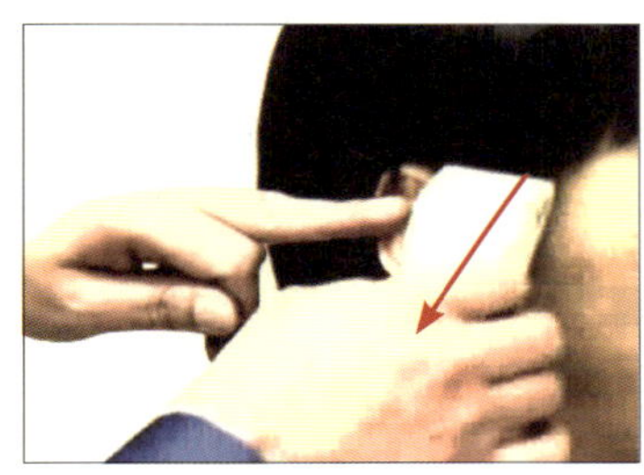

옆의 사진을 보면 귀를 왼손 중지로 내려주고 위에서 클리퍼를 내리면서 약간의 남은 모발을 끊어내는 것이다.

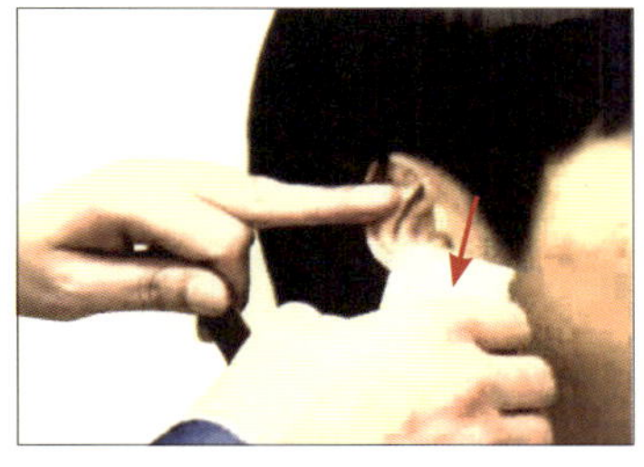

옆의 사진을 보면 귀를 왼손 중지로 내려주고 위에서 클리퍼를 내리면서 약간의 남은 모발을 끊어내는 것이다.

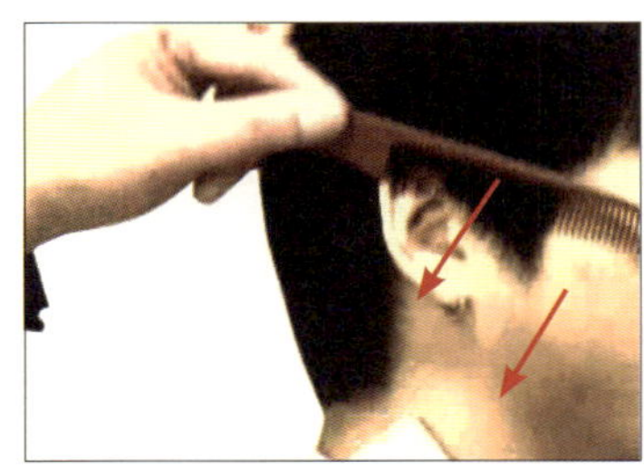

트리핑을 시술할 때에는 사진처럼 빗으로 모발을 먼저 단정히 빗어주고 트리핑 시술을 한다 트리핑 시술에는 클리퍼뿐만 아니고 가위 컷트 에도 통용이 되는데 가위로 절삭되지 않고 남아 있는 모발을 바로잡기 자세로 그 부분만 끊어내는 것이다.

숱가위 시술
도해도

숱가위 처리 도해도 1

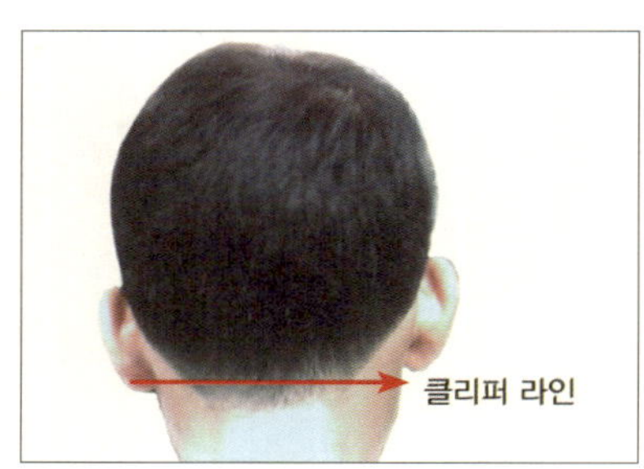

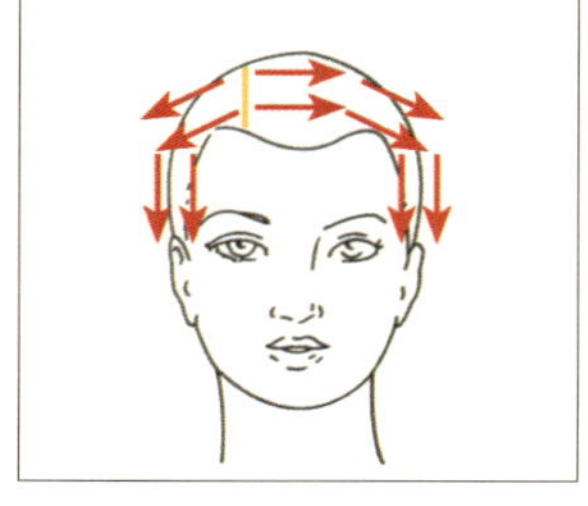

화살표 방향은 숱 가위 시술을 하기 위한 방향을 설명하는 것이다. 위의 사진을 보면 가마가 오른쪽에 있다. 그럼 오른편 가르마를 갈라놓은 상태에서 천정부의 숱 가위 처리를 하는데 화살표 방향으로 숱 가위를 사선 처리한다. 숱 가위 처리가 잘 되어 있으면 모발이 차분하게 내려오게 된다.

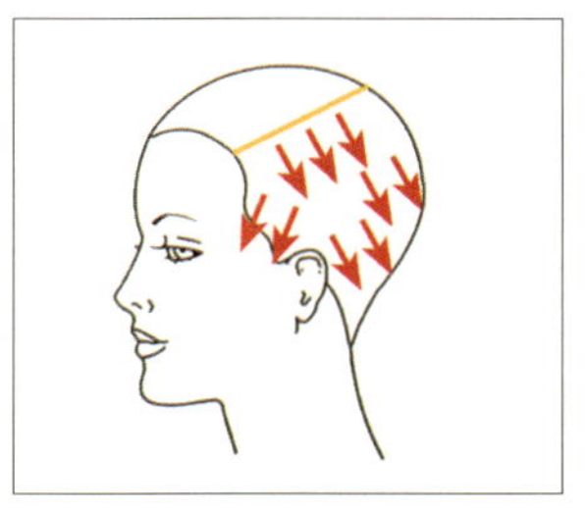

측면부의 숱 가위 시술 도해도인데 그림의 화살표 방향으로 내리면서 숱 처리 해 준다. 숱 가위가 모발 사이로 들어가는 깊이는 1/2 이상 들어가서는 안된다. 1/2 이상 들어가게 되면 숱 처리된 모발이 짧아진다. 짧아진 모발이 안잘린 모발을 밀어서 모발이 뜨는 현상을 만들게 되니 절대로 1/2 이상 들어가면 안되겠다.

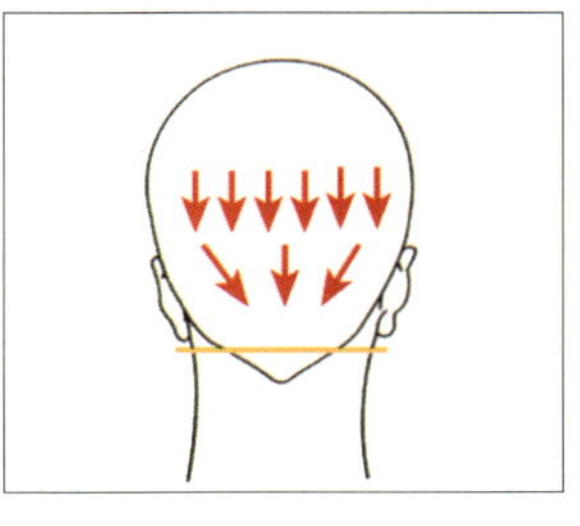

사진 속의 클리퍼 라인은 위의 사진에서 보듯이 단정한 스타일을 만들 때는 후두부 밑 부분의 클리퍼 라인이 많이 올라가지 않도록 밑 라인에서 1cm 정도만 클리퍼 처리를 하는 것이다.

숱가위 처리 도해도 2

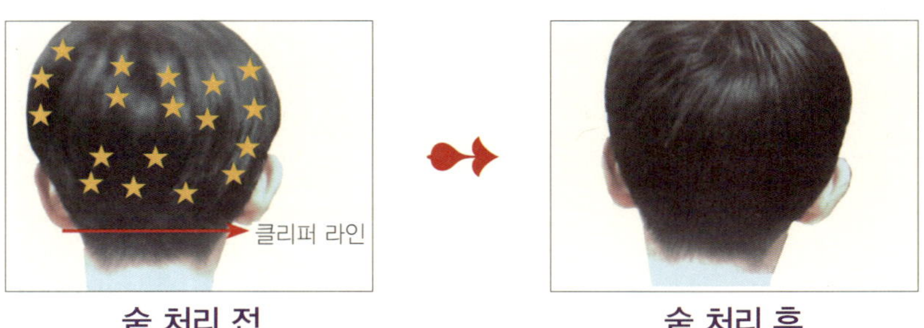

숱 처리 전   숱 처리 후

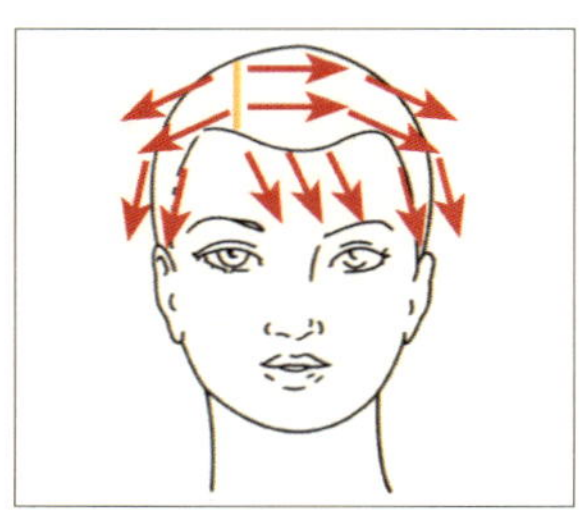

어린이들의 숱가위 처리는 어른들과 다르게 숱 가위 처리를 더 해줘야 한다. 어린이는 발육이 덜된 상태이기 때문에 뭉친 곳을 확실히 짚어서 시술을 해야 한다. 위의 사진에서 보면 별(☆)표 부분의 밝은 부분이 모발이 뭉쳐 있는 곳이고 화살표의 부분은 처진 모발이다.

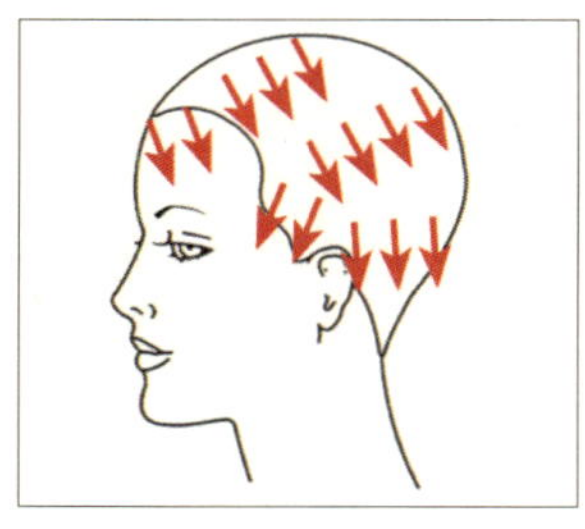

천정부의 숱 처리는 1/2 이상 처리하면 안되고 그림의 측면부도 1/2 이상 숱 처리 하면 안된다. 측면부의 숱 처리를 할 때는 귀 뒤의 모발은 뭉쳐 있는 경우가 많은데 잘라낸다면 문제가 안되나 귀 위의 라인만 처리를 할 때는 숱 처리를 조심해야 한다.

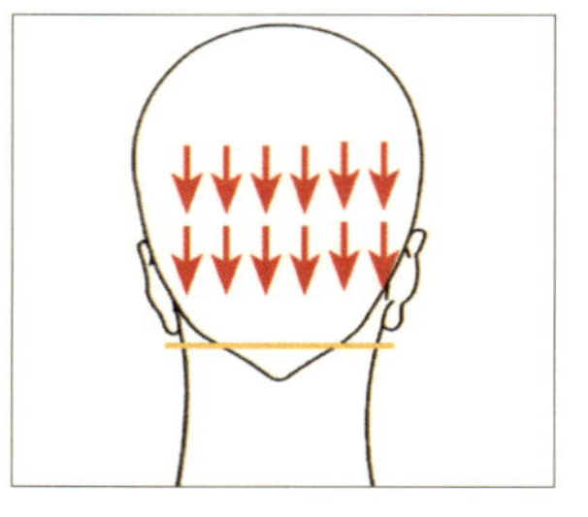

숱 처리를 할 때 사진의 화살표 방향으로 숱 가위를 내리면서 사선 처리하는 것이 기본이지만 싱글링의 방식으로 하는 숱 처리 방법도 있다. 하지만 모발의 성질을 이해하면 사선으로 처리하는 것이 옳은 시술 방법이다.

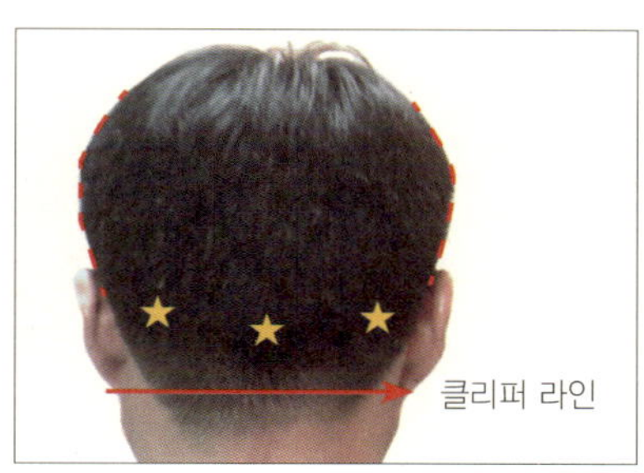

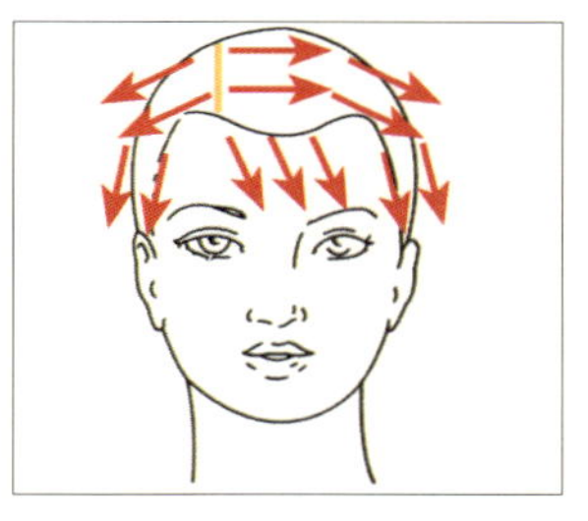

숱 처리를 할 때 1/3 지점 1/2 지점이라 말하는 것은 뿌리에서의 부분이 아니고 모발 끝에서의 부분이다. 모발에 숱 가위 시술을 할 때에는 뿌리부분을 가는 상황도 있지만 이런 상황은 귀 위의 부분이나 후두부 밑 부분이 그런 상황이다. 천정부의 모발에 숱 처리를 할 때는 절대로 1/2 이상 시술하지 않아야 한다.

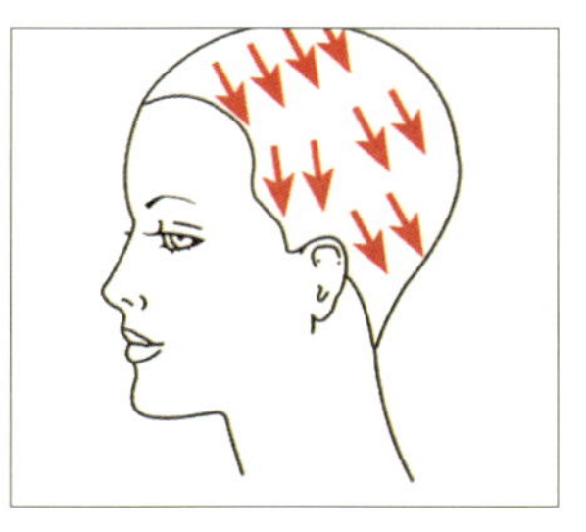

측면부는 뜨는 모발이 없다. 뻗치는 모발은 있는데 뜨는 모발은 잘못된 시술에서 나오는 상황이다. 측면부의 뻗치는 상황은 그림의 점선 부분인데 점선 부분 밑으로는 모발이 차분하게 내려 온다. 뻗치는 모발은 모류에 의한 부분인데 이 경우는 숱 처리를 3/4지점까지 깊이 들어가서 처리를 하는데 숱 가위를 슬라이싱으로 내린다.

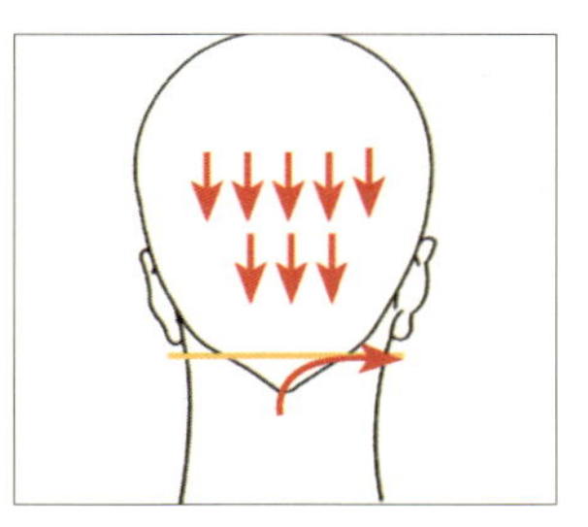

후두부의 밑 라인은 C컷(⌒) 으로 시술하고 화살표가 있는 곳의 모발에 숱 처리를 화살표방향으로 내리면서 숱 처리를 하여 준다. 후두부 중앙 부분은 2/3 까지 숱 가위가 모발 사이로 들어가서 시술한다.

숱 처리 전   숱 처리 후

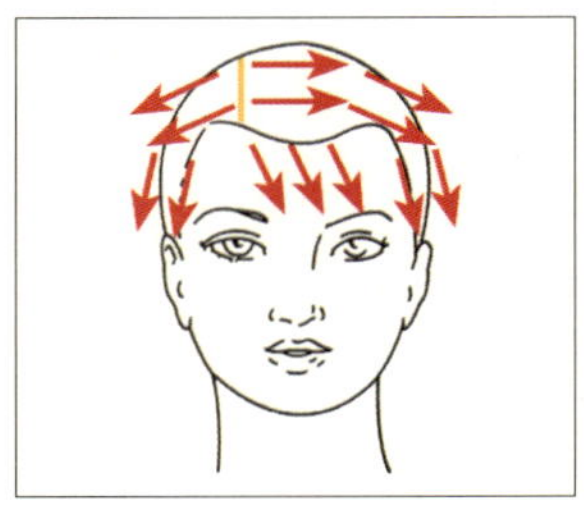

위의 사진에서 별(☆)표 부분은 숱 처리를 할 곳을 표시한 것이다. 밝은 부분은 웨이브가 있어서 튀어나온 모발이고 검은 부분은 모발이 정상으로 있는 것인데 튀어나온 모발의 중간 부분을 숱 처리 하여주면 튀어 올라온 모발이 정상인 모발과 어울리면서 자연스럽게 모발이 흘러 내린다.

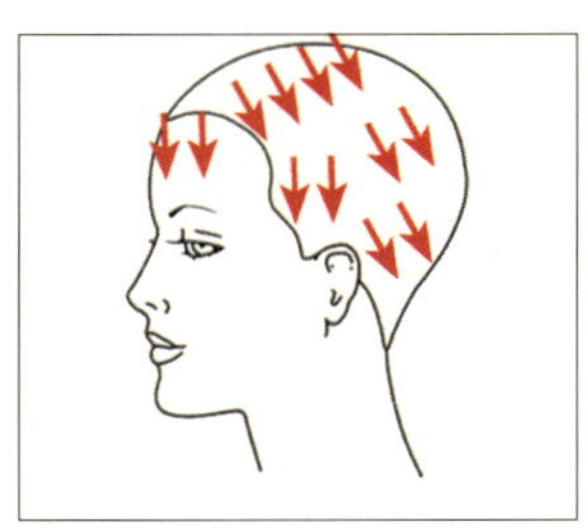

측면부의 상황도 별반 다르지는 않은데 귀 위의 부분과 귀 뒤의 부분을 염두에 두고 숱 처리를 하여야 한다. 귀의 부분은 귀라는 존재가 돌출되어 있기 때문에 안전에 염두를 두고 시술을 하여야 한다.

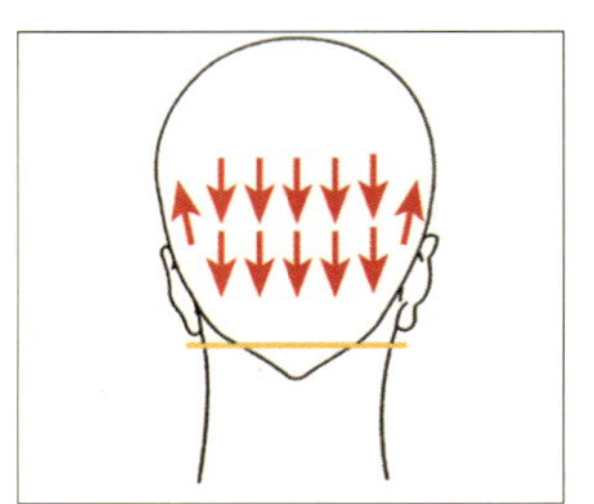

위의 사진에서 후두부 밑 부분이 중앙으로 몰리는 중앙 쏠림 형의 모발인데 이 경우는 후두부에서 측면부로 올라가는 화살표 방향으로 숱 가위를 넣어서 숱 정리를 하여 준다. 이 경우가 뿌리부분까지 시술해도 된다.

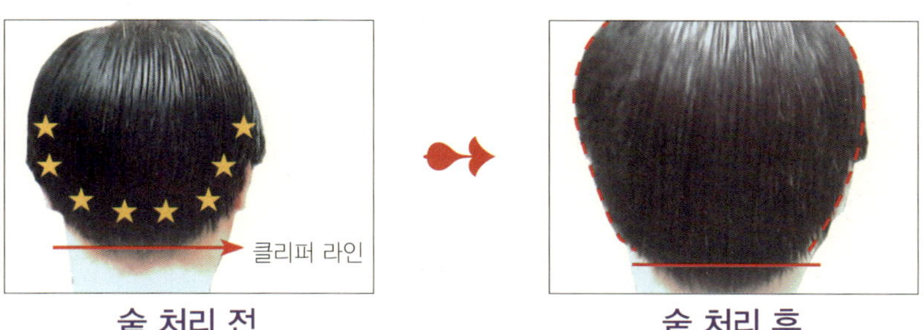

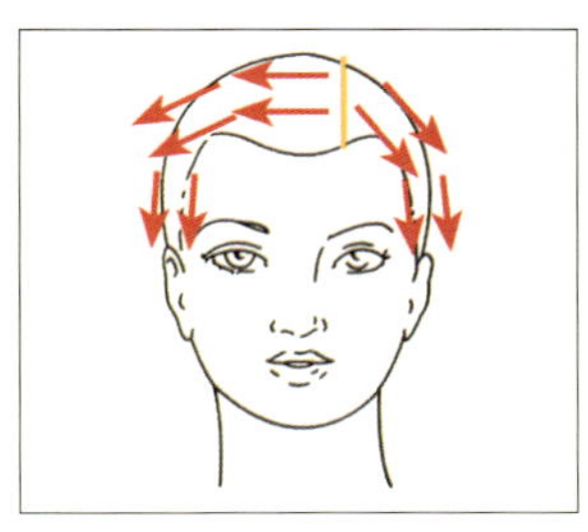

천정부의 모발은 숱의 양이 많지 않기에 굳이 처리를 한 다면 정리만 한다는 기분으로 시술을 하여야 한다. 이 경우는 1/3 이상 들어가면 모발의 감소가 많기 때문에 두피가 확실히 보이게 되니 주의해야 한다.

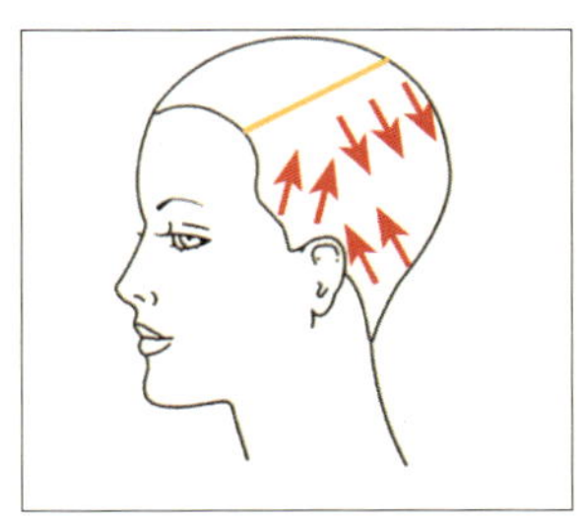

측면부의 모발은 귀 위의 부분이 사진처럼 뭉쳐서 내려오는 경우가 많다. 모발을 빗으로 들추어내어 귀 위의 부분을 뿌리 부분까지 숱 가위를 세워 넣고 시술한다.

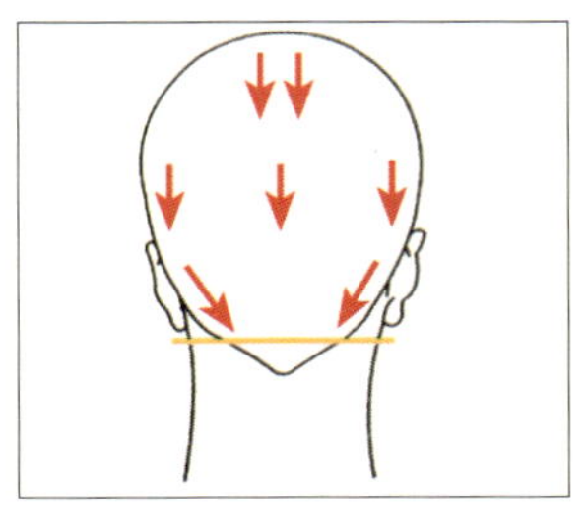

후두부 밑 라인의 모류는 많이 시술하지 말고 귀 뒤 부분의 모발을 사선으로 화살표처럼 숱 가위를 모발 사이에 집어넣어 숱 처리하여 준다.

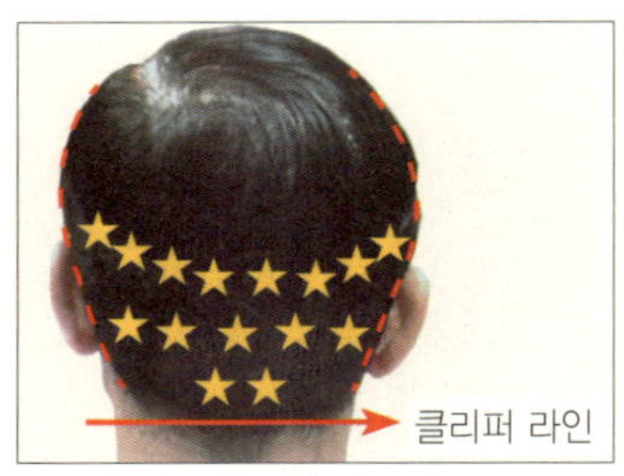

숱 처리 전

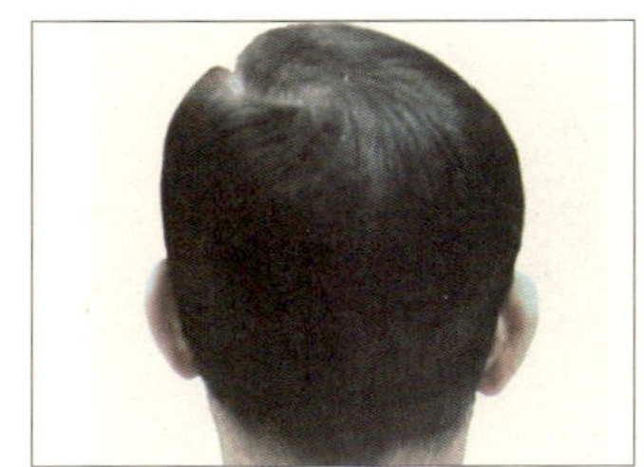

숱 처리 후

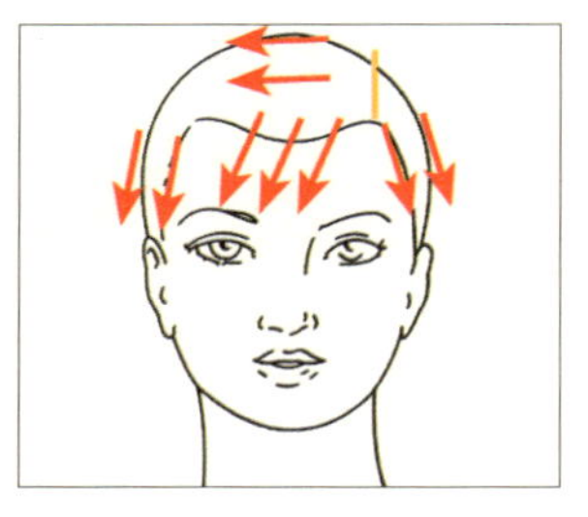

제비추리 형은 상당한 까다로움이 요구되고 숱 처리를 섬세하게 하여야 한다. 천정부의 모발 양이 적은 관계로 숱 처리는 화살표의 방향으로 정리만 한다는 기분으로 하여 준다. 별(☆)표 부분을 신중히 정리한다.

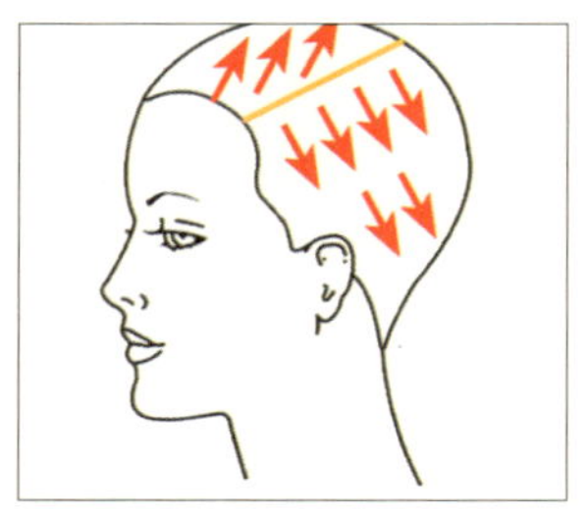

측면부의 모발은 귀 위의 부분과 귀 뒤의 부분이 중요하다. 귀 앞 모발도 있는데 귀 앞 모발을 정리만 한다는 기분으로 하여주고 귀 뒤의 부분에 화살표 방향으로 숱 가위를 사선으로 넣어 시술한다.

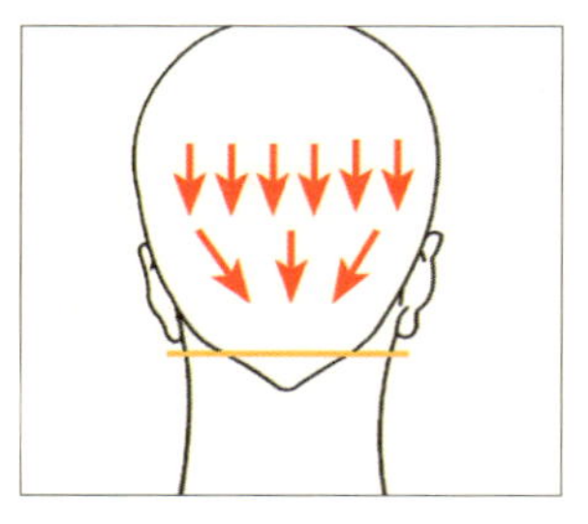

위의 사진의 별(☆)표 부분을 집중적으로 숱 처리를 하는데 이 부분은 측면부에서 후두부 중앙으로 모발이 밀려오고 있는 이 부분과 그리고 후두부 밑 라인의 모발이 중앙 쏠림 모류이기에 이 부분도 숱 처리를 하여야 한다. 그림의 화살표의 방향으로 숱 가위를 밀면서 숱 처리를 한다.

면 도

일도기 잡는 자세

* 바로 잡기

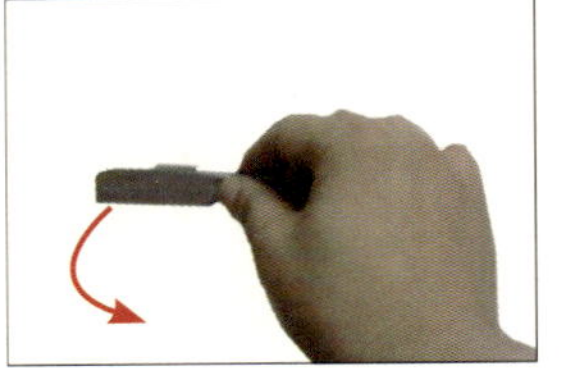

　　일도기 잡는 자세 중 하나인 바로잡기이다. 사진에서 보면 손가락으로 일도기의 몸통을 잡고 있다. 새끼손가락인 소지는 사진처럼 안쪽에 두는데 일도기가 움직이는 것을 방지하는 목적이 있다. 엄지와 검지로 일도기의 목을 양쪽으로 잡고 손목의 스냅으로 화살표처럼 굴리면서 잔털을 정리하거나 라인의 정리를 하는 것이다. 일도기를 잡을 때는 뒷장의 사진처럼 피부와 일도기가 붙어야 한다. 그렇지 않고 세우게 되면 피부에 위험이 가해질 수 있으니 조심하자.

* 꺾어 잡기

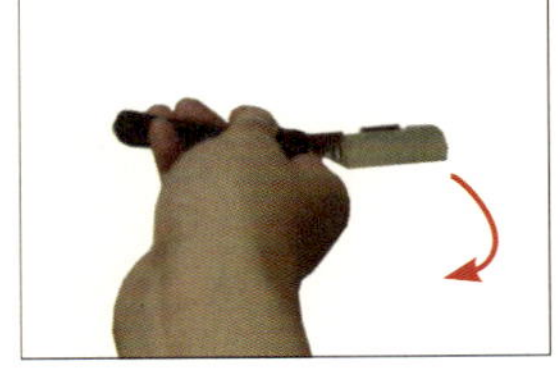

　　일도기 잡는 자세 중 하나인 꺾어잡기이다. 사진에서 보면 손가락으로 일도기의 몸통을 잡고 있다. 새끼손가락인 소지는 사진처럼 안쪽에 두는데 일도기가 움직이는 것을 방지하는 목적이 있다. 엄지와 검지로 일도기의 목을 양쪽으로 잡고 손목의 스냅으로 화살표처럼 굴리면서 잔털을 정리하거나 라인의 정리를 하는 것이다. 일도기를 잡을 때에는 바로잡기 와는 다르게 손목이 반대의 자세가 되기 때문에 일도기 잡는 자세를 바로 해야 할 것이다.

* 세워 잡기

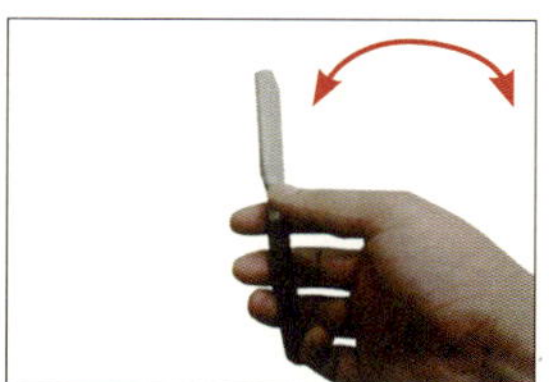

일도기 잡는 자세 중 하나인 세워 잡기이다. 사진에서 보면 손가락으로 일도기의 몸통을 잡고 있다. 새끼손가락인 소지는 사진처럼 안쪽에 두는데 일도기가 움직이는 것을 방지하는 목적이 있다. 엄지와 검지로 일도기의 목을 양쪽으로 잡고 손목의 스냅으로 화살표처럼 전 후로 움직이며 잔털을 정리하거나 라인의 정리를 하는 것이다. 일도기를 잡을 때에는 뒷장의 사진처럼 피부와 일도기가 붙어야 한다. 그렇지 않고 세우게 되면 피부에 위험이 가해질 수 있으니 조심하자.

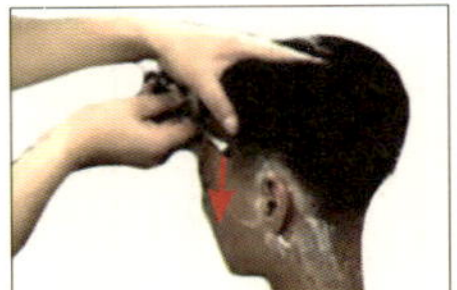

구렛나루 앞 라인을 화살표 방향으로 내리며 잔털을 정리한다.

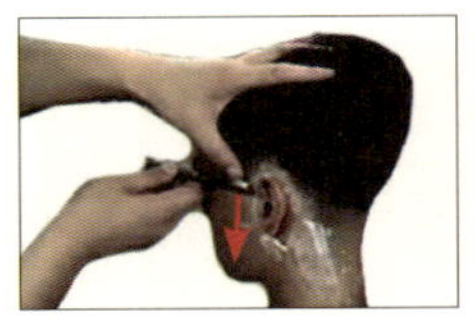

구렛나루 라인을 화살표 방향으로 내리며 잔털을 정리한다.

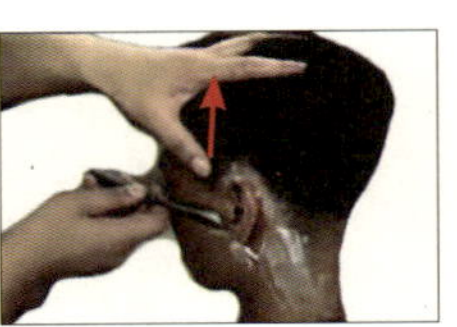

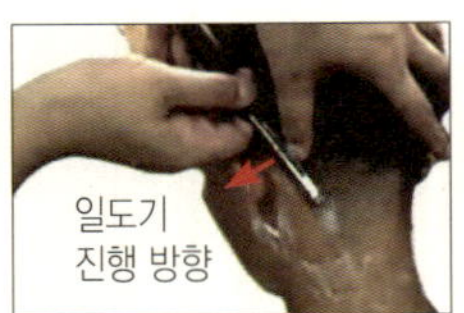

귀 위 라인을 화살표 방향으로 돌리며 잔털을 정리한다.

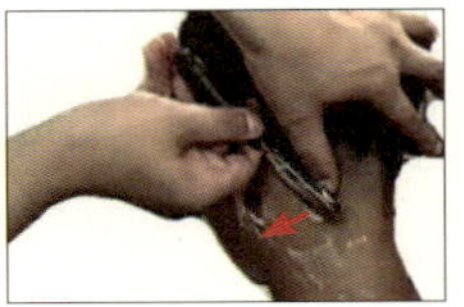

귀 뒤 라인을 화살표 방향으로 내리며 잔털을 정리한다.

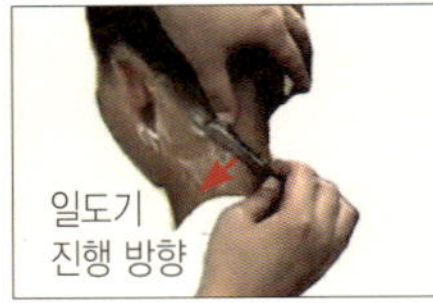

귀 뒤 라인을 화살표 방향으로 내리며 잔털을 정리한다.

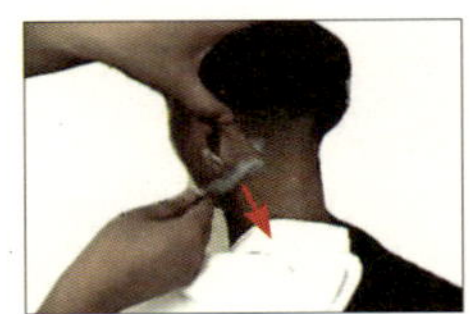

귀 뒤 라인을 화살표 방향으로 내리며 잔털을 정리한다.

귀 뒤 목 라인을 화살표 방향으로 내리며 잔털을 정리한다.

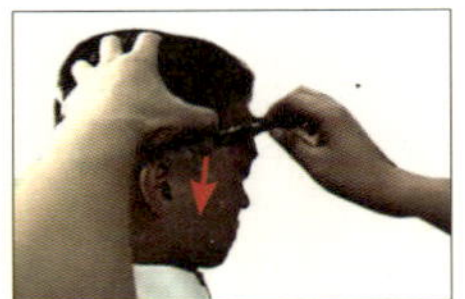

구렛나루 앞 라인을 화살표 방향으로 내리며 잔털을 정리한다.

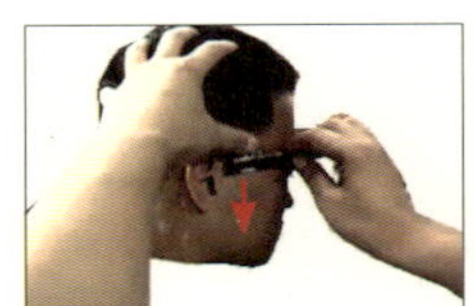

구렛나루 라인을 화살표 방향으로 내리며 잔털을 정리한다.

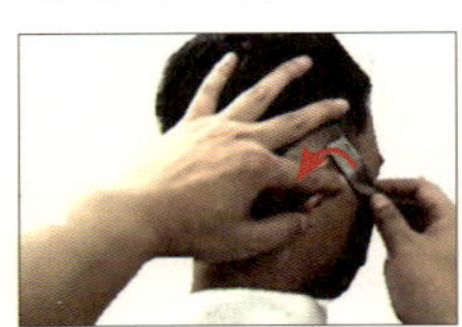

귀 위 라인을 화살표 방향으로 돌리며 잔털을 정리한다.

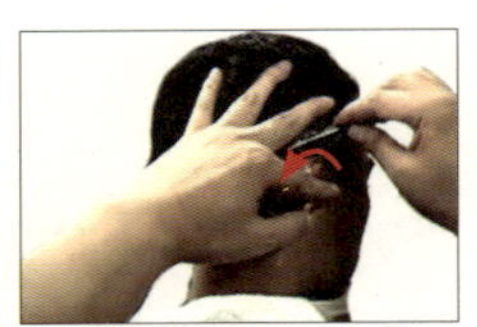

귀 위 라인을 화살표 방향으로 돌리며 잔털을 정리한다.

귀 뒤 라인을 화살표 방향으로 내리며 잔털을 정리한다.

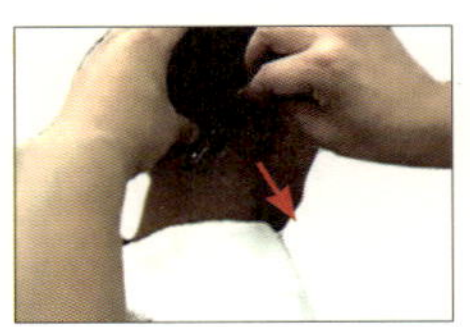

귀 뒤 목 라인을 화살표 방향으로 내리며 잔털을 정리한다.

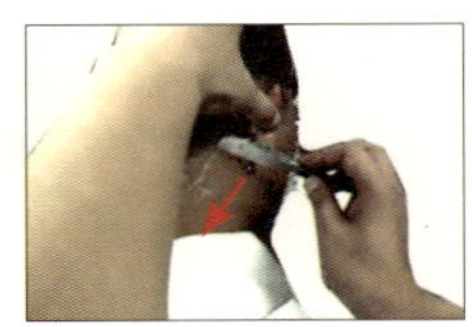

귀 뒤 목 라인을 화살표 방향으로 내리며 잔털을 정리한다.

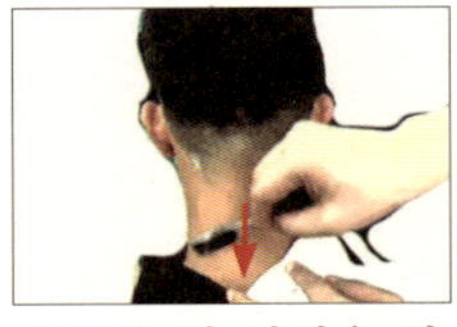

후두부 밑 라인을 화살표 방향으로 내리며 잔털을 정리한다.

앞 면도 시술 방법들

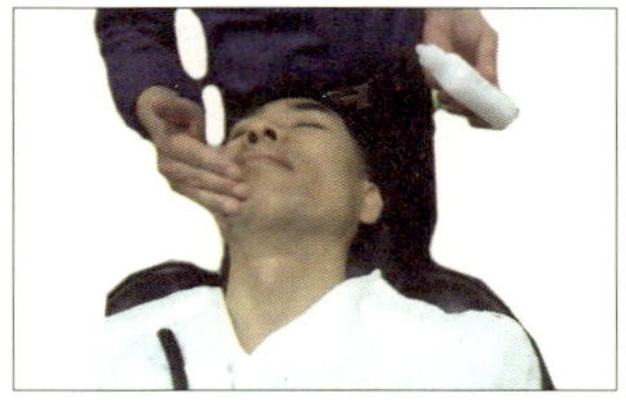

뒷면도에 이어서 앞면도이다. 앞면도는 쉐이빙 폼을 써도 무방하고 면도크림을 써도 무방하다. 하지만 장단점은 있으니 적절히 쓰길 바라고 사진과 같이 면체에 골고루 펴바른다.

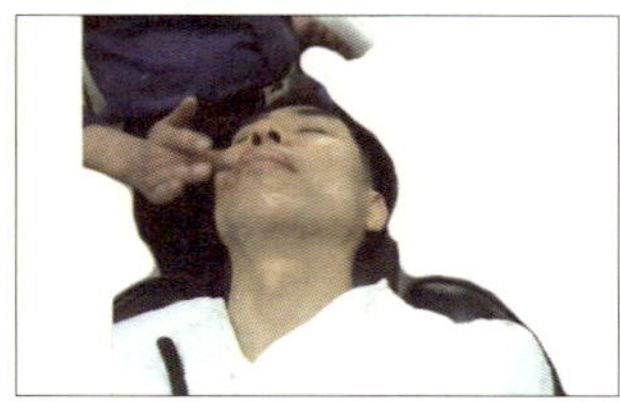

턱과 볼과 이마와 콧수염 부분까지 면도크림을 사진처럼 골고루 펴발라주고 시술 준비를 한다.

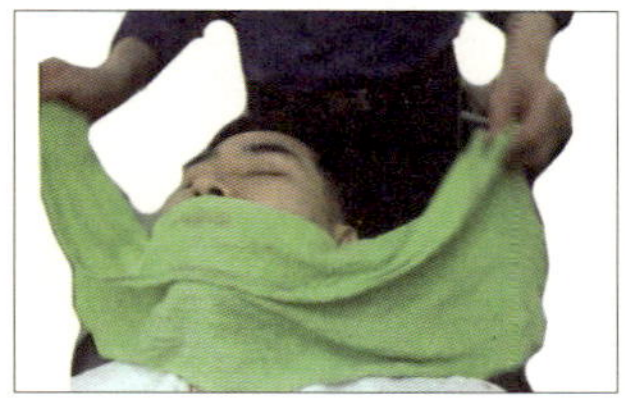

면도크림을 잘 도포하그 나면 사진처럼 쉬프(따뜻한)수건을 코 밑으로 해서 콧수염의 까칠한 털을 부드럽게 하여 준다.

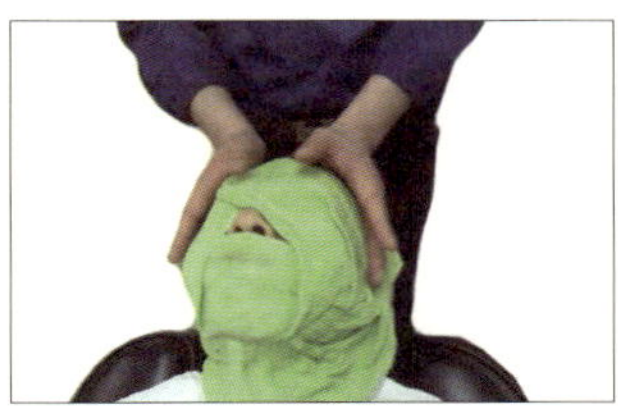

턱수염에 있는 털을 쉬프 수건으로 감싸 안고 나면 사진처럼 눈과 이마를 차분하니 덮어주면서 까실한 털을 부드럽게 하기 위해 차분히 눌러준다.

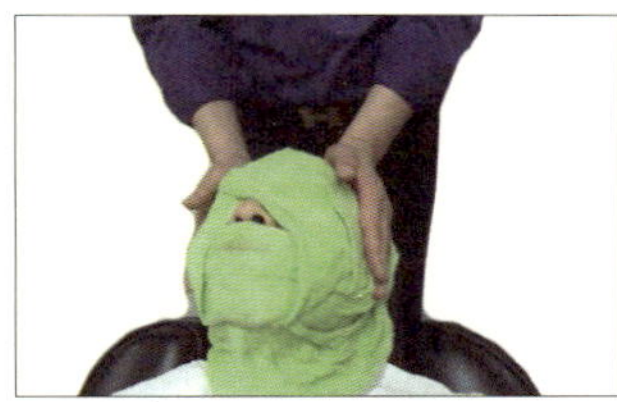

차분하게 이마를 눌러주면서 볼과 턱을 같이 차분히 눌러주고 얼굴 전체의 까실한 털을 부드럽게 하여 준다.

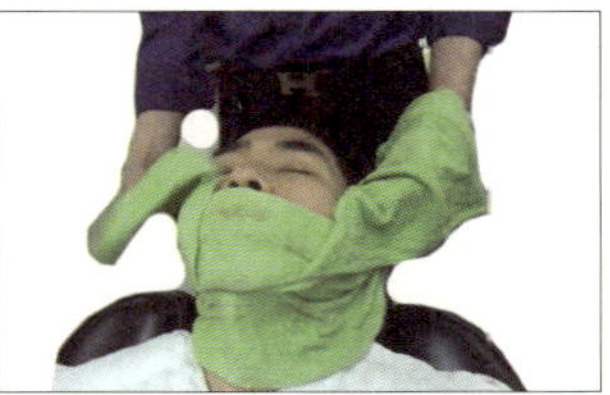

20~30초 정도 지나고 나면 사진처럼 차분히 벗겨주어 안면 면체술을 준비하면서 다시 한번 면도크림을 덮씌워준다.

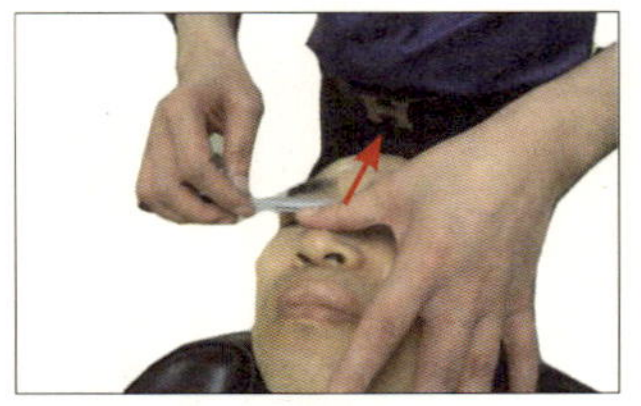

이마를 면체 시술할 때는 미간인 이마 중앙부터 면체술을 하면서 이마 전체를 차근히 상처 나지 않게 조심히 시술하여야 한다.

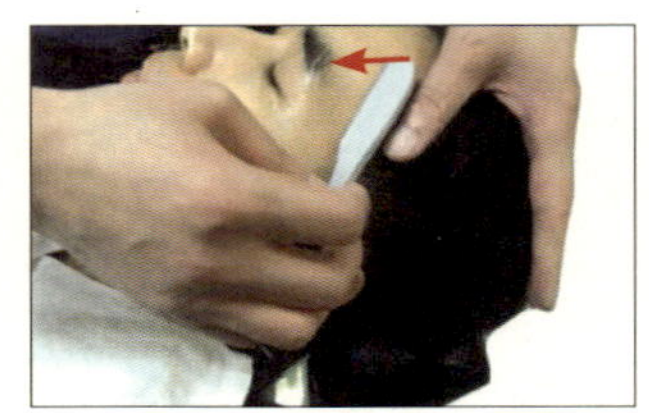

이마전체를 시술하고 나면 좌측 눈썹부분의 잔털을 정리하여야 한다. 화살표방향으로 차분히 면체시술하여 준다.

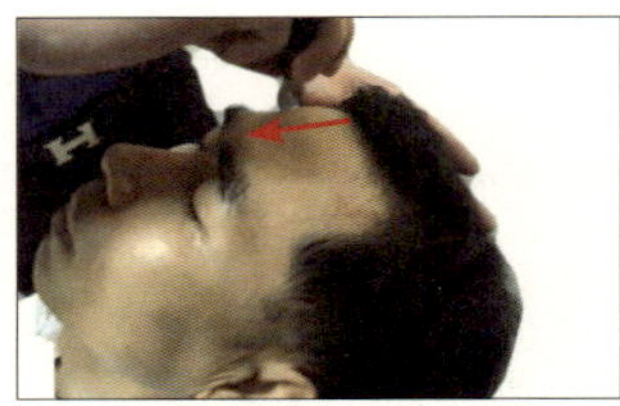

좌측 눈썹 부분을 시술하고 나면 우측 눈썹부분의 잔털을 정리하여야 한다. 화살표방향으로 차분히 면체시술하여 준다.

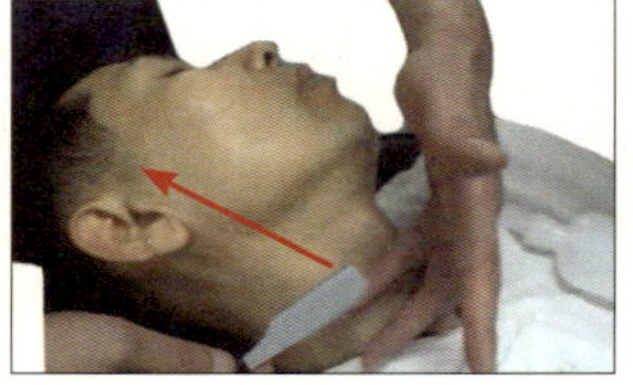

눈썹 부분에 면체 시술이 끝나고 나면 사진처럼 우측면부로 와서 목 부분부터 화살표방향으로 면체 시술을 하여 준다.

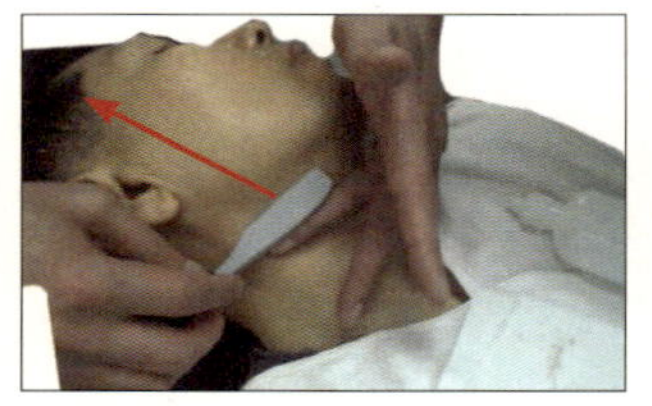

목부분부터 시술을 하면 턱관절쪽으로 사진의 화살표처럼 시술하여 준다.

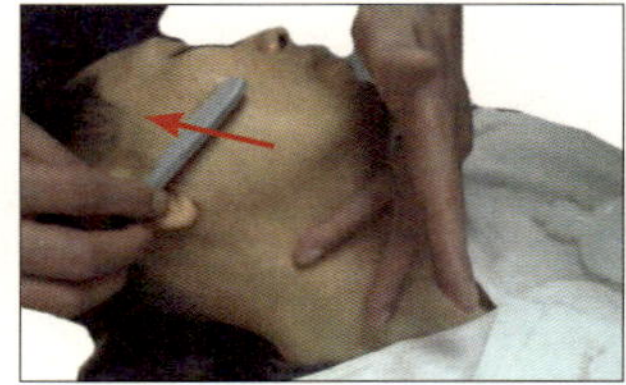

턱 부분부터 구렛나루 부분까지 시술하고 나면 볼을 사진의 화살표방향으로 시술하여 준다.

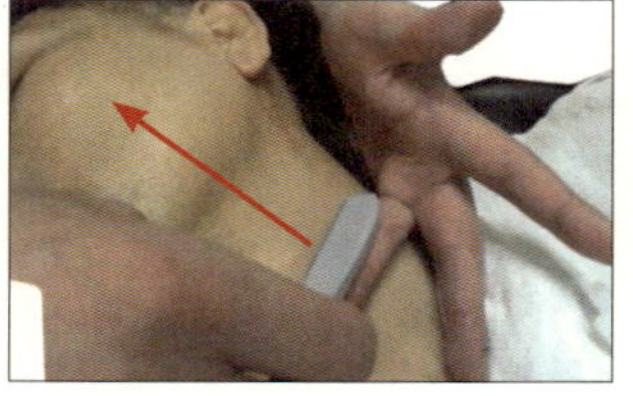

우측면부에 시술이 끝나고 나면 좌측면부로 돌아와 목부분부터 사진처럼 화살표방향으로 시술하여 준다.

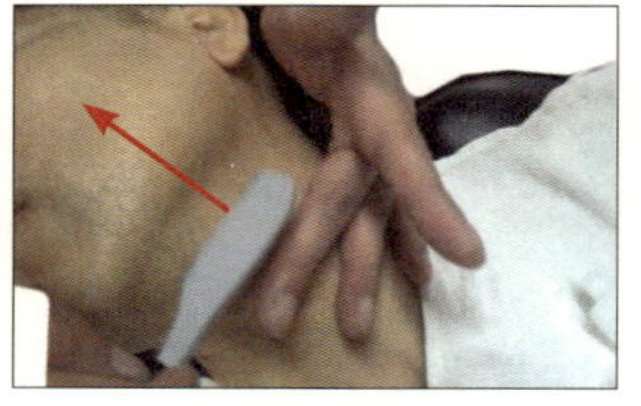

목 부분에서 면체술을 시작하여 사진처럼 화살표방향으로 턱을 지나가면서 한번에 부드러우면서 안정적으로 면체술을 이어나간다.

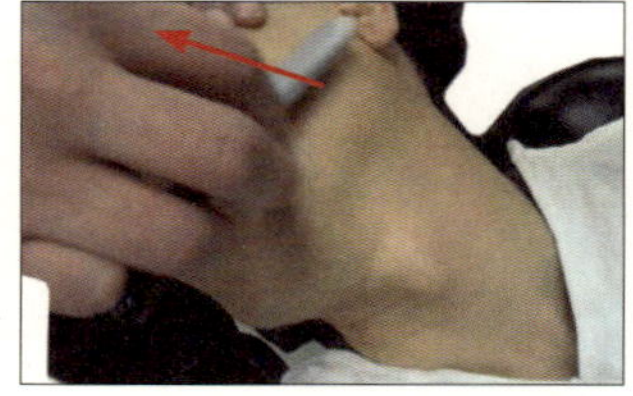

턱 부분을 지나서 구렛나루까지 면체시술을 하고나면 좌측 볼 부분을 왼손가락으로 피부를 당겨주면서 볼 부분을 면체 시술하여 준다.

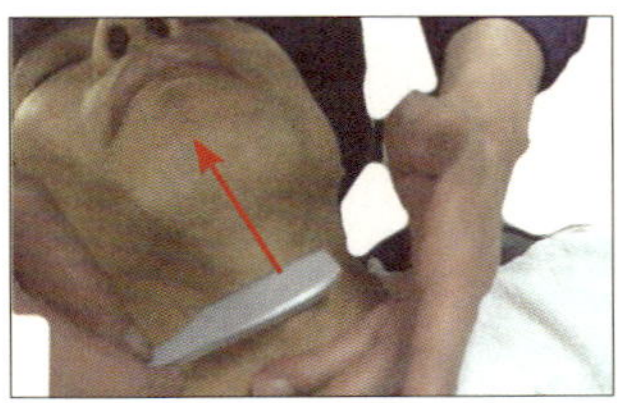

우측과 좌측의 면부를 시술
하고 나면 얼굴을 바로 세워
주고 사진처럼 목 부분부터
시술을 하여 준다.

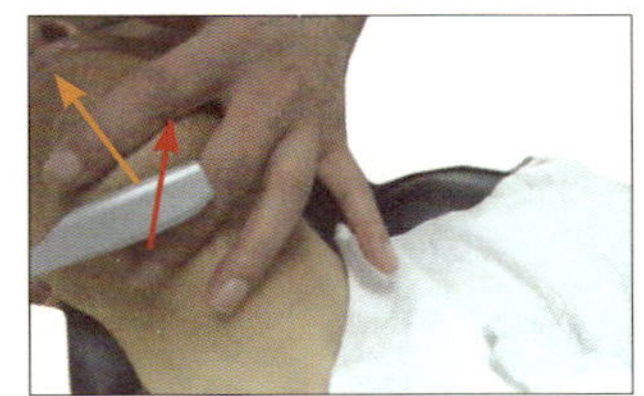

사진에서 노란화살표 턱 부
분은 검지로 턱 피부를 당겨
주면서 일도기로 부드럽게
시술하여 준다.

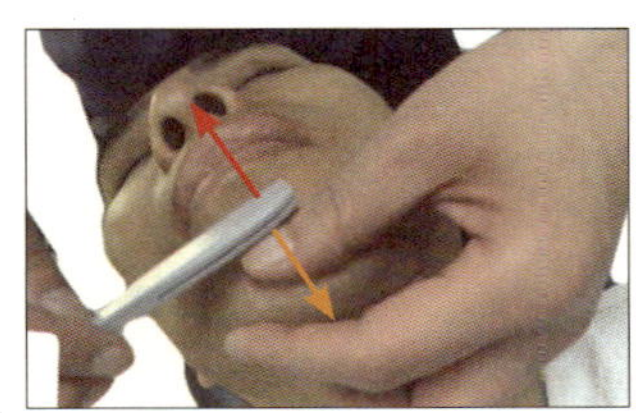

입술 아래의 골에는 노란화
살표처럼 엄지로 턱 피부를
당겨주면서 일도기로 입술
아래의 골 부분을 펴낸 후
시술하여 준다.

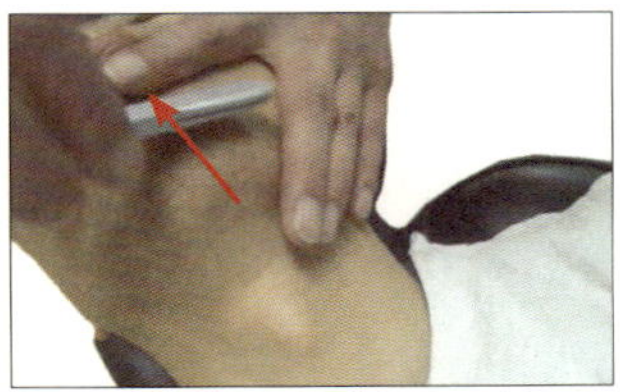

좌측 턱수염도 검지 손가락
으로 피부를 당기면서 일도
기로 안정적으로 시술하여
준다.

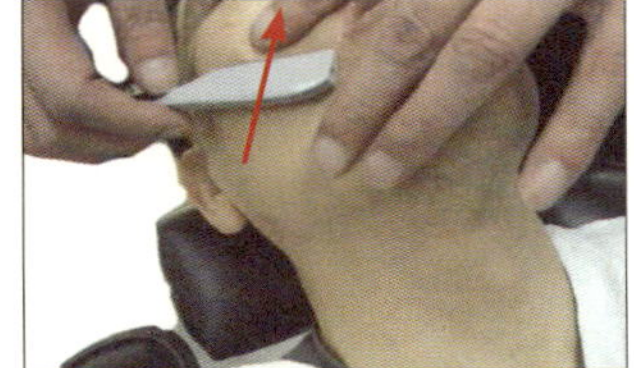

우측 콧수염 부분은 역시 왼
손 검지로 코 부분의 피부를
당겨주면서 안정적으로 시
술하여 준다.

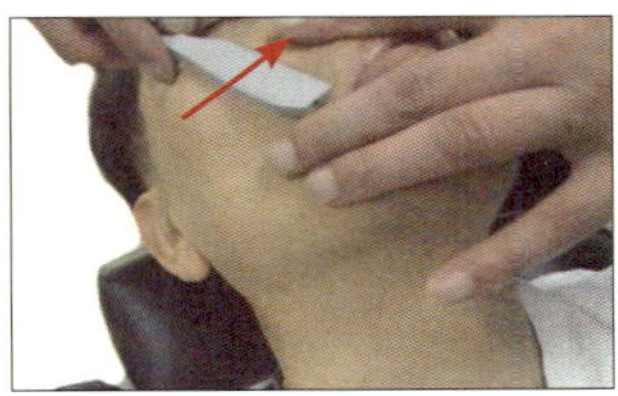

사진처럼 왼손 검지와 중지
로 코 부분의 피부를 벌리
면서 안정적으로 시술하여
준다.

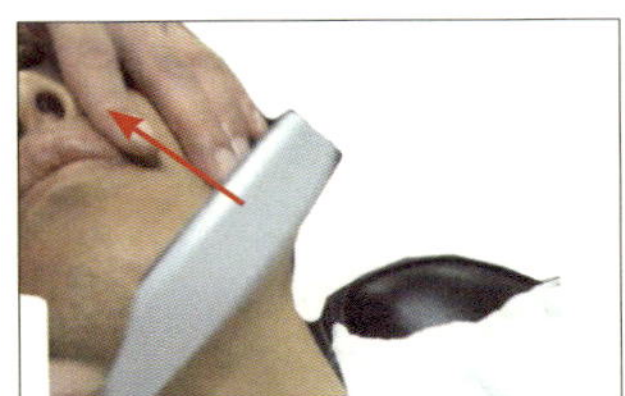

우측부분의 콧수염 시술이
끝나고 나면 좌측의 콧수염
부분을 시술하는데 역시 검
지와 중지로 피부를 벌려주
면서 안정적으로 시술하여
준다.

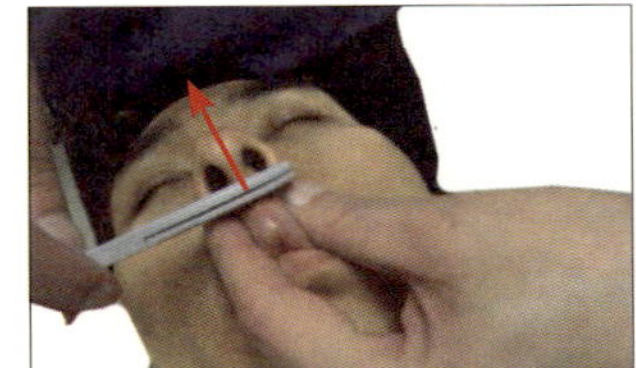

콧수염 부분의 면체시술이
끝나고 나면 사진처럼 엄지
와 검지로 인중을 모아주면
서 골부분에 남아 있는 콧수
염을 시술하며 마무리를 지
어준다.

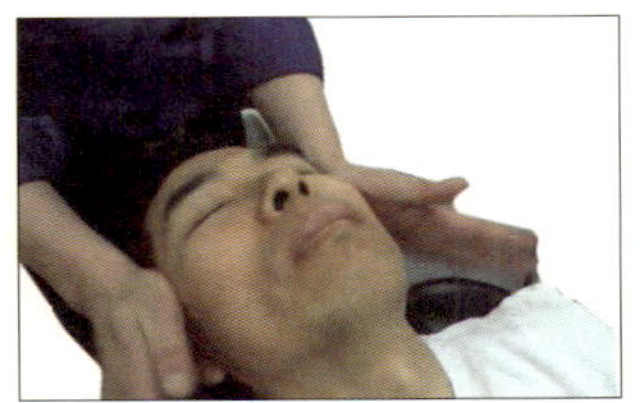

면체술이 모두 끝나고 나면
사진처럼 스킨로션으로 피
부의 안정화를 도모하여 면
체술 후 피부의 당기는 현상
을 잡아준다.

베이직 실전

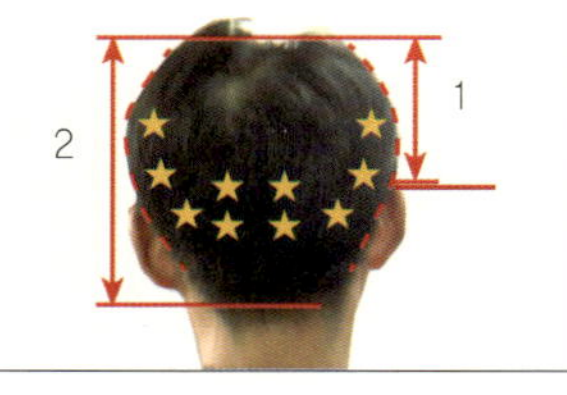

천정부에서 귀위의 라인까지가 일반적으로 10cm라면 천정부에서 후두부 밑라인까지가 20cm라고 정의를 내리겠다. 그래서 주상의 비율은 1:2 비율을 가지고 있다.

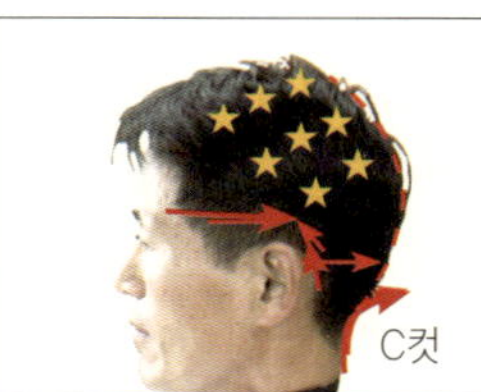

클리퍼의 라인은 1:2 비율에서 측면부 밑라인이 1cm 시술되었다면 후두부 밑라인은 2cm를 시술하는 것이 맞겠지만 후두부의 경우는 측면부 시술에서 +1cm더 시술하는 것이 좋다.

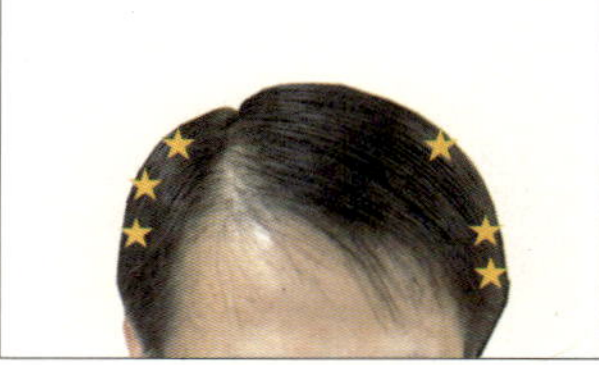

컷트 시술의 공정은 숱(틴닝)→기장→클리퍼→마무리 형태인데 숱(틴닝) 처리를 먼저 하는 이유는 모류와 질감을 먼저 정리를 해놔야 기장컷트를 할 때 모발을 잡기 쉬워진다. 옆의 사진에서 보듯이 숱 정리를 한 사진인데 모발의 차분함을 먼저 만들어 놓는 것이 좋다.

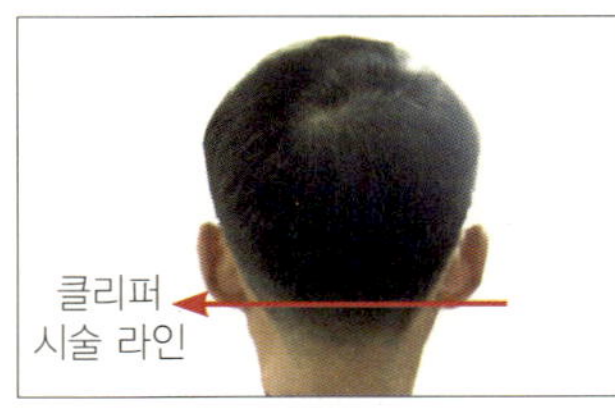

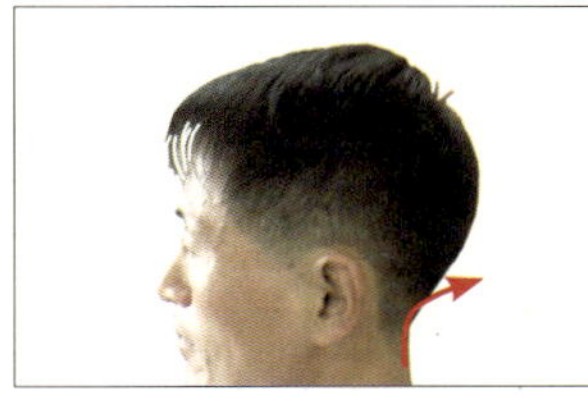

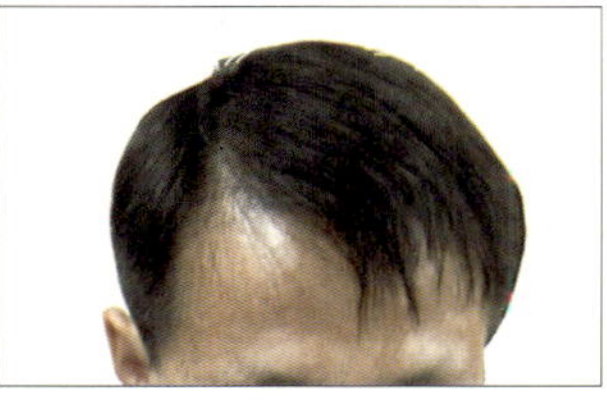

시술한 뒤 사진이다. 전체적으로 안정감을 만들고 모발의 자연스러움을 알면 헤어스타일을 만드는 것은 어려운 일이 아니다. 위의 사진과 비교해보고 위의 사진을 보면서 자신의 마음으로 얼마나 시술할 것인지를 고민해보라.

후두부 밑부분의 모발을 (↗)하여서 클리퍼의 라인을 만들어 주는데 클리퍼의 시술이 C자형으로 한다해서 C컷트라고 한다. 이 한가지의 기술이 스타일을 만드는데 가장 쉬운 기술일 것이다.

시술이 모두 끝났다. 천정부에서 측면부로 내려오는 라인이 자연스러워야 한다.

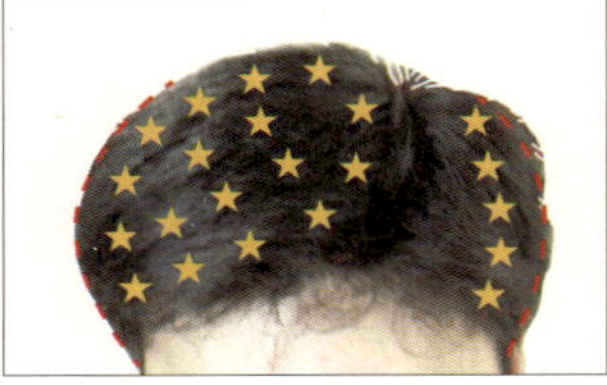

천정부에서 내려오는 전체 라인을 먼저 보고 어느 정도를 시술할건지 먼저 생각해 보고 클리퍼 시술한다.

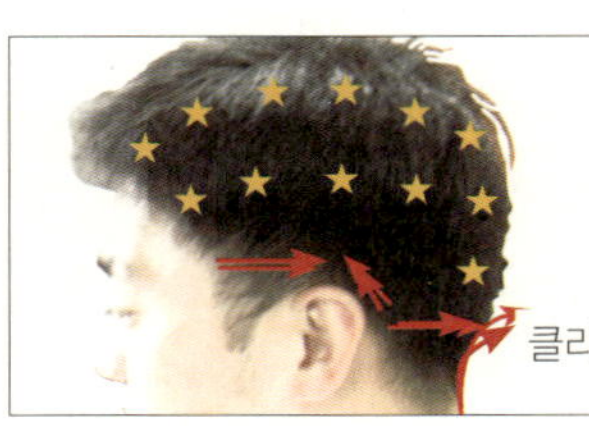

측면부의 클리퍼 시술라인은 언제나 후두부에서 시작을 하고 좌측면부를 시술한 후 우측면부로 넘어가서 시술한다.

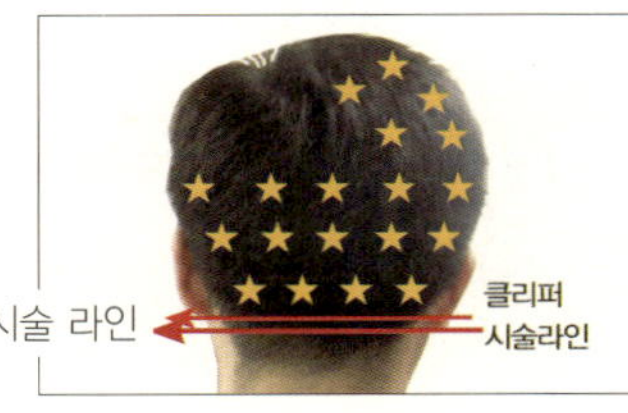

후두부의 클리퍼 시술 라인을 정하고 클리퍼로 c컷 처리한다. 그리고 측면부의 전체 라인을 그려놓은 것과 같이 클리퍼 시술을 하여 전체의 모양을 자연스럽게 만든다.

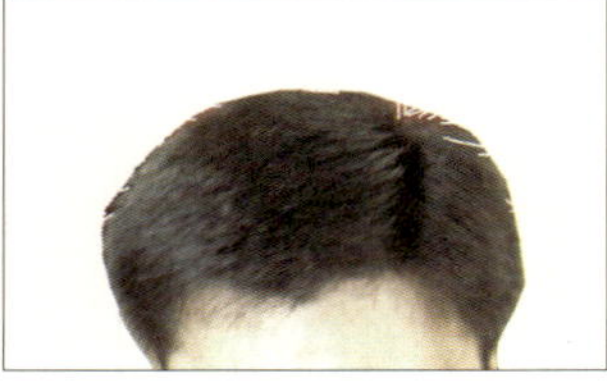

천정부의 숱 가위 시술 후의 사진이다. 위의 사진을 보면 모발의 뒤엉킴과 불균형적인 모양이지만 이 사진은 자연스러움을 가지고 있다. 먼저 시술은 모발의 자연스러움을 가져야 한다.

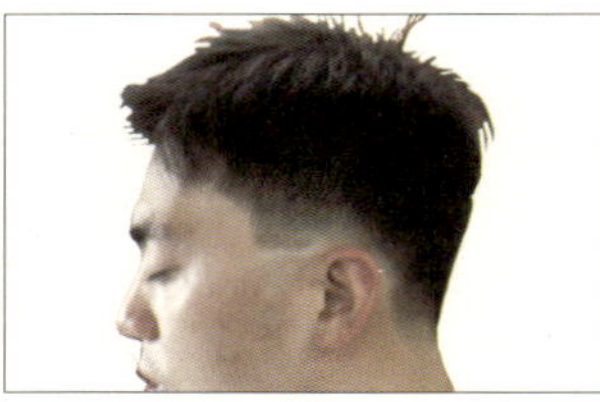

측면부는 사진처럼 밑 부분은 짧고 윗부분으로 올라가면서 어두워진다. 이 이유는 모양에서 명암이 차지하는 비중도 있다. 중간부분에서 모발을 잘못자르면 그 부분은 밝아지게 된다.

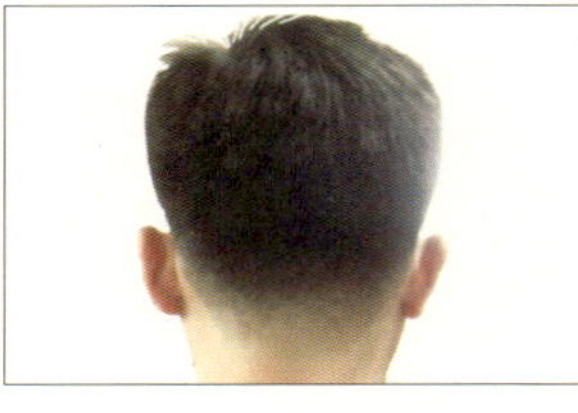

전체의 모양과 면을 보는 것도 중요하고 명암의 차이를 보는 것도 중요하다고 했다. 컷트 시술은 모든 과정이 중요하다. 하지만 정말 중요한 것은 손님에게 시술하는 마음일 것이다.

클리퍼의 시술이 끝나면 면을 확인하고 면에 남아 있는 잔모발을 확인 후 테이퍼링을 시술하여 면을 더 깨끗해지게 한다.

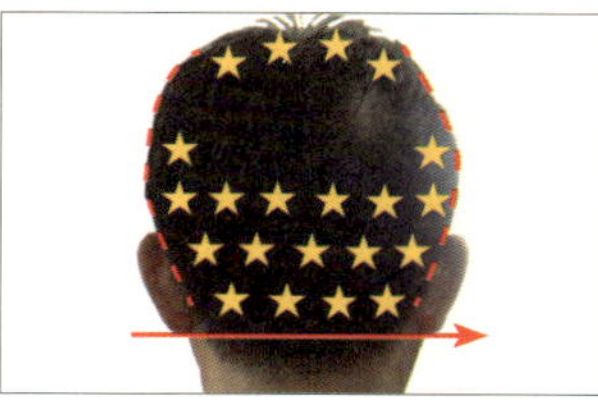

모발에 시술하기 전에 분무를 하는 이유는 모발 사이에 끼어 있는 이물질의 제거가 첫 번째이고 두 번째는 시술의 용이함을 위해서이다. 시술 전에 정발을 해놓으면 숱(틴닝)정리를 어떻게 해야 하는지 헤어 스타일의 모양이 보인다.

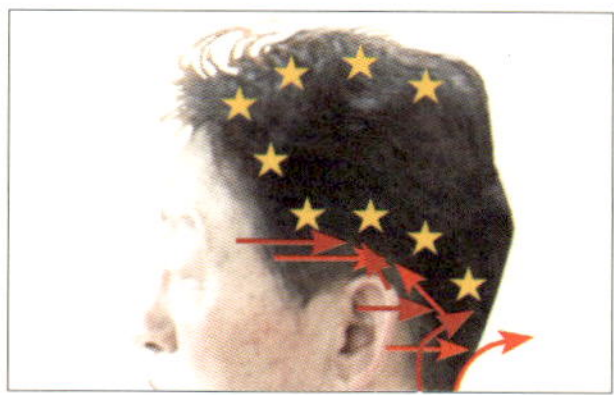

사진에서 클리퍼의 시술라인과 천정부에서 후두부로 내려오는 라인을 보고 얼마만큼 시술을 해야 하는지 생각을 해보고 사진에서 보면 모발의 상황을 보고 별(☆)표의 부분은 꼬여 있고 뭉쳐있는데 이 부분처럼 전체 모발을 숱(틴닝)처리하여 준다.

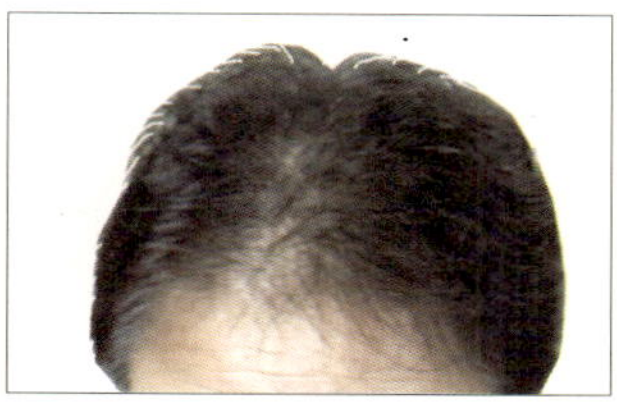

사진에서는 천정부의 모습이지만 전체 모발에 숱(틴닝)시술을 하고나면 사진처럼 전체의 모발을 자연스럽게 흘러내리는 모양새가 만들어져야 한다. 숱(틴닝)처리를 할 때에는 절대 깊숙이 넣어서 시술을 하면 안된다.

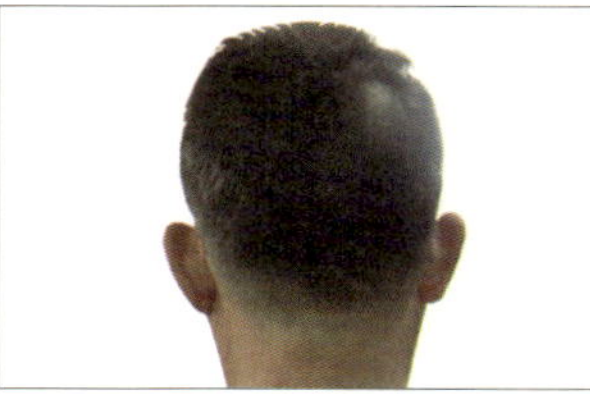

후두부의 시술이 끝나도 완전히 시술이 끝난 것은 아니고 미세하게 잘리지 않고 남아 있는 모발이 있기 마련이다. 남아 있는 모발을 테이퍼링 처리를 하여 모발의 면이 더 깨끗해지고 부드러워지게 해야 한다.

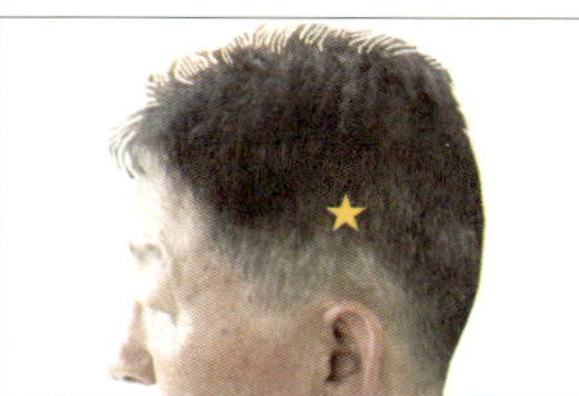

측면부의 시술도 마무리까지 시술하였다면 한번의 체킹을 하여야 한다. 사진처럼 별(☆)표 부분의 명암이나 다른 부분의 명암도 확인해 보고 진한 부분이 있으면 숱(틴닝)가위로 명암을 조절해 준다.

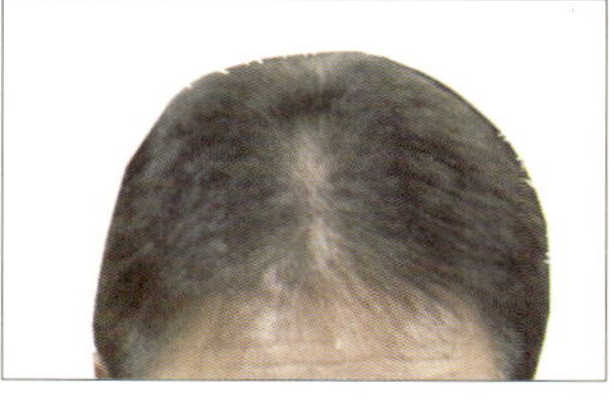

위의 사진은 숱(틴닝)처리만 한 사진이고 이번 사진은 모든 과정의 시술이 끝난 사진이다. 모발의 자연스러움을 만들어야 가장 예쁜 헤어 스타일이 된다.

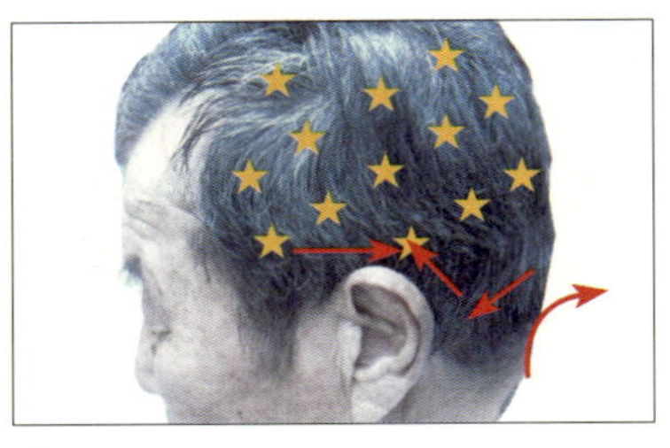

헤어 스타일의 형태를 보면 별(☆)표의 부분은 숱(틴닝) 시술을 하여야 하는 곳이다 모발을 단정히 빗어 내린 다음 숱(틴닝)정리를 하고 기장컷트를 시술하고, 클리퍼로 밑라인의 클리퍼 시술을 하고 우측면부에서 시작해 후두부를 지나 좌측면부에서 클리퍼 시술을 끝낸다. 마지막으로 마무리작업 싱글링 처리를 하여 모발의 연결을 자연스럽게 하여준다

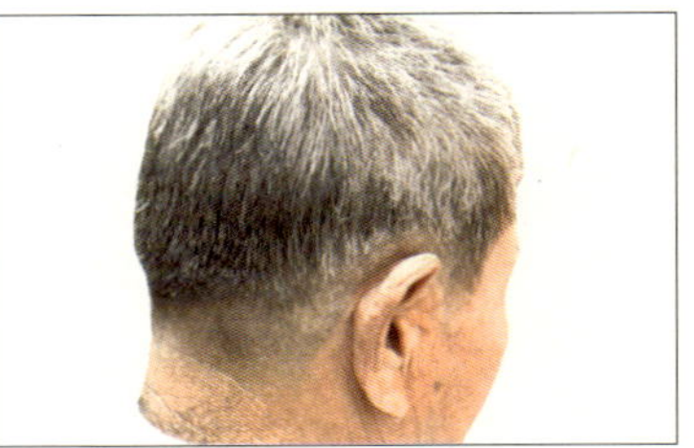

클리퍼 시술이 끝나면 옆의 사진 모양이 나온다. 옆의 사진처럼 뭉쳐있고 꼬여있고 뻗쳐있는 모발을 숱(틴닝)처리하여 모발을 자연스럽게 내려놓는 것이 먼저라 했다. 클리퍼의 시술 라인을 확인하고 클리퍼를 시술하면 사진처럼 헤어 스타일이 만들어진다. 현대사회는 시간과의 싸움이다. 빠른 시간 안에 헤어 스타일의 완성을 깨끗이 할 수 있다면 당신은 준비된 이·미용인이 될 것이다.

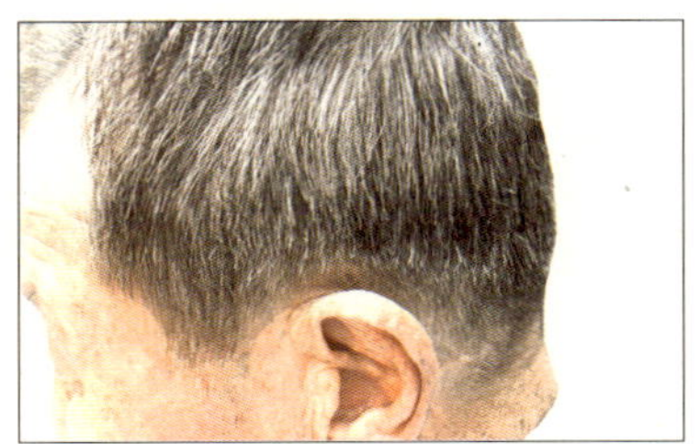

클리퍼를 보완하는 작업이 바로 테이퍼링 시술이다. 테이퍼링 기법을 하는 이유는 미세하게 남아 있는 잔 모발을 정리하고 모발 끝 부분의 터진 모발을 잡아내는 것이다.

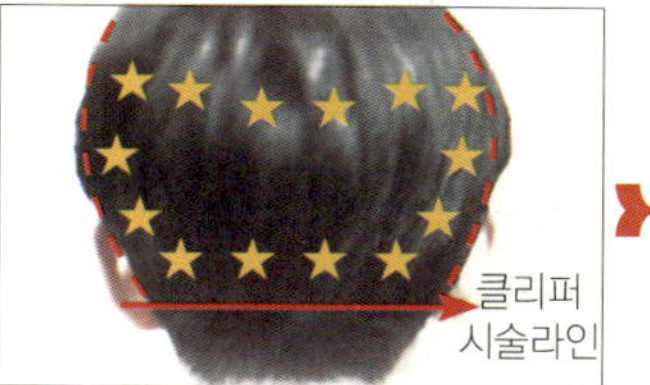

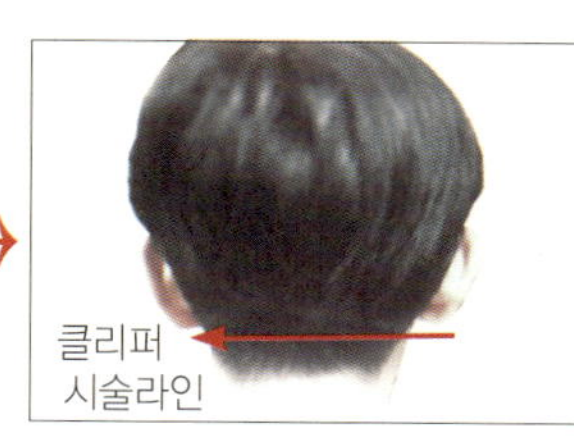

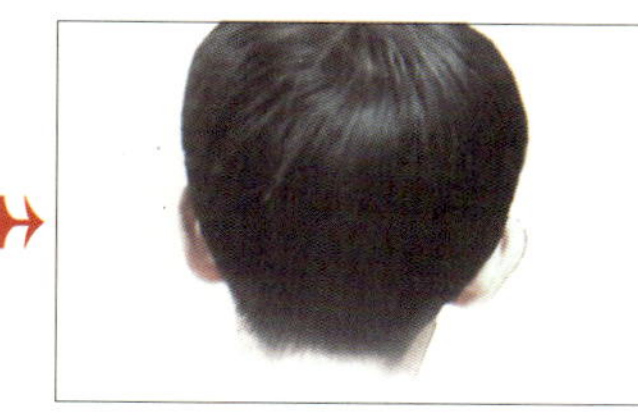

뒤에 자세한 시술 도해도가 있으므로 여기서는 모양에 대해서만 알아보자. 별(☆)표 부분에 숱(틴닝)처리를 하여 모발의 자연스러움을 만들어주고 클리퍼 라인에 맞추어 클리퍼 시술을 한다.

숱(틴닝)처리를 하고나면 위의 사진처럼 모발을 자연스럽게 만들어 준다. 옆사진 모양과 지금 사진의 모양을 비교해보면 알 것이다. 이제 기장컷트를 시술하고 클리퍼 컷트를 시술한다.

후두부 밑라인의 별(☆)표 부분을 보면 어두운 부분이 보인다. 이곳의 명암을 처리하여 명암의 차이를 완곡하게 해주어야 한다. 아이들의 이곳 부분은 발육이 덜된 상태로 움푹 파여 있다. 이곳을 시술할 때는 얼굴을 숙이게 해서 시술한다.

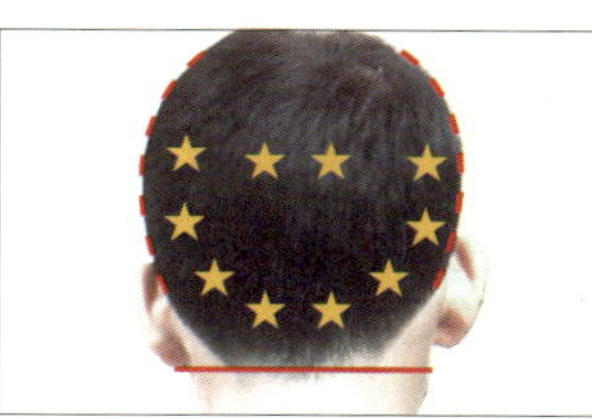

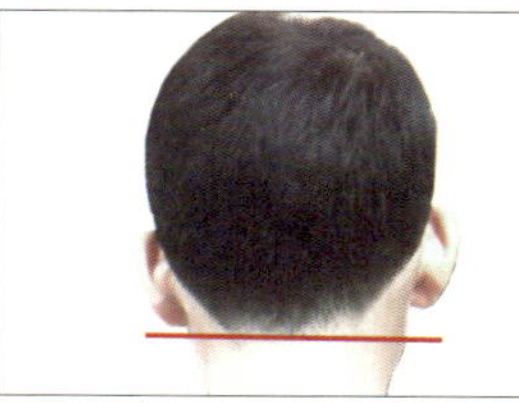

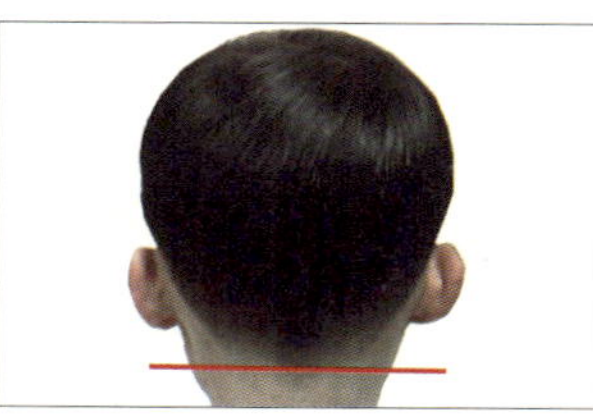

어린이의 헤어 스타일을 깨끗하게 시술한 사진이다. 후두부 밑부분의 모발을 1cm정도만 클리퍼 처리를 하고 전체의 모양을 사진처럼 자르면 된다.

기본형인 상고 스타일이다. 고객들이 속칭 단정하게 해주세요 할때에 이 헤어 스타일을 시술하면 된다.

시원하게 해주세요의 헤어 스타일인데 후두부 밑모발을 3cm정도 클리퍼 시술한 후 전체형을 만들어 준다. 어린이들의 헤어스타일은 천정부나 측면부 보다는 후두부 밑라인이 중요하다.

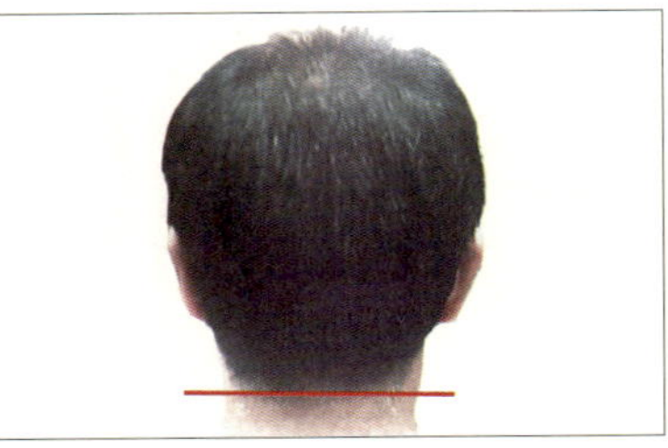

후두부 밑라인의 모양을 보고 전체적으로 올라가는 라인을 보라. 컷트의 기본형인 상고 스타일보다 긴 스타일이다. 밑라인만 끊어내는데 모발양이 적어 숱(틴닝)은 정리만 한다는 기분으로 하여주고 밑라인만 단정히 잘라낸다.

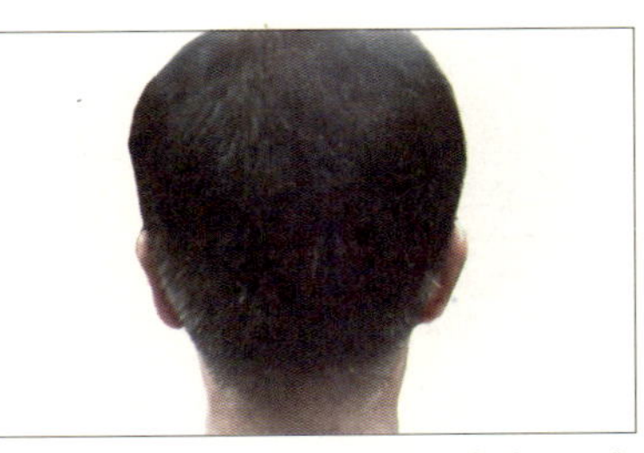

시술을 마치고 난 후의 헤어 스타일이다. 전체의 모양을 다듬어내는 스타일이라서 좀 덜 잘린 형태같지만 스타일은 고객의 의중에 맞게 시술하는 것이 맞다.

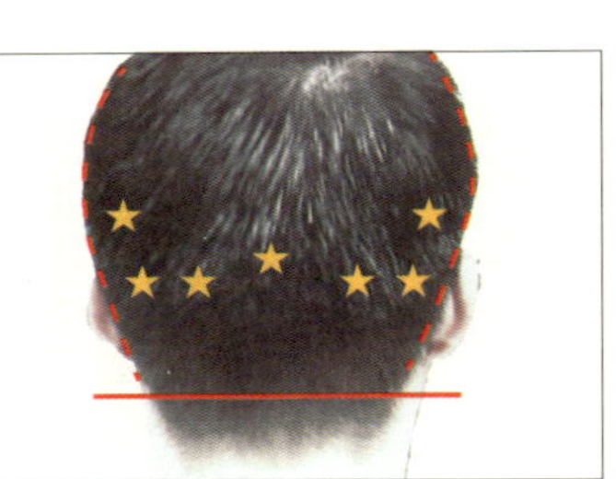

숏컷트형의 스타일이다. 후두부 밑 모발의 클리퍼 처리를 5cm정도 처리하고 전체의 모양을 차분하게 만들어준다. 후두부 부분이 돌출형이라서 빗을 두피쪽에 너무 붙이면 돌출된 부분이 표시가 날 수 있으니 이런 모양은 시술 전에 먼저 확인하고 시술한다.

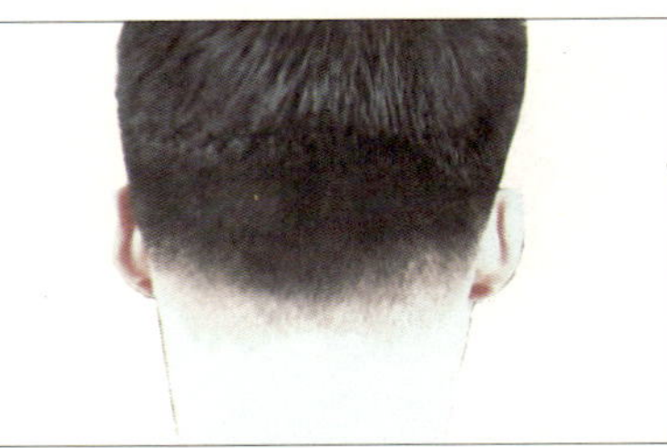

헤어스타일을 시술하는 데 기술도 중요하지만 고객을 대하는 마음이 가장 중요하다. 고객의 모발이 나의 모양이라고 생각하면 아무래도 시술을 하는데 있어서 조심을 더 하게 되어 완성도가 높아진다.

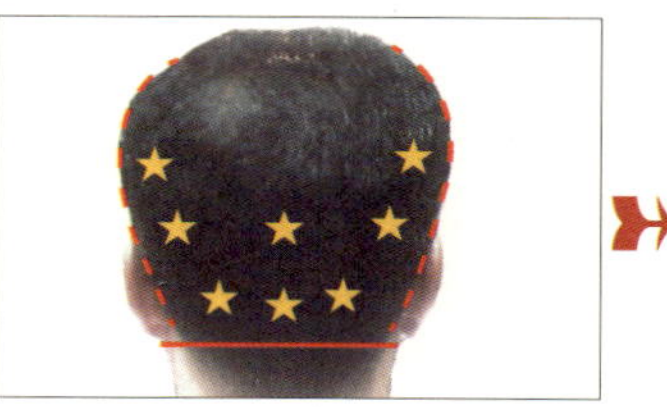 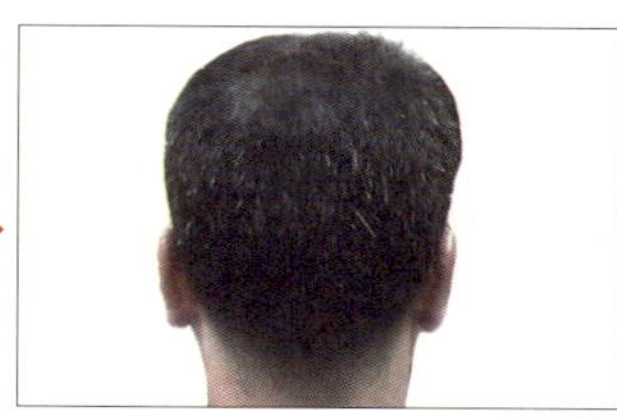 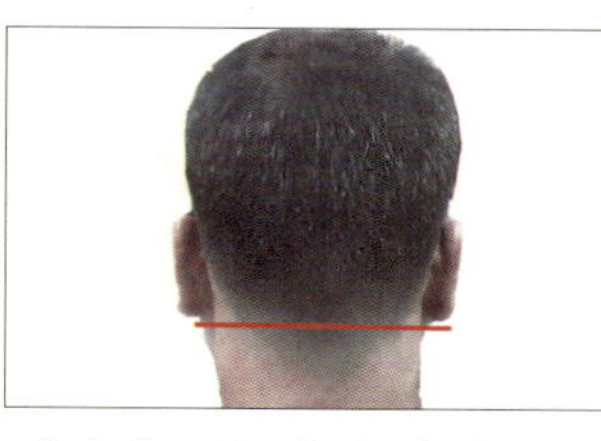

곱슬머리형의 스타일은 초보에게 시술하기 무척 쉬운 스타일이다. 시술이 좀 잘못되어도 표시가 잘 나지 않기 때문이다. 별(☆)표 부분에 숱(틴닝)가위로 꼬여 있는 모발을 전부 정리를 하여 옆의 사진처럼 자연스럽게 만들어준다.

옆사진과 비교를 해보면 별(☆)표의 부분이 위의 사진에서는 차분하게 모발이 내려오고 있다. 이렇게 모발을 단정하게 만들어 놓는게 먼저라고 누차 서술했다. 그리고 기장컷트를 하여 전체 모발을 고르게 만든다.

기장컷트를 한 후에 후두부 밑라인을 클리퍼 처리를 하고 측면부와 후두부의 라인을 시술하여 위의 사진처럼 스타일 시술의 완성이다.

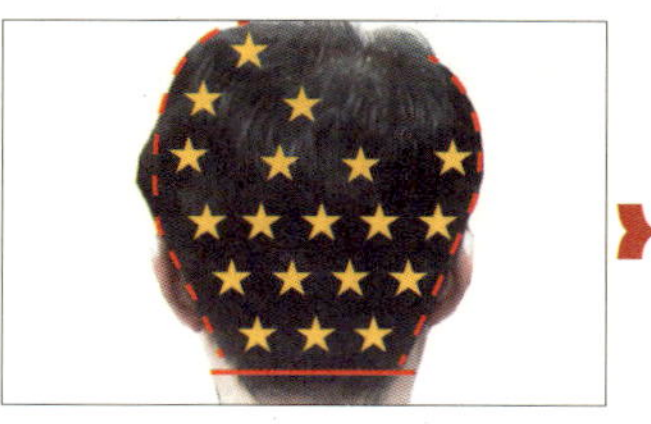 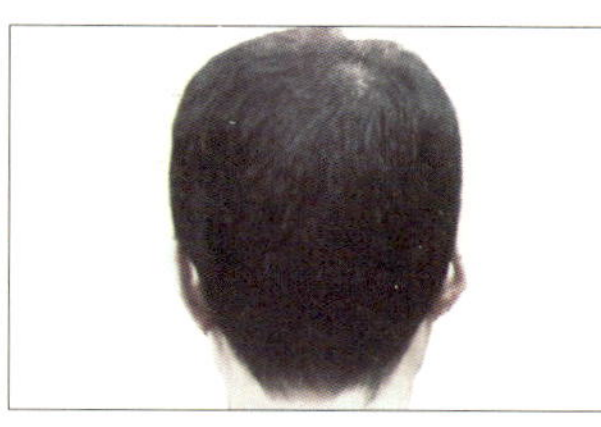 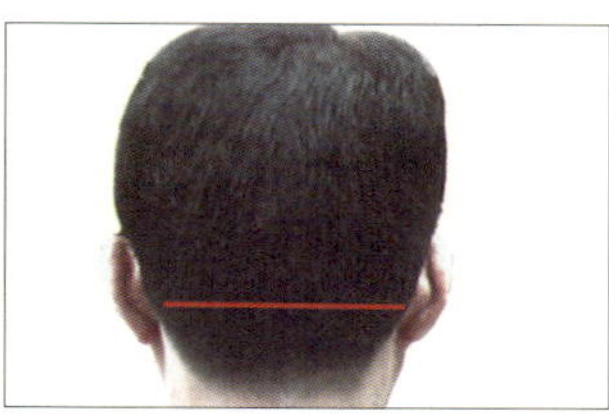

곱슬머리 스타일은 꼬여서 내려오는 모류를 뜻하는데 가라앉은 부분은 어두운 부분이고 튀어나온 부분은 밝은 부분이다. 튀어나온 부분을 숱(틴닝)처리하여 차분하게 가라앉은 모발과 같은 형태로 만들어준다.

옆사진과 비교를 해보면 별(☆)표의 부분이 위의 사진에서는 차분하게 모발이 내려오고 있다. 이렇게 모발을 단정하게 만들어 놓는게 먼저라고 누차 서술했다. 그리고 기장컷트를 하여 전체 모발을 고르게 만든다.

기장컷트를 한 후에 후두부 밑라인을 클리퍼 처리를 하고 측면부와 후두부의 라인을 시술하여 위의 사진처럼 스타일 시술의 완성이다.

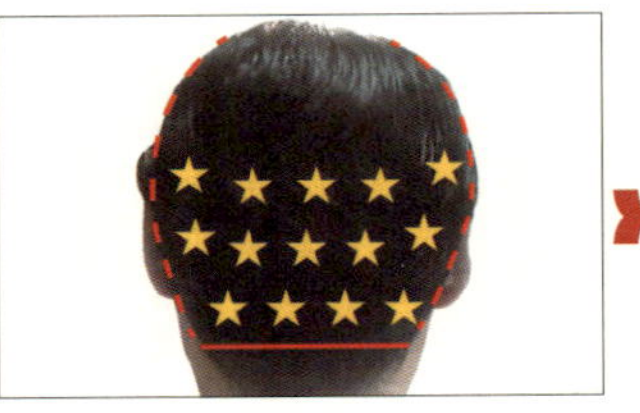

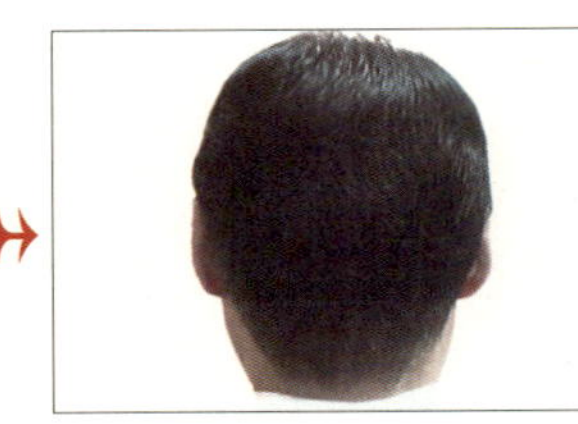

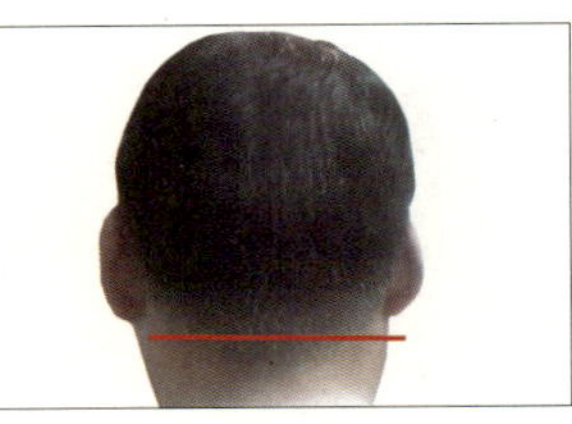

곱슬머리 스타일은 꼬여서 내려오는 모류를 뜻하는데 가라앉은 부분은 어두운 부분이고 튀어나온 부분은 밝은 부분이다. 튀어나온 부분을 숱(틴닝)처리하여 차분하게 가라앉은 모발과 같은 형태로 만들어준다.

옆사진과 비교를 해보면 별(☆)표의 부분이 위의 사진에서는 차분하게 모발이 내려오고 있다. 이렇게 모발을 단정하게 만들어 놓는게 먼저라고 누차 서술했다. 그리고 기장컷트를 하여 전체 모발을 고르게 만든다.

기장컷트를 한 후에 후두부 밑라인을 클리퍼 처리를 하고 측면부와 후두부의 라인을 시술하여 위의 사진처럼 스타일 시술의 완성이다.

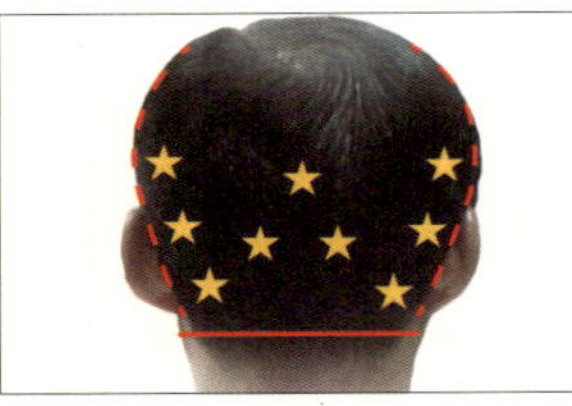

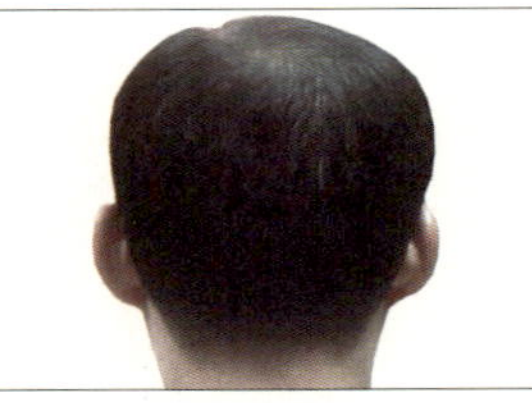

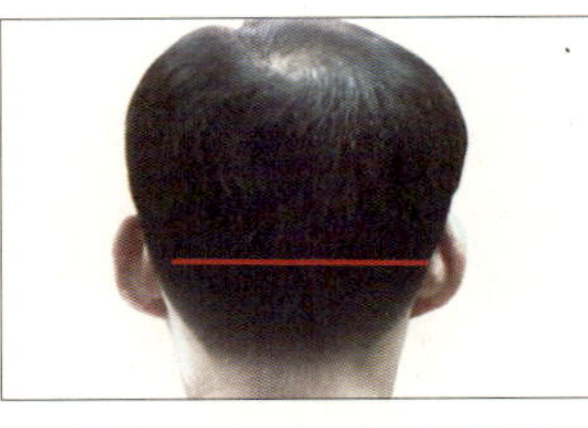

숱(틴닝)가위 처리하는 데 가장 중요한 곳은 귀위 부분일 것이다. 이곳은 숱(틴닝) 처리 하는데에 있어서 까다로운 곳이다. 그 이유는 귀가 돌출되어 있기 때문인데 귀를 손가락으로 내리는 것이 아니고 귀와 두피 사이로 숱(틴닝)가위가 사선으로 들어가서 시술한다.

옆사진과 비교를 해보면 별(☆)표의 부분이 위의 사진에서는 차분하게 모발이 내려오고 있다. 이렇게 모발을 단정하게 만들어 놓는게 먼저라고 누차 서술했다. 그리고 기장컷트를 하여 전체 모발을 고르게 만든다.

기장컷트를 한 후에 후두부 밑라인을 클리퍼 처리를 하고 측면부와 후두부의 라인을 시술하여 위의 사진처럼 스타일 시술의 완성이다.

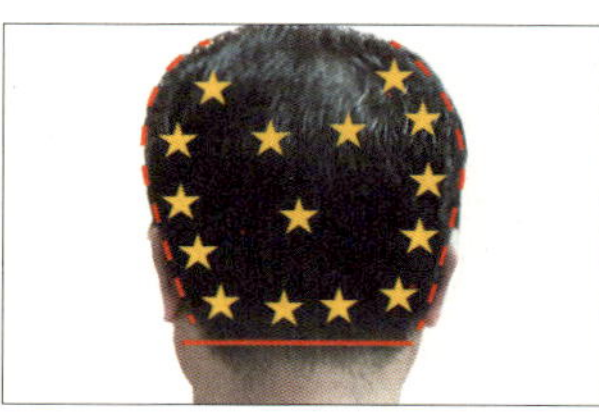

숱(틴닝)처리가 그리 어려운 것은 아니지만 모발을 볼 때 불필요한 모발과 필요한 모발을 구분할 줄 알아야 한다. 숱(틴닝)처리는 누구나 쉽게 할 수 있는 기술이지만 누구나 할 수 없는 기술이기도 하다. 단지 숱의 감소를 생각한다면 쉽고 모류를 잡으려 한다면 어려운 것이 또한 숱(틴닝)처리다.

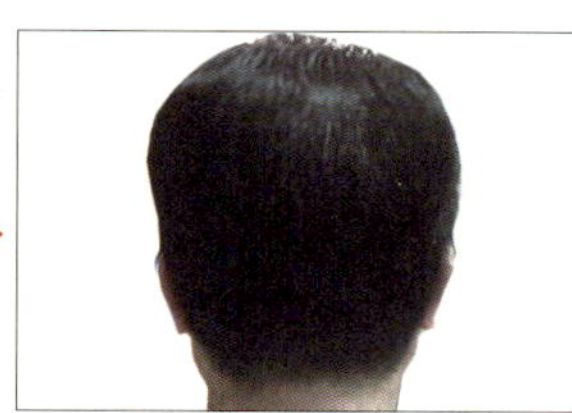

앞서 귀위의 숱(틴닝)처리가 제일 어렵다고 했다. 사진에서 보면 가위를 바로 잡기 해서 시술을 할 때에는 귀를 손가락으로 내리면서 빗이 귀뒤로 들어가서 빗몸을 두피에 붙여올리는 방법은 정말 숱을 잘라내는 것이고 귀뒤에 가위가 사선으로 들어가서 시술하는 것은 모류를 잡기 위함이다.

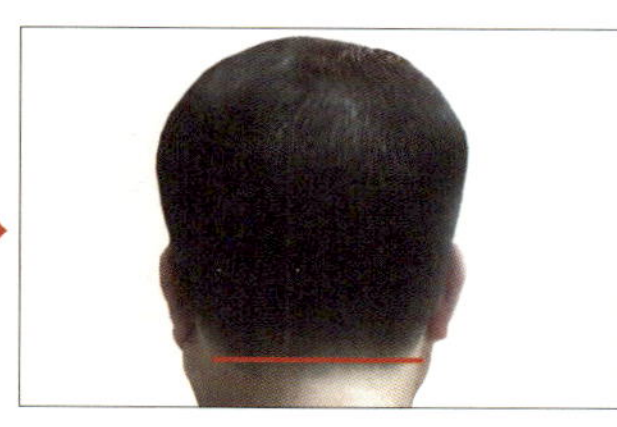

기장컷트를 한 후에 후두부 밑라인을 클리퍼 처리를 하고 측면부와 후두부의 라인을 시술하여 위의 사진처럼 스타일 시술의 완성이다.

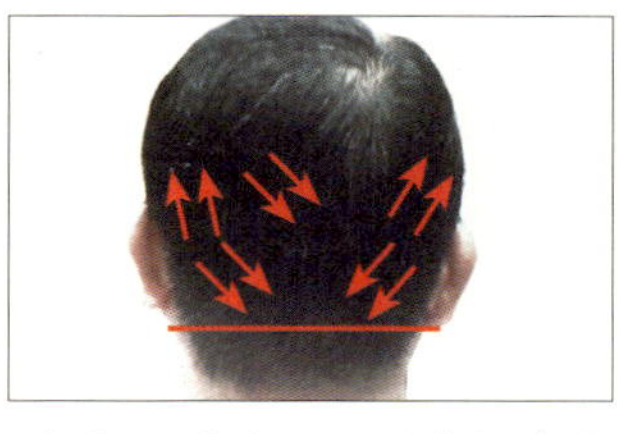

화살표 방향으로 숱(틴닝)가위를 사선으로 모발 사이로 넣어 모발을 절삭하며 밑으로 가위를 닫은채로 내린다. 모발의 엉킴, 뻗침, 튀어나옴 등 모류에 악영향을 주는 부분을 순행으로 만들기 위해서 숱(틴닝)가위로 순류로 만드는 기술이다.

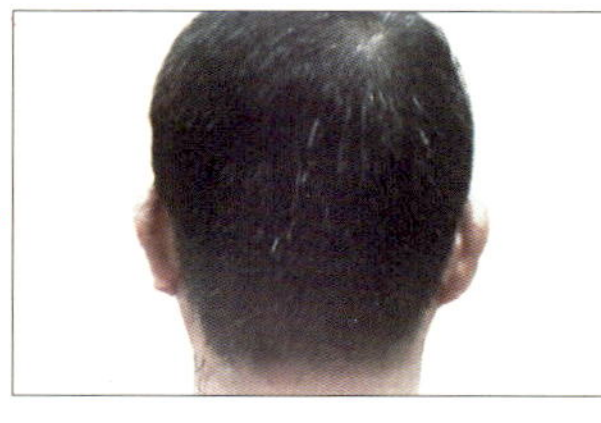

뻗치는 모발을 숱(틴닝)가위로 역행을 하게되면 모발이 더 들쳐일어나기 때문에 뻗치는 모발을 모류를 따라 순류해야 한다. 하지만 가라앉아 있는 모류는 역행을 하면 모발이 탄력을 받아서 모류가 살아나게 된다.

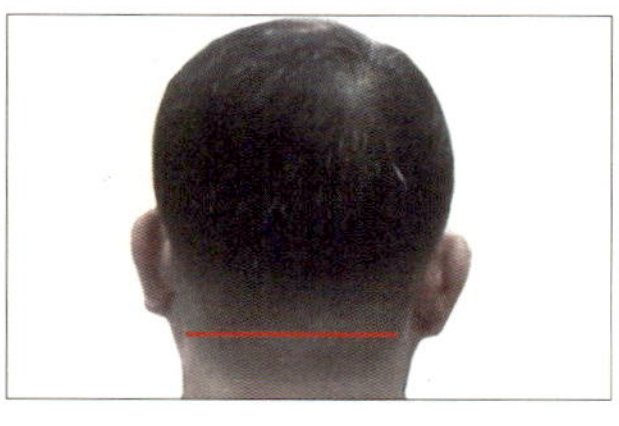

기장컷트를 한 후에 후두부 밑라인을 클리퍼 처리를 하고 측면부와 후두부의 라인을 시술하여 위의 사진처럼 스타일 시술의 완성이다.

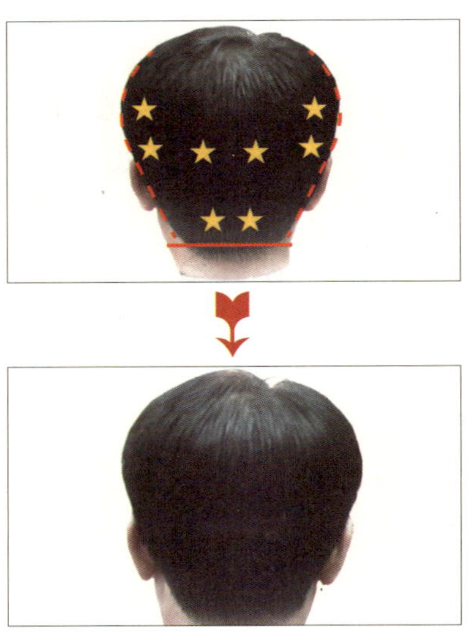

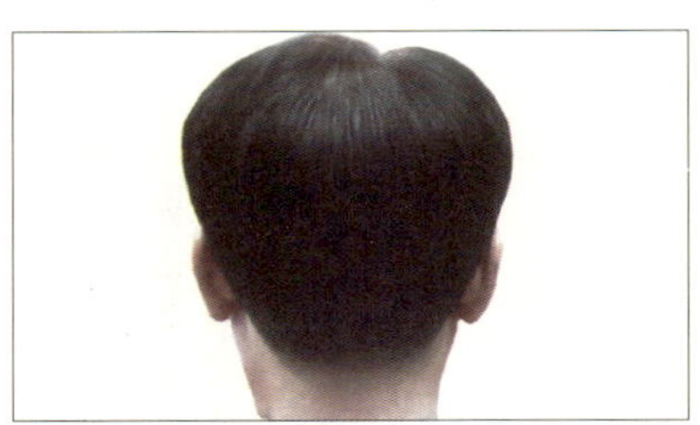

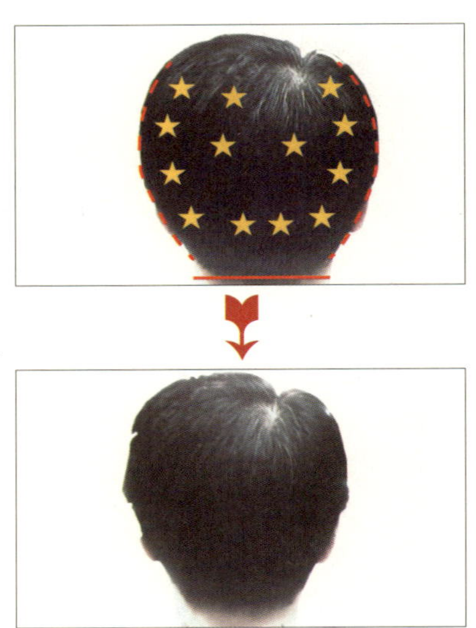

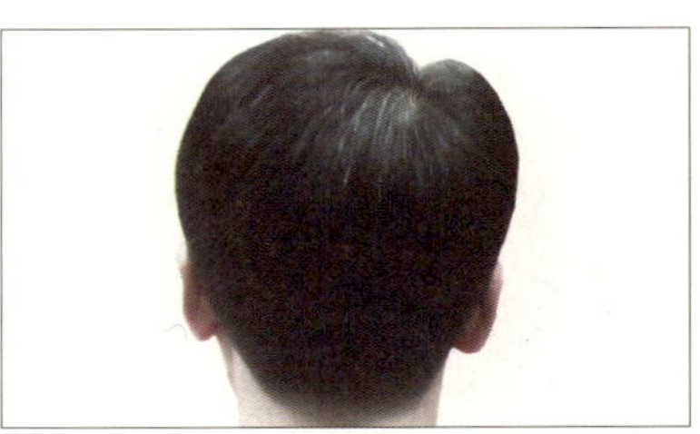

맨 위 사진의 별(☆)표의 부분을 숱(틴닝)가위로 정리하고 모발을 단정히 빗어내리면 중간의 사진처럼 자연스러움을 가지게 된다. 귀뒤의 부분은 꼭 화살표대로 숱(틴닝)가위가 사선으로 들어가서 모발의 무거움을 감소하며 모류를 자연스럽게 내려주면서 클리퍼 시술과 마무리를 지으면 된다.

맨 위 사진의 별(☆)표의 부분을 숱(틴닝)가위로 정리를 하고 모발을 단정히 빗어내리면 중간의 사진처럼 자연스러움을 가지게 된다. 귀뒤의 부분은 꼭 화살표대로 숱(틴닝)가위가 사선으로 들어가서 모발의 무거움을 감소하며 모류를 자연스럽게 내려주면서 클리퍼 시술과 마무리를 지으면 된다.

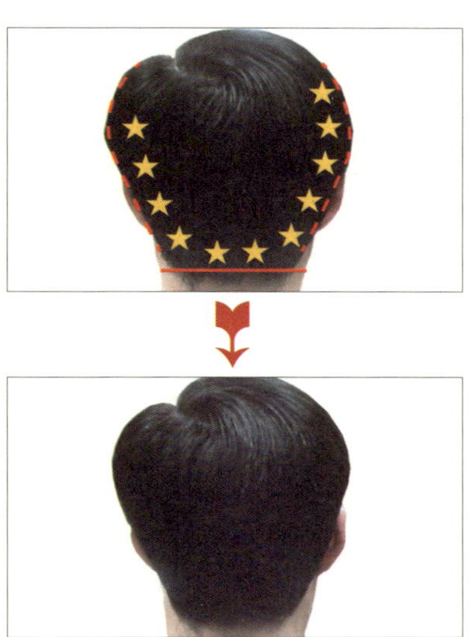

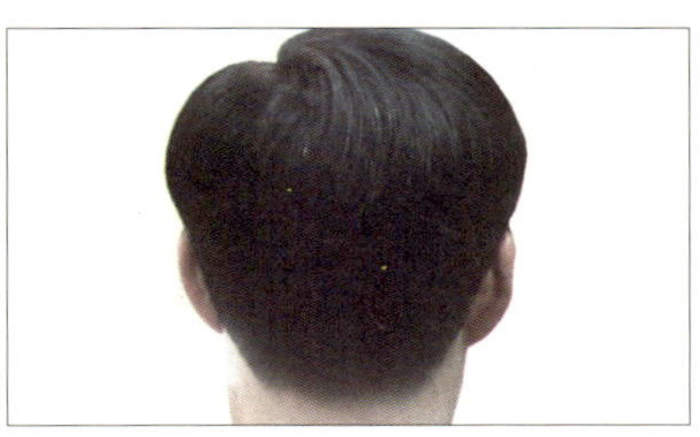

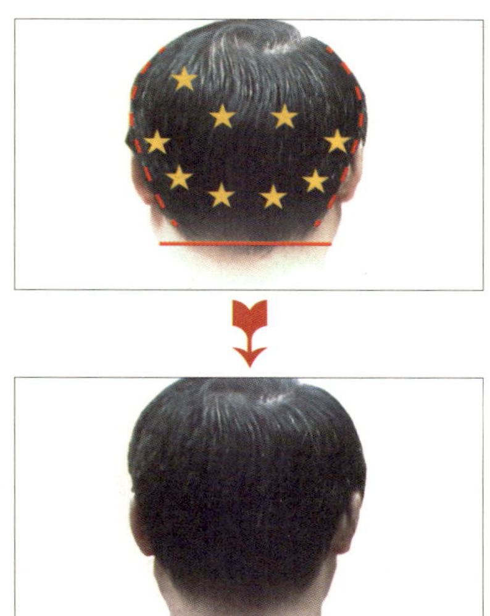

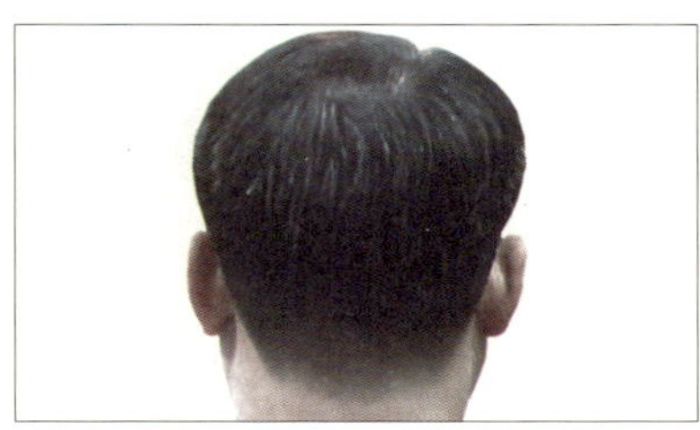

맨 위 사진의 별(☆)표의 부분을 숱(티닝)가위로 정리를 하고 모발을 단정히 빗어내리면 중간의 사진처럼 자연스러움을 가지게 된다. 귀 뒤의 부분은 꼭 화살표대로 숱(티닝)가위가 사선으로 들어가서 모발의 무거움을 감소하며 모류를 자연스럽게 내려주면서 클리퍼 시술과 마무리를 지으면 된다.

맨 위 사진의 별(☆)표의 부분을 숱(티닝)가위로 정리를 하고 모발을 단정히 빗어내리면 중간의 사진처럼 자연스러움을 가지게 된다. 귀 뒤의 부분은 꼭 화살표대로 숱(티닝)가위가 사선으로 들어가서 모발의 무거움을 감소하며 모류를 자연스럽게 내려주면서 클리퍼 시술과 마무리를 지으면 된다.

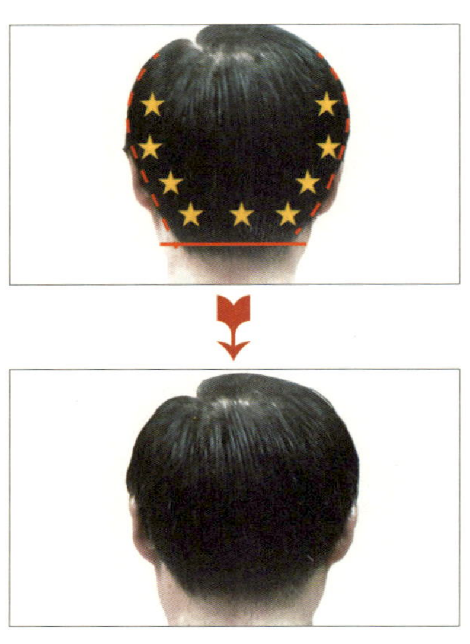

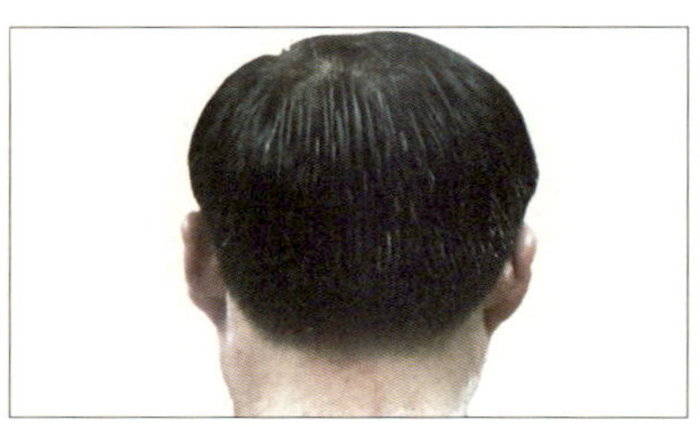

맨 위 사진의 별(☆)표의 부분을 숱
(틴닝)가위로 정리를 하고 모발을
단정히 빗어내리면 중간의 사진처
럼 자연스러움을 가지게 된다. 귀
뒤의 부분은 꼭 화살표대로 숱(틴
닝)가위가 사선으로 들어가서 모발
의 무거움을 감소하며 모류를 자연
스럽게 내려주면서 클리퍼 시술과
마무리를 지으면 된다.

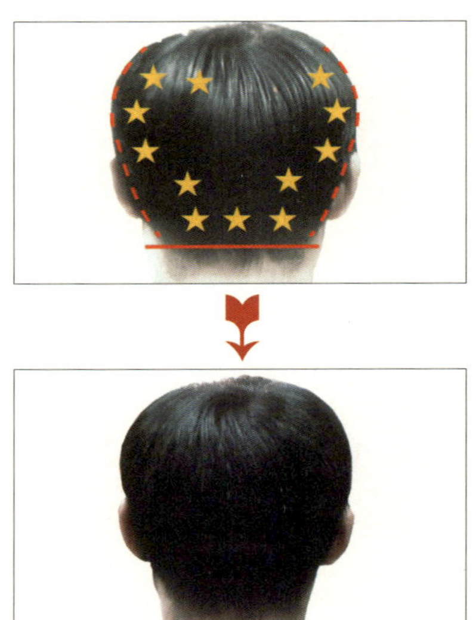

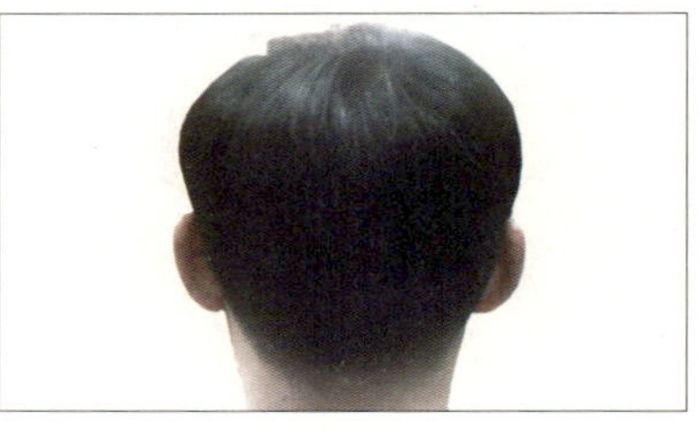

맨 위 사진의 별(☆)표의 부분을 숱
(틴닝)가위로 정리를 하고 모발을
단정히 빗어내리면 중간의 사진처
럼 자연스러움을 가지게 된다. 귀
뒤의 부분은 꼭 화살표대로 숱(틴
닝)가위가 사선으로 들어가서 모발
의 무거움을 감소하며 모류를 자연
스럽게 내려주면서 클리퍼 시술과
마무리를 지으면 된다.

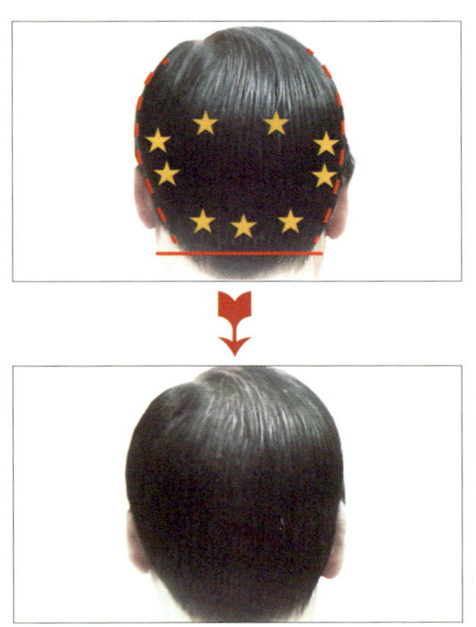

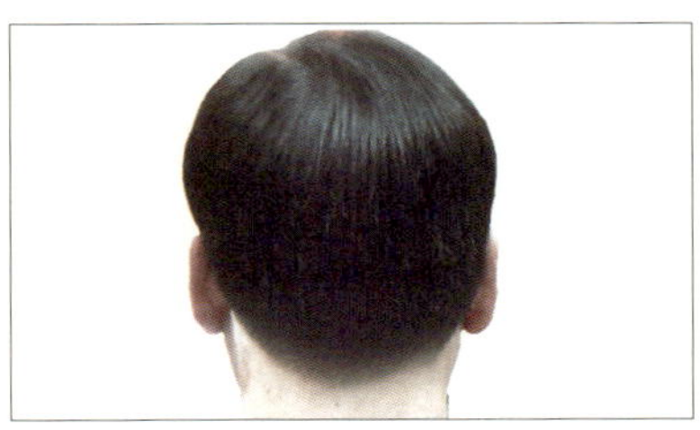

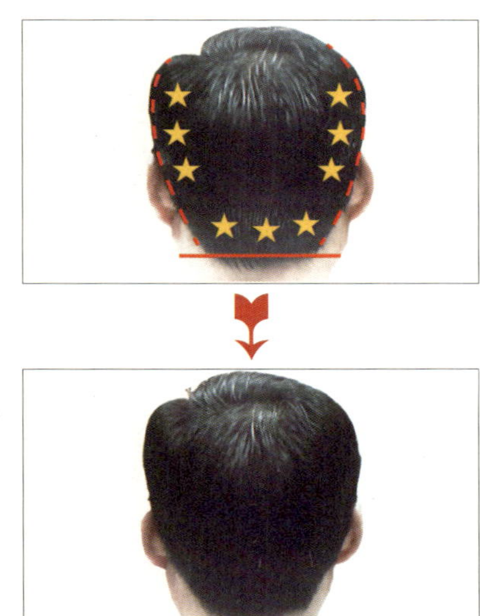

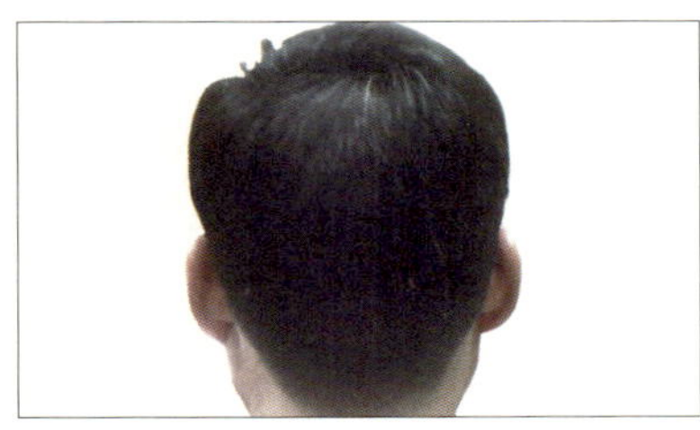

맨 위 사진의 별(☆)표의 부분을 숱(틴닝)가위로 정리를 하고 모발을 단정히 빗어내리면 중간의 사진처럼 자연스러움을 가지게 된다. 귀 뒤의 부분은 꼭 화살표대로 숱(틴닝)가위가 사선으로 들어가서 모발의 무거움을 감소하며 모류를 자연스럽게 내려주면서 클리퍼 시술과 마무리를 지으면 된다.

맨 위 사진의 별(☆)표의 부분을 숱(틴닝)가위로 정리를 하고 모발을 단정히 빗어내리면 중간의 사진처럼 자연스러움을 가지게 된다. 귀 뒤의 부분은 꼭 화살표대로 숱(틴닝)가위가 사선으로 들어가서 모발의 무거움을 감소하며 모류를 자연스럽게 내려주면서 클리퍼 시술과 마무리를 지으면 된다.

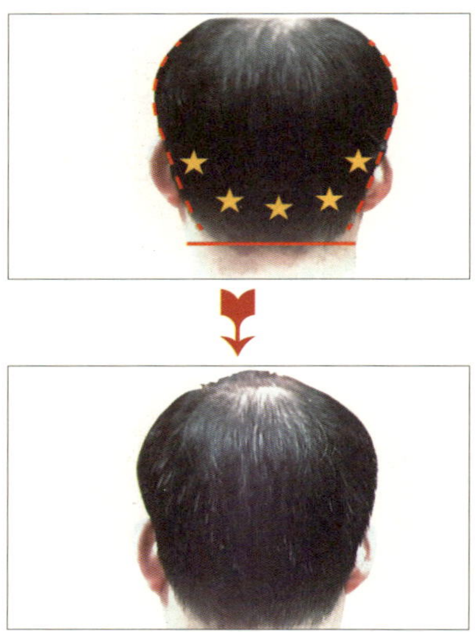

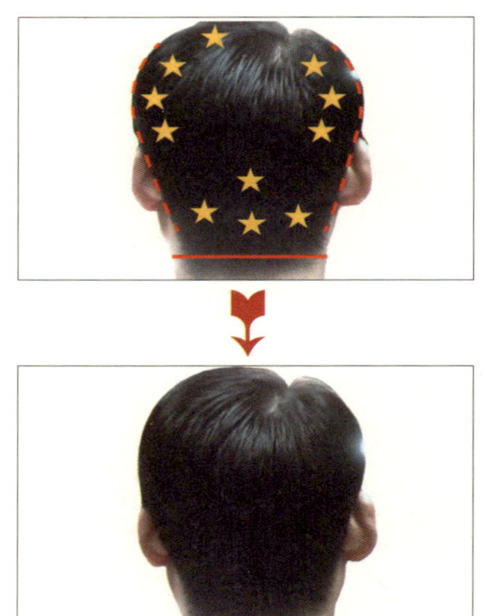

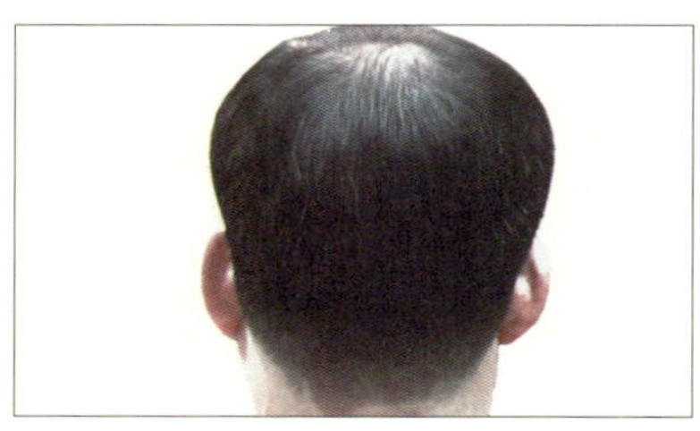

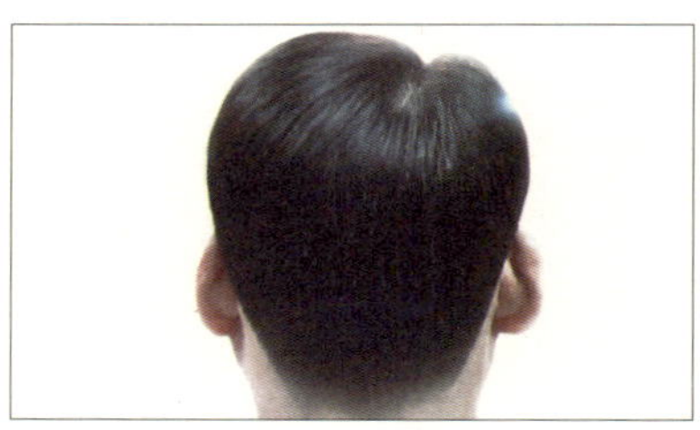

맨 위 사진의 별(☆)표의 부분을 숱 (틴닝)가위로 정리를 하고 모발을 단정히 빗어내리면 중간의 사진처 럼 자연스러움을 가지게 된다. 귀 뒤의 부분은 꼭 화살표대로 숱(틴 닝)가위가 사선으로 들어가서 모발 의 무거움을 감소하며 모류를 자연 스럽게 내려주면서 클리퍼 시술과 마무리를 지으면 된다.

맨 위 사진의 별(☆)표의 부분을 숱 (틴닝)가위로 정리를 하고 모발을 단정히 빗어내리면 중간의 사진처 럼 자연스러움을 가지게 된다. 귀 뒤의 부분은 꼭 화살표대로 숱(틴 닝)가위가 사선으로 들어가서 모발 의 무거움을 감소하며 모류를 자연 스럽게 내려주면서 클리퍼 시술과 마무리를 지으면 된다.

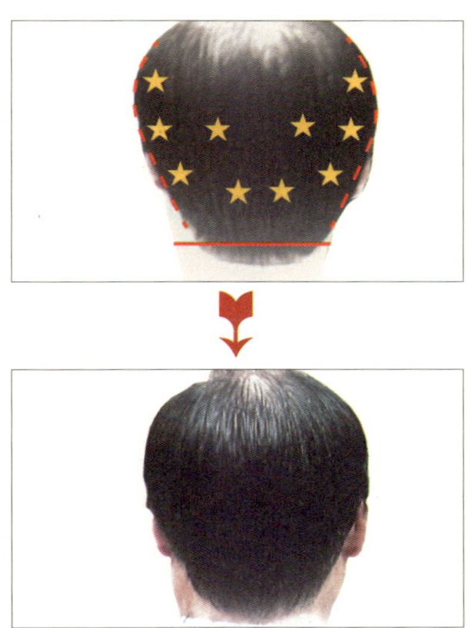

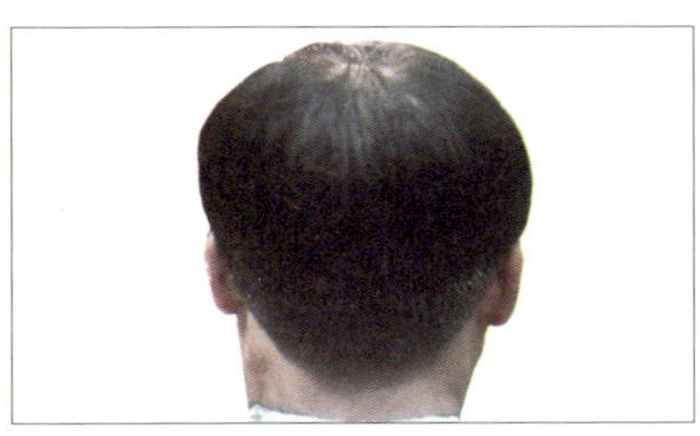

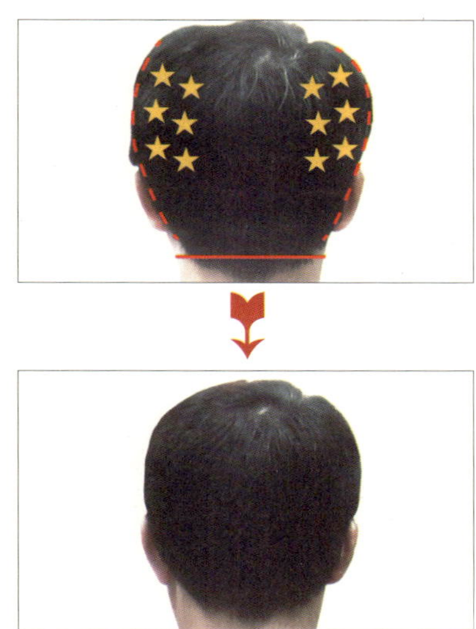

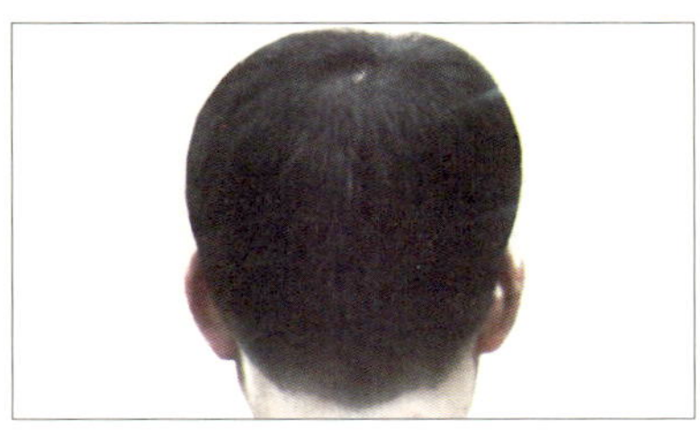

맨 위 사진의 별(☆)표의 부분을 숱 (틴닝)가위로 정리를 하고 모발을 단정히 빗어내리면 중간의 사진처럼 자연스러움을 가지게 된다. 귀 뒤의 부분은 꼭 화살표대로 숱(틴닝)가위가 사선으로 들어가서 모발의 무거움을 감소하며 모류를 자연스럽게 내려주면서 클리퍼 시술과 마무리를 지으면 된다.

맨 위 사진의 별(☆)표의 부분을 숱 (틴닝)가위로 정리를 하고 모발을 단정히 빗어내리면 중간의 사진처럼 자연스러움을 가지게 된다. 귀 뒤의 부분은 꼭 화살표대로 숱(틴닝)가위가 사선으로 들어가서 모발의 무거움을 감소하며 모류를 자연스럽게 내려주면서 클리퍼 시술과 마무리를 지으면 된다.

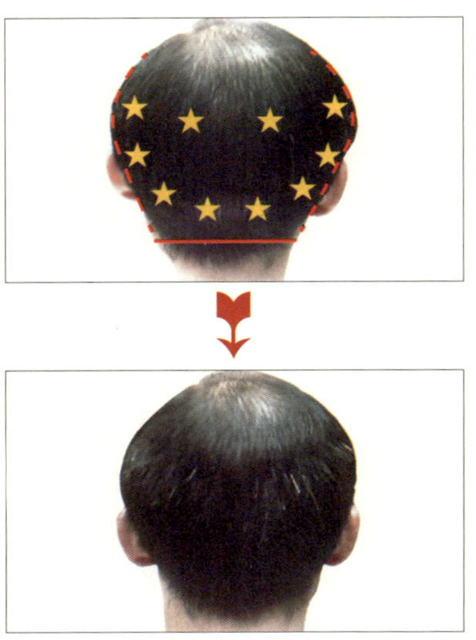

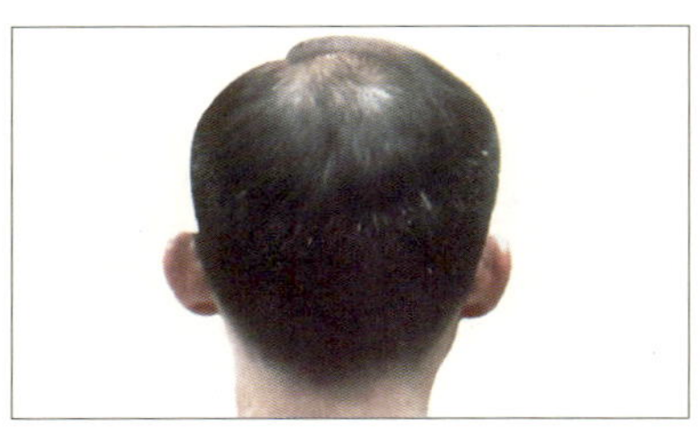

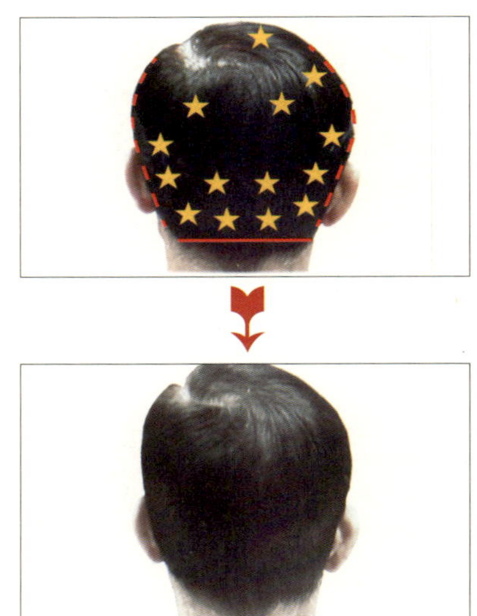

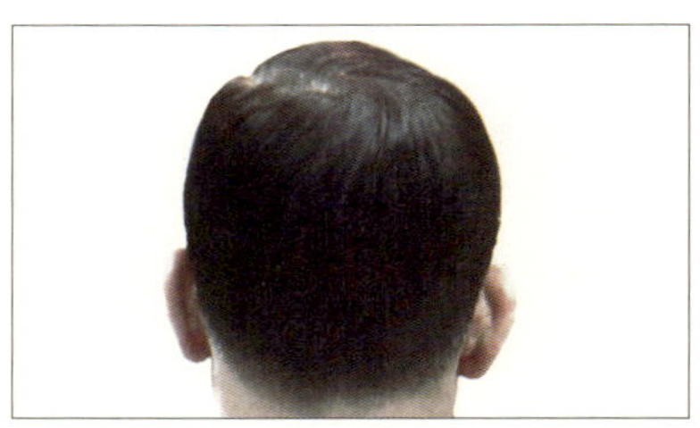

맨 위 사진의 별(☆)표의 부분을 숱(틴닝)가위로 정리를 하고 모발을 단정히 빗어내리면 중간의 사진처럼 자연스러움을 가지게 된다. 귀 뒤의 부분은 꼭 화살표대로 숱(틴닝)가위가 사선으로 들어가서 모발의 무거움을 감소하며 모류를 자연스럽게 내려주면서 클리퍼 시술과 마무리를 지으면 된다.

맨 위 사진의 별(☆)표의 부분을 숱(틴닝)가위로 정리를 하고 모발을 단정히 빗어내리면 중간의 사진처럼 자연스러움을 가지게 된다. 귀 뒤의 부분은 꼭 화살표대로 숱(틴닝)가위가 사선으로 들어가서 모발의 무거움을 감소하며 모류를 자연스럽게 내려주면서 클리퍼 시술과 마무리를 지으면 된다.

트랜드 컷트

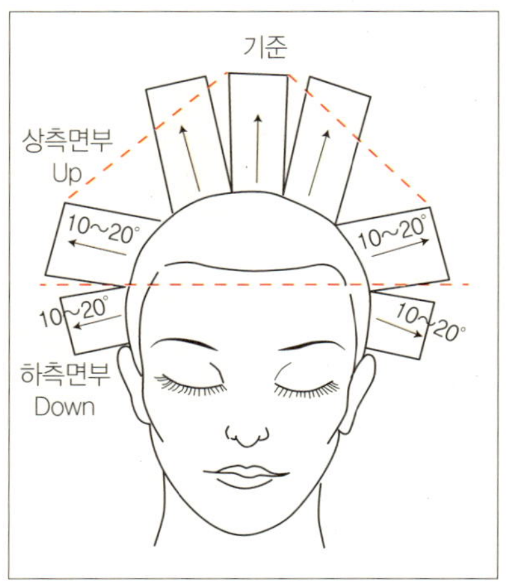

4WAY 컷트의 각도를 정확히 인식해야 하며 각도의 적정성이 유지되지 않으면 모발 단면에 층이 생긴다. 이렇게 되면 정리하는데 어려움이 생긴다. 문제를 만들어놓고 가기보다는 문제를 만들지 않는 것이 맞다. 두정부의 방식은 베이직과 같다.

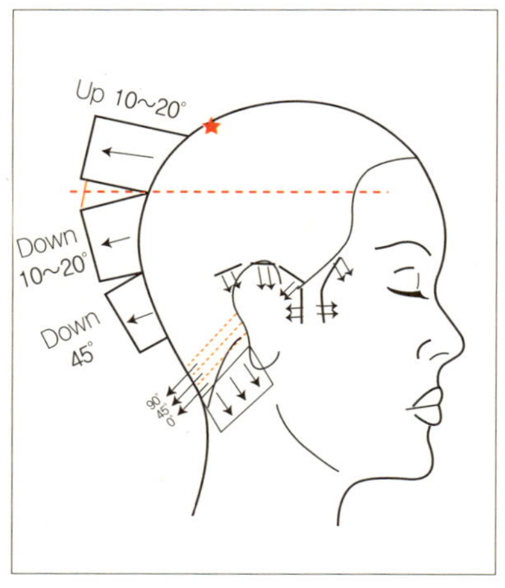

후두부의 상후두부 지역은 1~20° 정도 올려서 두정부에서 연결되어온 모발 길이에 맞추어 절삭하여야 하며 중후두부 지역은 4WAY 컷트에서 아래 부분을 담당하기에 어느 정도 내려오게 하고 상후두부에서 내려오는 모발 길이에 맞추어 절삭해준다. 전체의 모발 길이가 길 때에는 한 번 더 하후두부 부분을 절삭해 준다.

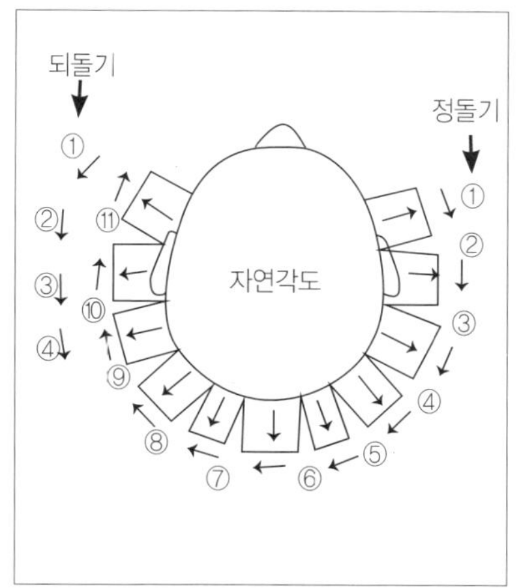

우측면부에서 후두부를 지나 좌측면부까지 흘러
가는 모양새인데 4WAY 컷트 각도에서 두피의 자
연각 180°에서 9°를 이루어 절삭하여야 하며 끊어
짐이 만들어지게 잘리지 말고 자연스러움을 연출해
야 한다. 우측을 시작해서 오다 좌측 앞에서 컷트가
끝나지만 좌우의 길이 편향이 있어 되돌아나오는데
귀 뒤에서 끝난다.

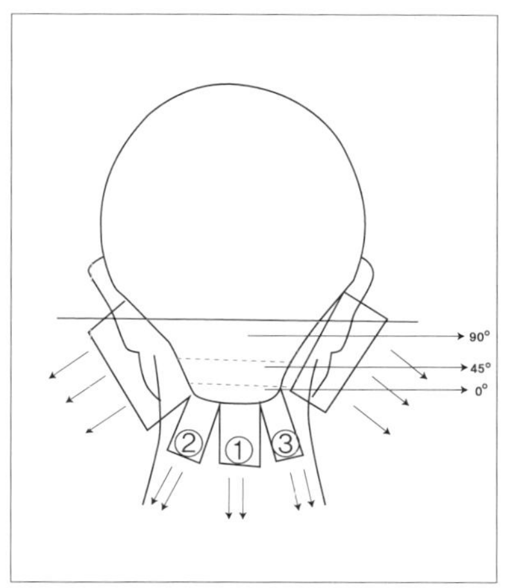

목 부분인 네이프 지역을 1번 시작으로 우측으로
갈 것인지 좌측으로 갈 것인지를 정한 후 컷트 시술
이 자연스러움과 모발 형태의 자연스러움이 있어야
하며 두정부와 측면부의 모발 길이는 절삭하였기에
마지막 정리 작업인 밑머리 작업을 한다. 모발이 자
라난 모양으로 1은 0°, 2는 45°, 3은 90°의 모양으로
절삭하며 상위의 모발 길이에 맞추어 시술한다.

트랜드 컷트
스타일

두정부(천정부) 기준부위 기장컷트 해설

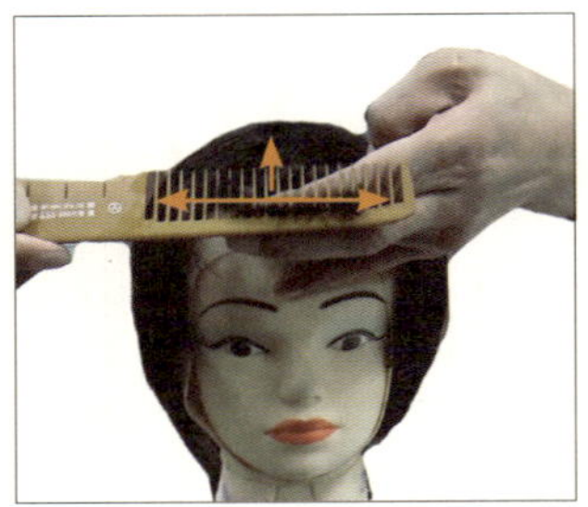  

기장 컷트는 그렇게 큰 변화가 만들어지진 않는다. 단 컷트 방식에서 변화가 오는데 단정한 다자인을 원하는 고객한테는 블런트 컷트 방식을, 스타일을 원하는 고객에게는 포인트 컷트 방식을 추천한다. 헤어스타일을 만들 때 손님의 의중을 알고 시술을 하여야 한다는 것을 명심하자.

좌측의 사진에서 보면 앞머리는 4WAY 컷트에서 90°의 각도로 모발을 잡아내서 포인트 컷트를 하여 준다. 이 부분의 기준이 상당히 중요하다. 전체의 균형을 맞추려면 이 부분부터 가마 전까지의 절삭을 확실히 하여주어야만 전체의 균형이나 조경이 이루어지게 된다.

두정부의 모발을 절삭할 때는 기준을 먼저 잘 세워야 다른 곳의 모발도 같이 자를 수 있다.

포인트 컷트를 할 때에는 손목을 꺽어서 하기 보다 사진처럼 바르게 세워 잡기를 한 상태로 가위의 정날은 왼손 검지손가락에 걸쳐서 연결하듯이 절삭을 하면 편안하고 안전하게 시술을 할 수 있다.

포인트 컷트를 하여줄 때에는 모발을 힘으로 자르는 것이 아니고 가위의 그립감과 날의 물림으로 잘라야 하는데 가끔은 그런 모습을 보기가 어렵다. 사진처럼 가위의 정날을 왼손 검지 위에 걸치고 화살표방향으로 나가면서 한번에 절삭하면서 균형을 맞추어 준다.

자세의 완성과 가위연속성이 이루어지면 절삭은 당연히 쉽다. 하지만 이것이 이루어지지 못하면 모발의 자연스러움을 찾을 수 없고, 시술을 하는 모습이 불편해진다.

앞머리에서 가발까지 못 잘려도 5번, 평균 6~7번 정도 기준브위를 절삭하면 사진처럼 가마 바로 앞까지 가게 되는데, 이때에는 가마 밑으로 내려가지 말고 가마 바로 앞에서 끝내야 한다. 두정부의 모발은 두정부에서 측면부의 모발은 측면부에서 절삭하는 것이 맞다. 모발을 절삭할 때에는 안전함과 편안함을 찾아야 한다.

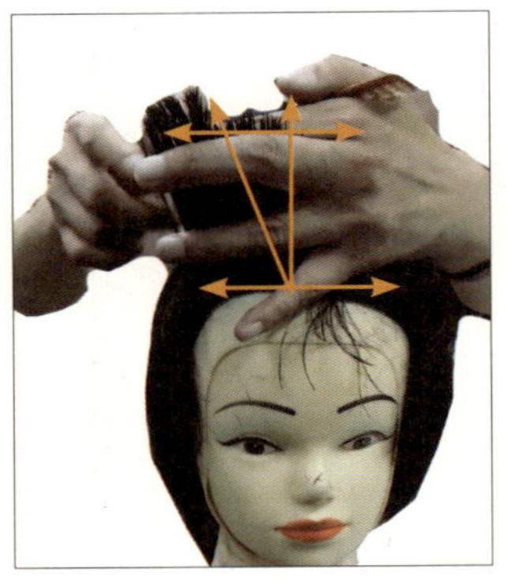

위의 사진에서 보면 앞머리는 4WAY 컷트에서 90°의 각도로 모발을 잡아내서 포인트 컷트를 하여주는데 사진처럼 모발을 우측으로 10~20° 정도 당겨내어 절삭하여야 하고 손가락의 각도도 10~20° 정도 내려서 절삭하여야 하며 중앙쪽에 있는 잘려진 모발 길이에 맞추어 모발을 연결해서 절삭한다.

모발을 절삭하는데 있어서 언제나 놓치지 말아야 할 것은 전체의 균형미를 보는 안목이라 하겠다. 그냥 데코에만 의지를 하는 사람은 기술자라는 의미를 가지지 못한다는 것을 명심하길 바란다. 이렇게 가마 전까지 시술을 하고나면 앞서도 서술하였지만 뜨는 현상이 생기지 않는다.

앞머리부분의 모발을 절삭하고 나면 기준부위의 모발 길이에 맞추어 같이 절삭을 하면서 가마 앞까지 하고나면 모발의 흐름이 부드러워지게 된다. 그런 흐름이 만들어져야 뜨는 현상이 생기지 않고 자연스러움을 연출할 수 있다. 현재는 스타일만 만들고 데코에만 연출을 의지하려는 경향이 너무 짙다.

두정부(천정부) 좌측눈위 기장컷트 해설

위의 사진에서 보면 앞머리는 4WAY 컷트에서 90°의 각도로 모발을 잡아내서 포인트 컷트를 하여주는데, 사진처럼 모발을 좌측으로 10~20° 정도 당겨내어 절삭하여야 하고 손가락의 각도도 10~20° 정도 내려서 절삭하여야 하며 중앙쪽에 있는 잘려진 모발 길이에 맞추어 모발을 연결해서 절삭한다.

앞머리부분의 모발을 절삭하고 나면 기준부위의 모발 길이에 맞추어 같이 절삭을 하면서 가마 앞까지 하고나면 모발의 흐름이 부드러워지게 된다. 그런 흐름이 만들어져야 뜨는 현상이 생기지 않고 자연스러움을 연출할 수 있다. 현재는 스타일만 만들고 데코에만 연출을 의지하려는 경향이 너무 짙다.

모발을 절삭하는데 있어서 언제나 놓치지 말아야 할 것은 전체의 균형미를 보는 안목이라 하겠다. 그냥 데코에만 의지를 하는 사람은 기술자라는 의미를 가지지 못한다는 것을 명심하길 바란다. 이렇게 가마 앞까지 시술을 하고나면 앞서도 서술하였지만 뜨는 현상이 생기지 않는다.

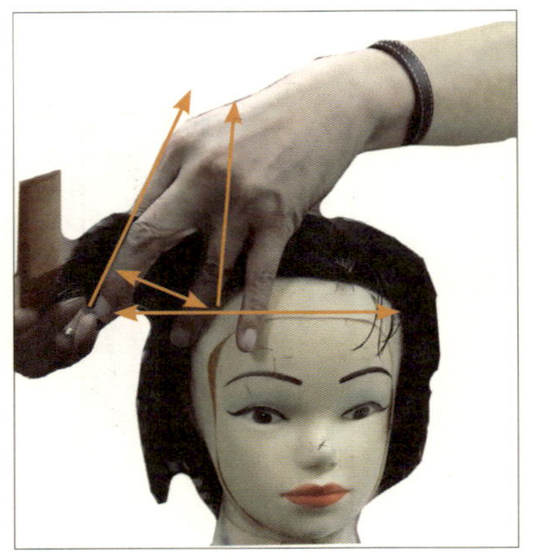

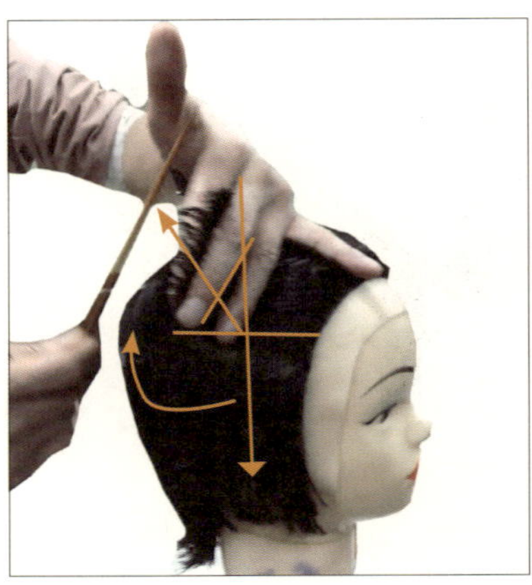

위의 사진에서 보면 상측면부는 4WAY 컷트에서 90°의 각도로 모발을 잡아내야 하지만 모발을 뿌리에서부터 깨끗이 잡아내면서 10~20° 정도 올려잡아내면서 포인트 컷트를 하여 준다. 우측 눈 위 부분에 있는 잘려진 모발 길이에 맞추어 모발을 연결해서 절삭한다. 모발을 절삭하는 데에 있어서 정확한 각도에서 모발을 깨끗이 잡아내서 잘라야만 모발이 자연스러운 형태를 유지하게 된다.

4WAY 컷트는 전체 모양에서 360°를 만드는 것이 아니라고 4WAY컷트 이론에서 풀었다. 자르고자 하는 곳에서 컷트를 구사할 줄 알아야만 컷트의 완결성을 찾을 수 있다. 모발이 제대로 세웠는지 손가락이 제대로 연출이 되어 있는지를 보고 자를 줄 알아야 할 것이다. 그러면서 사진의 화살표처럼 후두부로 물 흐르듯이 자연스럽게 절삭하며 돌아간다.

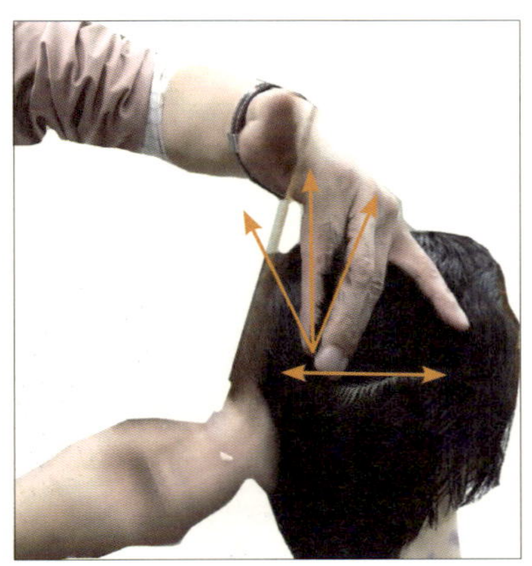

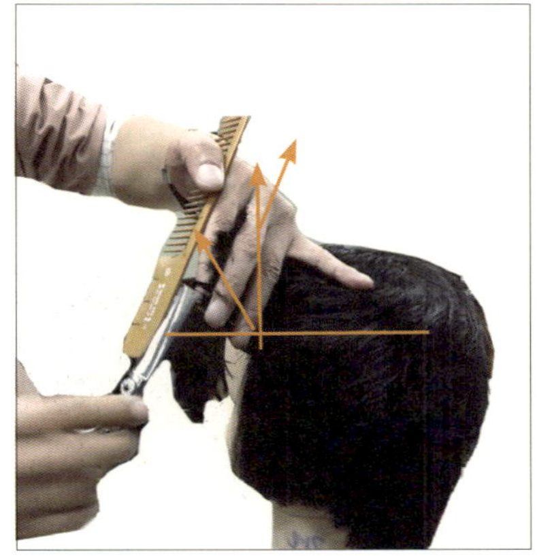

위의 사진에서 보면 상후두부는 4WAY 컷트에서 90°의 각도로 모발을 잡아내야 하지만 모발을 뿌리부터 깨끗이 잡아내면서 10~20° 정도 올려잡아내면서 포인트 컷트를 하여 준다. 가마부분의 모발이 흘러내리는 위부분에 있는 잘려진 모발 길이에 맞추어 모발을 연결해서 절삭한다. 모발을 절삭할 때 정확한 각도에서 모발을 깨끗이 잡아내서 잘라야만 모발이 자연스러운 형태를 유지한다.

4WAY 컷트는 전체 모양에서 360°를 만드는 것이 아니라고 4WAY컷트 이론에서 풀었다. 자르고자 하는 곳에서 컷트를 구사할 줄 알아야만 컷트의 완결성을 찾을 수 있다. 모발이 제대로 세웠는지 손가락이 제대로 연출이 되어 있는지를 보고 자를 줄 알아야 할 것이다. 그러면서 상좌측면부로 눈앞까지 물 흐르듯이 자연스럽게 절삭하며 돌아간다.

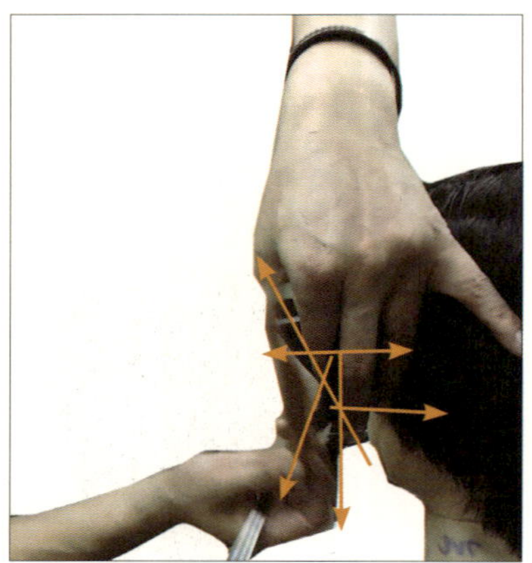

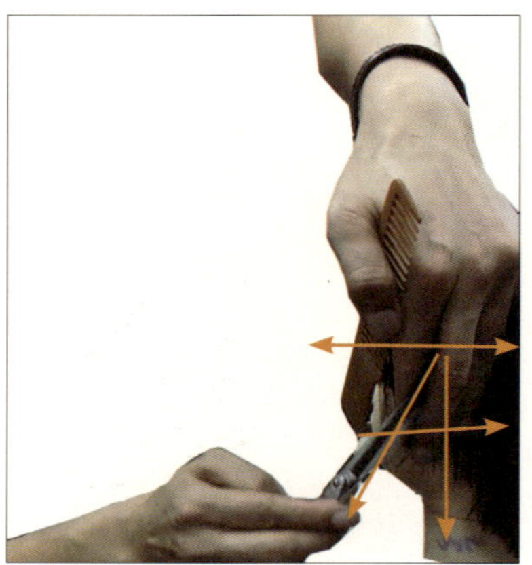

위의 사진에서 보면 상좌측면부는 4WAY 컷트에서 90°의 각도로 모발을 잡아내야 하지만 모발을 뿌리에서부터 깨끗이 잡아내면서 10~20° 정도 내려잡으면서 포인트 컷트를 하여 준다. 상 좌측면부마지막 부분에 있는 잘려진 모발 길이에 맞추어 모발을 연결해서 절삭한다. 이때 우측에서 계속 모발을 절삭하여 같은 방식으로 나가는 것보다 사진처럼 빗을 밀듯이 하며 모발을 바로 세우고 깨끗하게 절삭하여 준다.

4WAY 컷트는 전체의 모양에서 360°를 만드는 것이 아니라고 4WAY컷트 이론에서 풀었다. 자르고자 하는 곳에서 컷트를 구사할 줄 알아야만 컷트의 완결성을 찾을 수 있다. 모발이 제대로 세웠는지 손가락이 제대로 연출이 되어 있는지 보고 자를 줄 알아야 할 것이다. 그러면서 사진의 화살표처럼 좌측면부에서 후두부로 물 흐르듯이 자연스럽게 절삭하며 귀 뒤까지만 돌아간다.

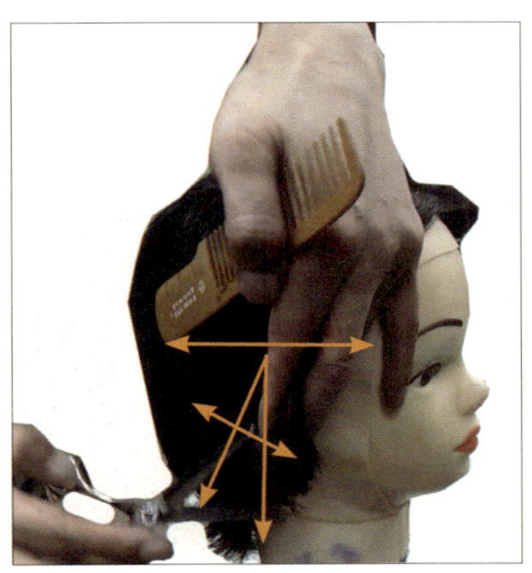

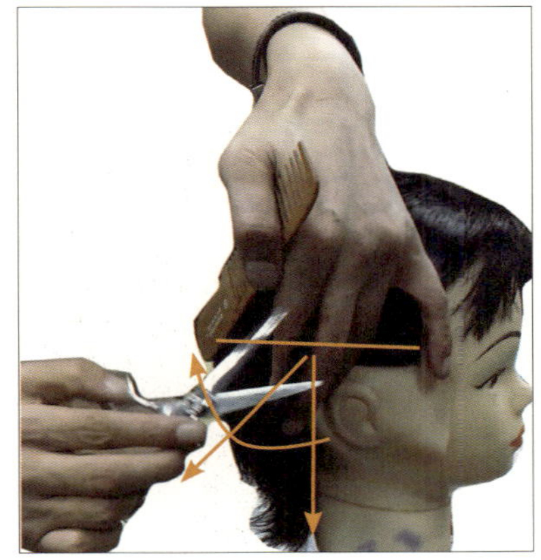

위의 사진에서 보면 하측면부는 4WAY 컷트에서 90°의 각도로 모발을 잡아내야 하지만 모발을 뿌리부터 깨끗이 잡아내면서 10~20°정도 내려 모발을 잡아내면서 포인트 컷트를 하여 준다. 상우측면부 길이 마지막 부분에 있는 잘려진 모발길이에 맞추어 모발을 연결해서 절삭한다. 모발을 절삭하는데 있어서 정확한 각도에서 모발을 깨끗이 잡아내서 잘려야만 모발이 부드러움이 만들어지고 자라나면서 자연스러운 형태를 유지하게 된다.

4WAY 컷트는 전체의 모양에서 360°를 만드는 것이 아니라고 4WAY컷트 이론에서 풀었다. 자르고자 하는 곳에 컷트를 구사할 줄 알아야만 컷트의 완결성을 찾을 수 있다.

모발이 제대로 누웠는지 손가락이 제대로 연출이 되어있는지를 보고 자를 줄 알아야 할 것이다. 그러면서 사진의 화살표처럼 후두부로 물 흐르듯이 자연스럽게 절삭하며 돌아간다.

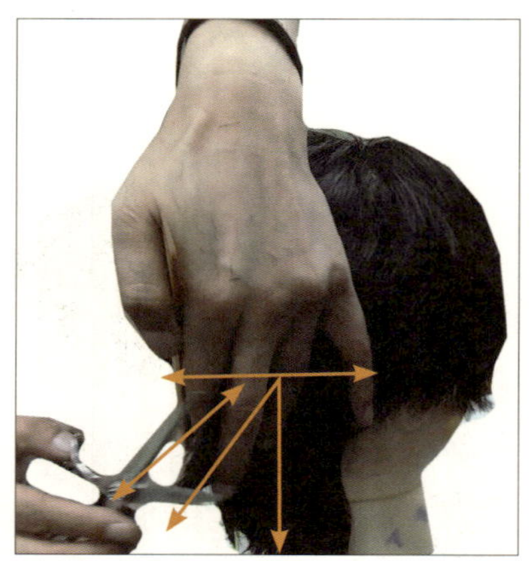

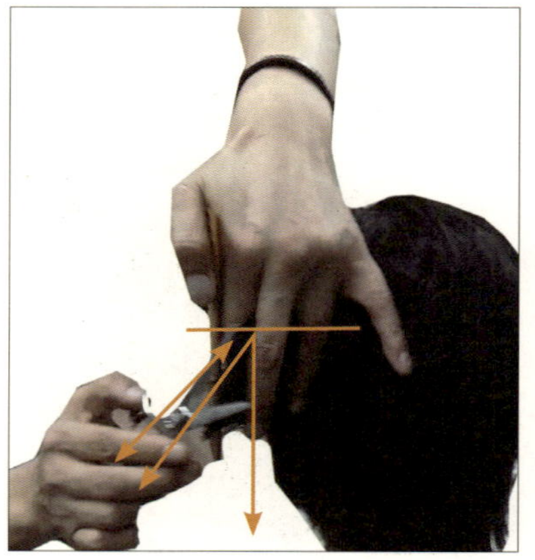

위의 사진에서 보면 하후두부는 4WAY 컷트에서 90°의 각도로 모발을 잡아내야 하지만 모발을 뿌리에서부터 깨끗이 잡아내면서 10~20°정도 올려잡아내면서 포인트 컷트를 하여 준다. 상 후두부 부분의 모발이 흘러내리는 위 부분에 있는 잘려진 모발 길이에 맞추어 모발을 연결해서 절삭한다. 모발을 절삭하는데 있어서 정확한 각도에서 모발을 깨끗이 잡아내서 잘려야만 모발이 부드럽게 만들어지고 자라나면서 자연스러운 형태를 유지하게 된다.

4WAY 컷트는 전체의 모양에서 360°를 만드는 것이 아니라고 4WAY컷트 이론에서 풀었다. 자르고자 하는 곳에서 컷트를 구사할 줄 알아야만 컷트의 완결성을 찾을 수 있다.

모발이 제대로 누웠는지 손가락이 제대로 연출이 되어있는지를 보고 자를 줄 알아야 한다. 그러면서 하 좌측면부 눈앞까지 물 흐르듯이 자연스럽게 절삭하며 돌아간다.

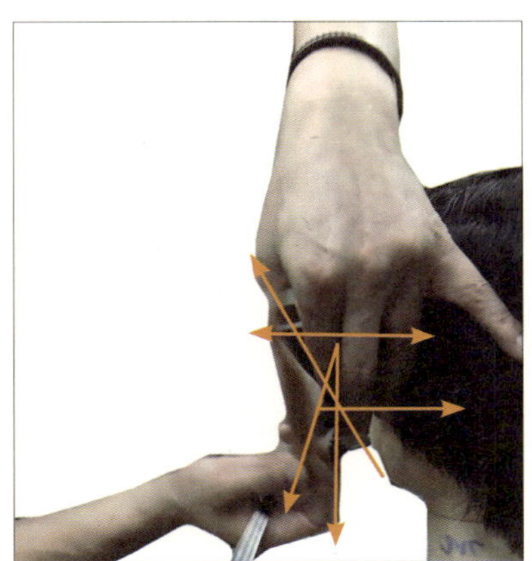

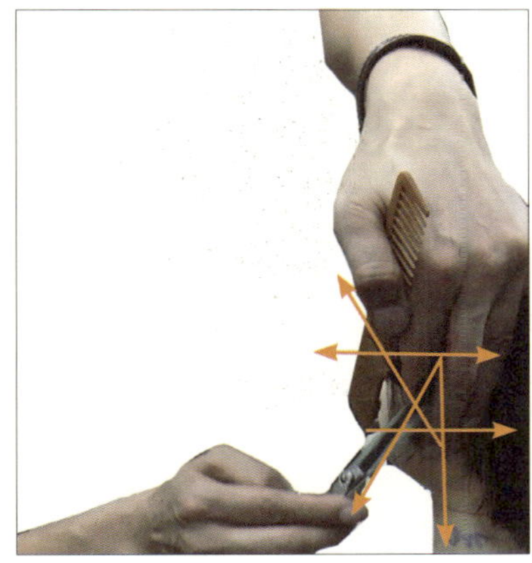

위의 사진에서 보면 하좌측면부는 4WAY 컷트에서 90°의 각도로 모발을 잡아내야 하지만 모발을 뿌리에서부터 깨끗이 잡아내면서 10~20° 정도 내려잡으면서 포인트 컷트를 하여 준다. 상 좌측면부 마지막 부분에 있는 잘려진 모발 길이에 맞추어 모발을 연결해서 절삭한다. 이때에는 우측에서 계속 모발을 절삭하며 왔기에 같은 방식으로 나가는 것보다는 사진처럼 빗을 밀듯이 하며 모발을 바로 세우고 깨끗하게 절삭하여 준다.

4WAY 컷트는 전체의 모양에서 360°를 만드는 것이 아니라고 4WAY컷트 이론에서 풀었다. 자르고자 하는 곳에서 컷트를 구사할 줄 알아야만 컷트의 완결성을 찾을 수 있다. 모발이 제대로 세웠는지 손가락이 제대로 연출이 되어있는지를 보고 자를 줄 알아야 할 것이다. 그러면서 사진의 화살표처럼 하 좌측면부에서 후두부로 물 흐르듯이 자연스럽게 절삭하며 귀 뒤까지만 돌아간다.

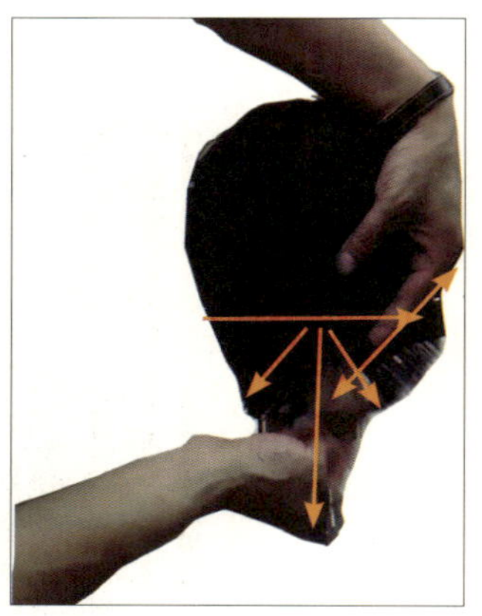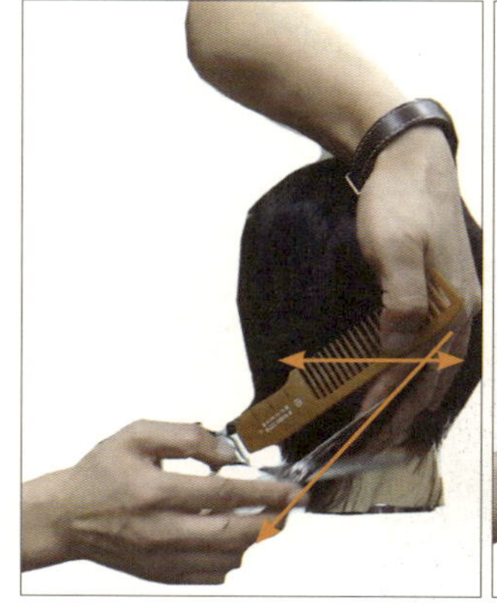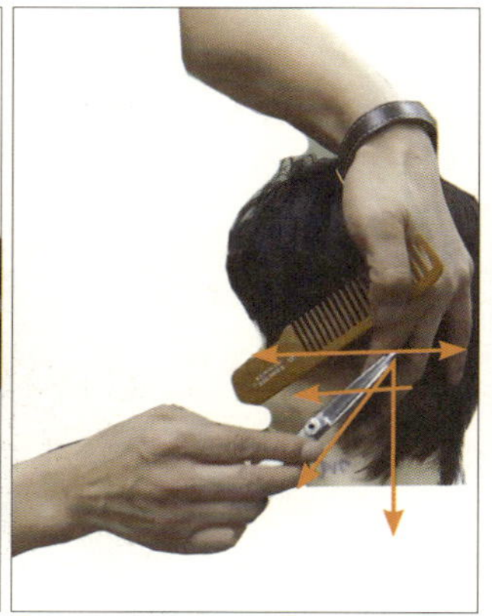

위의 사진에서 보면 하단부 밑머리는 4WAY 컷트에서 90°의 각도로 모발을 잡아내야 하지만 모발을 뿌리에서부터 깨끗이 잡아내면서 45°정도 내려잡으면서 포인트 컷트를 하여 준다. 하 후두부 마지막 부분에 있는 잘려진 모발 길이에 맞추어 모발을 연결해서 절삭한다. 이때에는 후두부 네이프 부분만을 시술하는 것이기에 같은 방식으로 나가는 것보다는 사진처럼 빗을 당기듯이 하며 모발을 바로 세우고 깨끗하게 절삭하여 준다.

4WAY 컷트는 전체의 모양에서 360°를 만드는 것이 아니라고 4WAY컷트 이론에서 풀었다. 자르고자 하는 곳에서 컷트를 구사할 줄 알아야만 컷트의 완결성을 찾을 수 있다. 모발이 제대로 세웠는지 손가락이 제대로 연출이 되어있는지를 보고 자를 줄 알아야 할 것이다. 그러면서 사진의 화살표처럼 하단부에서 밑머리만 물 흐르듯이 자연스럽게 절삭하며 부드럽게 하여 준다.

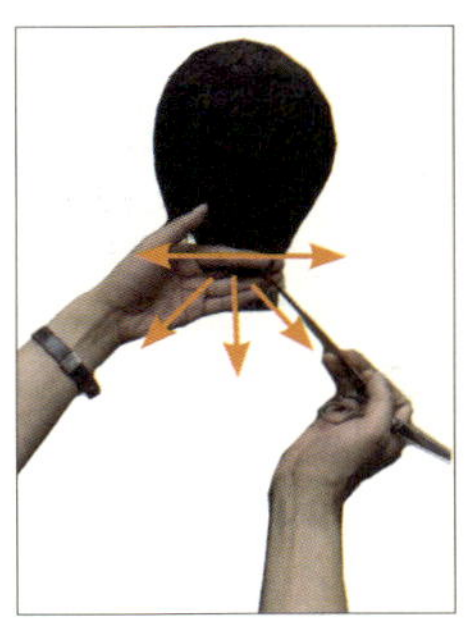

밑머리는 처음은 0°로 잡아내어 시술하여주고 같은 자리에 있는 모발을 45°로 다시 잡고 역시 90°로 다시 잡아 시술한다.

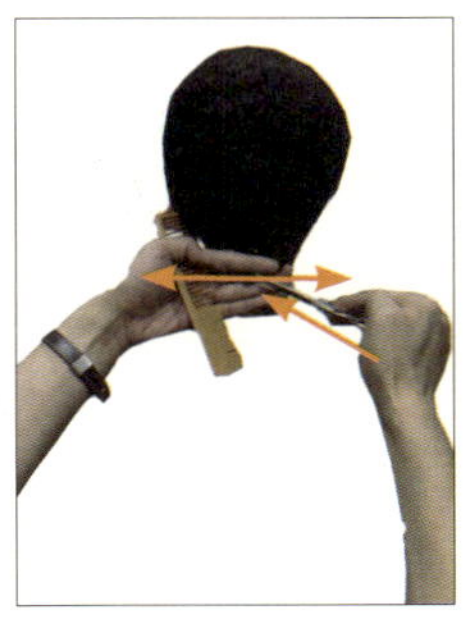

밑머리의 모발을 절삭할 때는 사진처럼 손가락은 자연평형을 만들어야 하고, 가위는 30~45°로 포인트 컷트를 하여주면 자연스러워진다.

손가락의 자세는 언제나 자연평형을 이루어야 한다. 기장컷트에서 두정부와 측면부를 시술하였기에 굳이 위에까지 올라가면서 시술할 이유는 없다.

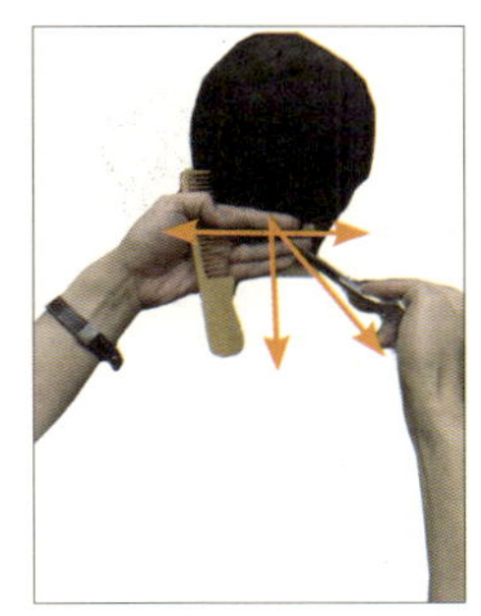

손의 자세와 가위의 각도가 이루어져서 밑라인 부분을 사진처럼 절삭한다. 모발을 잡아 낼때 뿌리부터 깨끗하게 잡아내야 한다는걸 명심하자.

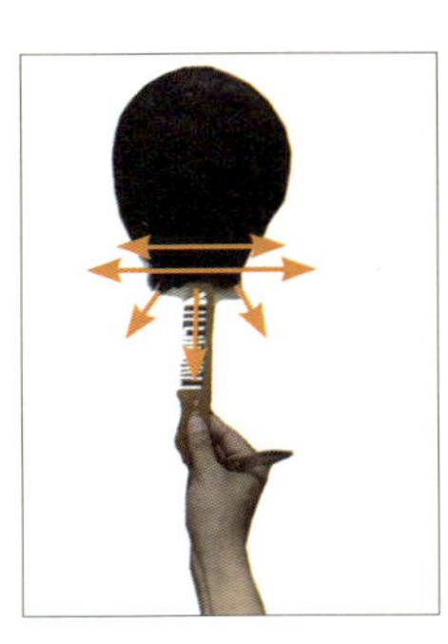

하단부를 손빗 컷트를 해야 할 때에는 위에서도 언급했듯이 두정부의 부분과 측면부의 모발을 정리를 하였기에 굳이 별표인 뒤통수 부분까지 올라가는 것이 아니고, 네이프에 있는 분분을 3번에 나누어 자르는 것이 당연하지만 2번만 절삭을 해도 무방하겠다. 빗의 위치에 있는 모발을 0°로 잡아내어 자르고 나면 자른 그 자리에 모발을 45° 다시 잡아서 시술하면 위에 부분이 나와서 정리가 필요한 부분이 나오게 된다. 그리고 네이프에서 우측·좌측 네이프는 사진의 각도대로 몸이 돌아 모발을 중앙의 시술 방식대로 시술하여 준다.

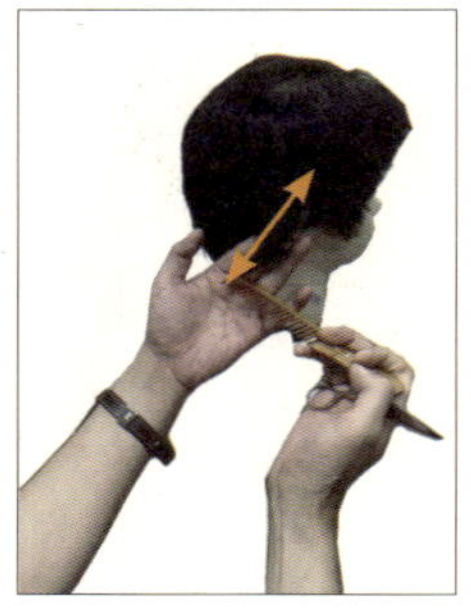 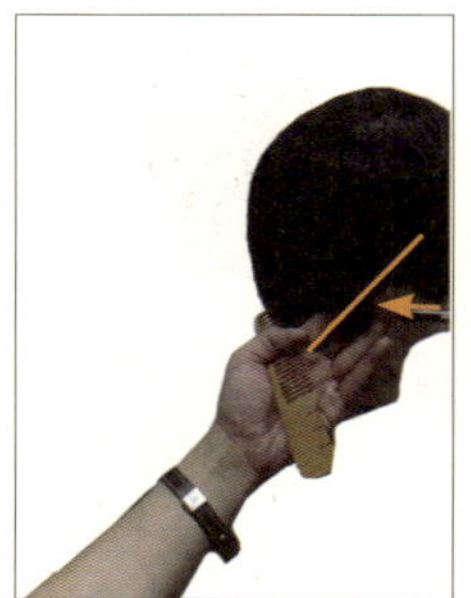 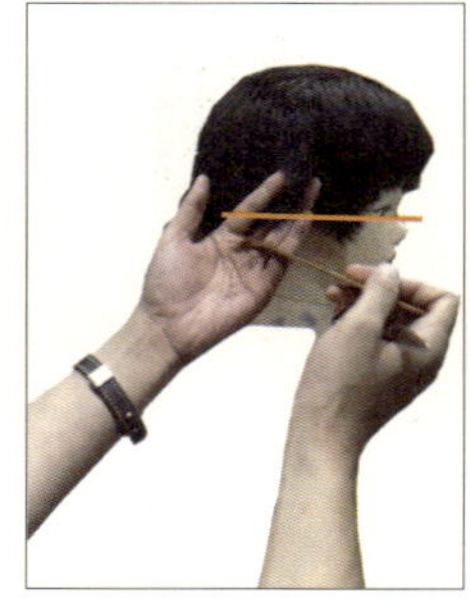 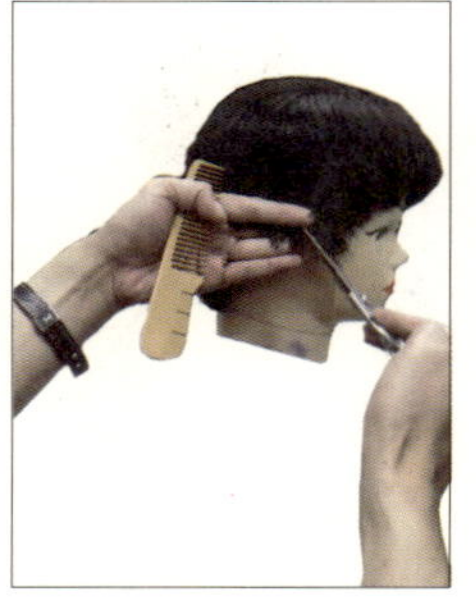

이제 우측이든 좌측이든 연결해서 가야 한다. 사진에서는 우측으로 먼저 가본다. 화살표 방향으로 손가락을 넣어 모발을 0°, 45°, 90° 절삭하여 준다.

귀 뒤의 부분까지 연속적으로 시술하여 올라간다. 손바닥이 보이는 중지에다 가위의 동날을 걸치고 자연스럽게 절삭하여 준다.

귀 뒤에서는 사진의 화살표 모양처럼 귀안의 상황대로 모발을 이전과 똑같은 방식으로 시술하여준다.

귀 위의 부분 역시 모발이 자라나 있는 모양대로 0°, 45°, 90°의 방식으로 시술하여 준다.

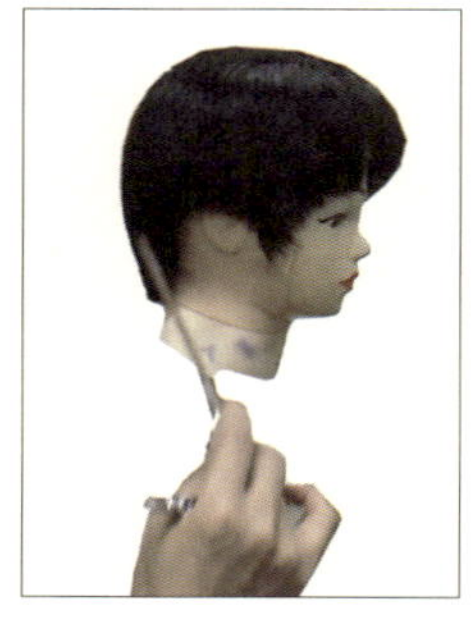

위에 열거한 방식으로 모발을 절삭해오면 사진의 모양처럼 귀 위의 모양처럼 자연스럽게 만들진 것을 볼 수 있다. 헤어스타일은 억지로 만들어내는 것이 아니고 자연스러움을 찾을 수 있어야만 형태를 만들고 모양을 그릴수 있게 된다. 댄디라고 하는 스타일은 하나의 트랜드이겠지만 연예인스타일이나 스타일컷트를 달리 부르게 되어야 하기 때문에 만들어진 형태일 뿐이다. 하지만 현재에는 이만한 스타일을 따라가거나 아우를 수 있는 스타일이 없다. 단지 저자는 자연스러움을 추구하고 모발의 자연성을 찾을 뿐이기에 이런 것들을 연구할 뿐이고 여러분들이 조금 더 모발을 생각했으면 하는 마음이 더 가까울 것이다.

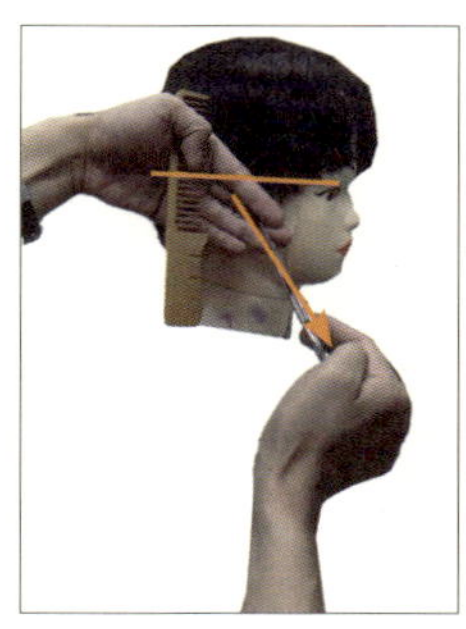 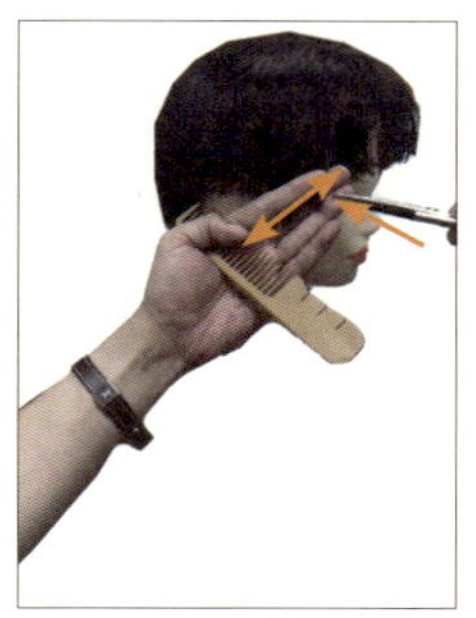 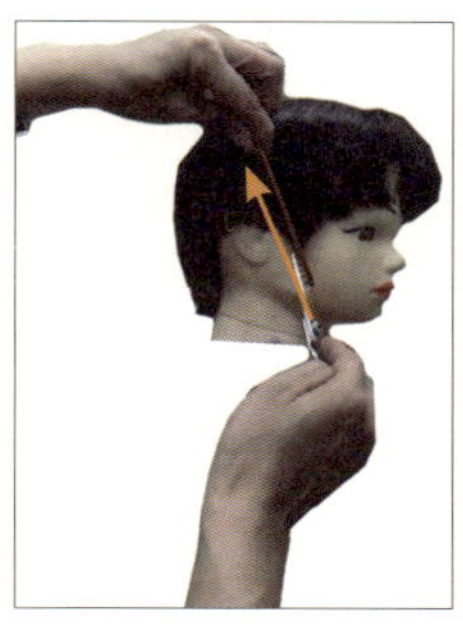 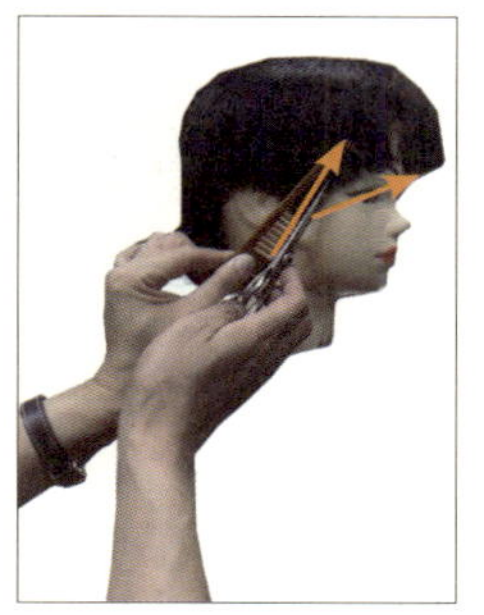

댄디 컷트의 우측면부가 끝나고 나면 구렛나루의 정리가 남게 된다. 하지만 많은 사람들이 이 부분에서 어렵게 생각하는 경우가 많다. 이전에도 귀 부분에서는 안에 현상대로 모발을 절삭하여 주면 된다고 했다. 그렇다면 이 경우에도 똑같이 통용된다는 것이다.

귀 앞에서 구렛나루 부분으로 나오는 장면인데 전 사진은 구렛나루 부분을 0°의 각도로 모발을 절삭할 때에는 4WAY 컷트에서 45°각도로 모발을 잡아당겨 절삭하는 것이 좋아 각도의 약간 편차가 크게 있어도 상관없다. 이번 사진은 구렛나루 앞부분이다. 화살표의 각도와 손가락의 모양대로 절삭하면 된다.

기본적인 구렛나루 작업이 끝나고 나면 본격적인 가위로 마무리 작업을 진행해야 하는데 사진처럼 귀 안쪽을 빗으로 모발을 가지런히 정리를 시켜주고 고정시킨 후 가위의 끝 부분으로만 남아있는 잔 모발 정리와 균형을 부드럽게 하여주면 구렛나루 형태를 완성시켜 준다.

사진에서 귀 앞부분의 모발 역시 모발이 자라난 형태에 맞추어 가위로 정리하여 주는데, 화살표는 가위가 움직이는 모양을 그려놓은 것이다. 한번에 전체를 잡는 것이 아니고 앞부분 모발이 자라난 형태에 맞추어 나누고 나서 모양의 형태를 정확하고 부드럽게 정리하여 준다.

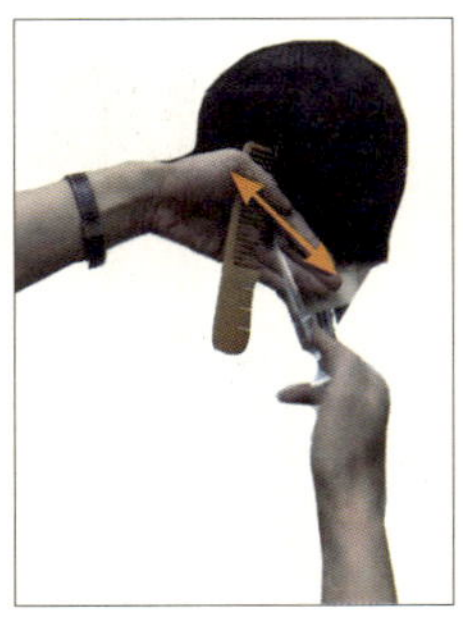 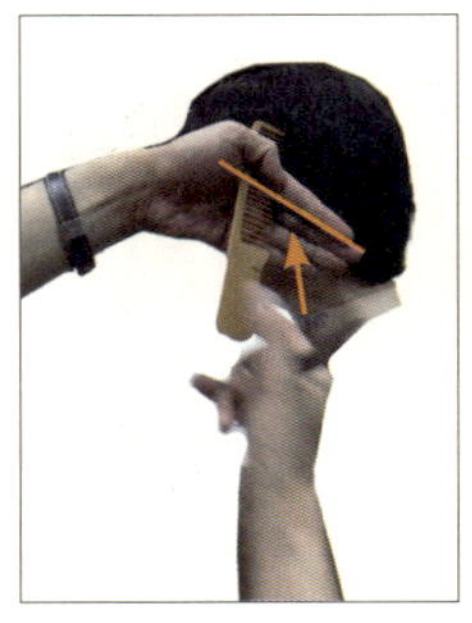 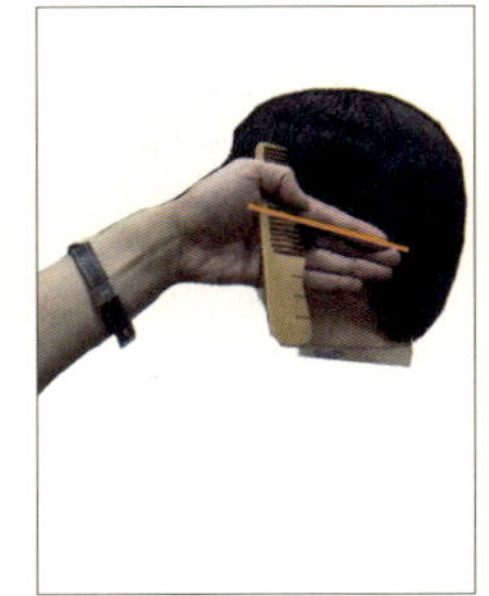 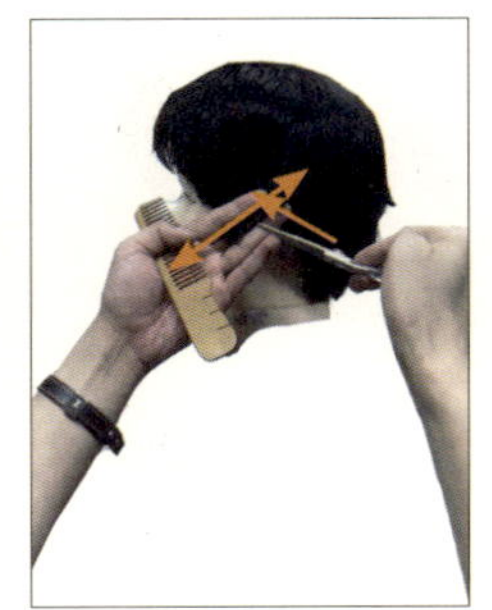

우측에 이어 좌측으로 가본다. 화살표 방향으로 손가락을 넣어 모발을 0°, 45°, 90° 절삭하여 준다. 이때에는 너무 많이 올라가지 말고 검지 손가락 부분까지만 간다고 생각하자.

귀 뒤의 부분까지 연속적으로 시술하여 올라간다. 손바닥이 보이는 중지에다 가위의 동날을 걸치고 자연스럽게 절삭하여 준다.

귀 뒤에서는 사진의 화살표 모양처럼 귀안의 상황대로 모발을 이전과 똑같은 방식으로 시술하여 준다.

귀 위의 부분 역시 모발이 자라나 있는 모양대로 0°, 45°, 90°의 방식으로 시술하여 준다.

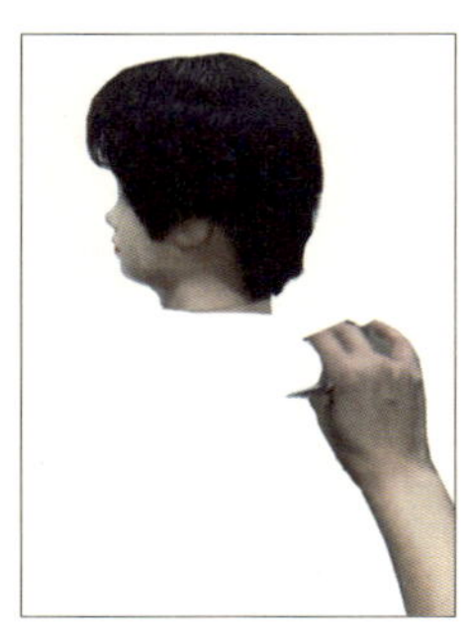

위에 열거한 방식으로 모발을 절삭해오면 사진의 모양처럼 귀 위의 모양처럼 자연스럽게 만들진 것을 볼 수 있다. 헤어스타일은 억지로 만들어내는 것이 아니고 자연스러움을 찾을 수 있어야만 형태를 만들고 모양을 그릴수 있게 된다. 댄디라고 하는 스타일은 하나의 트랜드이겠지만, 연예인스타일이나 스타일컷트를 달리 부르게 되어야하기 때문에 만들어진 형태 일뿐이다. 하지만 현재에는 이만한 스타일을 따라가거나 아우를 수 있는 스타일은 없다. 단지 저자는 자연스러움을 추구하고 모발의 자연성을 찾을 뿐이기에 이런 것 들을 연구할 뿐이고 여러분들이 조금 더 모발을 생각했으면 하는 마음이 더 가까울 것이다.

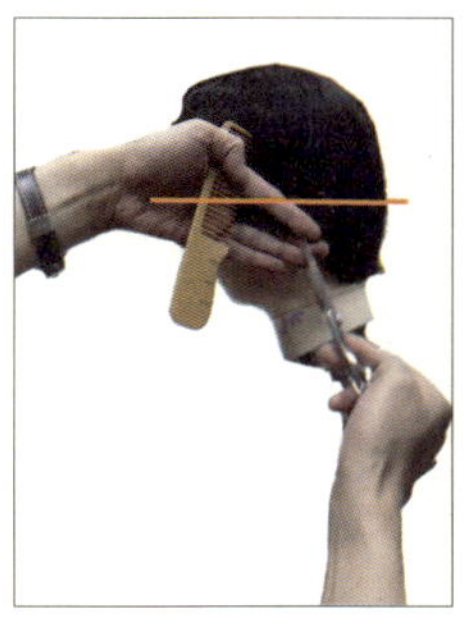 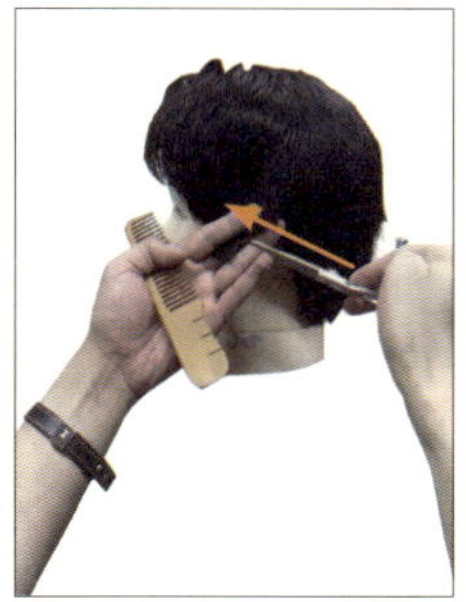 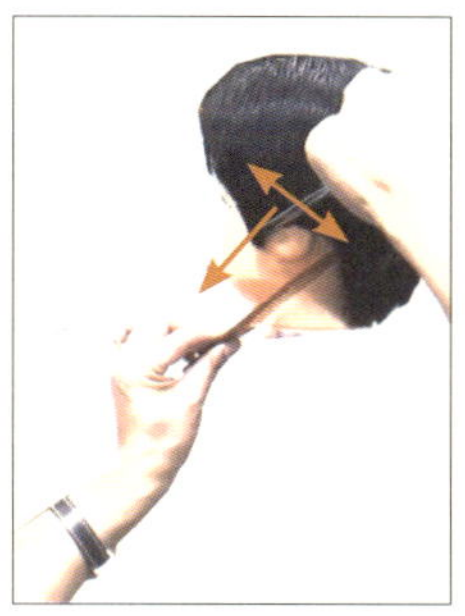 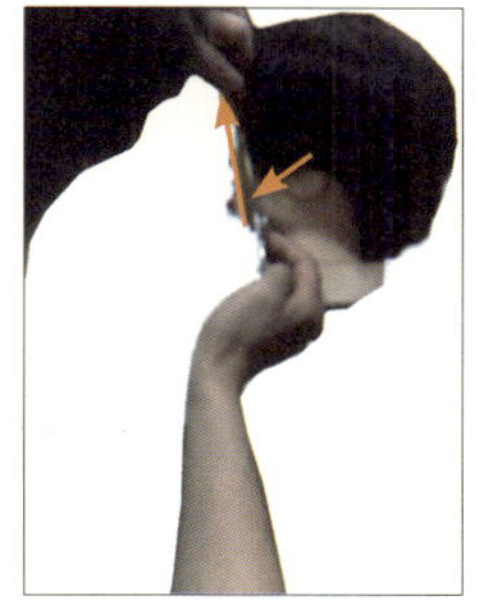

댄디 컷트의 좌측면부가 끝나고 나면 구렛나루의 정리가 남게 된다. 하지만 많은 사람들이 이 부분에서 어렵게 생각하는 경우가 많다. 이전에도 귀 부분에서는 안에 현상대로 모발을 절삭하여 주면 된다고 했다. 그렇다면 이 경우에도 똑같이 통용된다는 것이다.

귀 앞에서 구렛나루 부분으로 나오는 장면인데 전 사진은 구렛나루 부분을 0°의 각도로 모발을 절삭할 때에는 4WAY 컷트에서 45°각도로 모발을 잡아당겨 절삭하는 것이 좋아 각도의 약간 편차가 크게 있어도 상관없다. 이번 사진은 구렛나루 앞부분이다. 화살표의 각도와 손가락의 모양대로 절삭하면 된다.

기본적인 구렛나루 작업이 끝나고 나면 본격적인 가위로 마무리 작업을 진행해야 하는데 사진처럼 귀 안쪽을 빗으로 모발을 가지런히 정리를 시켜주고 고정시킨 후, 가위의 끝 부분으로만 남아있는 잔 모발 정리와 균형을 부드럽게 하여주면 구렛나루 형태를 완성시켜 준다.

사진처럼 귀 앞부분의 모발 역시 모발이 자라난 형태에 맞추어 가위로 정리하여 주는데 화살표는 가위가 움직이는 모양을 그려놓은 것이다. 한 번에 전체를 잡는 것이 아니고 앞부분 모발이 자라난 형태에 맞추어 나누고 나서 모양의 형태를 정확하고 부드럽게 정리하여 준다.

두정부(천정부) 기준부위 기장컷트 해설

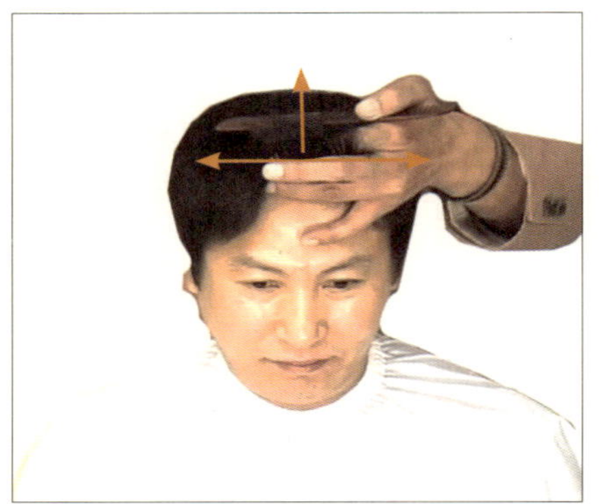

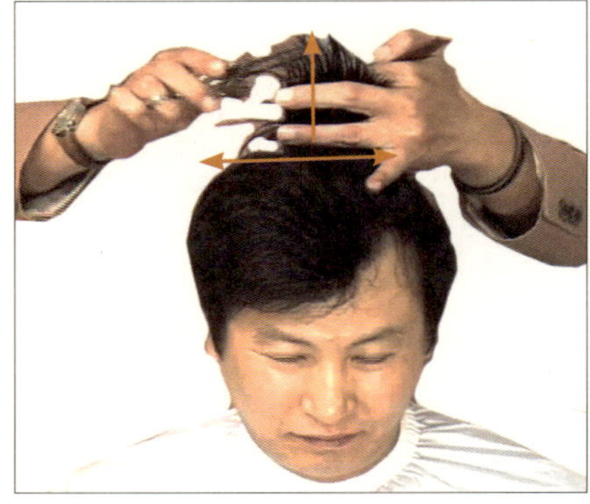

기장 컷트에는 그렇게 큰 변화가 만들어지진 않는다. 단 컷트 방식에서 변화가 오는데 단정한 다자인을 원하는 고객한테는 블런트 컷트 방식을, 스타일을 원하는 고객에게는 포인트 컷트 방식을 추천한다. 헤어스타일을 만드는데에는 손님의 의중을 알고 시술을 하여야 한다는 것을 명심하자. 사진에서 보면 앞머리는 4WAY 컷트에서 90°의 각도로 모발을 잡아내서 포인트 컷트를 하여 준다. 이 부분의 기준이 상당히 중요하다. 전체의 균형을 맞추려면 이 부분부터 가마 전까지의 절삭을 확실히 하여주어야만 전체의 균형이나 조경이 이루어지게 된다.

두정부의 모발을 절삭할 때에는 기준을 먼저 잘 세워 놔야만 다른 곳의 모발도 같이 자를 수 있다. 하지만 특수한 스타일을 자를 때에는 2중 가위가 특별함을 더 할 수 있다. 빠른 스타일과 확실한 절삭력을 구하고자 할 때에는 2중 가위가 그 특별함을 더 할 수 있다. 그리고 두정부의 모발을 가마까지 절삭을 하고나면 기준이 생기기 때문에 그곳에 맞추어 다른 곳도 맞추어 절삭하여야 누차 얘기하지만 균형이라는 것이 생기기 마련이다. 형태를 만들어도 모양이 아니면 그 컷트는 잘못되었다 할 수 있다. 현실은 모양에 치중함이 아니고 균형의 치중함을 알기 바란다.

두정부(천정부) 우측눈위 기장컷트 해설

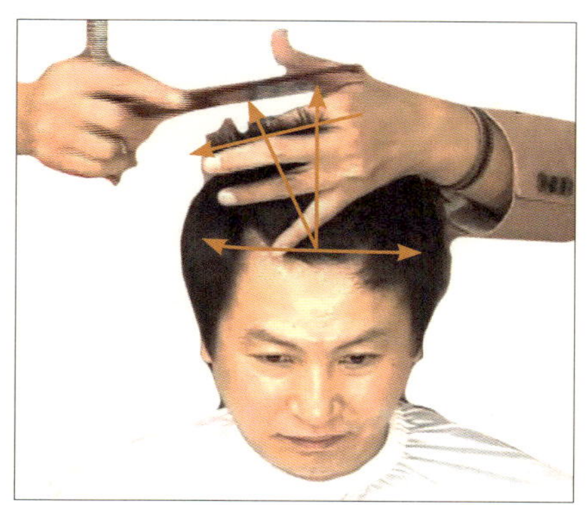 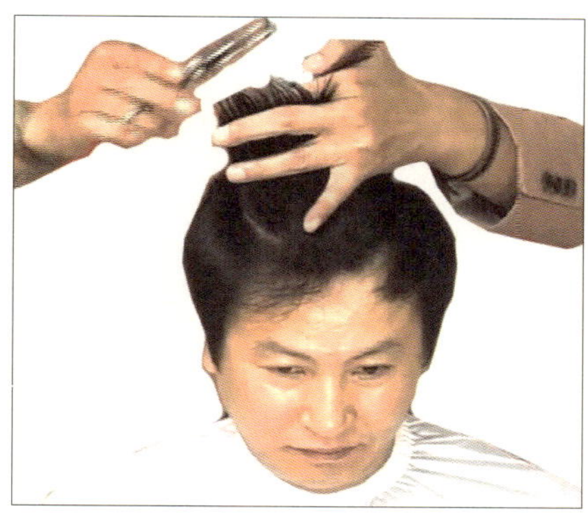

위의 사진에서 보면 앞머리는 4WAY 컷트에서 90°의 각도로 모발을 잡아내서 2중 가위로 포인트 컷트를 하여주는데 사진처럼 모발을 우측으로 10~20°정도 당겨내어 절삭하여야 하고 손가락의 각도도 10~20°정도 내려서 절삭하여야하며 중앙 쪽에 있는 잘려진 모발길이에 맞추어 모발을 연결해서 절삭한다. 앞머리부분의 모발을 절삭하고 나면 기준부위의 모발 길이에 맞추어 같이 절삭을 하면서 가마 앞까지 하고나면 모발의 흐름이 부드러워 지게 된다. 그런 흐름이 만들어져야 뜨는 현상이 생기지 않고 자연스러움을 연출할 수 있다.

모발을 절삭하는데 있어서 언제나 놓치지 말아야할 것은 전체의 균형미를 보는 안목이라 하겠다. 그냥 데코에만 의지를 하는 사람은 기술자라는 의미를 가지지 못한다는 것을 명심하길 바란다. 이렇게 가마 전까지 시술을 하고나면 앞서도 서술하였지만 뜨는 현상들이 생기지 않는다.

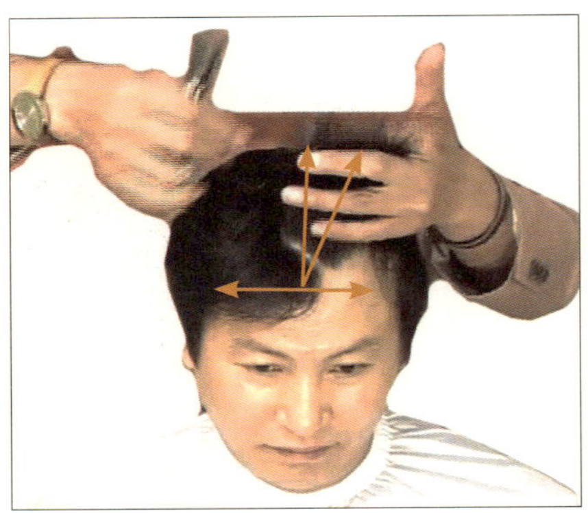 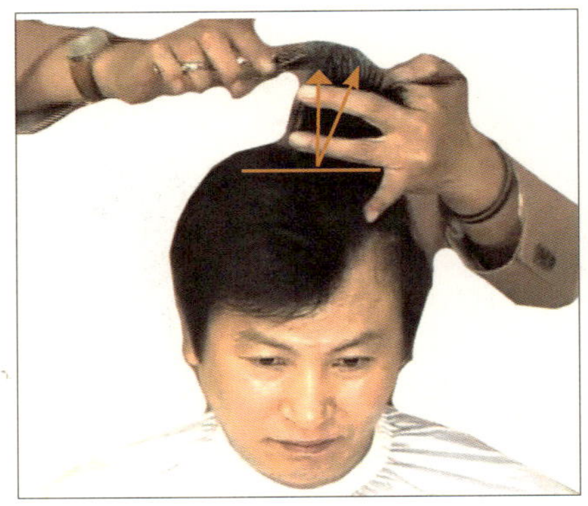

위의 사진에서 보면 앞머리는 4WAY 컷트에서 90°의 각도로 모발을 잡아내서 2중 가위로 컷트를 하여주는데 사진처럼 모발을 좌측으로 10~20° 정도 당겨내어 절삭하여야 하고 손가락의 각도도 10~20° 정도 내려서 절삭하여야하며 중앙쪽에 있는 잘려진 모발 길이에 맞추어 모발을 연결해서 제일 앞머리 부분의 모발을 절삭하고 나면 기준 부위의 모발 길이에 맞추어 같이 절삭을 하면서 가마 전까지 하고나면 모발의 흐름이 부드러워지게 된다. 그런 흐름이 만들어져야 뜨는 현상이 생기지 않고 자연스러움을 연출할 수 있다.

모발을 절삭하는데 있어서 언제나 놓치지 말아야할 것은 전체의 균형미를 보는 안목이라 하겠다. 그냥 데코에만 의지를 하는 사람은 기술자라는 의미를 가지지 못한다는 것을 명심하길 바란다. 이렇게 가마 앞까지 시술을 하고나면 앞서도 서술하였지만 뜨는 현상들이 생기지 않는다.

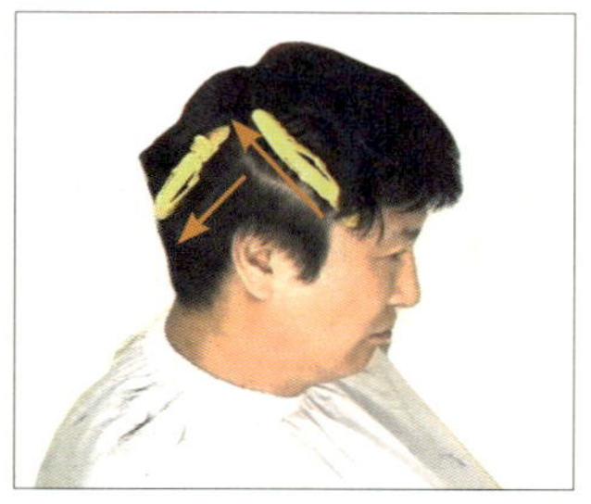

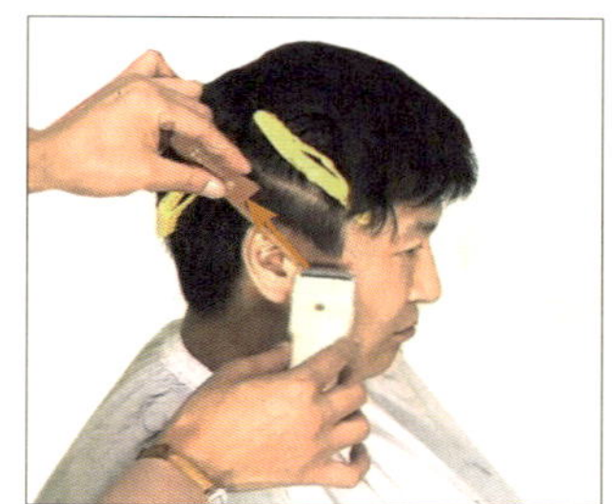

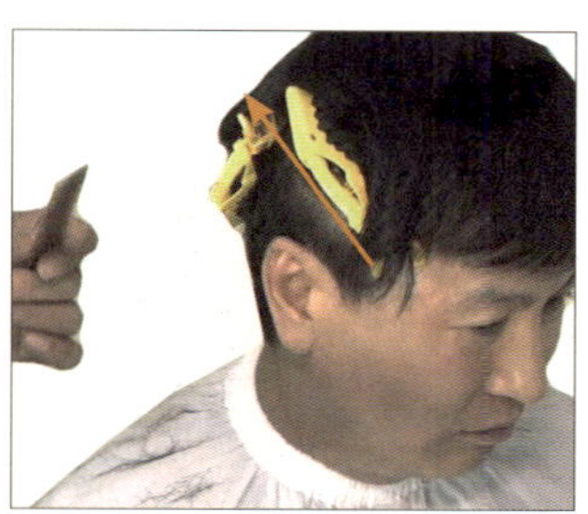

리젠트 컷트는 투블럭 컷트와 달리 밑에 기준이 상고보다 조금 짧은 길이가 되어주면 좋다 사진처럼 클립으로 귀 위의 부분과 귀 뒤의 부분에 구획을 정한다. 구획이 정해지면 클리퍼로 시술 준비 한다.

구획을 정해놓고 사진처럼 클리퍼로 귀 위의 부분과 귀 뒤의 부분을 시술하여 준다. 클리퍼를 시술할 때에는 조심하여 시술하여야 하고 면이 자연스러워야하며 형태를 부드럽게 하여주어야 한다.

사진에서 보면 클리퍼 시술이 끝나고 난 후의 상황인데 면의 부드러움을 볼 수 있다. 시술을 하고나면 전체의 데코레이션보다는 밑머리의 디테일에 중점을 두어야한다. 자르는 건 쉽지만 형태를 자연스럽게 만드는 건 어렵다.

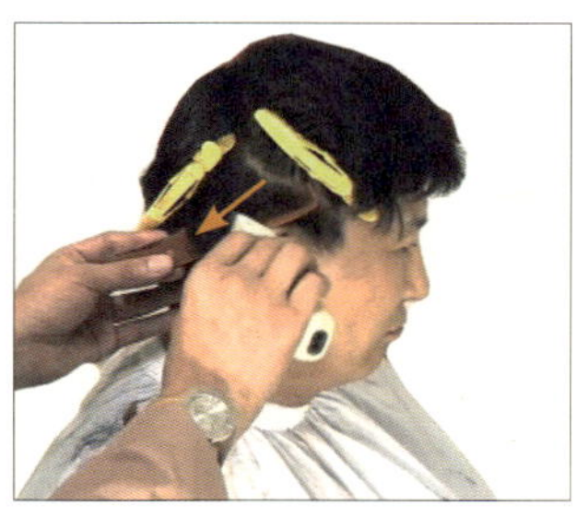

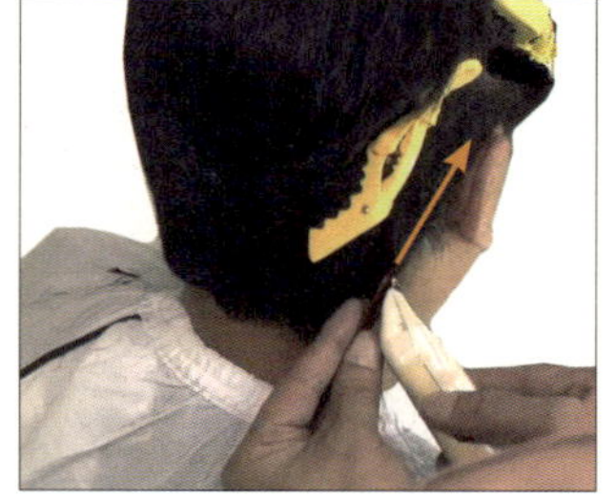

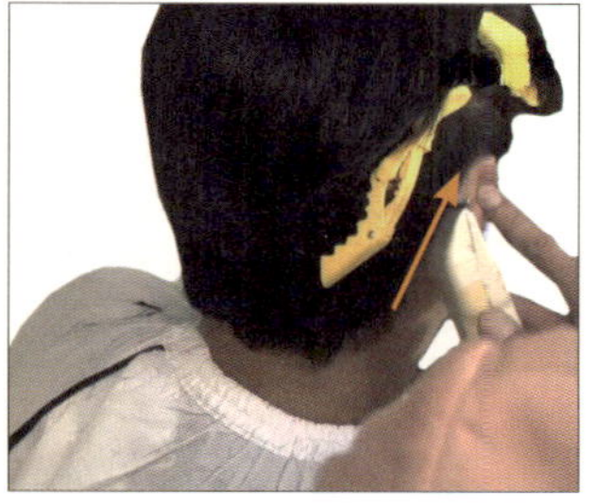

사진처럼 귀 위의 부분이 끝나고 나면 귀 뒤의 부분으로 자연스럽게 연결하듯 시술하여준다 빗은 밑머리 기준부위에 붙여주고 빗발을 세우면 모발이 빗속으로 잡혀 나오는데 잡혀 나온 모발을 귀 위의 잘린 모발 길이에 맞추어 절삭한다.

저자는 디테일이 중요하다고 하였다. 제일 밑에 있는 모발을 자연스럽게 잘려져야 할 때에는 사진처럼 빗을 모발이 난 자리 밑부분에 붙여주고 클리퍼를 화살표 방향으로 밀어 올라간다. 이렇게 잘리고 나면 디테일이 깨끗해지게 된다.

디테일이 완성되고나면 사진처럼 클리퍼의 날로 밑부분의 라인을 깔끔하게 정리하여 준다. 라인을 깔끔하게 정리하여줄 때에는 귀를 손가락으로 안전하게 내려준 후 시술하여 주어야 한다.

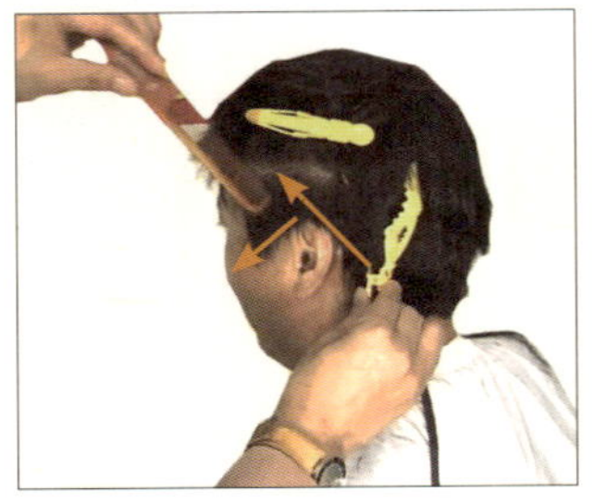

리젠트 컷트는 투블럭 컷트
와 달리 밑에 기준이 상고
보다 조금 짧은 길이가 되어
주면 좋다 사진처럼 클립으
로 귀 위의 부분과 귀 뒤의
부분에 구획을 정한다 구획
이 정해지면 클리퍼로 시술
준비 한다.

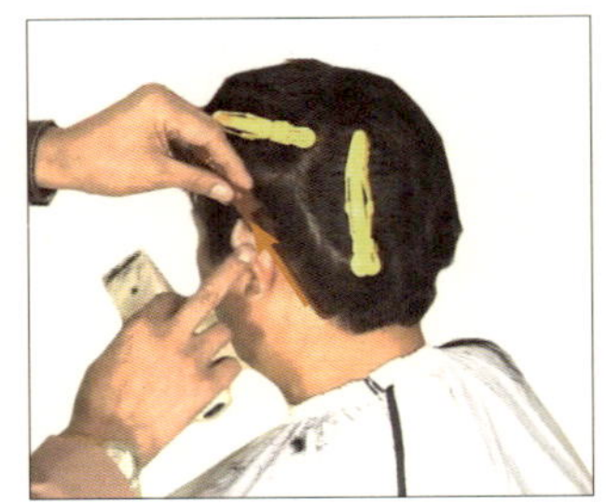

구획을 정해놓고 사진처
럼 클리퍼로 귀 위의 부분
과 귀 뒤의 부분을 시술하
여 준다. 클리퍼를 시술할
때에는 조심하여 시술하여
야 하고 면이 자연스러워야
하며 형태를 부드럽게 하여
주어야 한다.

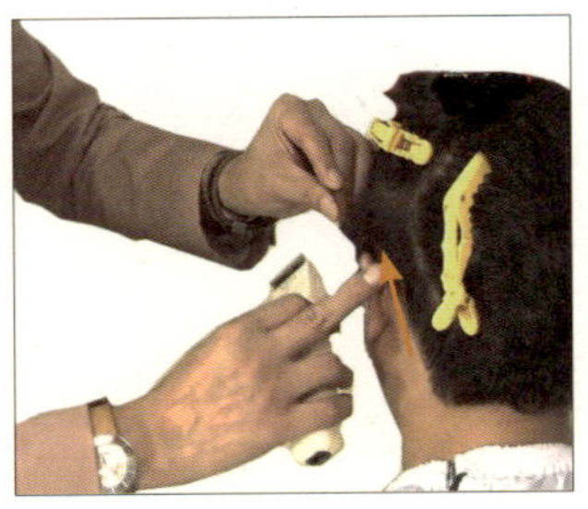

사진에서 보면 클리퍼 시술
이 끝나고 난 후 의 상황인
데 면의 부드러움을 볼 수
있다 시술을 하고나면 전체
의 데코레이션보다는 밑머
리의 디테일에 중점을 두어
야한다 자르는 건 쉽지만 형
태를 자연스럽게 만드는 건
어렵다.

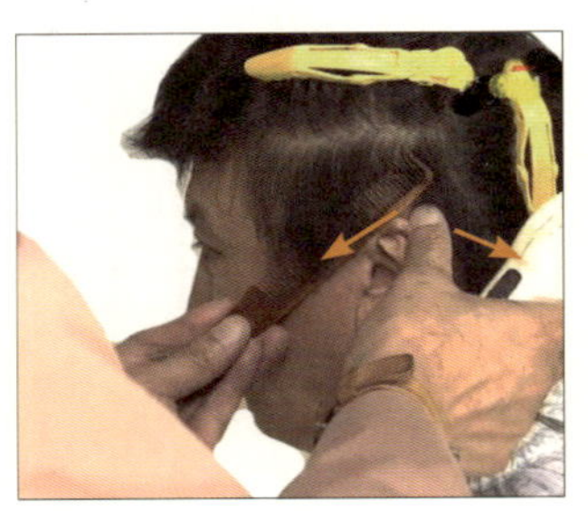

사진처럼 귀 위의 부분이 끝
나고 나면 귀 뒤의 부분으로
자연스럽게 연결하듯 시술
하여준다. 빗은 밑머리 기준
부위에 붙여주고 빗발을 세
우면 모발이 빗속으로 잡혀
나오는데 잡혀 나온 모발을
귀 위의 잘린 모발 길이에
맞추어 절삭한다.

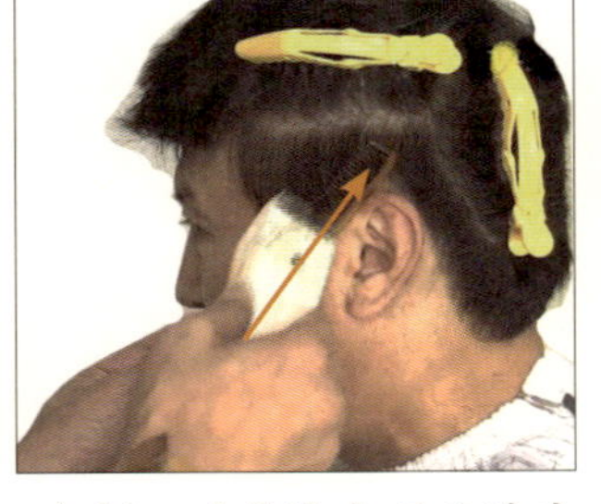

저자는 디테일이 중요하다
고 하였다. 제일 밑에 있는
모발을 자연스럽게 잘려져
야 할 때에는 사진처럼 빗을
모발이 난 자리 밑부분에 붙
여주고 클리퍼를 화살표 방
향으로 밀어 올라간다. 이렇
게 잘리고 나면 디테일이 깨
끗해지게 된다.

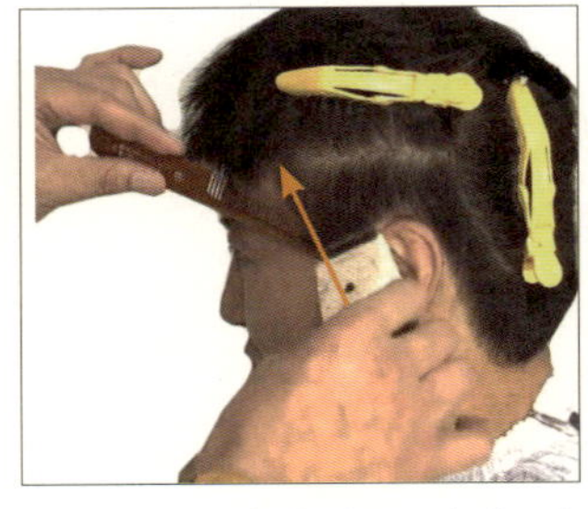

디테일이 완성되고 나면 사
진처럼 클리퍼의 날로 밑부
분의 라인을 깔끔하게 정리
하여 준다. 라인을 깔끔하
게 정리하여줄 때에는 귀를
손가락으로 안전하게 내려
준 후 시술하여 주어야 한
다.

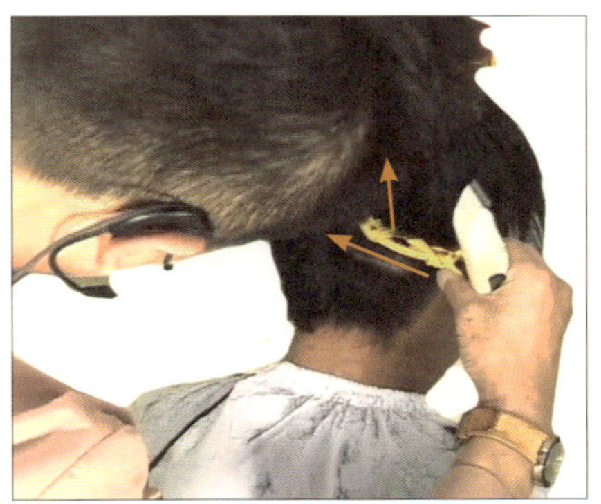

사진처럼 구획을 정해놓고 클리퍼로 후두부 밑부분을 시술하여 준다. 클리퍼를 시술할 때에는 조심하여 시술하여야 하고 면이 자연스러워야하며 형태를 부드럽게 하여주어야 한다.

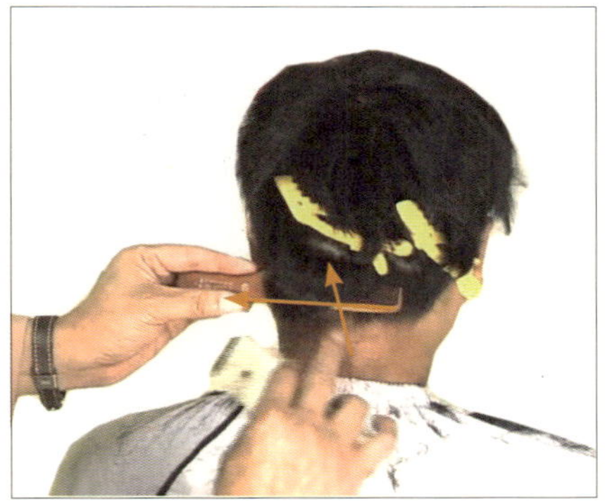

사진에서 보면 클리퍼 시술을 하는 상황인데 손가락으로 연결선을 보이고 있다. 시술을 하고 나면 전체의 데코레이션보다는 밑머리의 디테일에 중점을 두어야한다 자르는 건 쉽지만 형태를 자연스럽게 만드는 건 어렵다.

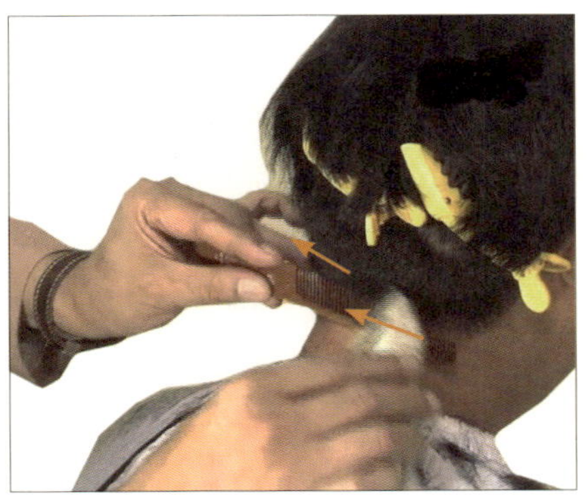

사진처럼 후두부 밑부분이 클리퍼 시술을 하면서 좌측부분으로 자연스럽게 연결하듯 시술하여 준다. 빗은 밑머리 기준부위에 붙여주고 빗발을 세우면 모발이 빗속으로 잡혀 나오는데 잡혀 나온 모발을 귀 위의 잘린 모발 길이에 맞추어 절삭한다.

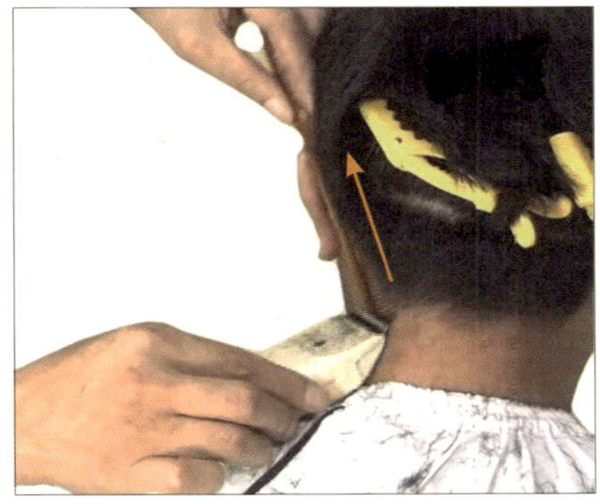

저자는 디테일이 중요하다고 하였다. 제일 밑에 있는 모발을 자연스럽게 잘려져야 할 때에는 사진처럼 빗을 모발이 난 자리 밑부분에 붙여주고 클리퍼를 화살표 방향으로 밀어 올라간다. 이렇게 잘리고 나면 디테일이 깨끗해지게 된다.

우측 구획선 정리 요령과 컷트 기법

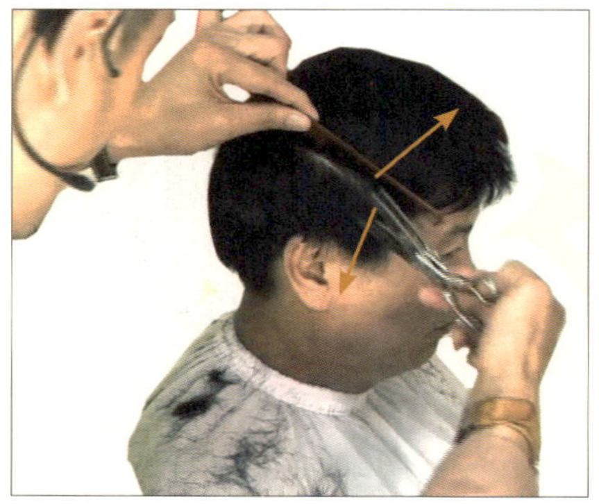

하단부의 구획을 다 정해 놓고 나면 사진처럼 남아 있는 모발을 2중가위로 절삭하며 아래로 내려주고 빗은 모발을 민다. 모발 양을 50%이상 절삭하여 리젠트의 형태로 만들어 준다.

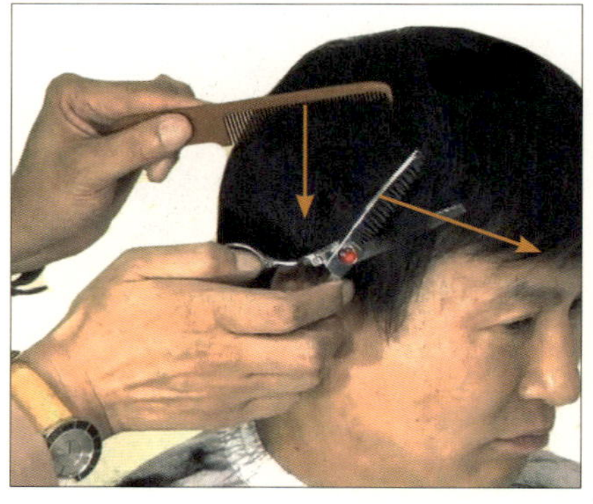

사진에서 보면 앞머리의 귀 앞에 모발도 가위는 세워잡기로 하여 구획이 정해져 있는 곳의 화살표방향으로 모발을 절삭하여 똑같이 리젠트의 형태를 만들어준다.

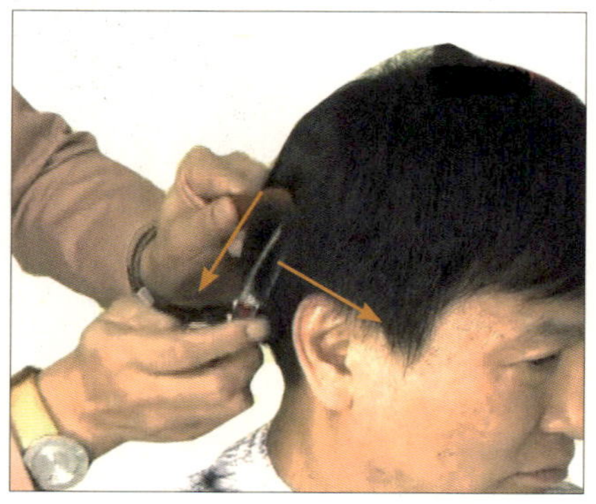

사진처럼 귀 뒤의 모발을 앞서 했던 방식으로 2중 가위로 구획에 남아있는 모발을 정리하며 절삭한다.

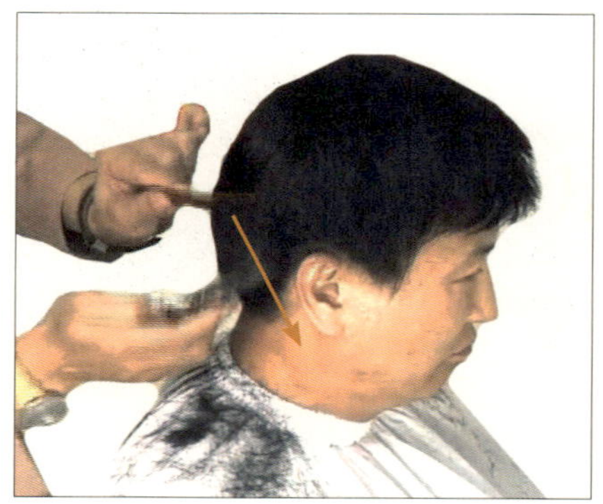

우측면부의 전체적인 조경을 사진처럼 위에 남아있는 모발을 2중가위로 50% 이상을 절삭하여 주고 밑모발에 맞추어 형태를 만들어주면 되겠다.

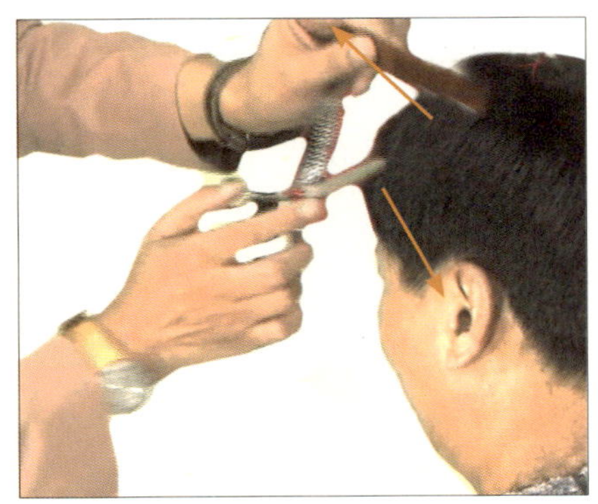

하단부의 구획을 다 정해 놓고 나면 사진처럼 남아있는 모발을 2중가위로 절삭하며 아래로 내려주고 빗은 모발을 민다. 모발 양을 50%이상 절삭하여 리젠트의 형태로 만들어 준다.

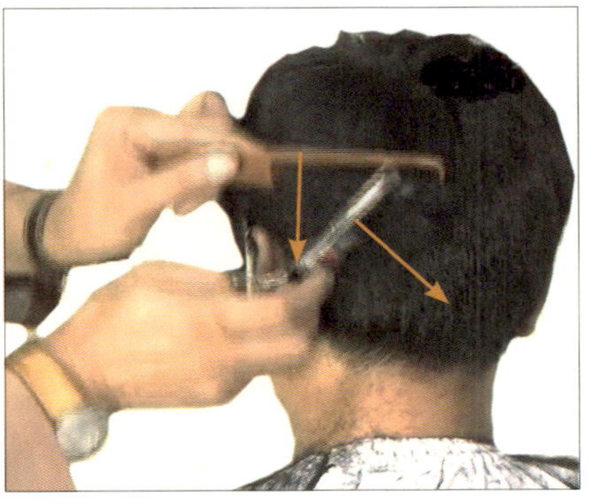

사진에서 보면 앞머리의 귀 앞에 모발도 가위는 세워잡기로 하여 구획이 정해져있는 곳의 화살표 방향으로 모발을 절삭하여 똑같이 리젠트의 형태를 만들어 준다.

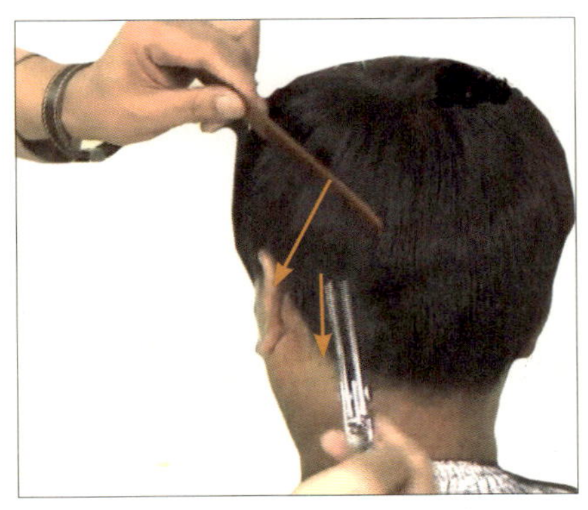

사진처럼 귀 뒤의 모발을 앞서 했던 방식으로 2중 가위로 구획에 남아있는 모발을 정리하며 절삭한다.

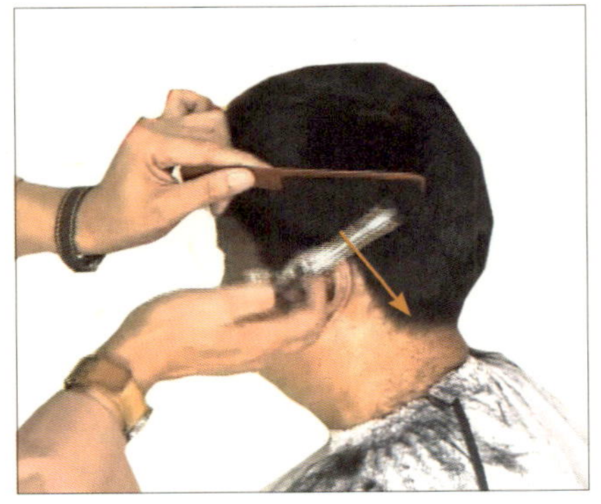

좌측면부의 전체적인 조경을 사진처럼 위에 남아있는 모발을 2중 가위로 50%이상을 절삭을 하여주고 밑모발에 맞추어 형태를 만들어주면 되겠다.

구획선 정리 요령과 컷트 기법

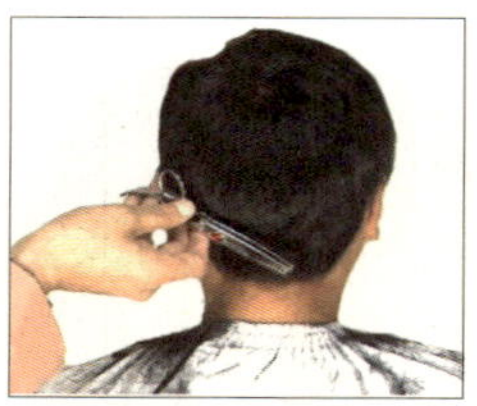

좌 후두부에서 구획선을 정리하면서 남아있는 모발을 정리를 하면서 좌측으로 넘어가면서 전체를 조경한다.

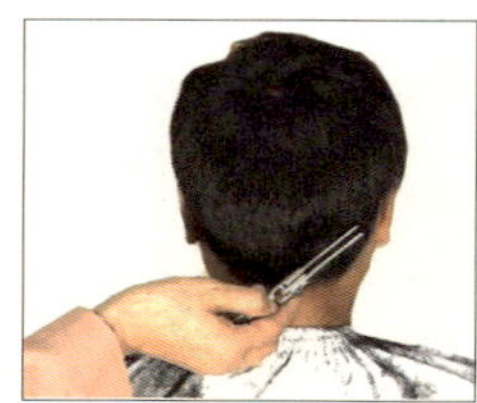

우 후두부에서 구획선을 정리하면서 남아있는 모발을 정리를 하면서 좌측으로 넘어가면서 전체를 조경한다.

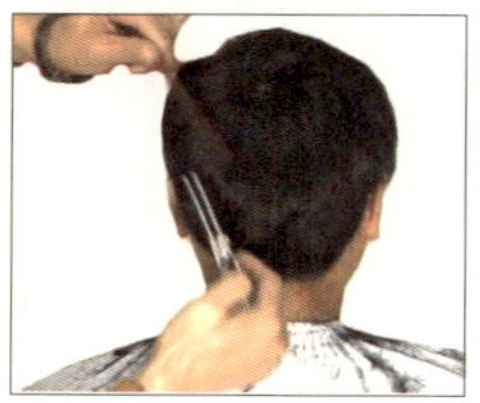

2중가위로 남아있는 모발을 정리를 하여 준다.

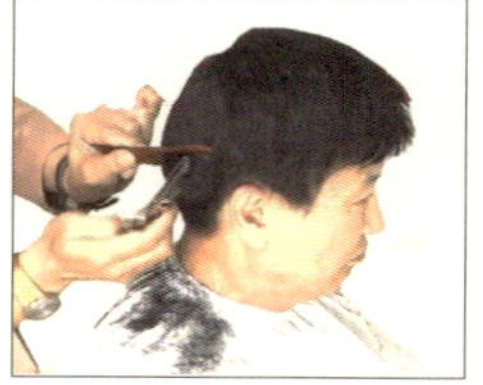

2중가위로 남아있는 모발을 정리를 하여 준다.

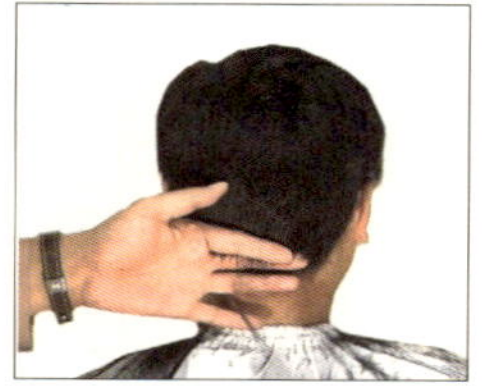

손 빗으로 모발의 수평으로 잡아내어 끝만 정리하여 준다.

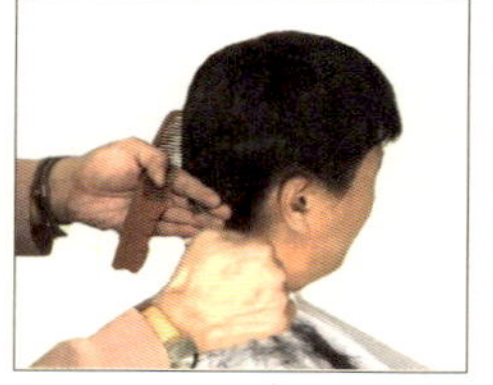

손 빗으로 모발의 수평으로 잡아내어 끝만 정리하여 준다.

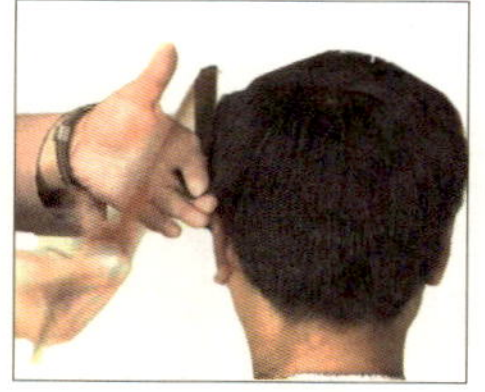

귀 위의 부분 역시 모발이 남아있는 끝부분을 정리만 하여 준다.

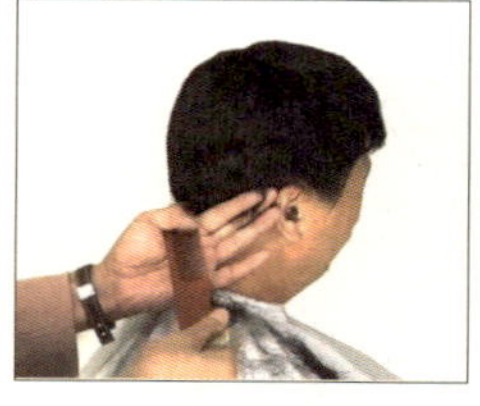

귀 뒤의 부분 역시 모발이 남아있는 끝부분을 정리만 하여 준다.

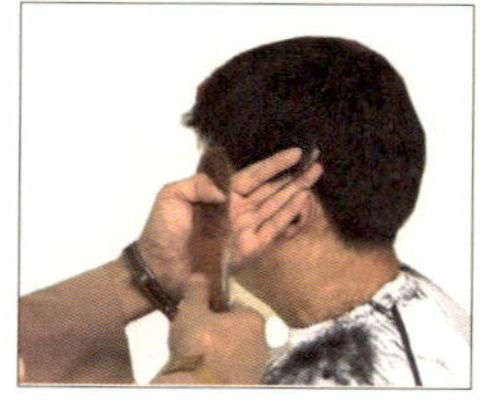

귀 위의 부분도 사진과 같이 모발 끝만 정리하여 준다.

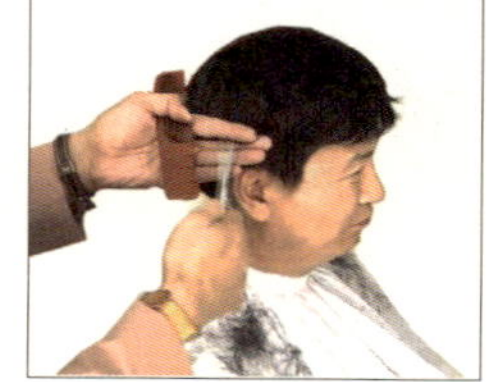

귀 위의 부분도 사진과 같이 모발 끝만 정리하여 준다.

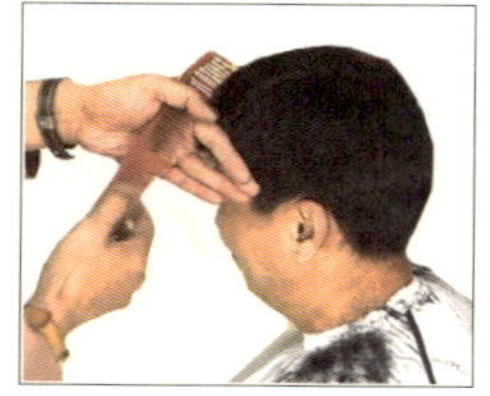

귀 앞의 부분도 사진과 같이 모발 끝만 정리하여 준다.

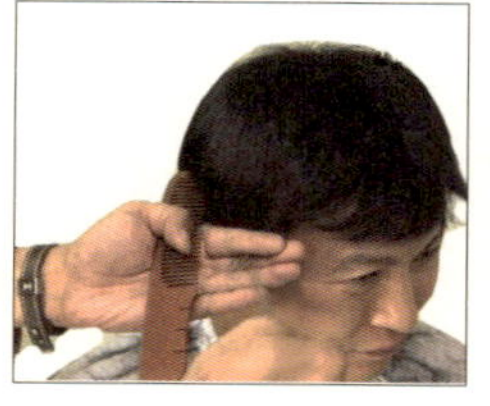

귀 앞의 부분도 사진과 같이 모발 끝만 정리하여 준다.

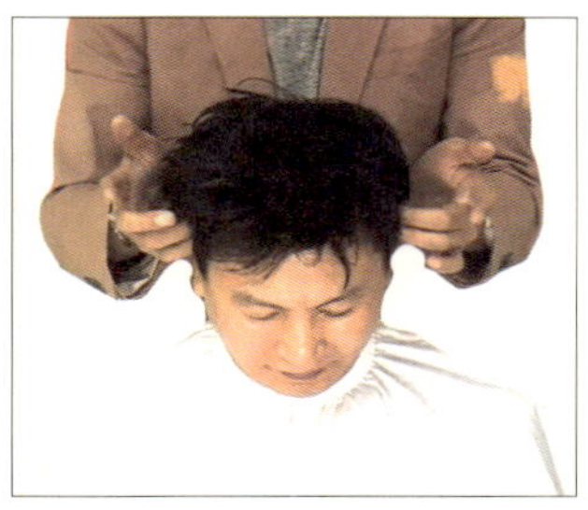

자 이제 리젠트 컷트의 마무리 단계인 스타일링이다. 손 안에 왁스를 적당량을 덜어 펴준 후 모발을 털듯이 왁스 도포하여 준다.

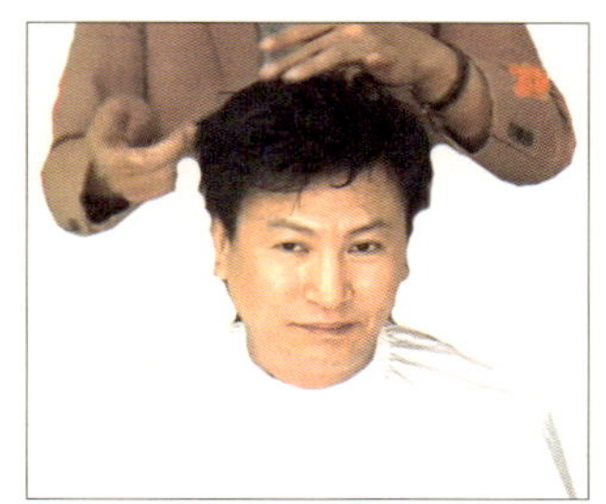

손빗으로 모발에 강약을 주어 데코레이션 하여 준다.

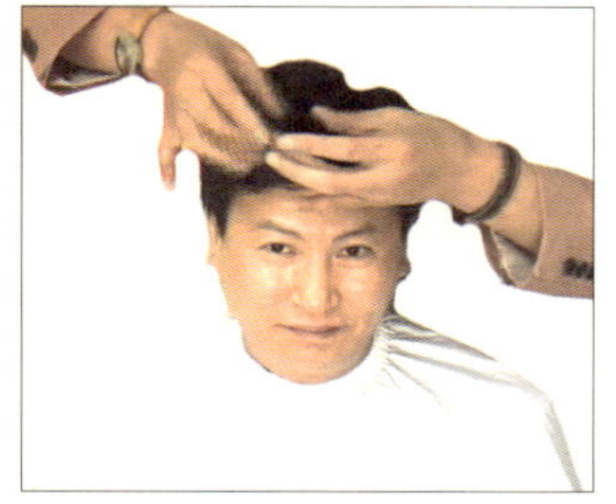

앞머리 역시 손빗을 이용하여 스타일링을 하며 데코레이션을 하여 준다.

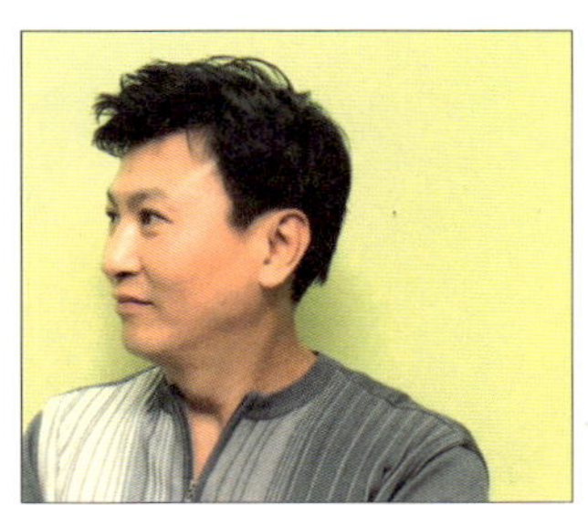

완성 좌측면

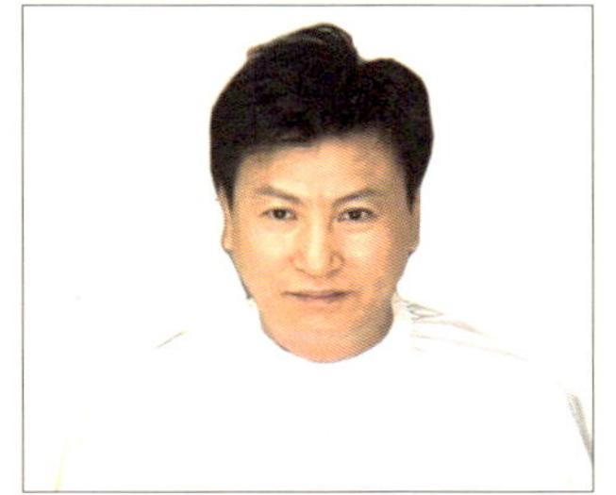

전체 조경을 데코레이션 했으면 완성이다.

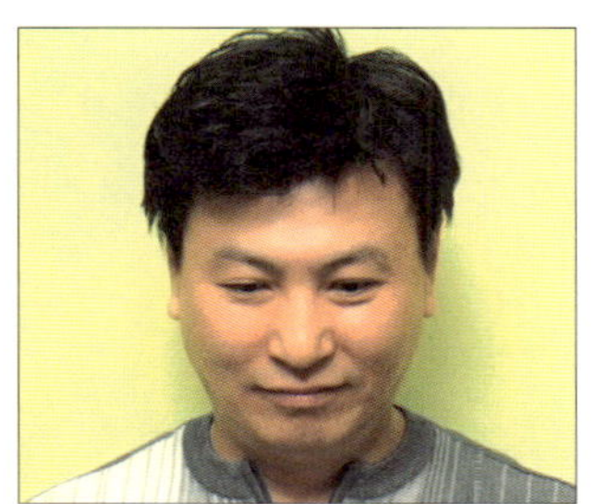

완성 정면

우측면부 구획 정리와 컷트 기법 해설

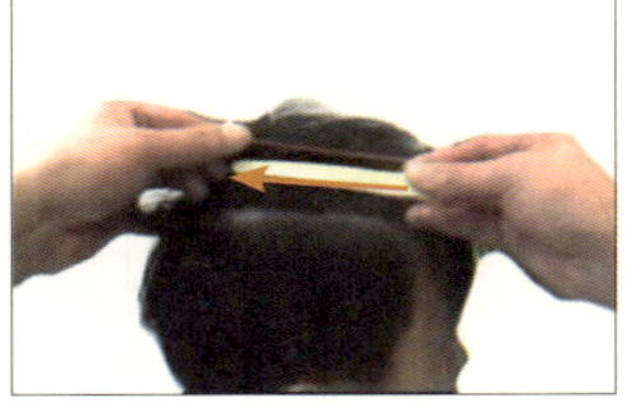

투블럭을 시술할 때에는 먼저 구획정리를 하여 준다. 사진처럼 클립으로 우측 사각지대 부분을 클립으로 면을 정해준다.
그래야만 모발을 자르기가 수월해진다 구획을 정할 때에는 정확하게 정한다.

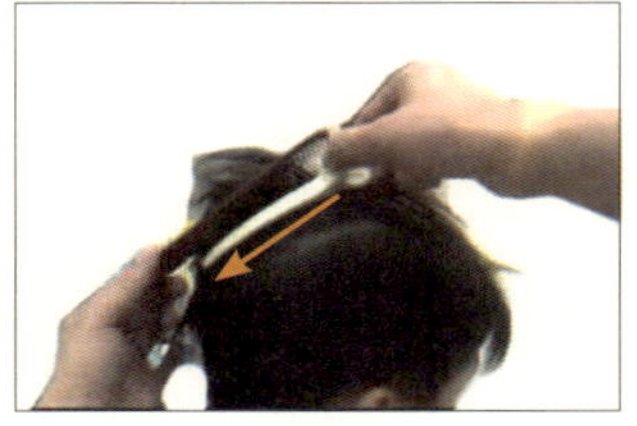

이어서 귀 뒤의 부분 역시 구획정리를 하여 준다. 이전에 스타일을 만들었던 모발이라면 구획이 정해져 있겠지만 그렇지 않다면 새로이 구획을 정해야 한다. 이럴 때에는 화살표방향처럼 구획을 정해준다.

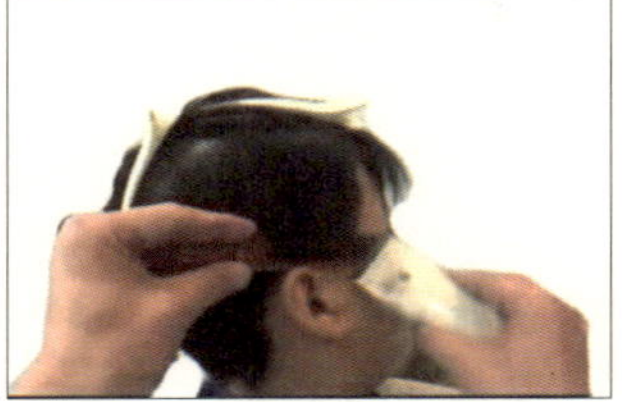

우측면부의 구획이 정해지고나면 이제 시술을 들어가는데 고객의 의향이 있어서 6m, 9m, 12m를 정할 수도 있으니 고객에게 의향을 물어본 뒤 시술하는 것이 맞을 것이다.

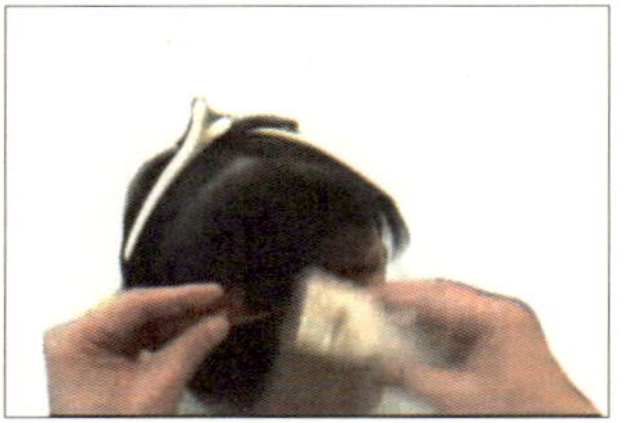

귀 앞부분을 시술하면서 귀 뒤의 부분으로 넘어오면서 자연스럽게 모발이 연결이 되게 시술하여 준다. 밑머리의 부분은 조심해서 하되 너무 성급하지 않아야 깨끗한 형태를 만들 수 있다.

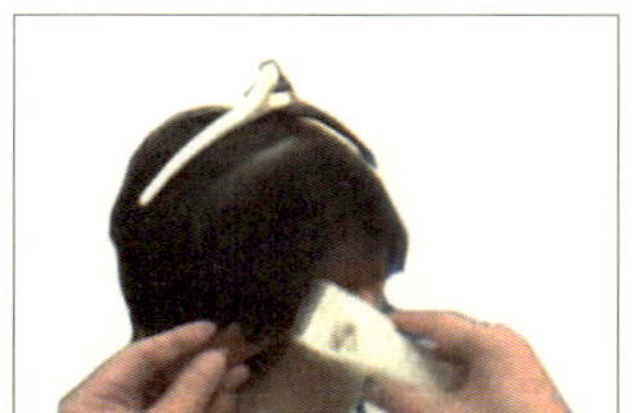

귀 뒤의 부분은 귀라는 부분이 있어서 극도로 조심하여야한다. 클리퍼의 날이 움직이면서 귀를 살짝 건드려도 상처가 날 수 있으니 조심해서 시술해야 할 것이다.

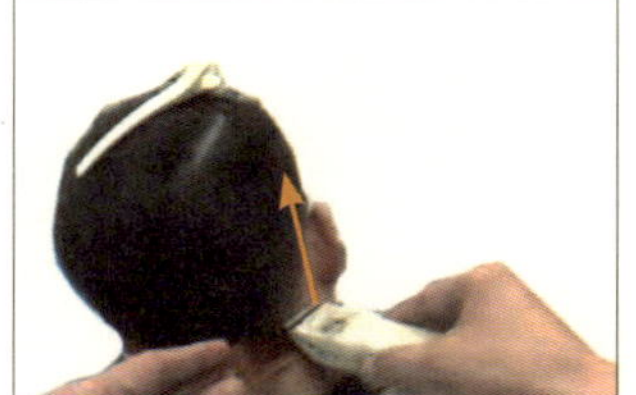

귀 부분을 돌아서 후두부 밑머리까지 오면 우측면부의 시술은 끝난다. 시술을 할 때에는 성급한 보다는 모발을 보면 시술을 하여야 안정적으로 시술을 할 수 있다.

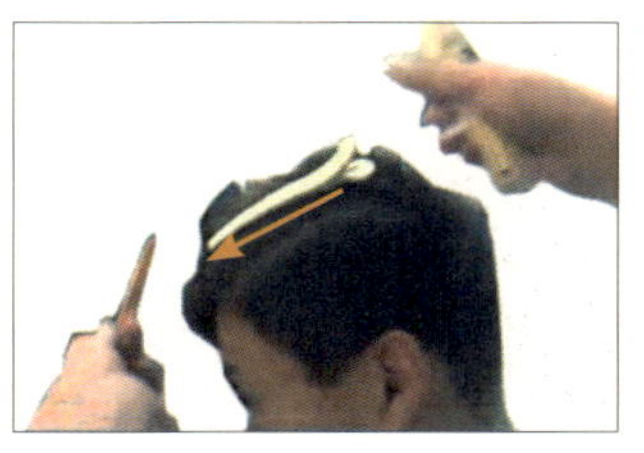

투블럭을 시술할 때에는 먼저 구획정리를 하여 준다. 사진처럼 클립으로 좌측 사각지대 부분을 클립으로 면을 정해준다.
그래야만 모발을 자르기가 수월해진다. 구획을 정할 때에는 정확하게 정한다.

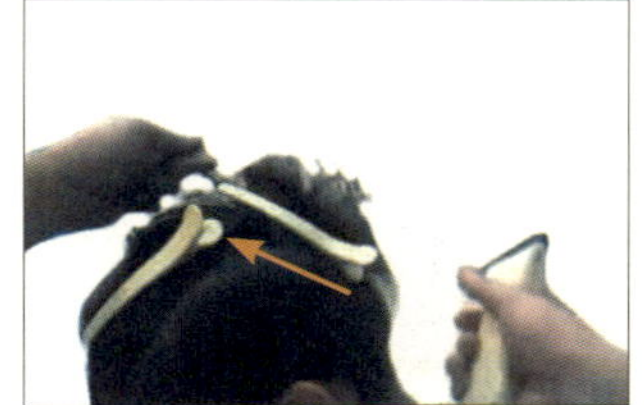

이어서 귀 뒤의 부분 역시 구획정리를 하여 준다. 이전에 스타일을 만들었던 모발이라면 구획이 정해져 있겠지만 그렇지 않다면 새로이 구획을 정해야 한다. 이럴 때 에는 화살표방향처럼 구획을 정해준다.

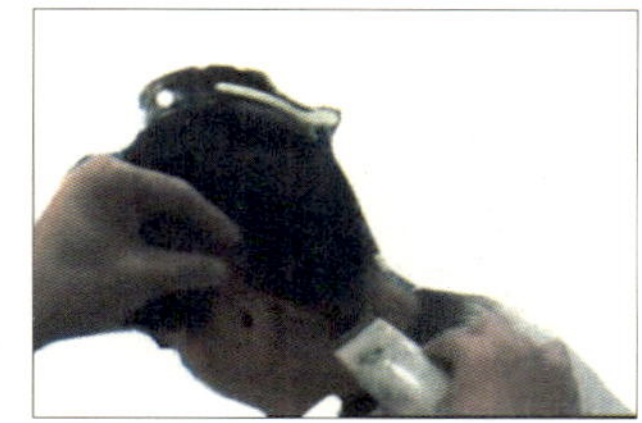

좌측면부의 구획이 정해지고나면 이제 시술을 들어가는데 고객의 의향이 있어서 6m, 9m, 12m를 정할 수도 있으니 고객에게 의향을 물어본 뒤 시술하는 것이 갖을 것이다 .

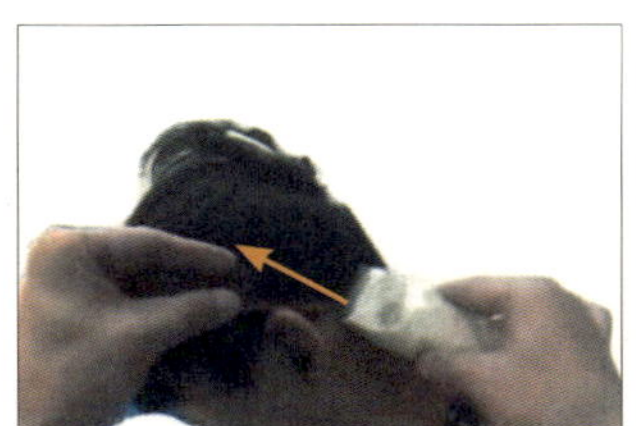

귀 뒤부분을 시술하면서 귀 앞의 부분으로 넘어오면서 자연스럽게 모발이 연결이 되게 시술하여 준다. 밑머리의 부분은 조심해서 하되 너무 성급하지 않아야 깨끗한 형태를 만들 수 있다.

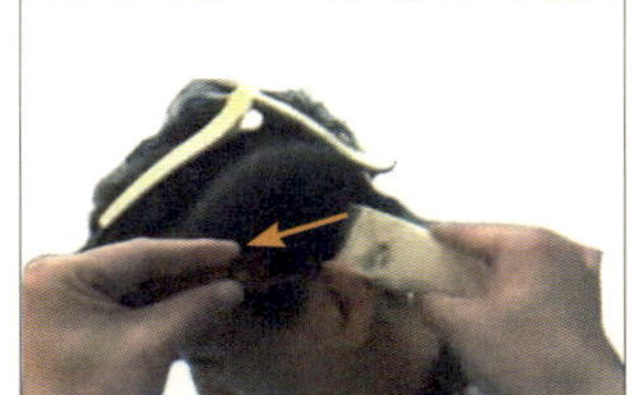

귀 뒤의 부분은 귀라는 부분이 있어서 극도로 조심하여야한다 클리퍼의 날이 움직이면서 귀를 살짝 건드려도 상처가 날수 있으니 조심해서 시술해야 할 것이다.

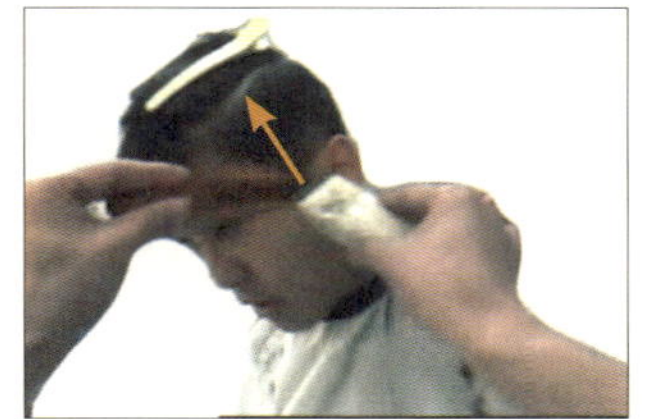

좌측면부를 시술해서 앞머리까지 오면 좌측면부의 시술은 끝난다. 시술을 할 때에는 성급한 보다는 모발을 보면 시술을 하여야 안정적으로 시술을 할 수 있다.

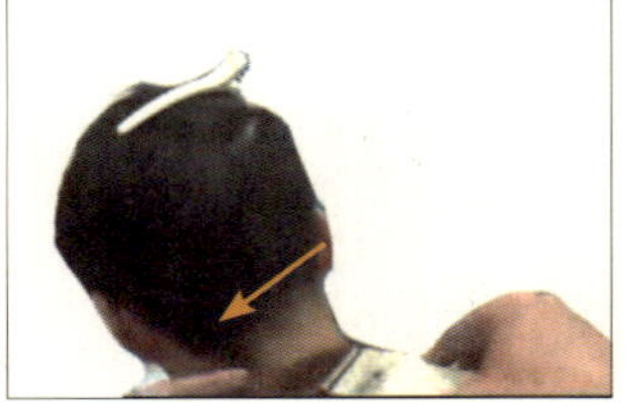

우후두부를 시술할 때에는 먼저 구획정리를 하여 준다. 사진처럼 클립으로 시술되어 있으면 시술한 자리에 아니면 화살표의 자리에 구획을 정해준다.
그래야만 모발을 자르기가 수월해진다. 구획을 정할 때에는 정확하게 정한다.

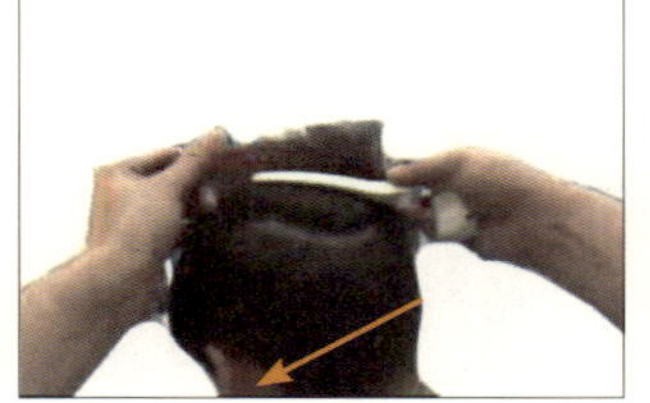

이어서 좌후두부 부분 역시 구획정리를 하여 준다. 이전에 스타일을 만들었던 모발이라면 구획이 정해져 있겠지만 그렇지 않다면 새로이 구획을 정해야 한다. 이럴 때에는 화살표방향처럼 구획을 정해준다.

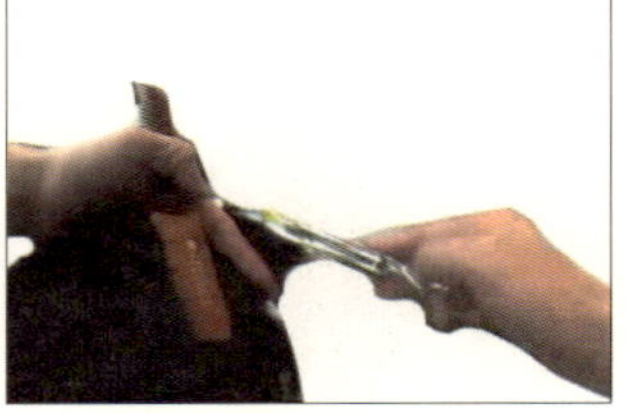

후두부의 구획선을 정하고 밑머리를 시술하고 나면 가마 밑부분의 모발을 2중가위로 정리하여 준다.

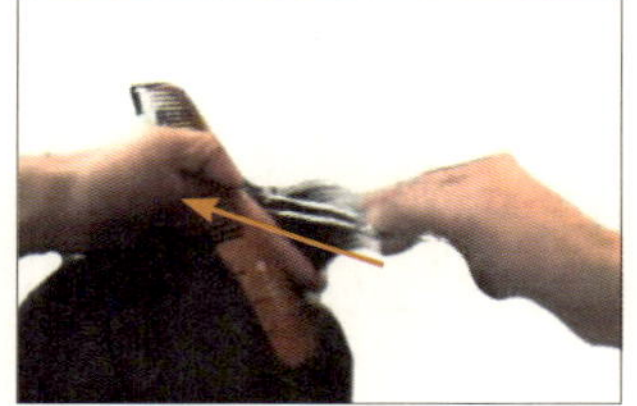

가마 밑 모발을 2중가위로 시술할 때에는 너무 가위 끝부분이 깊이 들어가지 말고 절반 정도에서 시술하여준다.

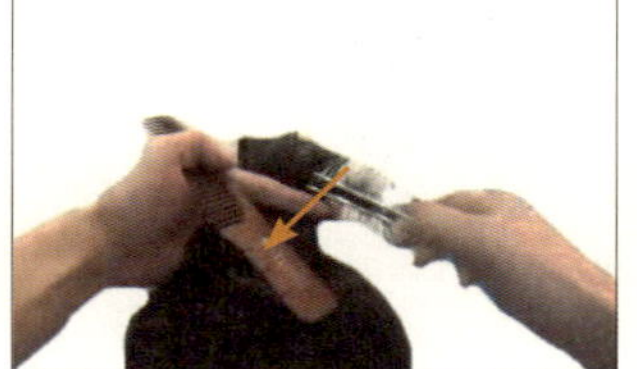

두정부의 모발도 2중가위로 모발 길이의 절반 정도로만 시술하여주고 두정부의 기장 길이를 정리하여 차분하게 가라앉혀 준다.

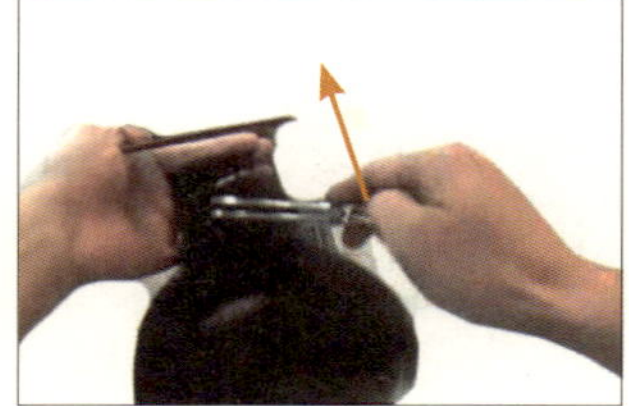

두정부의 모발을 정리할 때에는 사진처럼 손가락 밑으로 들어가는 방법도 사용할 수 있다. 이전 사징에서 손가락 등부분 위에서 시술을 하여도 무방하다.

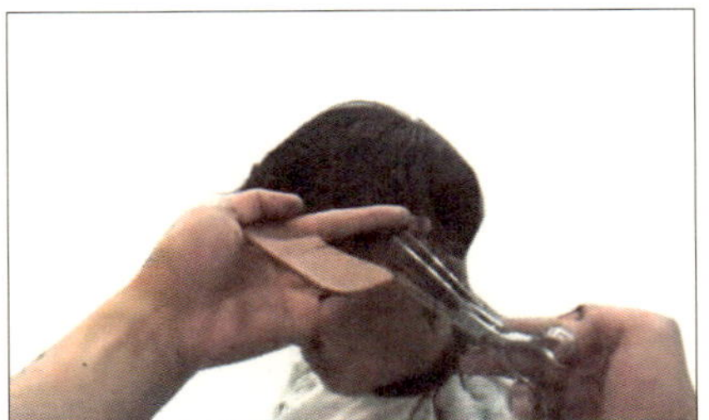

투블럭의 전체 구획정리가 끝나고 나
면 투블럭의 스타일을 만드는데 사진
처럼 귀 위부분의 모발을 자연스럽게
만들어주어 겉모양은 가벼운 댄디형으
로 만들어준다. 여러 가지의 데코레이
션이 있지만 그때에 맞추어서 연출을
하라고 알려준다.

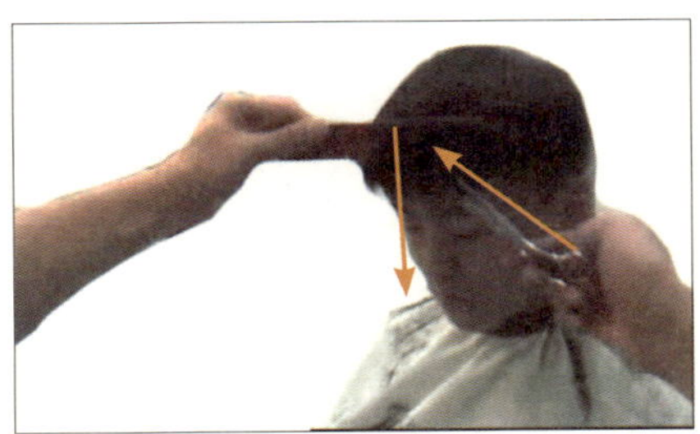

전체의 데코레이션은 여러분의 의도대
로 해도 무방하지만 앞 모발만큼은 마
음대로 하지 말고 저자가 얘기하는 대
로 따라하시오. 사진에서 보면 빗의 화
살표는 아래로 내려오게 하는 것이 정
답이고 가위의 화살표는 올라가는 것
이 정답이다. 모발은 위에서 아래로 흘
러내리기에 모발의 흐름을 보면서 시
술하시오.

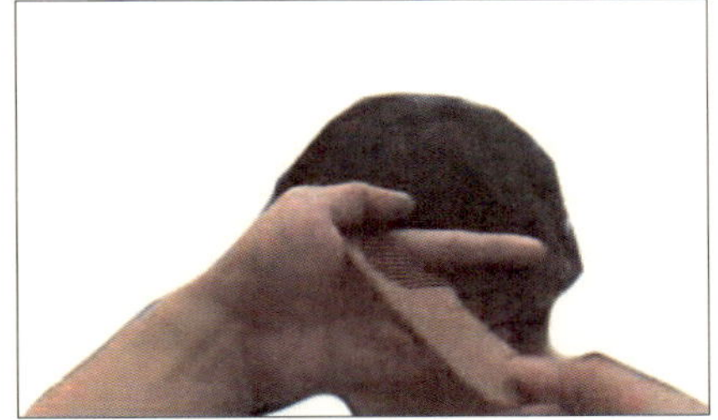

좌측 귀 뒤의 모발과 후두부의 모발 그
리고 우측면의의 모든 모발도 같은 방
식으로 이전의 사진처럼 모양을 만들
어준다. 투블럭의 형태는 정해진 것이
없다. 하지만 상황이나 모발의 질 로
결정해야 할 때도 있다. 단지 스타일을
연출하는 것이기 때문에 해설이 많지
않다. 어렵게 생각하지 말고 디테일에
힘쓰길 바란다.

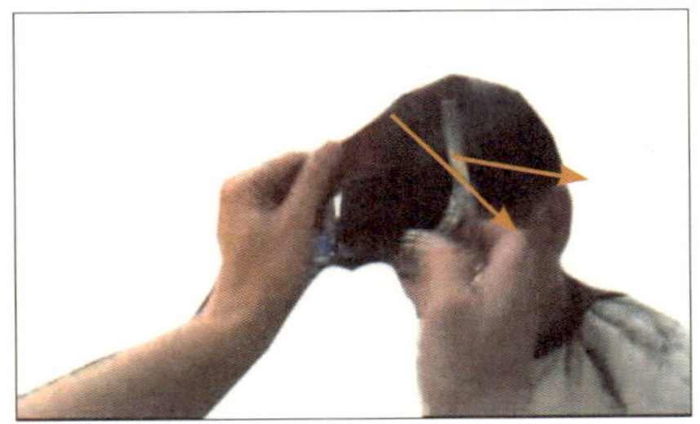

좌측 앞부분의 모발은 가위의 화살표
대로 밀어주면서 시술을 하여주고 빗
의 화살표는 모발을 빗어 내리면서 시
술하여준다 역시 우측면의 앞 모발도
같은 방식으로 시술하여주는데 밀려간
모발은 당겨주고 쏠려온 모발은 밀어
주면서 시술하여 준다.

두정부(천정부) 기준부위 기장컷트 해설

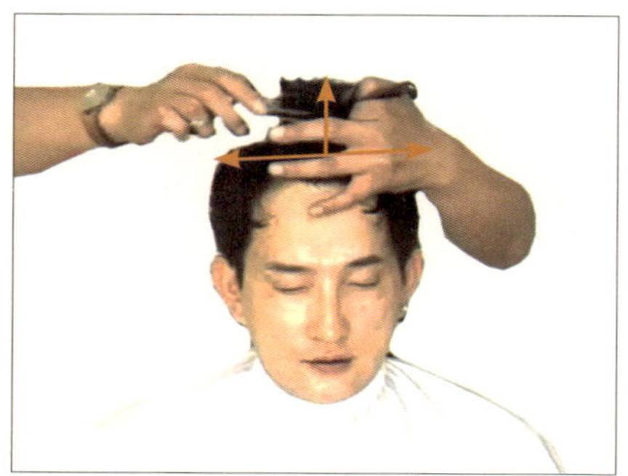

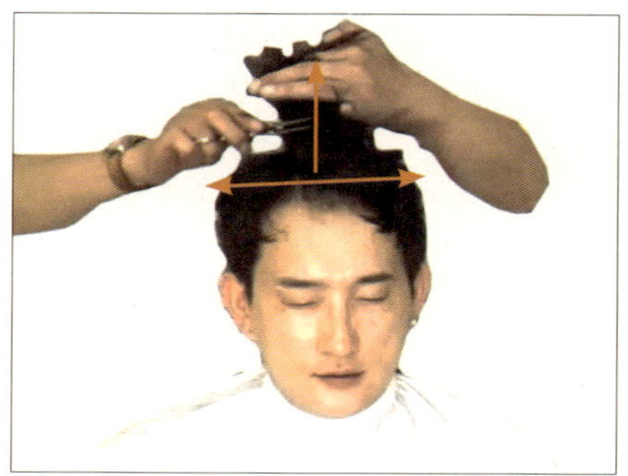

기장 컷트에는 그렇게 큰 변화가 만들어지진 않는다. 단 컷트 방식에서 변화가 오는데 단정한 다자인을 원하는 고객한테는 블런트 컷트 방식을, 스타일을 원하는 고객에게는 포인트 컷트 방식을 추천한다. 헤어스타일을 만드는 데에는 손님의 의중을 알고 시술을 하여야 한다는 것을 명심하자. 사진에서 보면 앞머리는 4WAY 컷트에서 90°의 각도로 모발을 잡아내서 포인트 컷트를 하여 준다. 이 부분의 기준이 상당히 중요하다. 전체의 균형을 맞추려면 이 부분부터 가마 앞까지의 절삭을 확실히 하여주어야만 전체의 균형이나 조경이 이루어지게 된다.

두정부의 모발을 절삭할 때에는 기준을 먼저 잘 세워 놔야만 다른 곳의 모발도 같이 자를 수 있다. 하지만 특수한 스타일을 자를 때에는 2중 가위가 특별함을 더 할 수 있다. 빠른 스타일과 확실한 절삭력을 구하고자 할 때에는 2중 가위가 그 특별함을 더 할 수 있다. 그리고 두정부의 모발을 가마까지 절삭을 하고나면 기준이 생기기 때문에 그곳에 맞추어 다른 곳도 맞추어 절삭하여야 누차 얘기하지만 균형이라는 것이 생기기 마련이다. 형태는 만들어졌으되 모양이 아니면 그 컷트는 잘못되었다 할 수 있다. 현실은 모양에 치중함이 아니고 균형에 치중함을 알기 바란다.

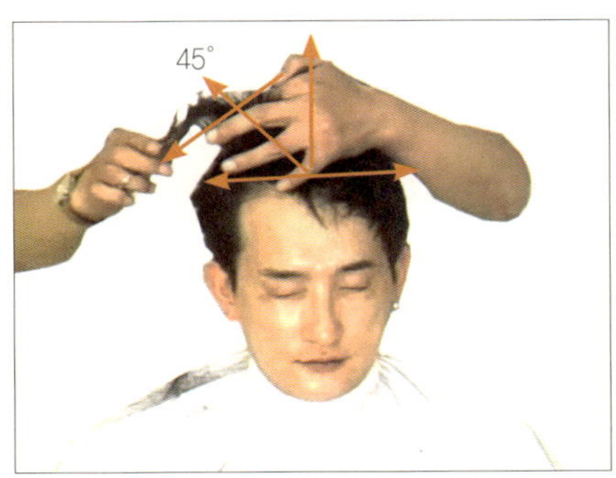

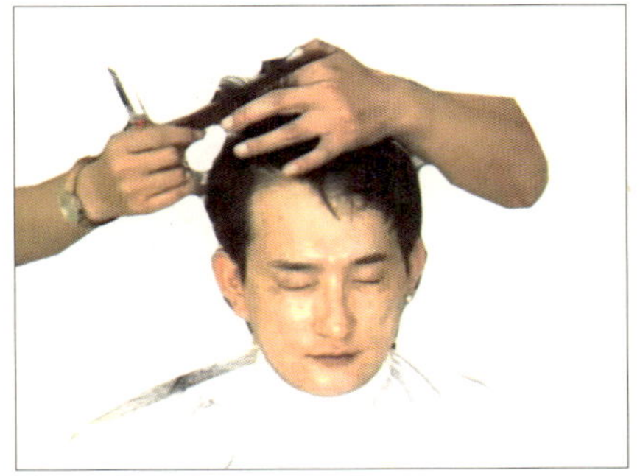

위의 사진에서 보면 앞머리는 4WAY 컷트에서 90°의 각도로 모발을 잡아내서 2중 가위로 포인트 컷트를 하여주는데 사진처럼 우측 눈위 모발을 우측으로 45°정도 당겨내어 절삭하여야 하고 손가락의 각도도 45° 올려서 절삭하여야하며 중앙 쪽에 있는 잘려진 모발길이에 맞추어 모발을 연결해서 절삭한다. 앞머리부분의 모발을 절삭하고 나면 기준부위의 모발 길이에 맞추어 45° 절삭을 하면서 가마 전까지 하고나면 기준부위의 모발이 살게 되어 모히칸의 형태가 빨리 만들어진다.

투블럭 컷트나 모히칸 컷트, 리젠트 컷트는 형태의 모양을 만드는 것이기 때문에 그리 고민할 문제는 아니다. 하지만 형태의 모양을 정확히는 아니겠지만 어느 정도는 알고 있어야만 만들어낼 수 있다. 사진처럼 우측면부를 45° 잡아내서 자르는 이유는 형태를 만드는 것이라고 앞서도 이야기 하였다.

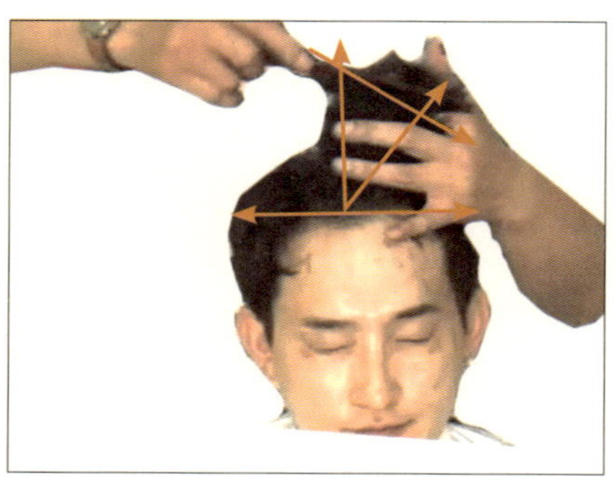 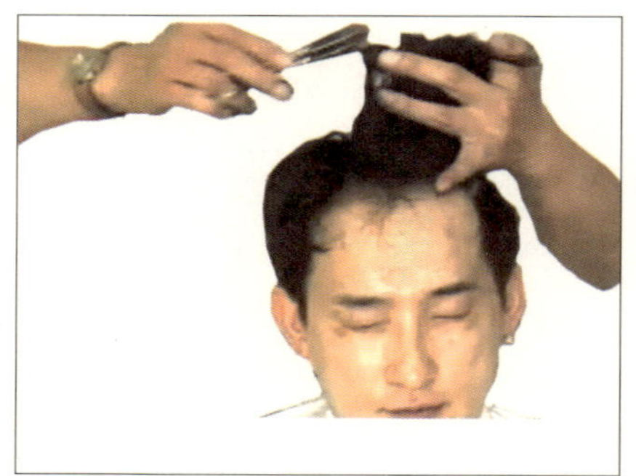

위의 사진에서 보면 앞머리는 4WAY 컷트에서 90°의 각도로 모발을 잡아내서 2중 가위로 포인트 컷트를 하여주는데 사진처럼 좌측 눈위 모발을 좌측으로 45°정도 당겨내어 절삭하여야하고 손등의 각도도 45° 올려서 절삭하여야 하며 중앙 쪽에 있는 잘려진 모발길이에 맞추어 모발을 연결해서 절삭한다. 앞머리부분의 모발을 절삭하고 나면 기준부위의 모발 길이에 맞추어 45° 절삭을 하면서 가마 앞까지 하고나면 기준부위의 모발이 살게 되어 모히칸의 형태가 빨리 만들어진다.

투블럭 컷트나 모히칸 컷트, 리젠트 컷트는 형태의 모양을 만드는 것이기 때문에 그리 고민할 문제는 아니다. 하지만 형태의 모양을 정확히는 아니겠지만 어느 정도는 알고 있어야만 만들어낼 수 있다. 사진처럼 좌측면부를 45° 잡아내서 자르는 이유는 형태를 만드는 것이라고 앞서도 이야기 하였다.

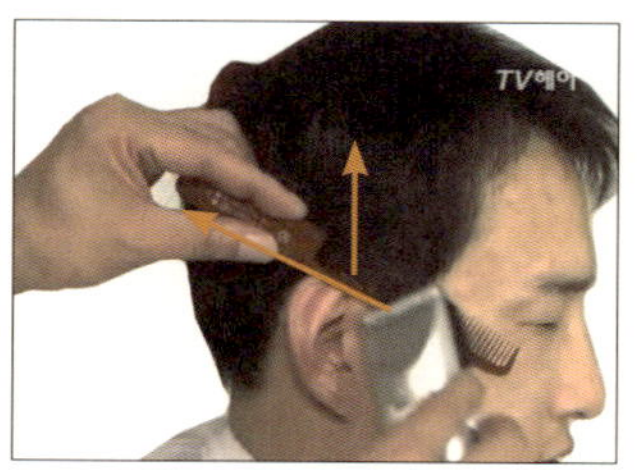

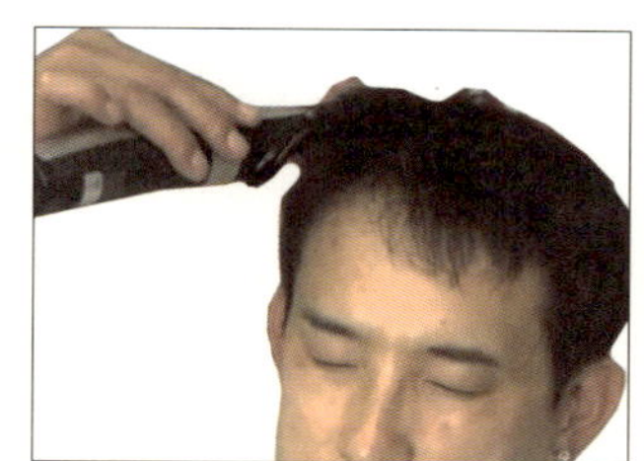

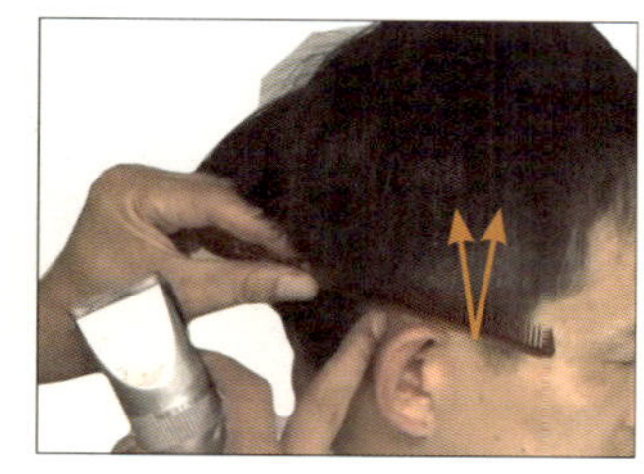

두정부의 시술이 끝나고 나면 우측면부의 모발을 클리퍼 시술을 한다. 사진처럼 빗은 두피에 붙인 후 클리퍼의 밑날을 빗몸에 붙인 후 화살표 방향으로 절삭하여 위로 올라간다. 일반적인 기본형이 아니기에 빗이 올라가는 자세는 반원을 그리듯이 기준부위까지 올라간다.

사진의 화살표처럼 반원을 그리면서 빗이 올라가고 클리퍼도 같이 따라 올라가면서 모발을 절삭한다. 여러 가지의 방법이 있겠지만 연결 동작으로 올라가는 것이 좋다. 빗을 두피에 붙일 때에는 빗발을 세워주는 것이 시술하기에 용이함을 만든다.

사진에서 화살표처럼 빗을 두피에 붙여주고 빗발을 세워주는데 빗을 세워줄 때에는 짧은 모발일 때에는 4WAY 컷트 각도가 10°정도 이겠지만 두정부의 모발이 길 때에는 4WAY컷트 각도가 화살표처럼 더 넓어질 수 있으니 4WAY각도를 잘 숙지하라.

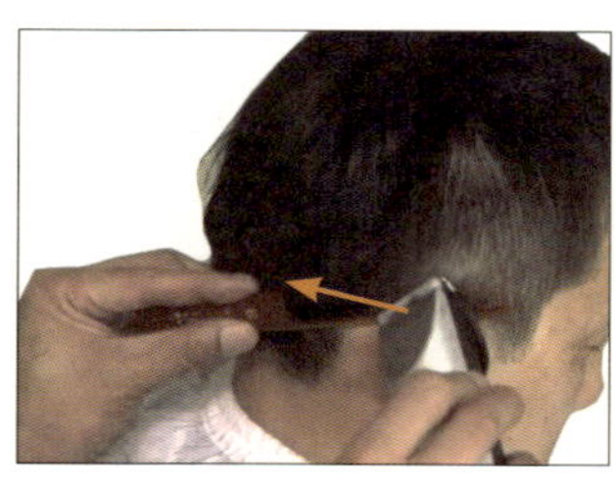

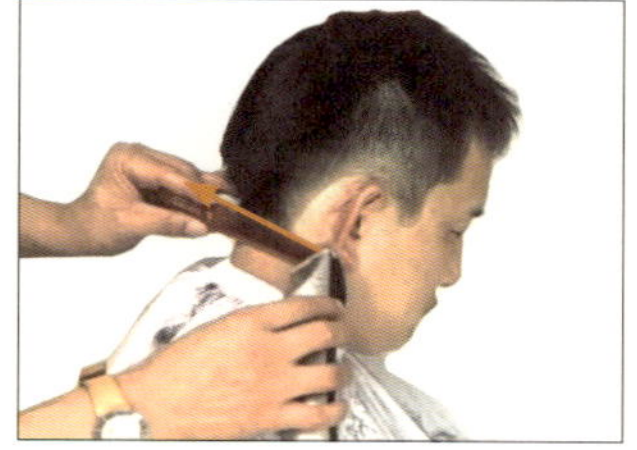

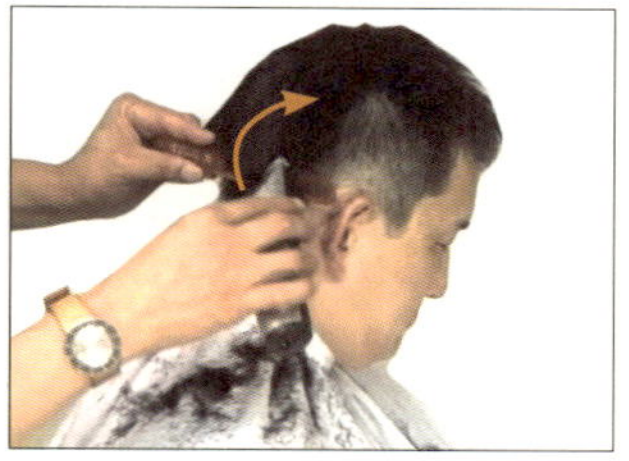

측면부의 클리퍼컷트가 끝나고 나면 귀 뒤의 부분으로 넘어오게 되는데, 이 부분은 사진처럼 빗이 귀 뒤로 들어가 붙인 후 클리퍼의 날로 자연스럽게 눌러주면서 시술을 하면 용이하게 시술이 수월해진다.

사진처럼 클리퍼를 시술할 때에는 화살표의 방향으로 빗이 포물선을 그리며 올라가는데 모히칸 컷트에서는 가마 바로 밑 부분은 약간 길게 남겨줘야 데코레이션을 하는데 무리가 없을 것이다.

우측면부의 마지막 단계인 귀 뒤의 부분을 사진처럼 빗은 두피에 붙여준 후 클리퍼 시술을 하여 준다.

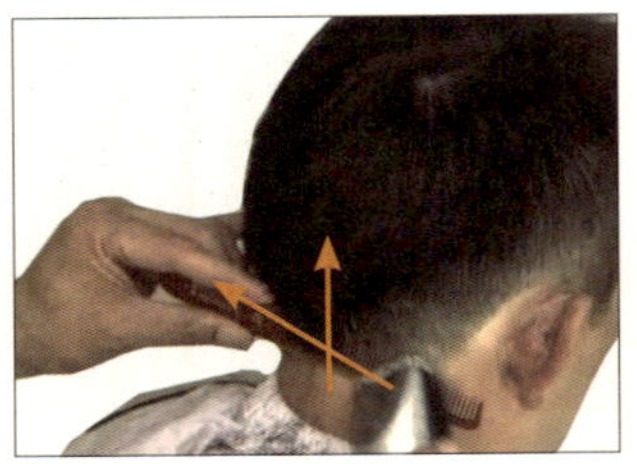

우측부의 시술이 끝나고 나면 후두부의 모발을 클리퍼 시술을 한다. 사진처럼 빗은 두피에 붙인 후 클리퍼의 밑날을 빗몸에 붙인후 화살표 방향으로 절삭하여 위로 올라간다. 일반적인 기본형이 아니기에 빗이 올라가는 자세는 반원을 그리듯이 기준 부위까지 올라간다.

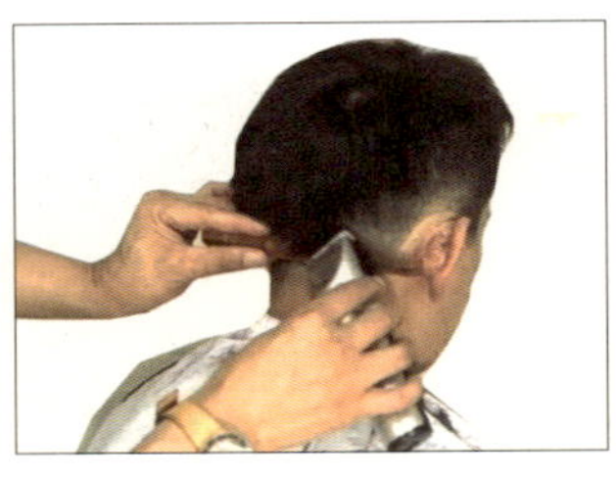

사진의 화살표처럼 반원을 그리면서 빗이 올라가고 클리퍼도 같이 따라 올라가면서 모발을 절삭한다. 여러 가지의 방법이 있겠지만 연결 동작으로 올라가는 것이 좋다. 빗을 두피에 붙일 때에는 빗발을 세워주는 것이 시술하기에 용이함을 만든다.

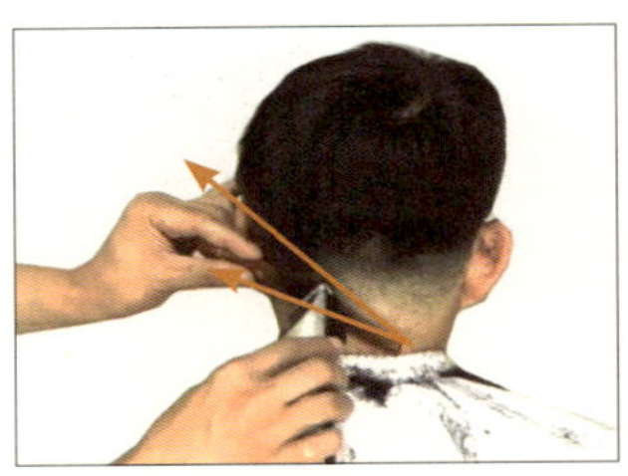

사진에서 화살표처럼 빗을 두피에 붙여주고 빗발을 세워주는데 빗을 세워줄 때에는 짧은 모발일 때에는 4WAY 컷트 각도가 10°정도 이겠지만 두정부의 모발이 길 때에는 4WAY컷트 각도가 화살표처럼 더 넓어질 수 있으니 4WAY각도를 잘 숙지하라.

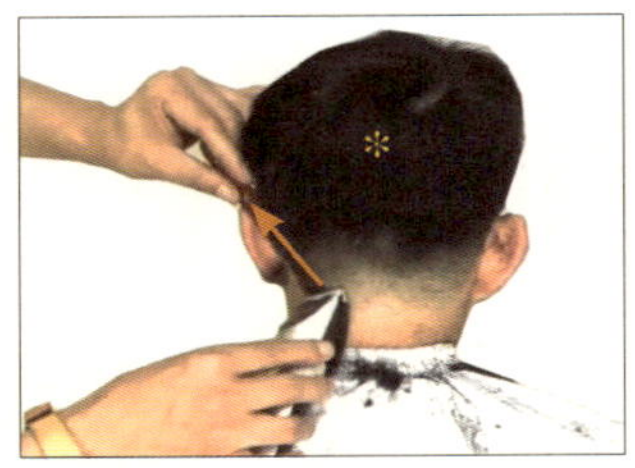

후두부 작업을 할 때에는 사진에서 별(*)표시된 부분은 모발을 남겨놔야 데코레이션에 좋다고 얘기하였다. 그렇다고 많이 남기는 것은 아니지만 왁스를 시술할 때 편하게 시술할 수 있는 길이가 남으면 되겠다.

후두부의 마지막 단계인 좌귀 뒤의 부분을 사진처럼 빗은 두피에 붙여준 후 클리퍼 시술을 하여 준다.

사진처럼 클리퍼를 시술할 때에는 화살표의 방향으로 빗이 포물선을 그리며 올라가는데 모히칸 컷트에서는 가마 바로 밑 부분은 약간 길게 남겨줘야 데코레이션을 하는데 무리가 없을 것이다.

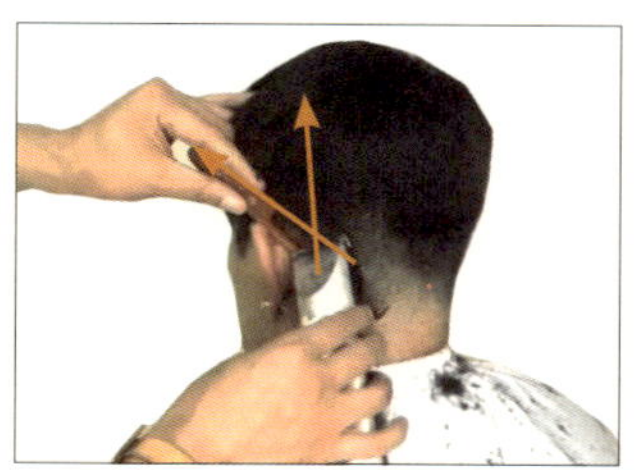

후두부의 시술이 끝나고 나면 좌측면부의 모발을 클리퍼 시술을 한다. 사진처럼 빗은 두피에 붙인후 클리퍼의 밑날을 빗몸에 붙인후 화살표 방향으로 절삭하여 위로 올라간다. 일반적인 기본형이 아니기에 빗이 올라가는 자세는 반원을 그리듯이 기준부위까지 올라간다.

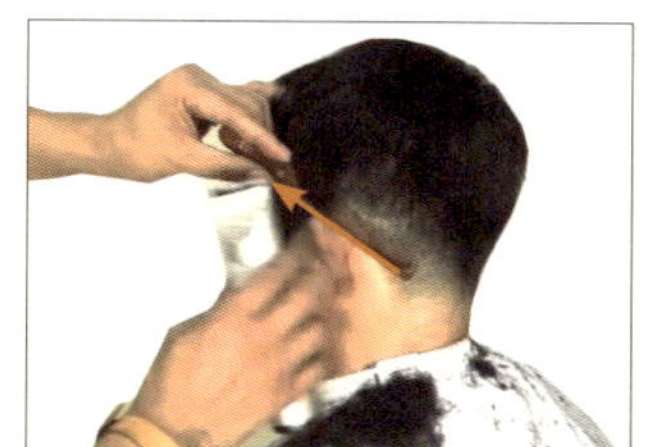

사진의 화살표처럼 반원을 그리면서 빗이 올라가고 클리퍼도 같이 따라 올라가면서 모발을 절삭한다. 여러 가지의 방법이 있겠지만 연결동작으로 올라가는 것이 좋다. 빗을 두피에 붙일 때에는 빗발을 세워주는 것이 시술하기에 용이함을 만든다.

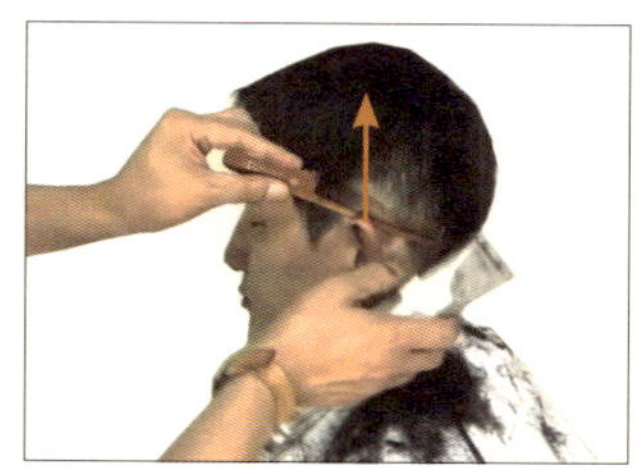

사진에서 화살표처럼 빗을 두피에 붙여주고 빗발을 세워주는데 빗을 세워줄 때에는 짧은 모발일 때에는 4WAY 컷트 각도가 10" 정도이겠지만 두정부의 모발이 길 때에는 4WAY컷트 각도가 화살표처럼 더 넓어질 수 있으니 4WAY각도를 잘 숙지하라.

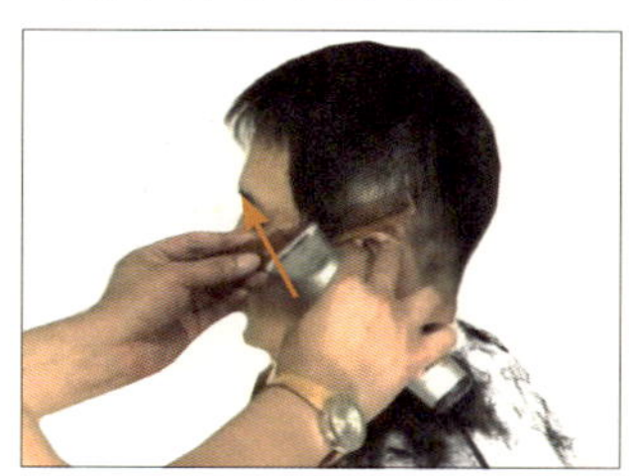

좌측면부 작업을 할 때에는 우측에서 시술한 것과는 다르게 자세의 변화가 있어서 안정적이지 못한 경우가 있을 수 있다. 그 정도의 모습은 생길 수 있으니 연습을 많이 하는 수밖에 없다.

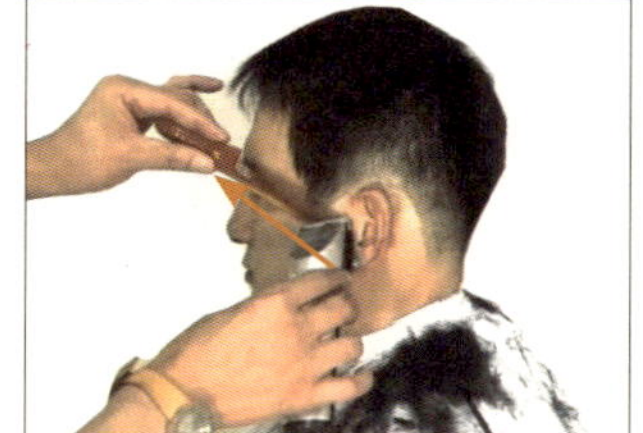

좌측면부의 마지막 단계인 좌 귀 앞의 부분을 사진처럼 빗은 두피에 붙여준 후 클리퍼 시술을 하여 준다. 빗이 사진처럼 사선으로 있을 때에는 빗을 수평으로 만드는 것을 잊으면 안되겠다.

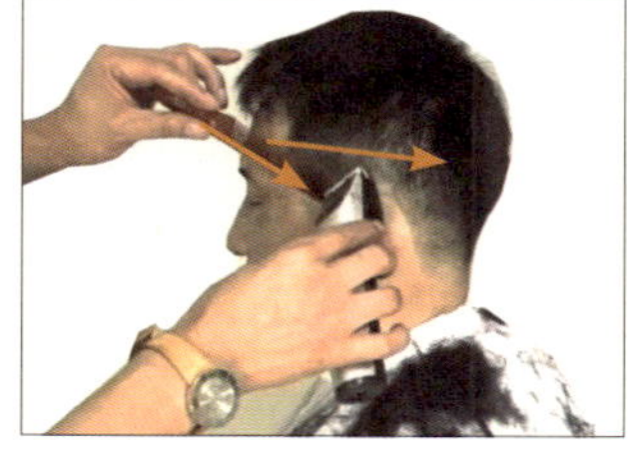

사진처럼 클리퍼를 시술할 때에는 화살표의 방향으로 빗이 포물선을 그리며 올라가는데 모히칸 컷트에서는 구렛나루를 남길 것이냐 없앨 것이냐에 주안점도 염두에 둬야 한다.

앞머리 컷트 시술 및 해설

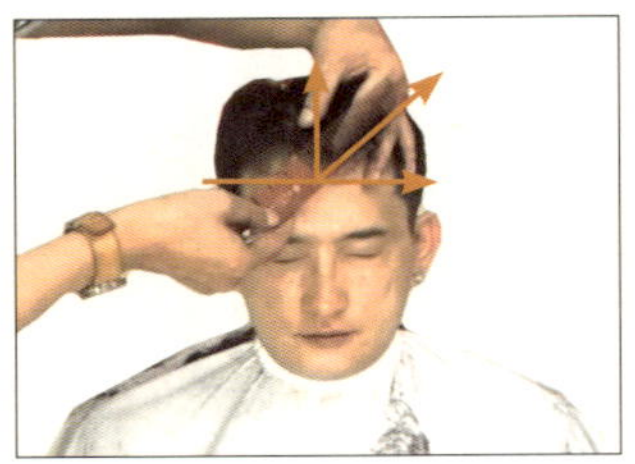

후두부의 시술이 끝나고 나면 앞머리의 모발 시술을 한다. 사진처럼 빗은 두피에 붙인 후 모발을 화살표 방향으로 4WAY 컷트45° 손가락을 세워서 절삭한다.

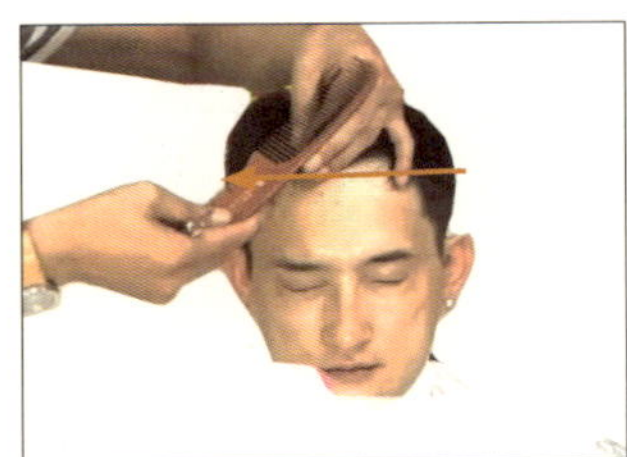

앞부분의 모발은 전반적으로 3~4번 정도를 시술하여 주는데 좌측 부분의 앞 모발부터 순차적으로 시작해서 우측으로 오는 것이 바람직하다. 시술을 밀어가며 하는 것이 아니고 당기면서 해야 손에 힘이 들지 않기 때문이다.

사진처럼 가위 시술 o,s 포인트 컷트로 하여주고 모발을 제대로 세운 후 한번 에 절삭을 하여야 하여야 한다. 4WAY각도를 잘 숙지하라.

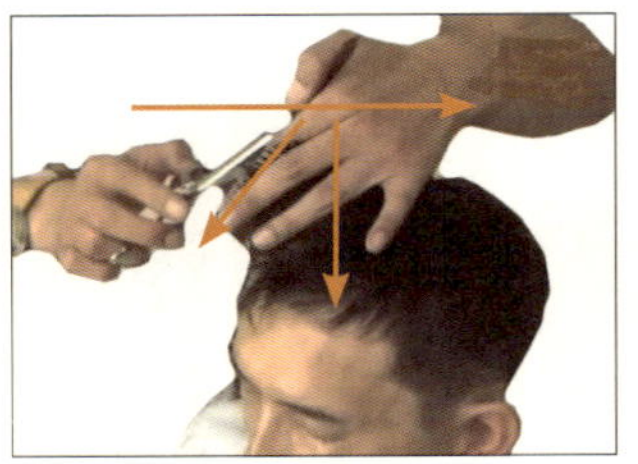

4WAY 컷트에서 각도를 정확히 숙지하면 자세가 부드러워지고 보는 모양이 자연스럽게 되기 때문에 시술이 용이하다.

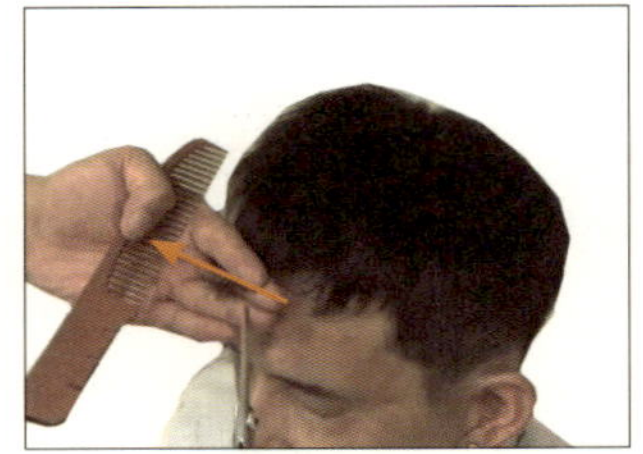

앞 모발은 사진처럼 자연 평을 만들어서 포인트컷트 하여 주는데 모발이 자라난 것과 모발의 흐름을 이해하여야 한다.

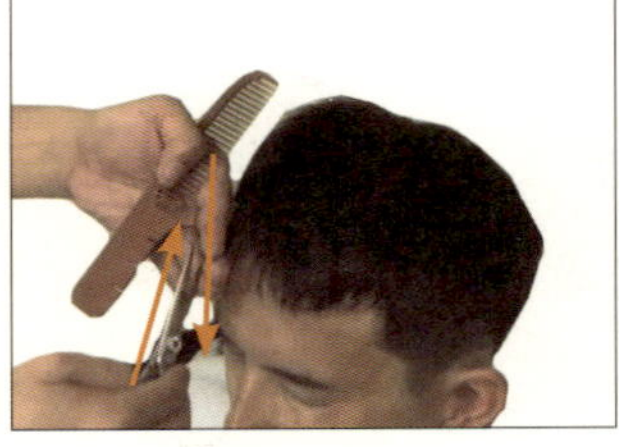

사진처럼 손의 각도와 모발의 흐름을 제대로 짚어내면 시술은 한결 수월 할 것이다. 4WAY 컷트 각도를 잘 숙지하라.

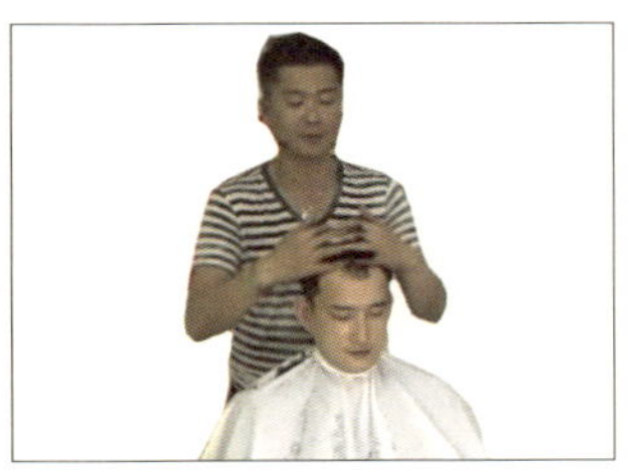

자 이제 모히칸 컷트의 마무리 단계인 스타일링이다. 손 안에 왁스를 적당량을 덜어 펴준 후 모발을 털듯이 왁스 도포하며 모발을 위로 세워 준다.

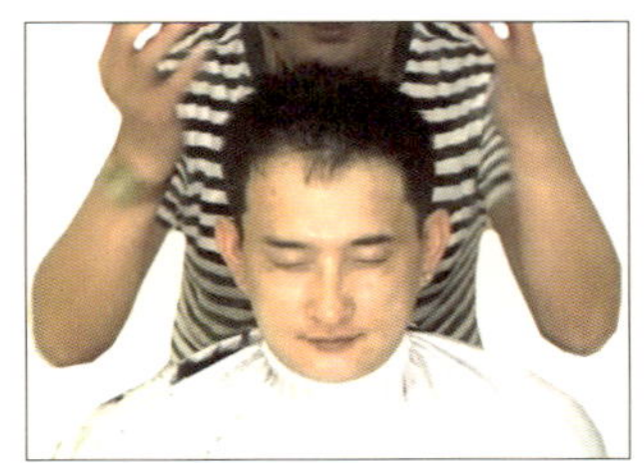

손빗으로 모발에 강약을 주어 데코레이션 하여 준다.

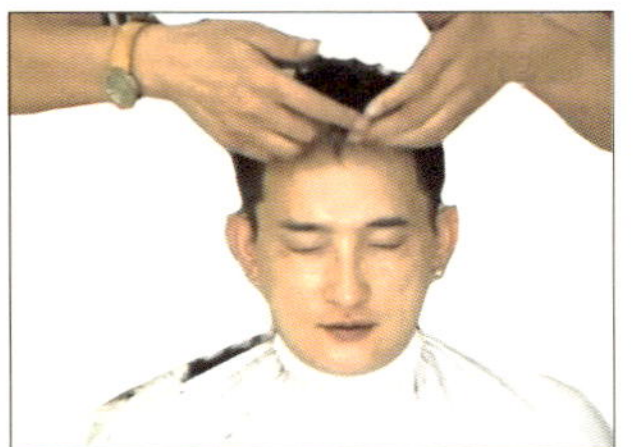

앞머리 역시 손빗을 이용하여 스타일링을 하며 데코레이션을 하여 준다.

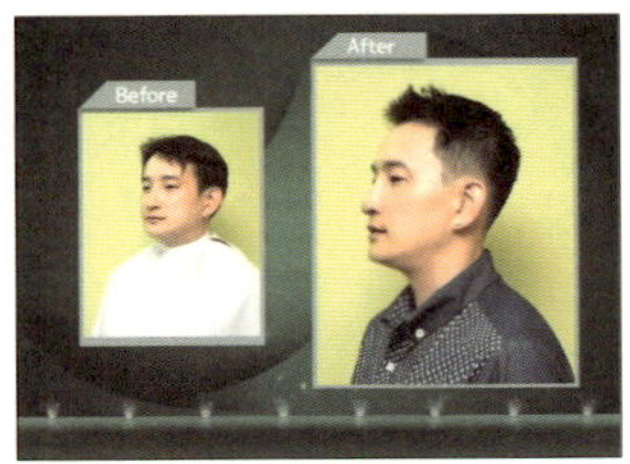

완성 좌측면

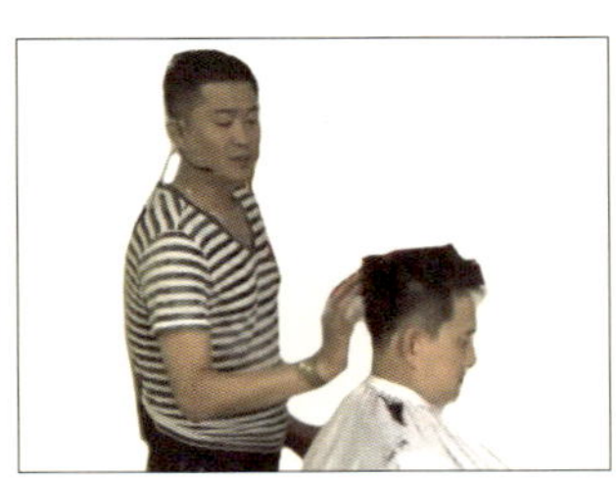

전체 조경을 데코레이션 했으면 완성이다.

완성 정면

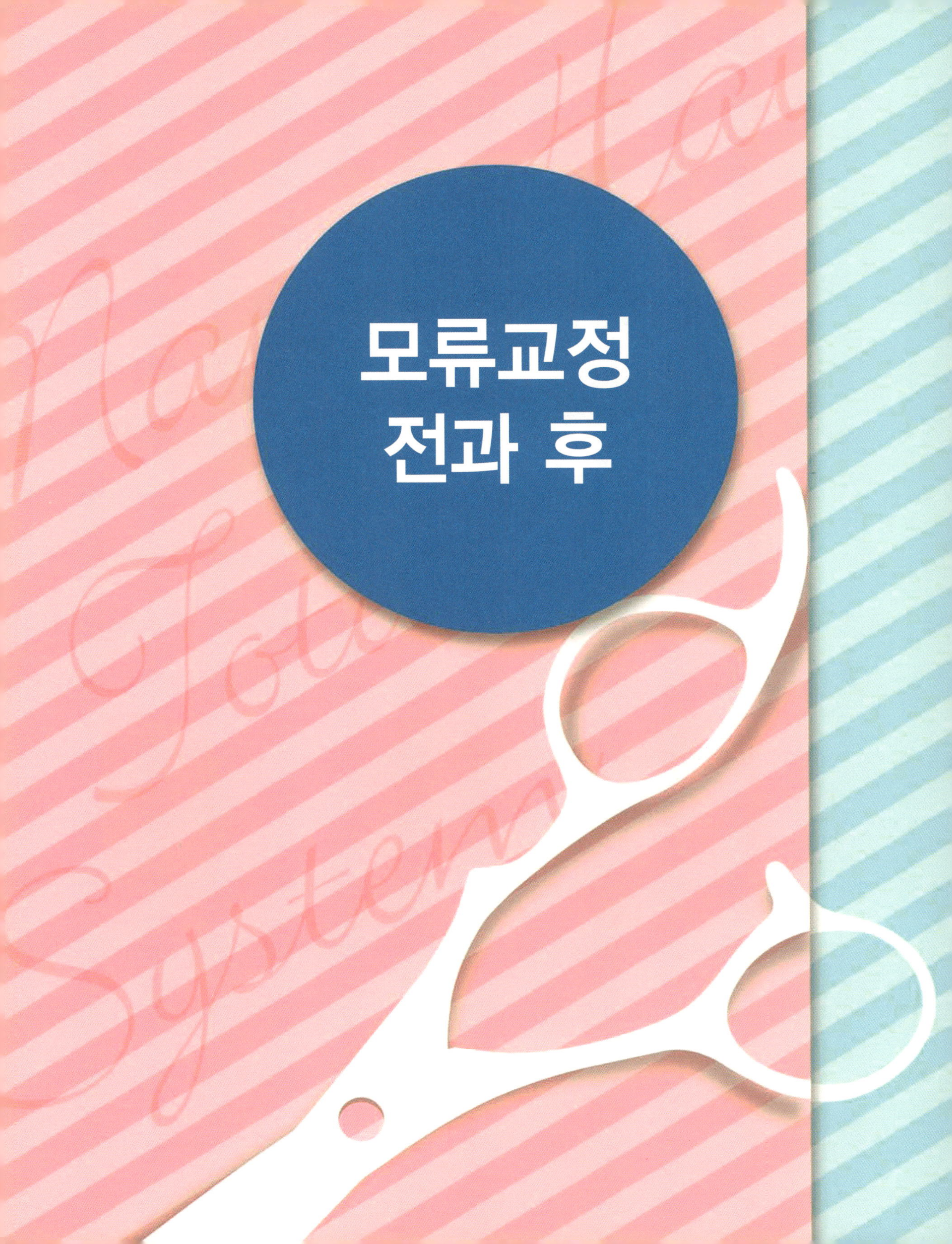

모류교정
전과 후

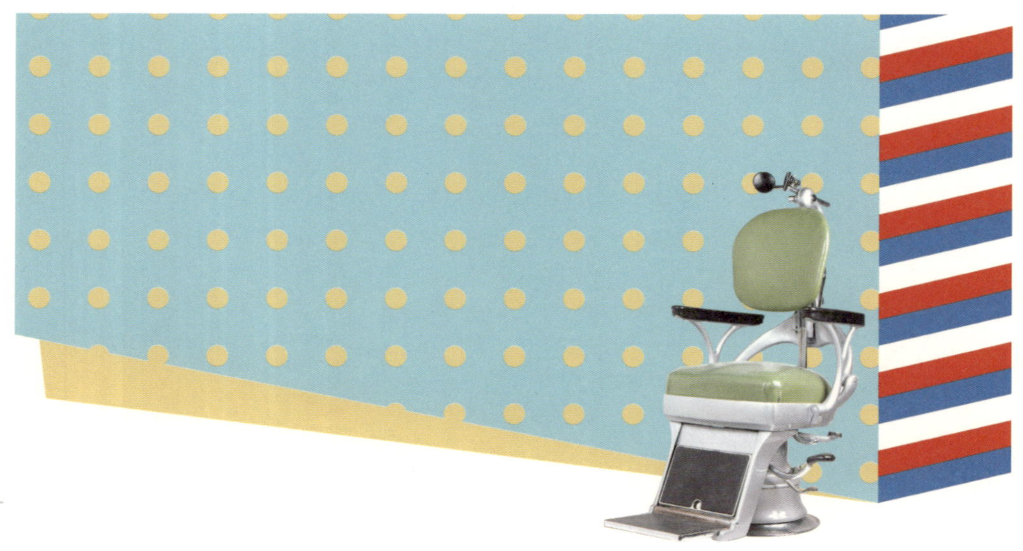

사각지대 교정 및 시술

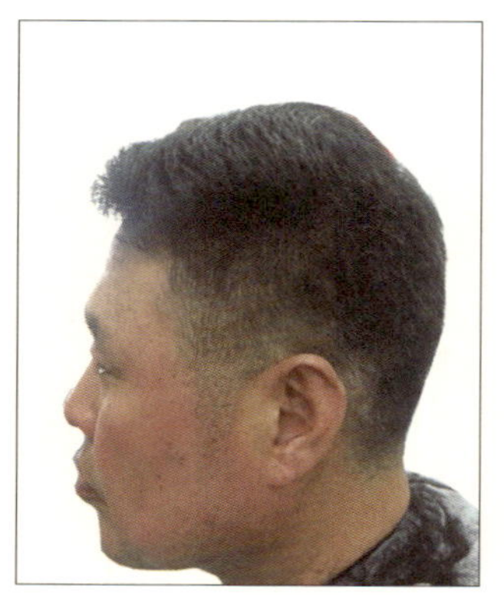

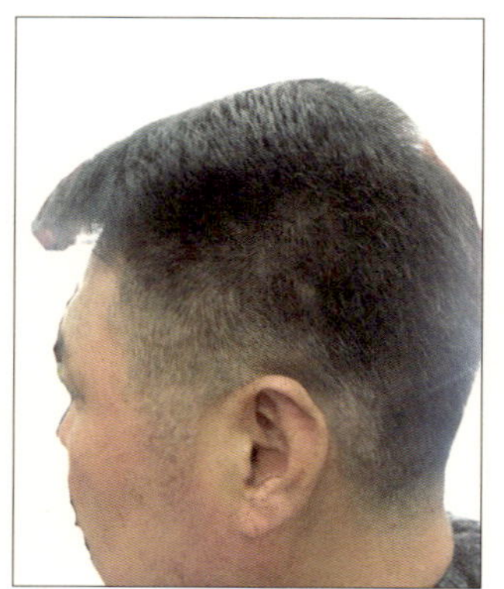

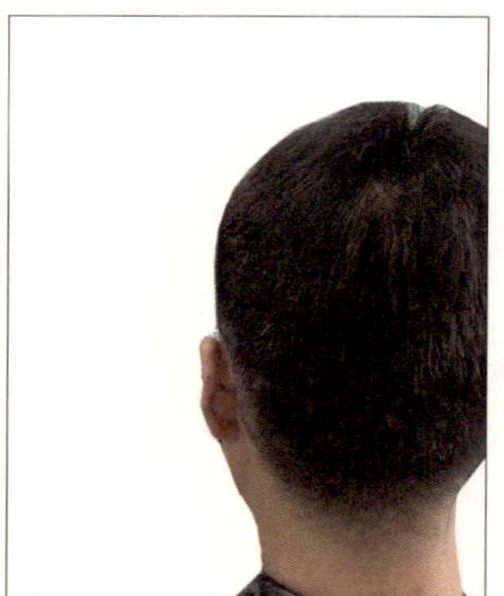

귀 앞 모발 교정 및 시술1

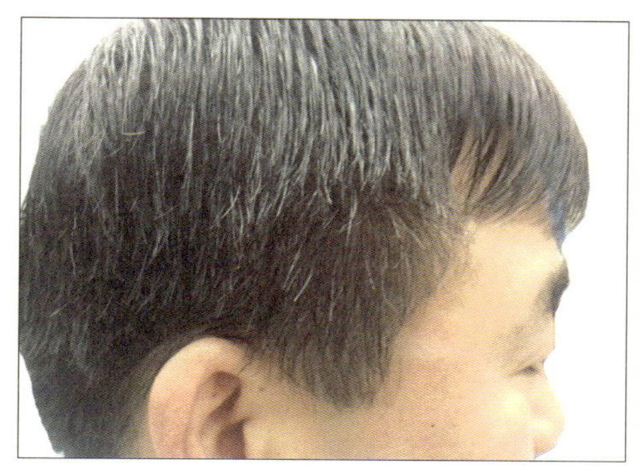 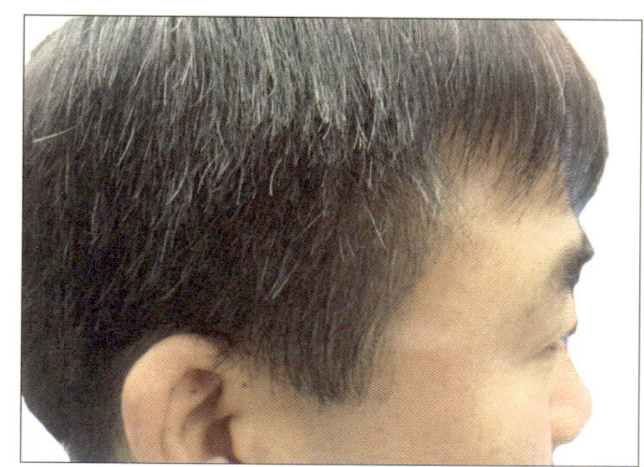

귀 앞 모발 교정 및 시술2

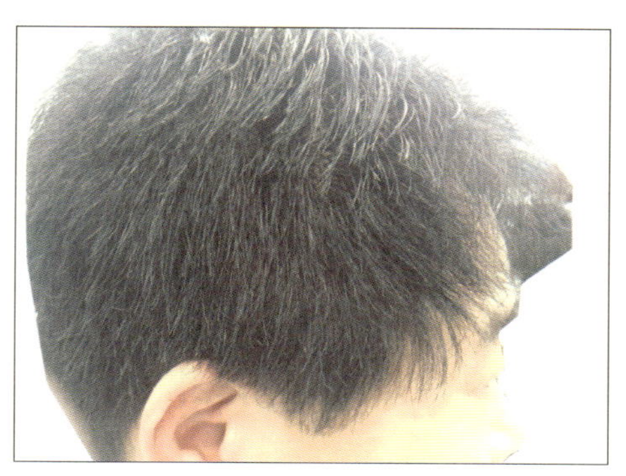 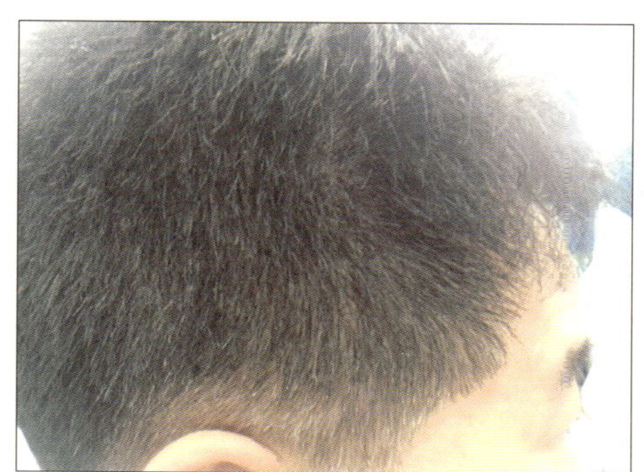

좌측면부 교정 및 시술

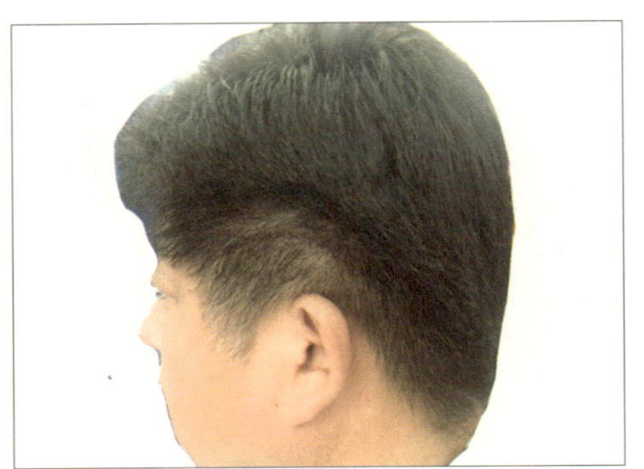
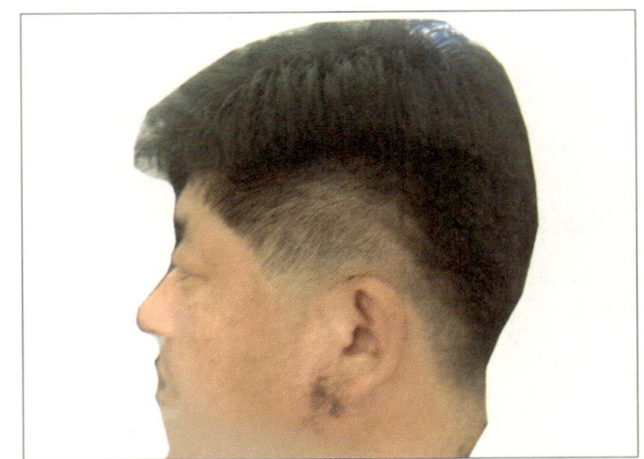

제비초리 교정 및 시술

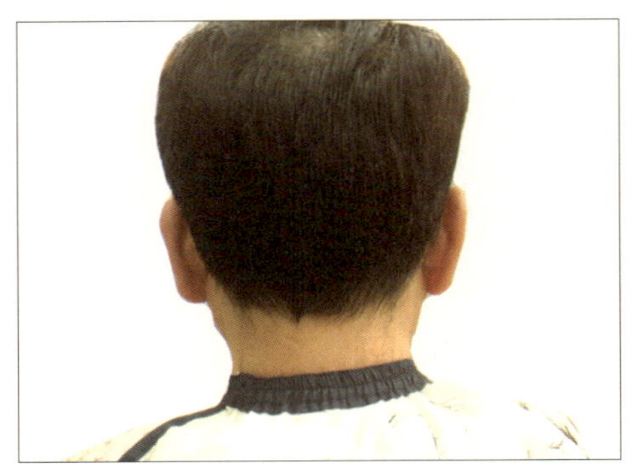
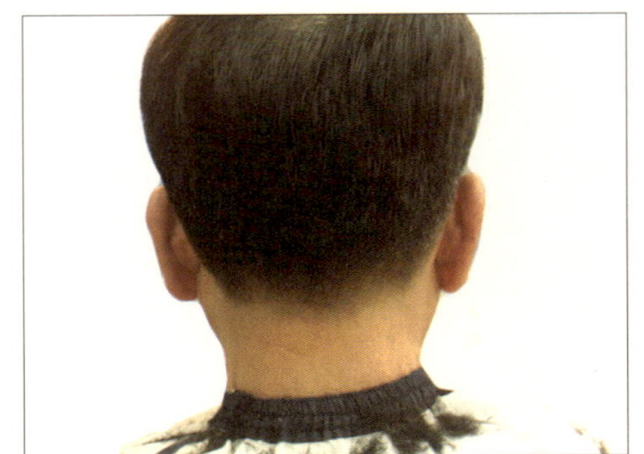

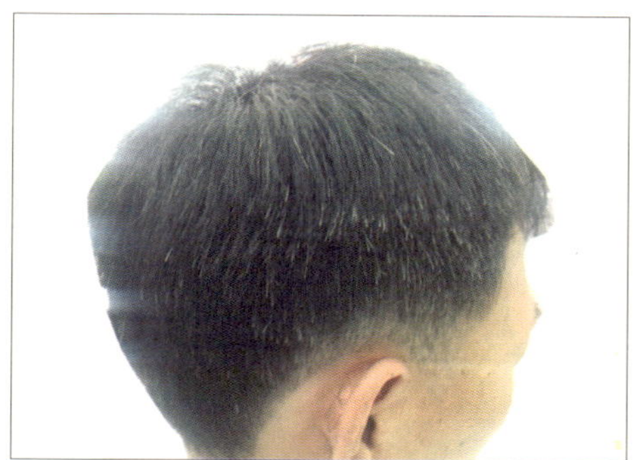 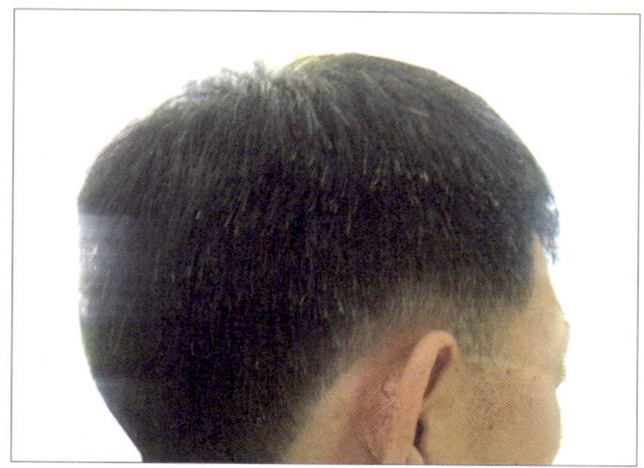

더벅머리 교정 및 시술

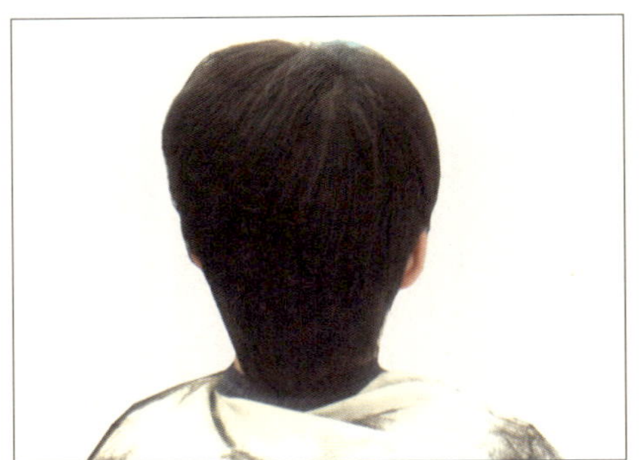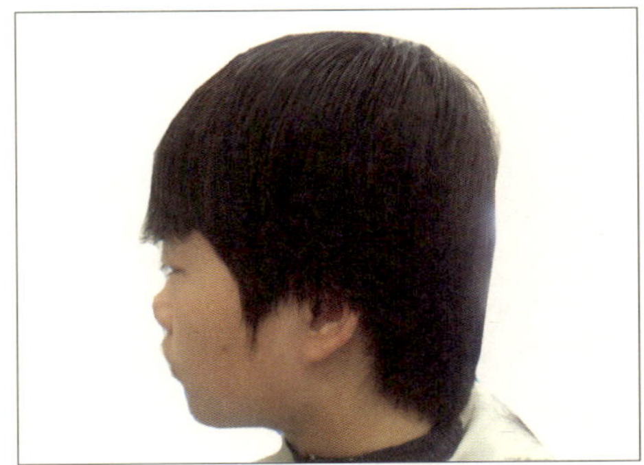

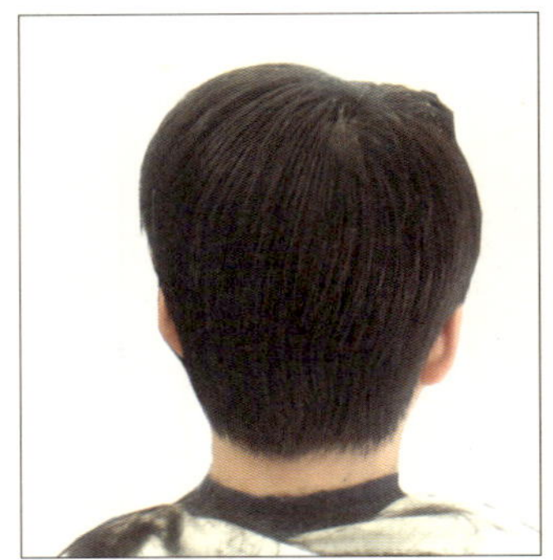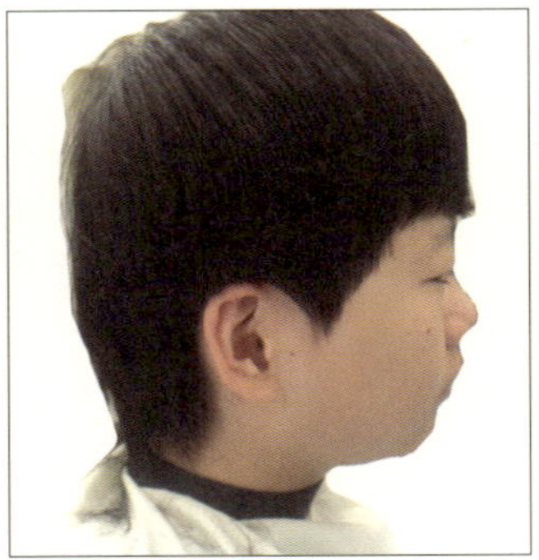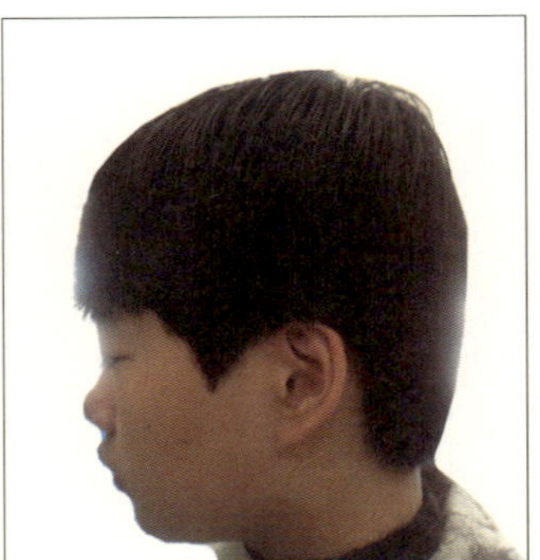

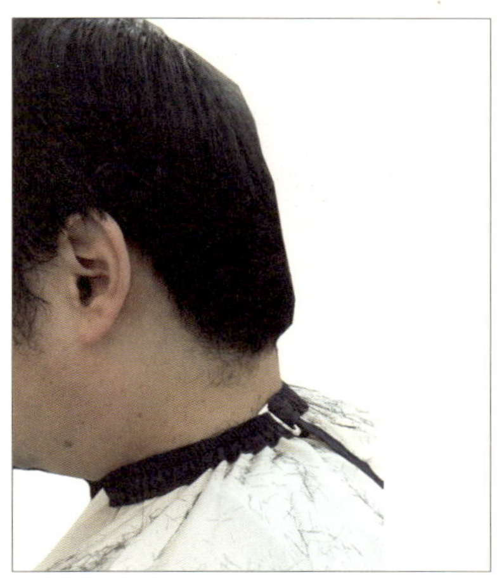
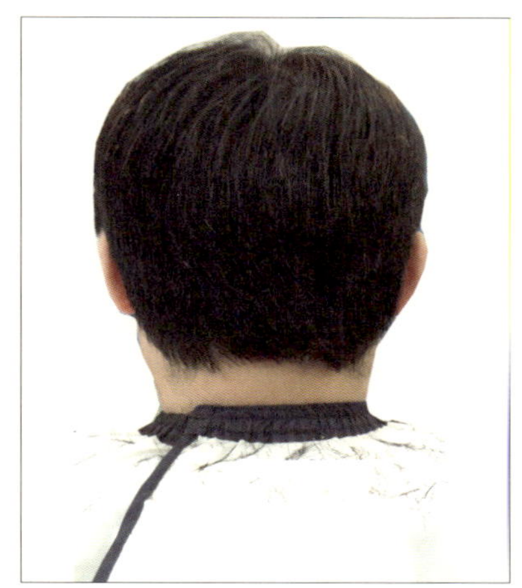

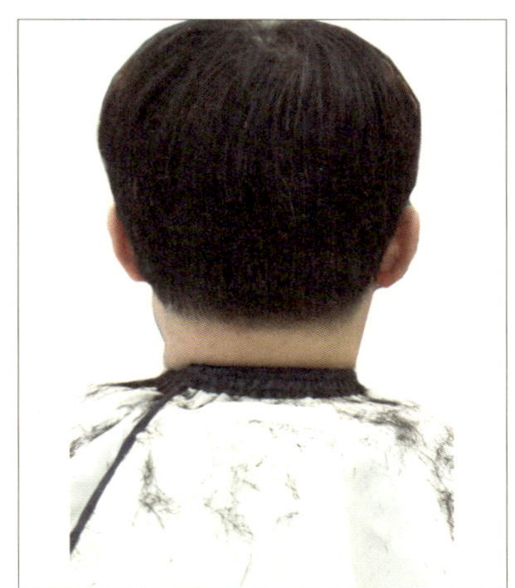

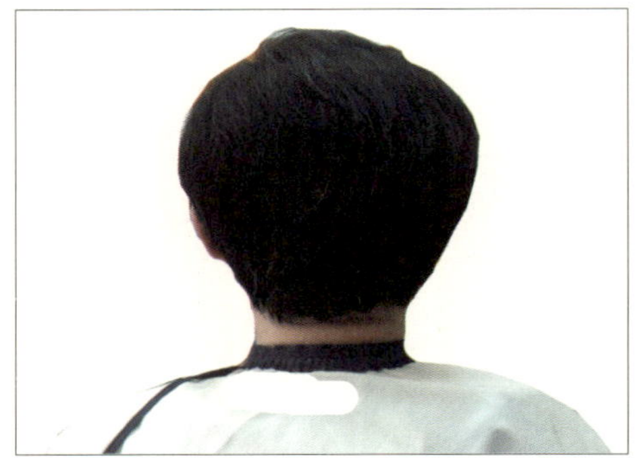

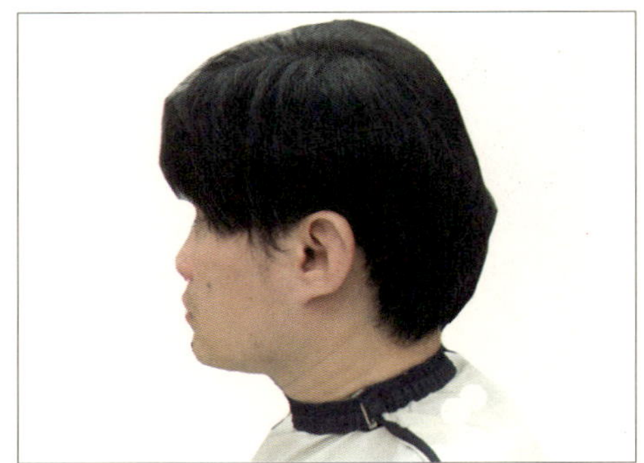

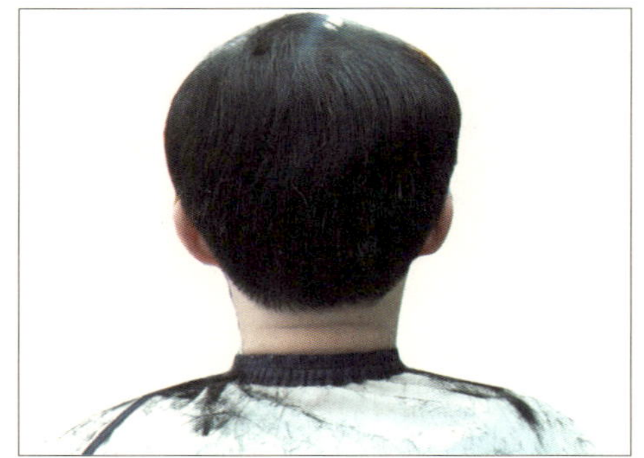

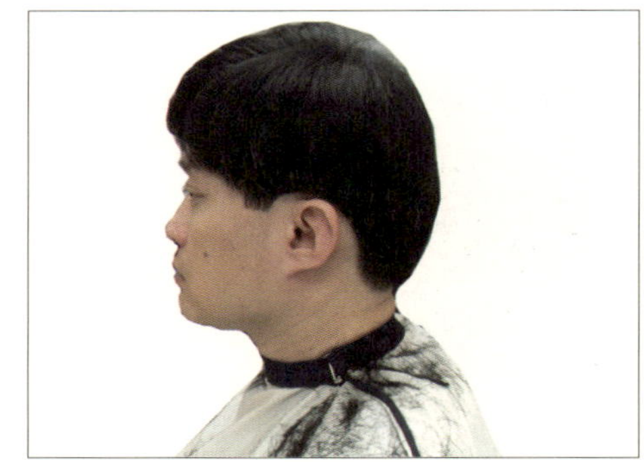

뻗침 모류 교정 및 시술1

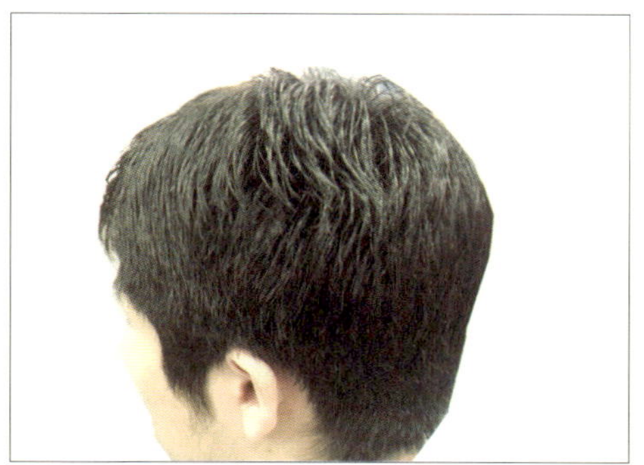
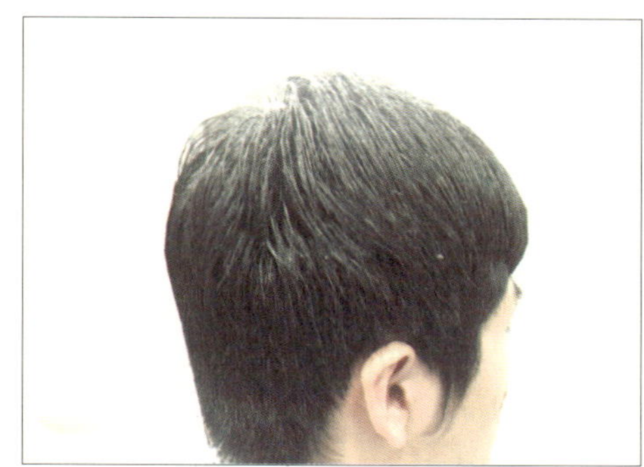

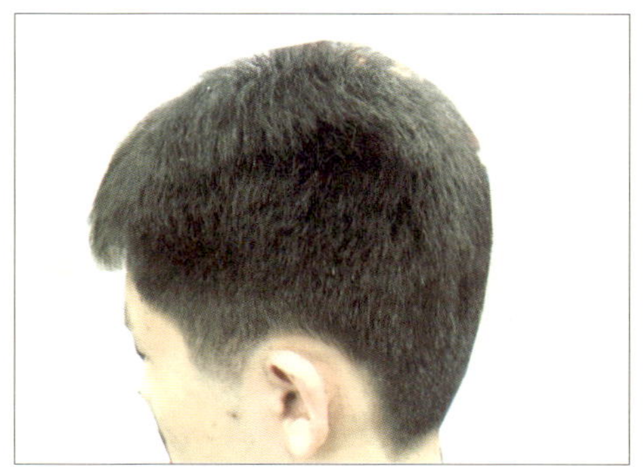
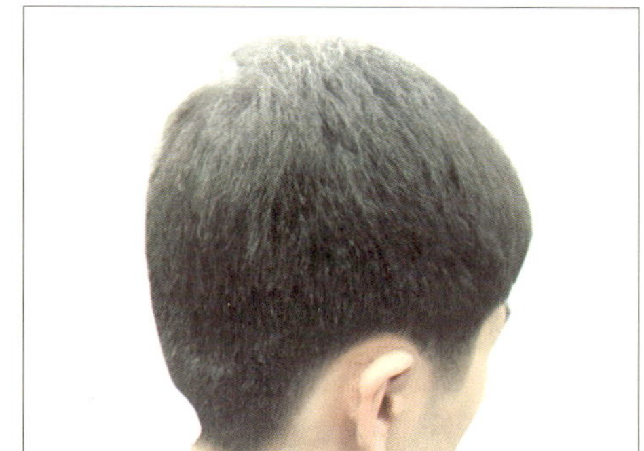

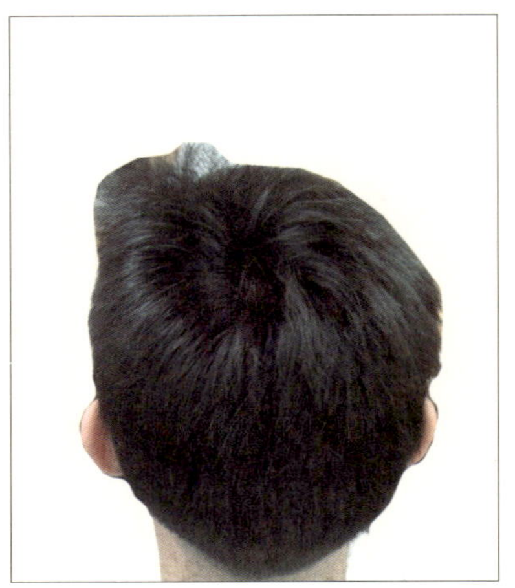
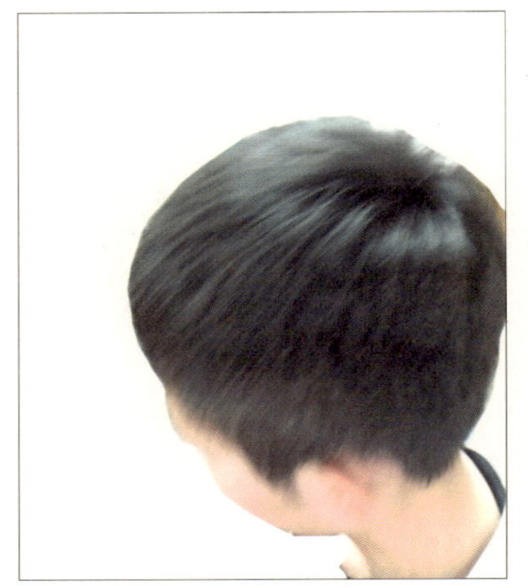

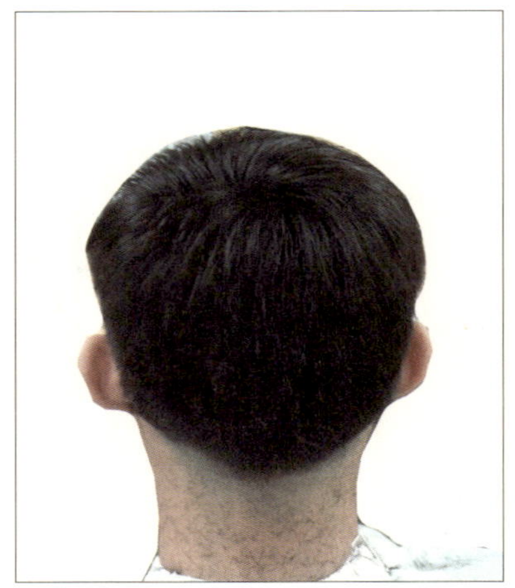
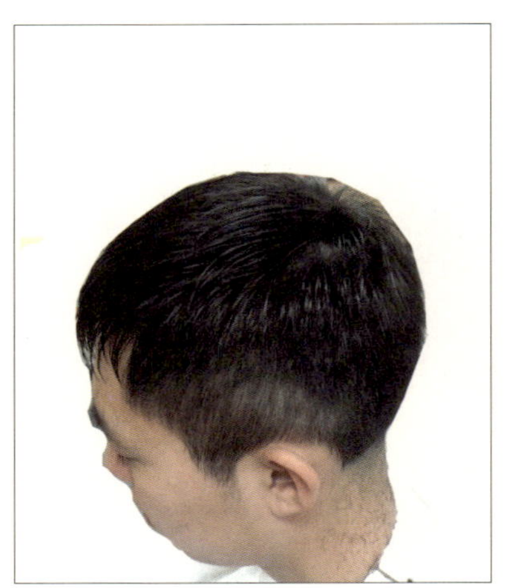

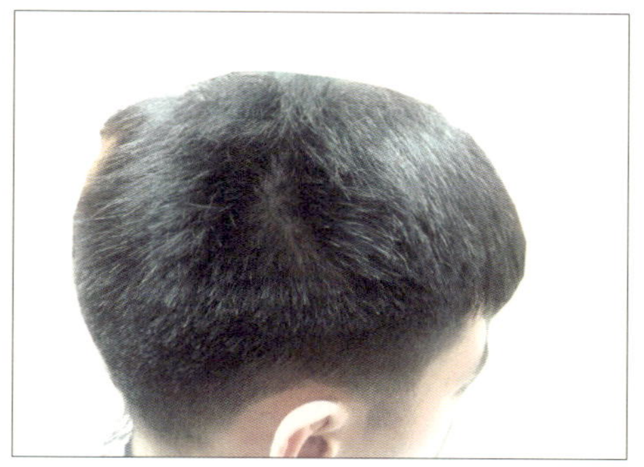
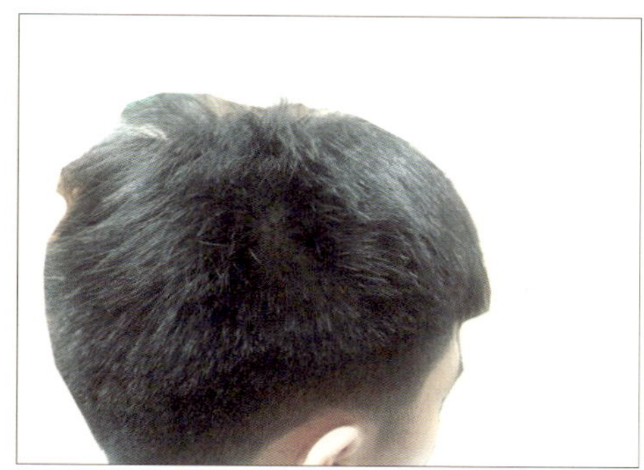
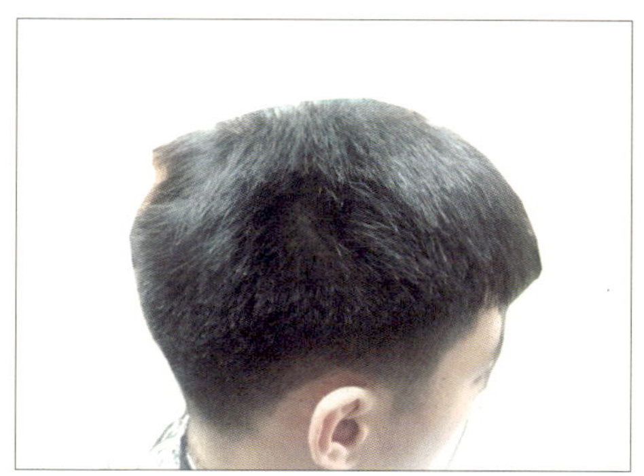
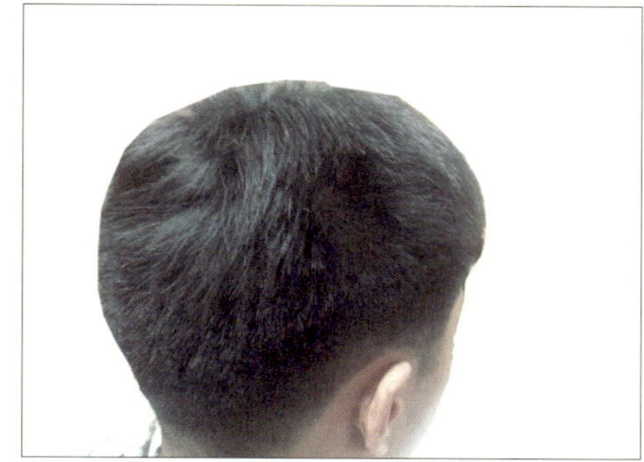

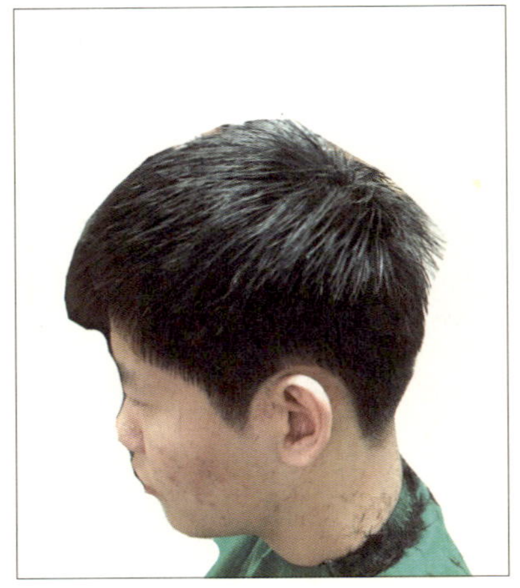

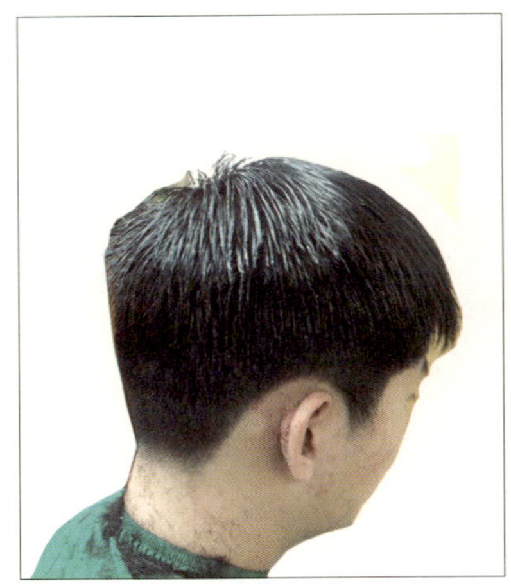

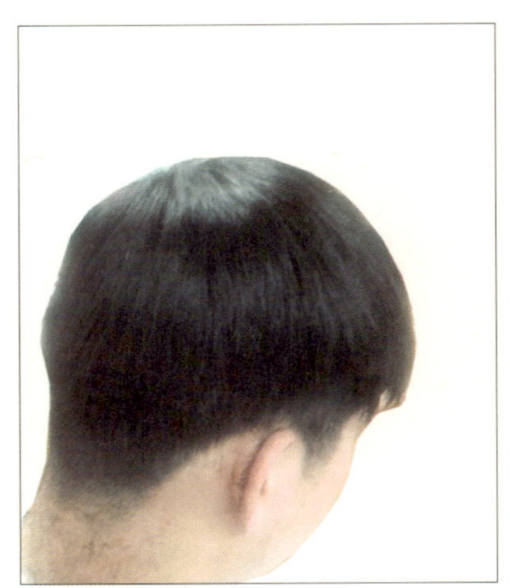

솟은 모류 교정 및 시술1

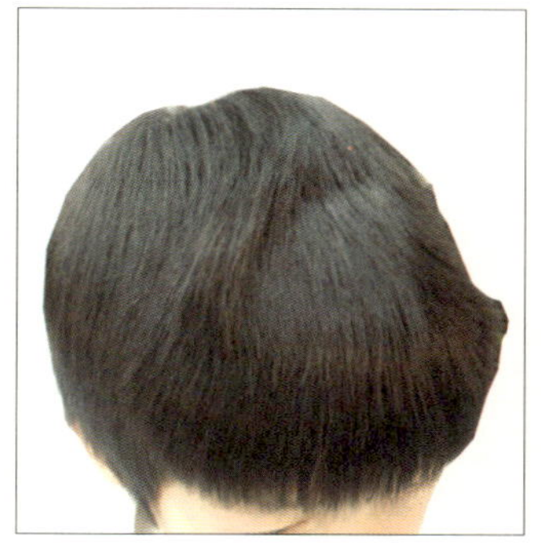

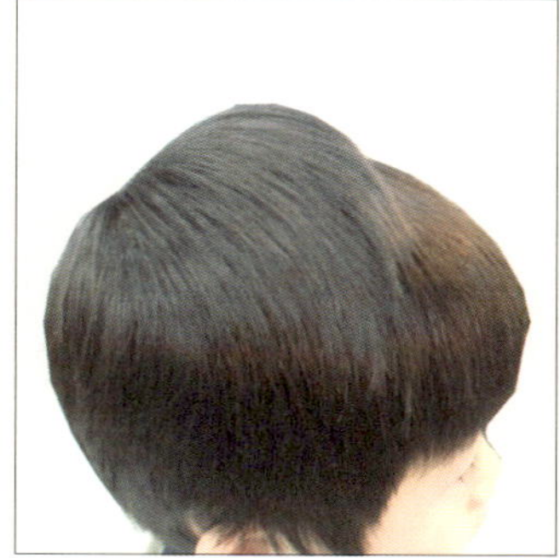

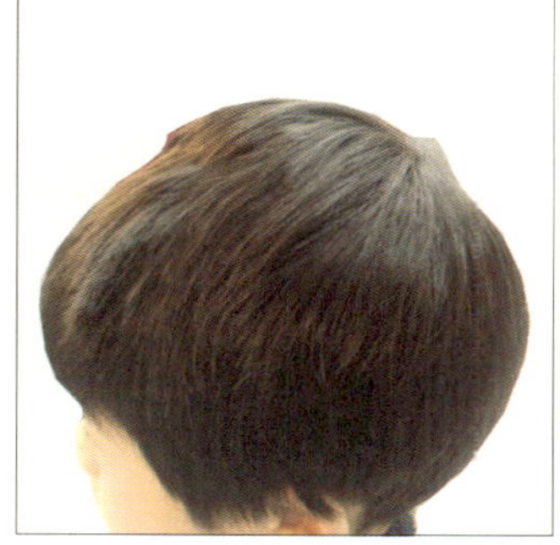

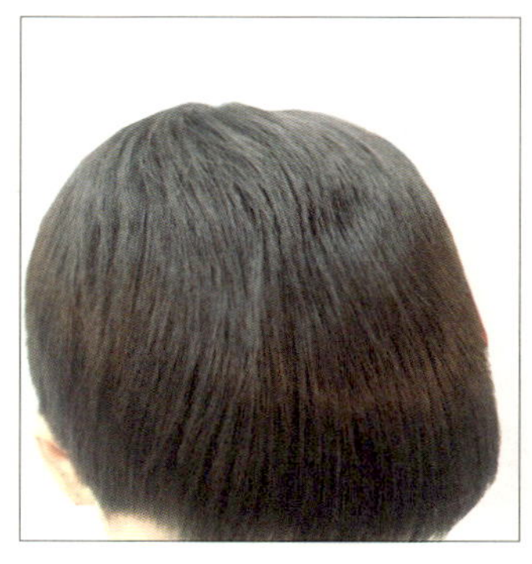

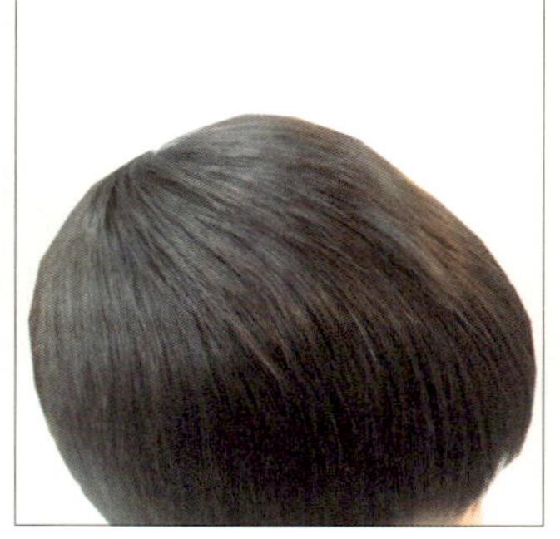

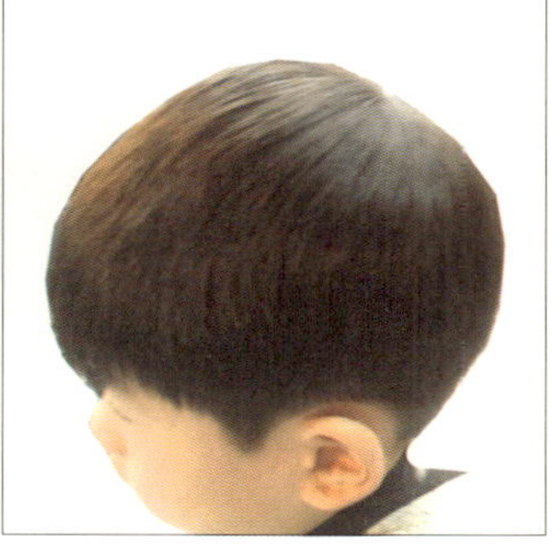

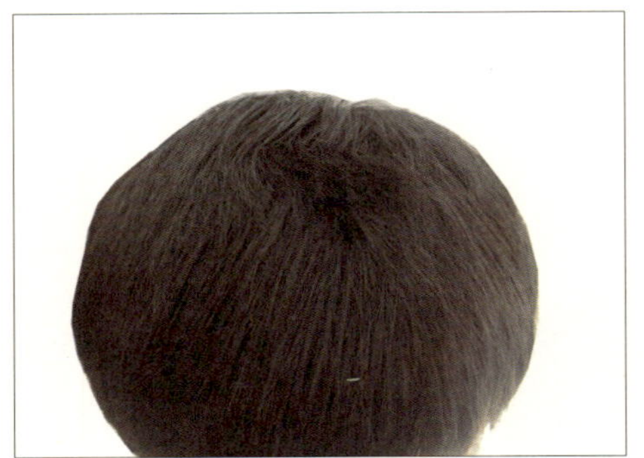
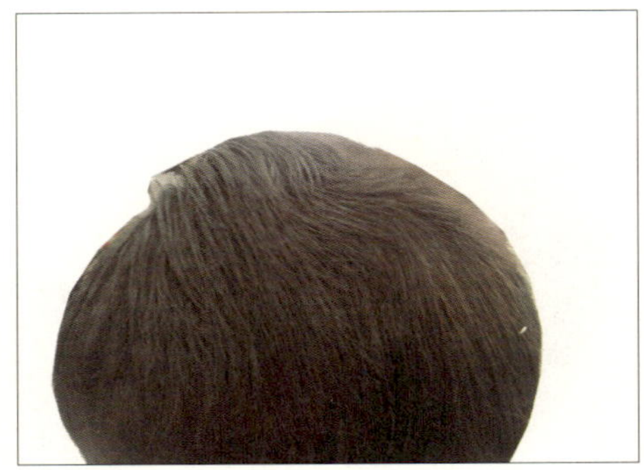
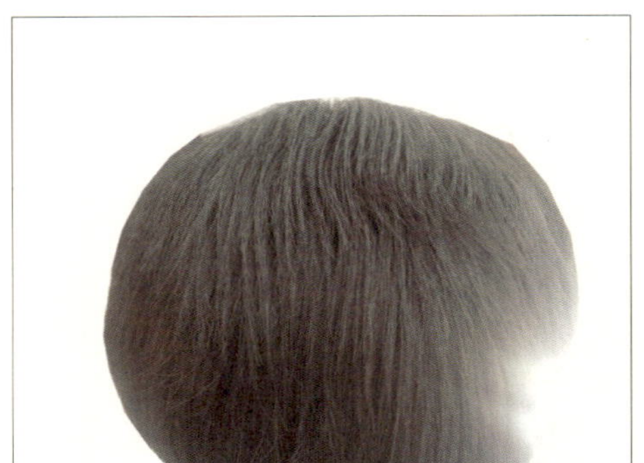
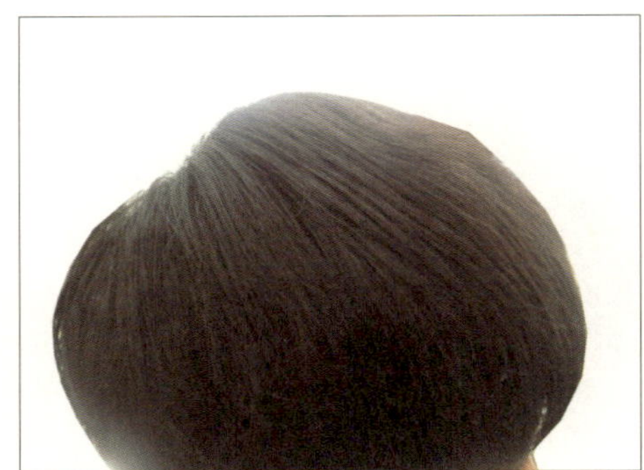

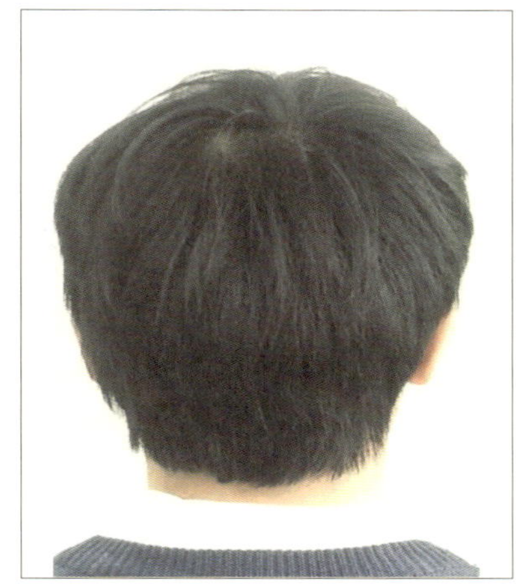

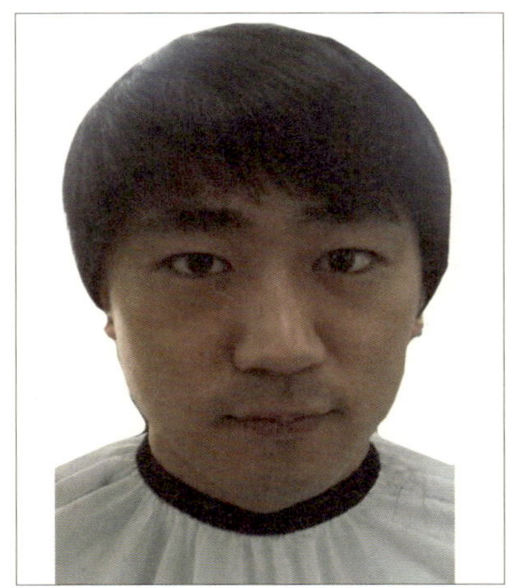
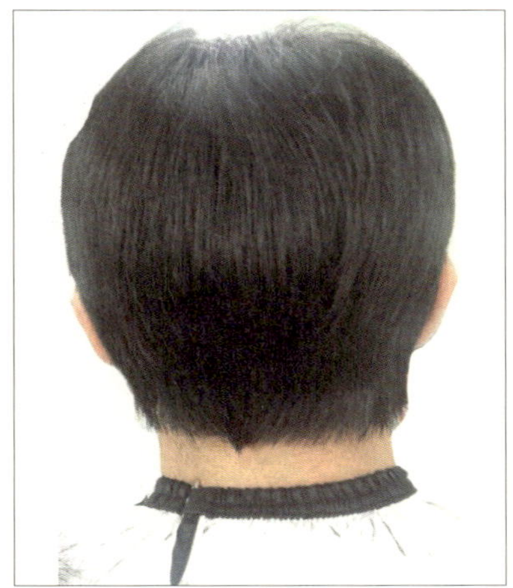

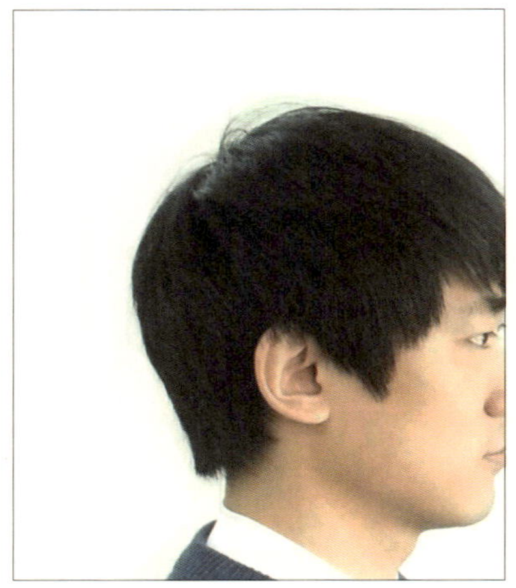
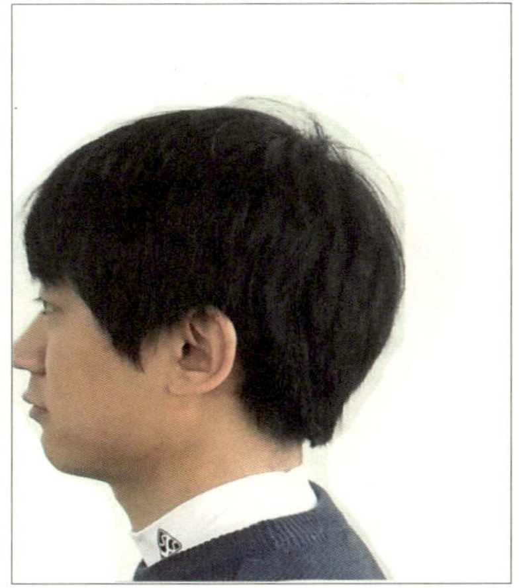
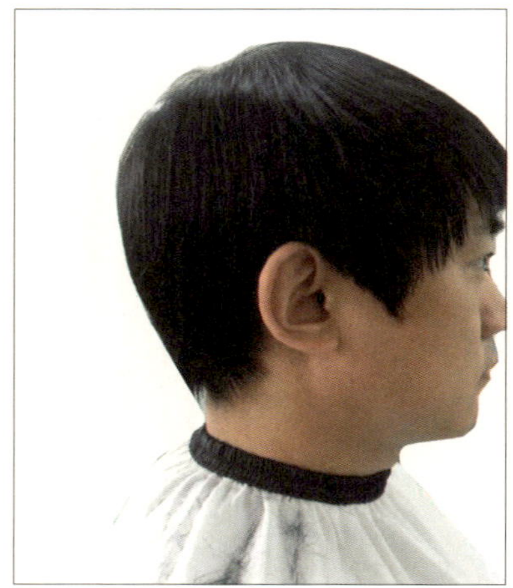
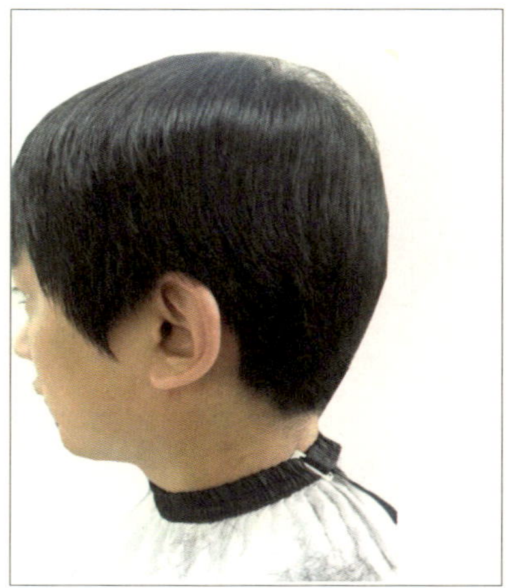

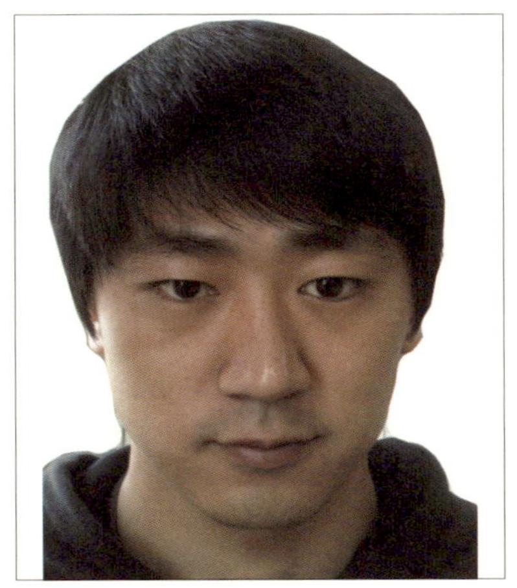
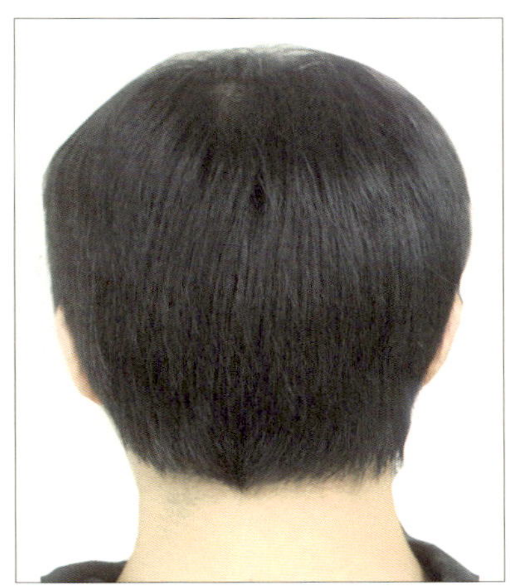
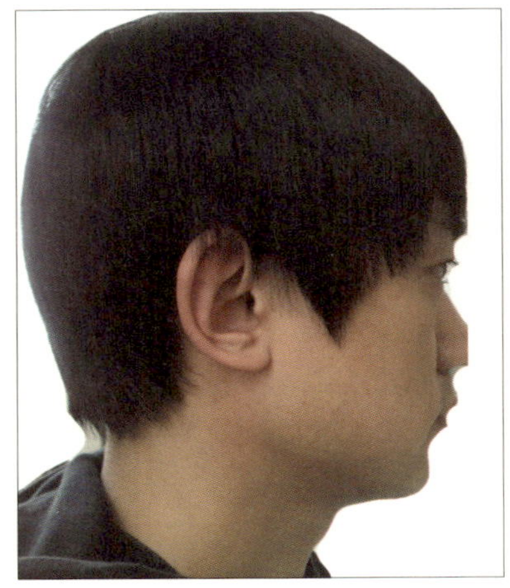
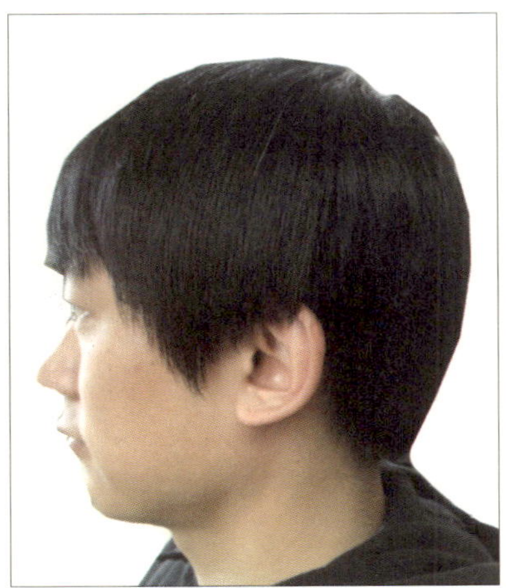

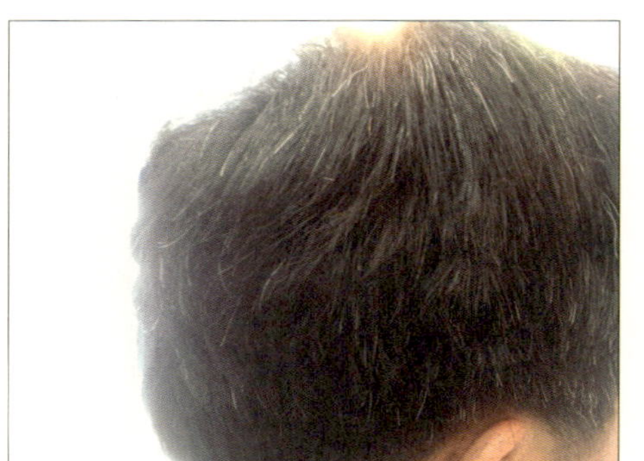
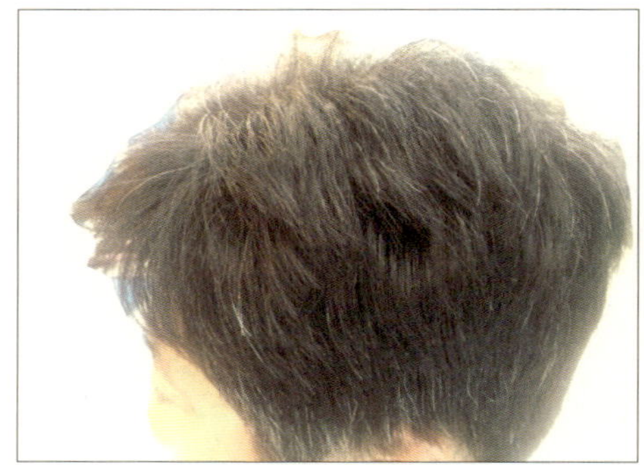

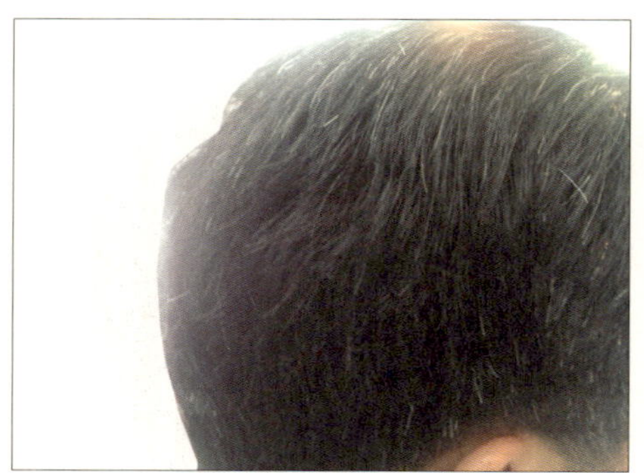
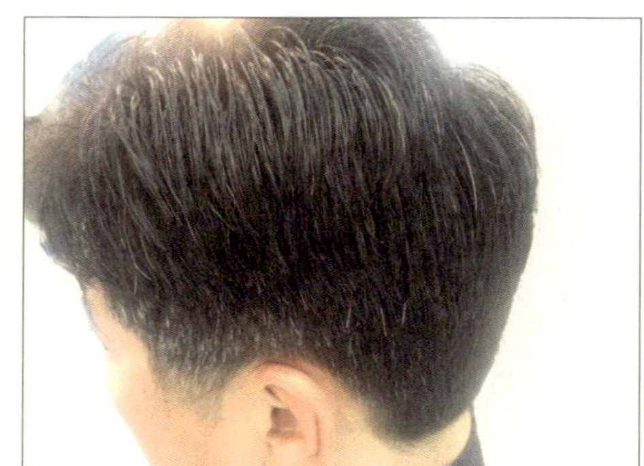

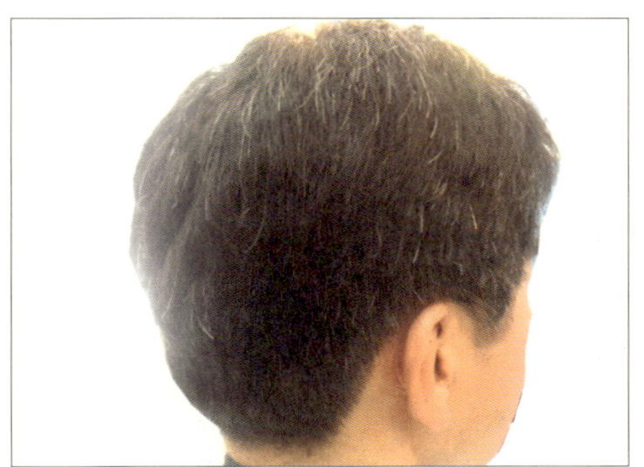
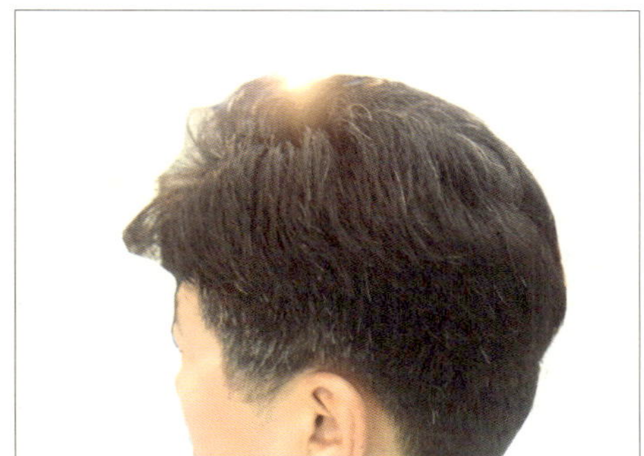

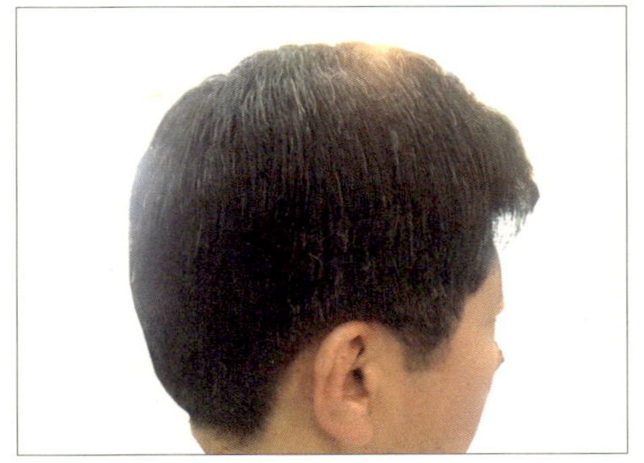
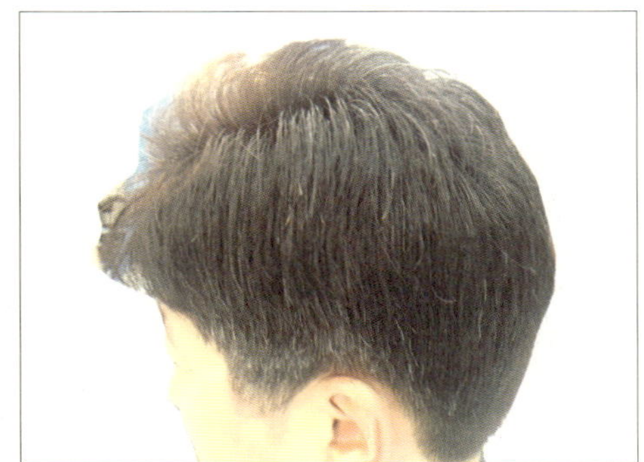

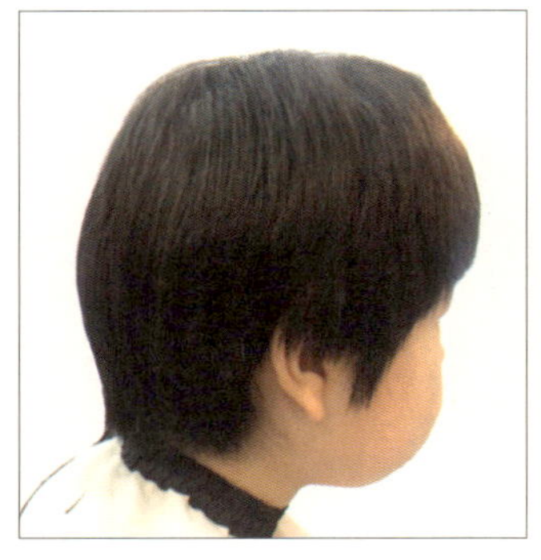
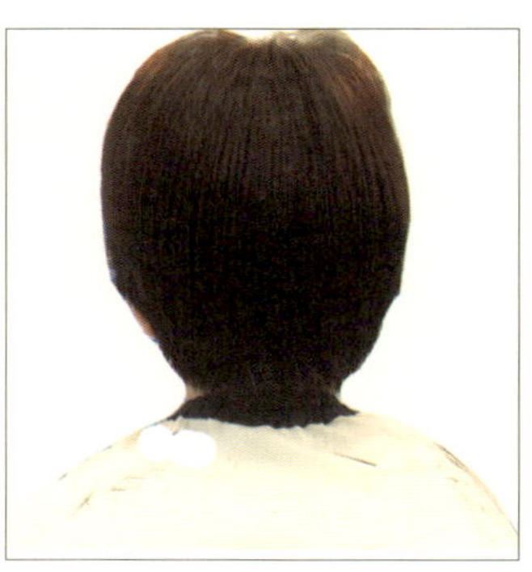
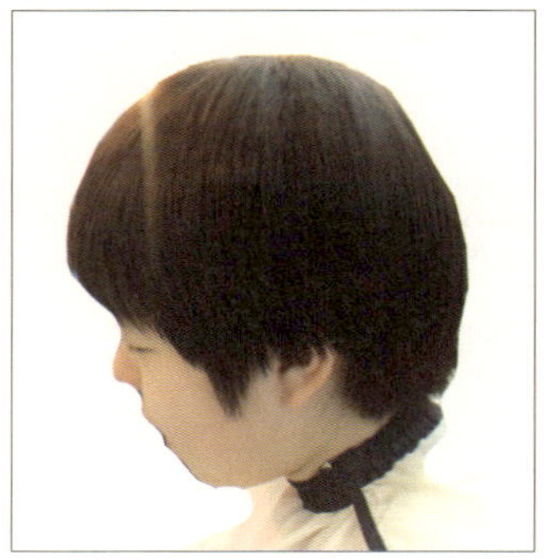
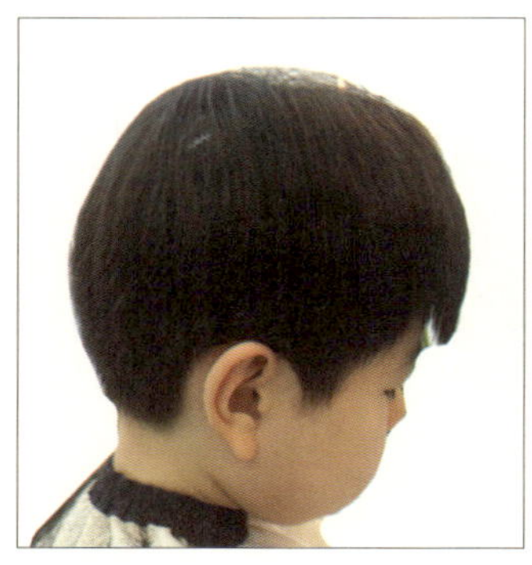
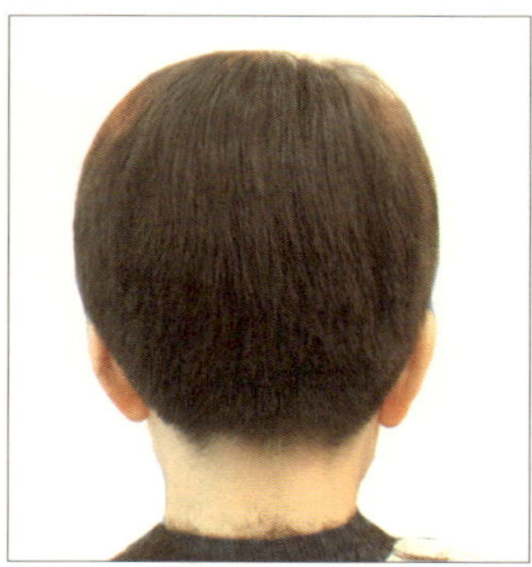
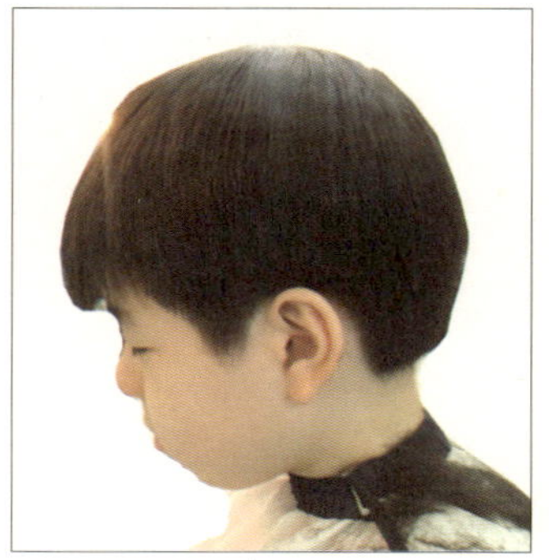

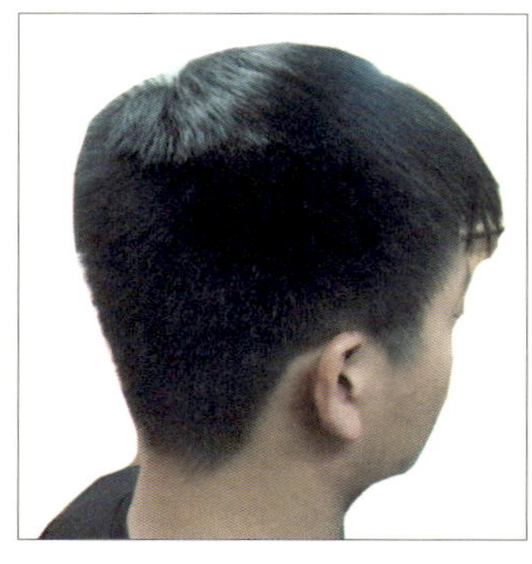

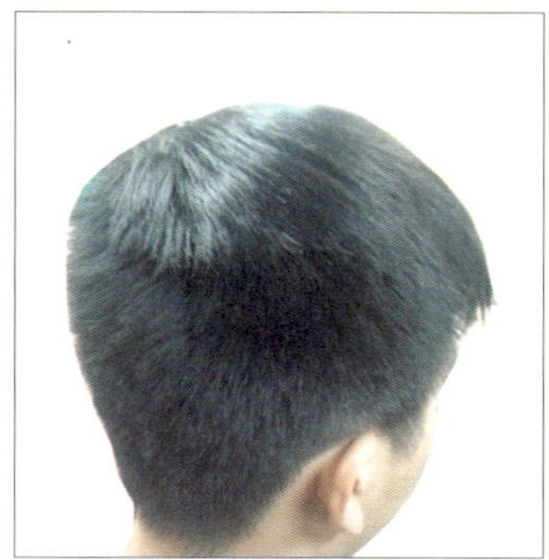

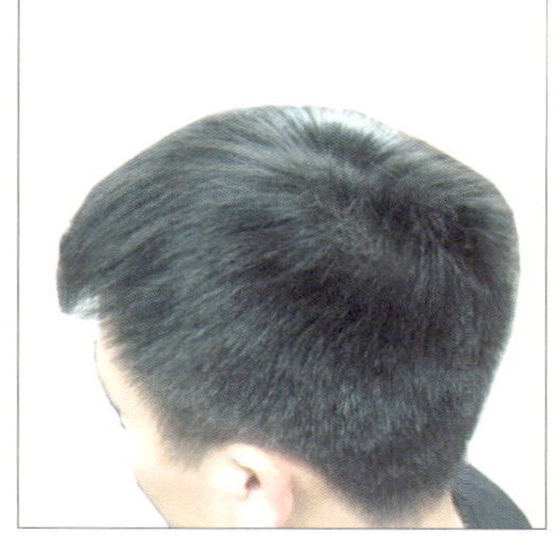

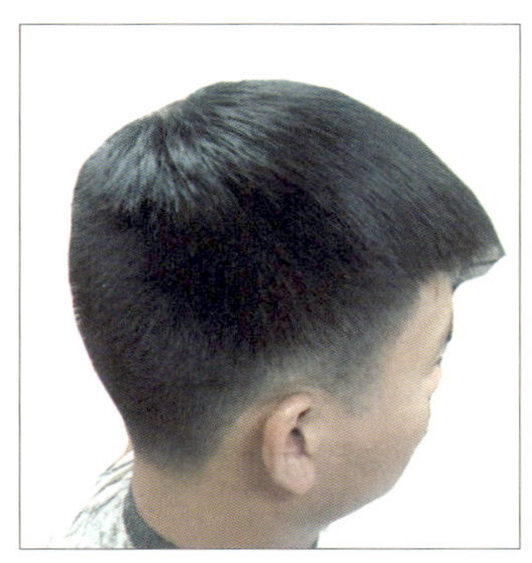

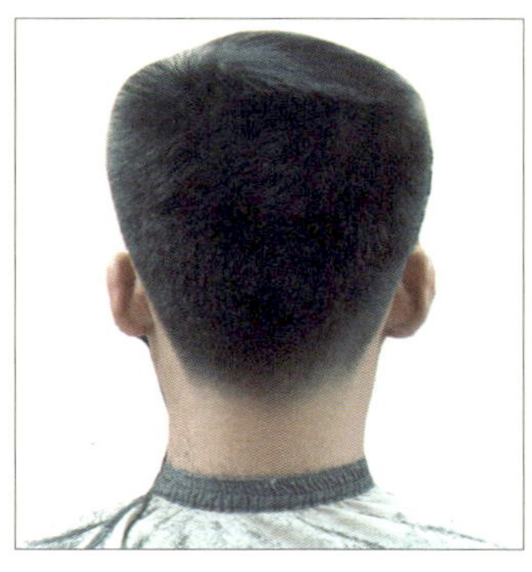

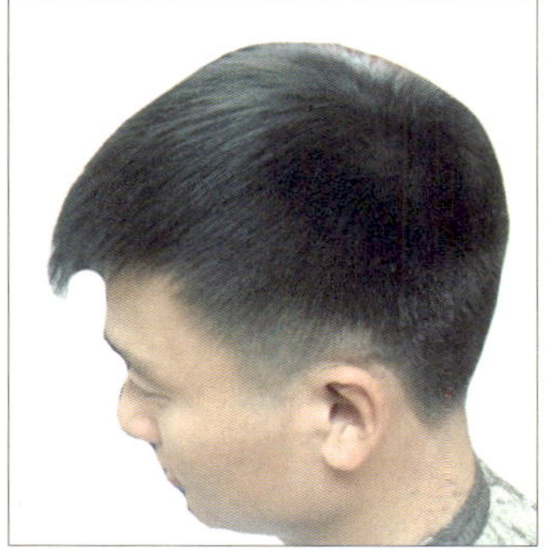

모량 조절

두정부(천정부) 모량 조절 시술 방법

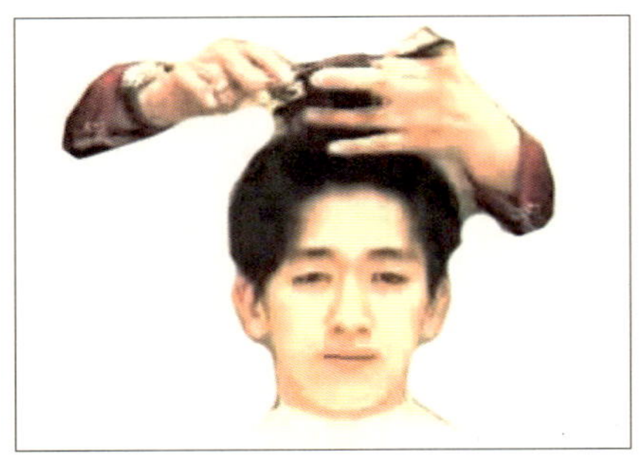

모량 조절에서 두정부는 많이 시술하지 않는 것이 좋다. 모량을 절삭하기보다는 포인트 컷트로 두정부의 모양을 조절하는 것이 좋다.

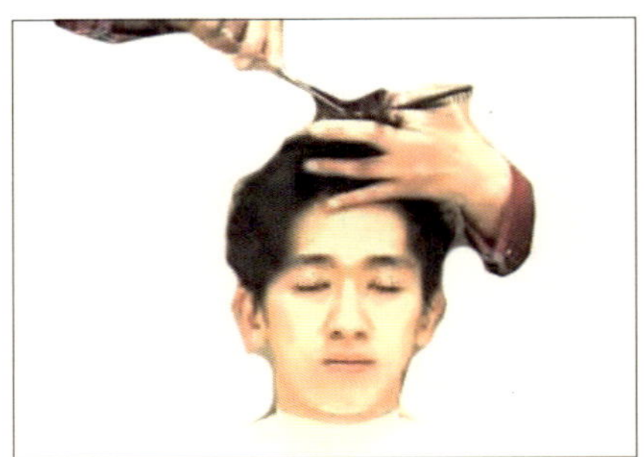

사진처럼 가위를 45° 각도로 세워 가위의 날 끝을 검지에 붙인 후 안쪽부터 모발을 포인트로 절삭하며 나온다.

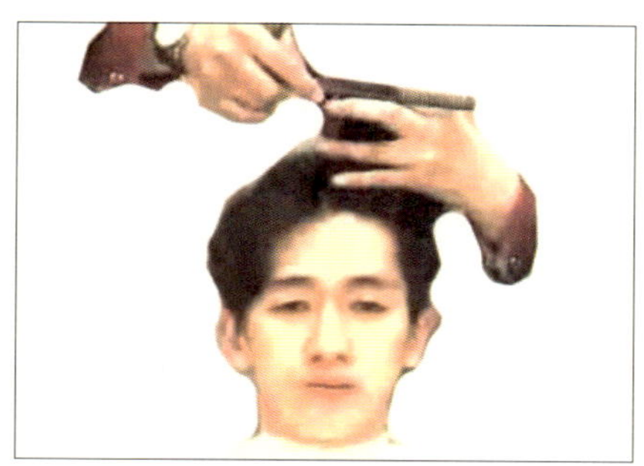

중앙의 기준 부위를 시술하고 나
면 이제 좌측이나 우측으로 가도
무난하다고 이전부터 이야기 하였
다. 사진처럼 좌측으로 갔을 때는
좌측 눈 위의 모방을 화살표 방향
으로 10~20"정도 잡아 올린다.

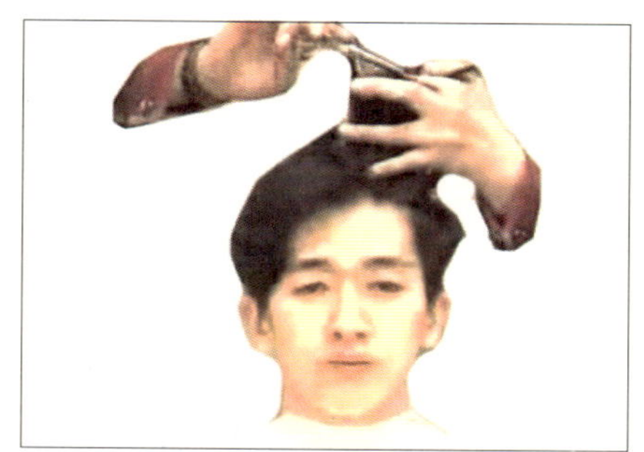

뿌리부터 잡아 올린 모발을 사진
처럼 포인트 컷트로 좌측 눈 위 모
발의 균형을 맞추어주며 눈 앞부분
부터 골든 포인트까지 절삭하여 준
다.

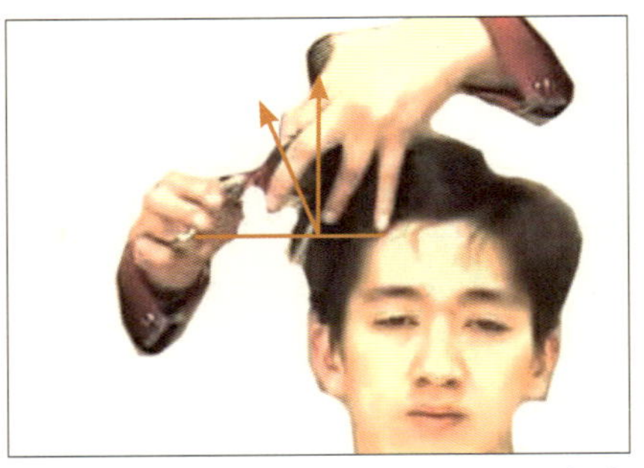

모량 조절에서 좌측면부도 많이 시술하지 않는 것이 좋다. 모량을 절삭하기보다는 포인트 컷트로 좌측면부의 모양을 조절하는 것이 좋다.

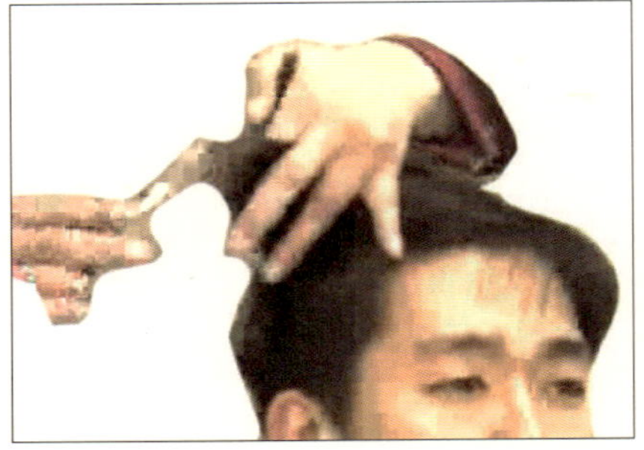

사진처럼 가위를 45° 각도로 세워 가위의 날 끝을 검지에 붙인 후 안쪽에서부터 모발을 포인트로 절삭하며 나온다.

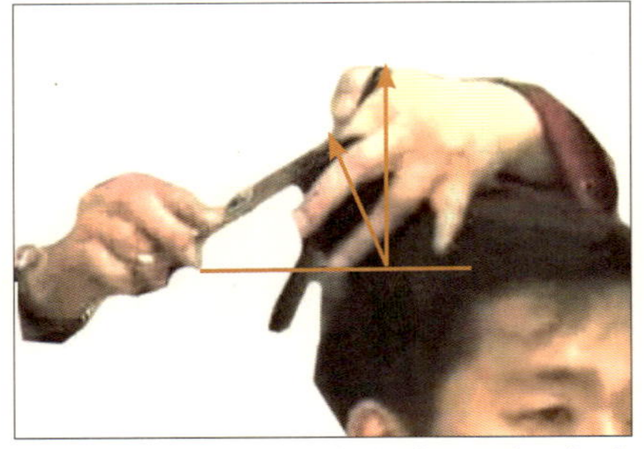

사진처럼 우측면부의 모발 자리에 갔을 때 우측면부의 눈 위 모발을 화살표 방향으로 10~20° 정도 잡아 올린다.

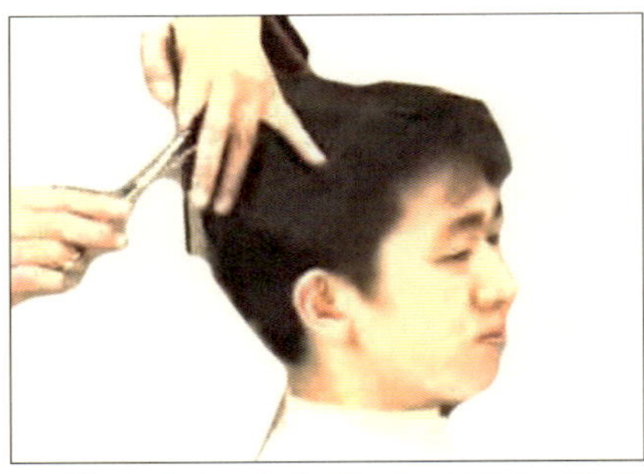

뿌리에서 잡아 올린 모발을 사진처럼 포인트 컷트로 우측면부 모발의 균형을 맞추어주며 눈 앞부분부터 이어 포인트에서 골든 포인트를 사선으로 그은 곳까지 포인트까지 절삭하여 준다.

후두부 모량 조절 시술 방법

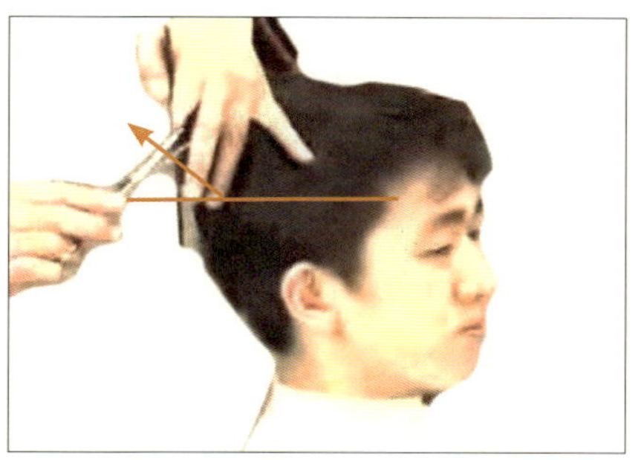

모량 조절에서 후두부도 많이 시술하지 않는 것이 좋다. 모량을 절삭하기보다는 포인트 컷트로 좌측 면부의 모양을 조절하는 것이 좋다.

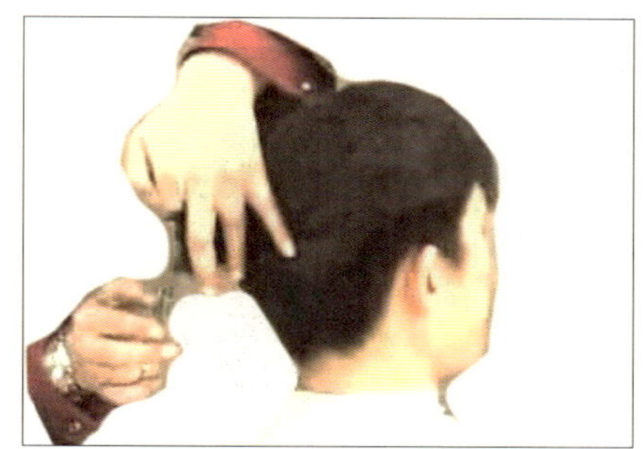

사진처럼 가위를 45° 각도로 세워 가위의 날 끝을 검지에 붙인 후 안쪽에서부터 모발을 포인트로 절삭하며 나온다.

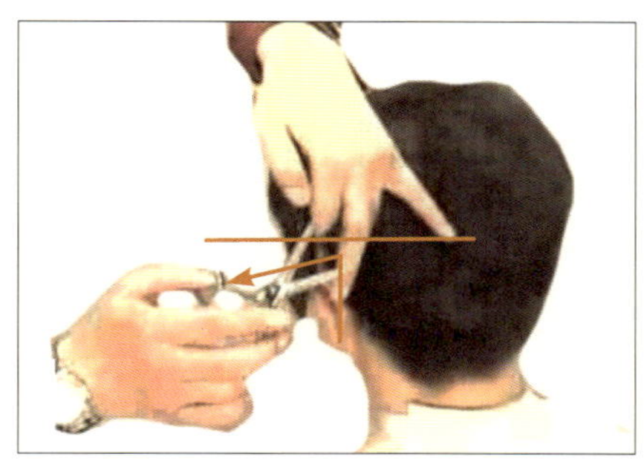

뿌리부터 잡아 올린 모발을 사진처럼 포인트 컷트로 후두부 모발의 균형을 맞추어 주며 우측에 이어 포인트에서 좌측포인트까지 사선으로 그은 곳을 포인트 컷트하며 절삭하여 준다.

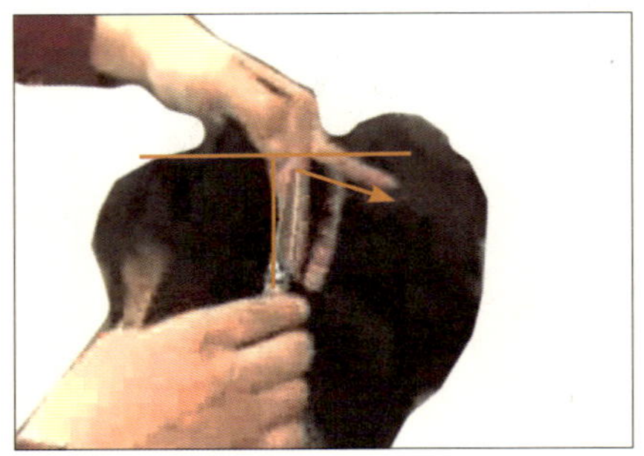

모량 조절에서 좌측면부도 많이 시술하지 않는 것이 좋다. 모량을 절삭하기보다는 포인트 컷트로 좌측면부의 모양을 조절하는 것이 좋다.

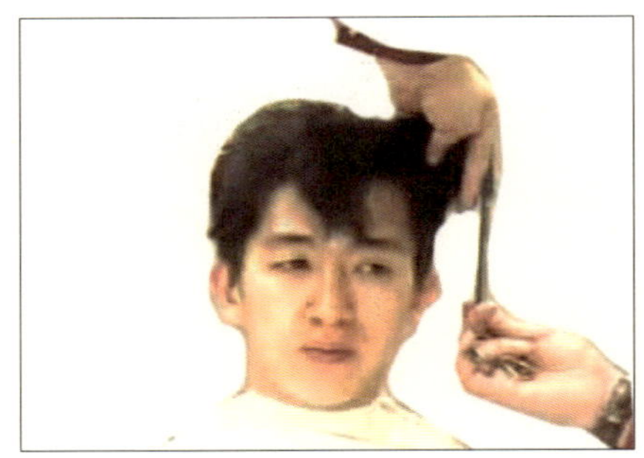

사진처럼 빗을 수직각도로 세워 가위의 날 끝을 검지에 붙인 후 안쪽부터 모발을 포인트로 절삭하며 나온다.

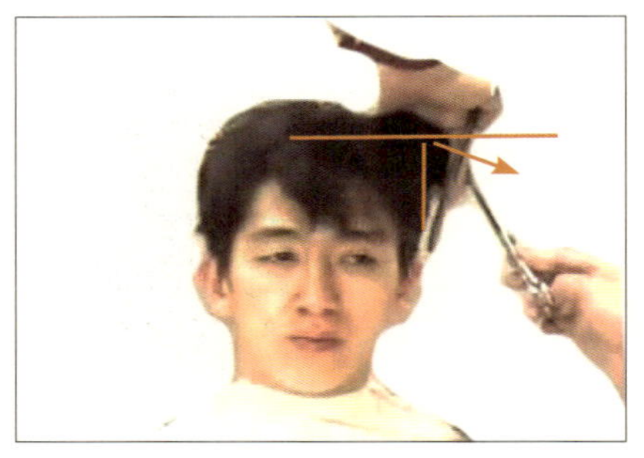

뿌리에서 잡아 올린 모발을 사진처럼 포인트 컷트로 좌측면부 모발의 균형을 맞추어주며 좌측에 이어 포인트에서 좌측 눈앞 포인트까지 사선으로 그은 곳을 포인트 컷트 하며 절삭하여 준다.

앞머리 모발 모량 조절 시술 방법

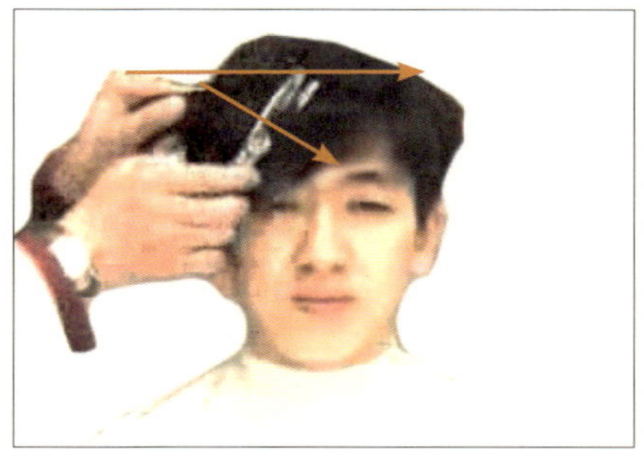

전체의 모발을 포인트 컷트로 모양을 잡고나면 앞머리 모발을 정리하여 주어야하는데 모발의 방향을 보면서 반대 방향으로 모발을 밀거나 당기면서 15%의 절삭력을 가진 3홈틴닝으로 시술하여준다.

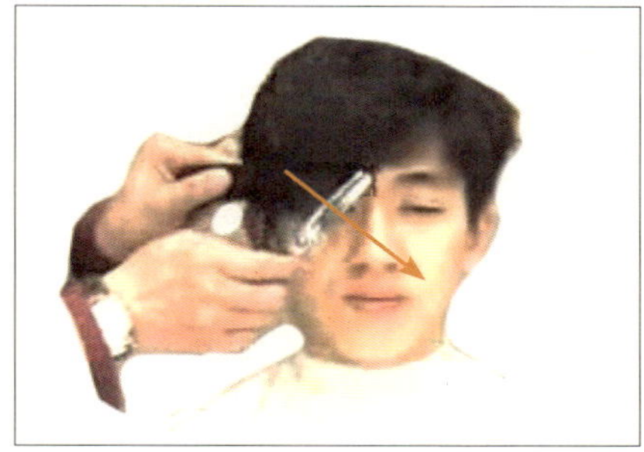

사진처럼 가위는 45°의 각도로 세워서 모발을 잡으면서 화살표의 방향으로 모발을 밀어내면서 모발 끝에서 1~2cm정도 시술하여 준다.

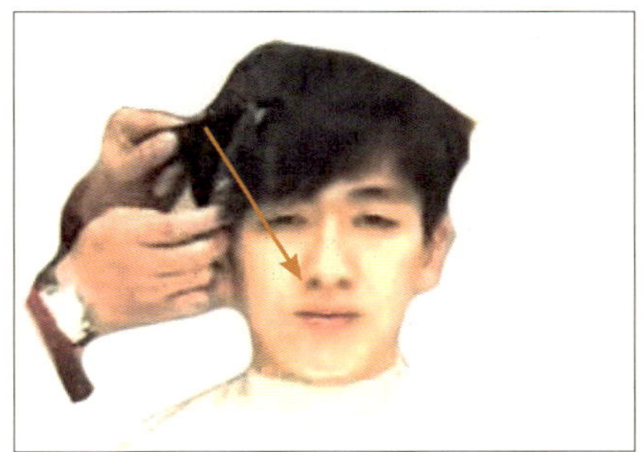

시술을 하여줄 때에는 무리하게 모발을 절삭하려하지 말고 모발 끝에서 절삭하려고 하여야 한다.

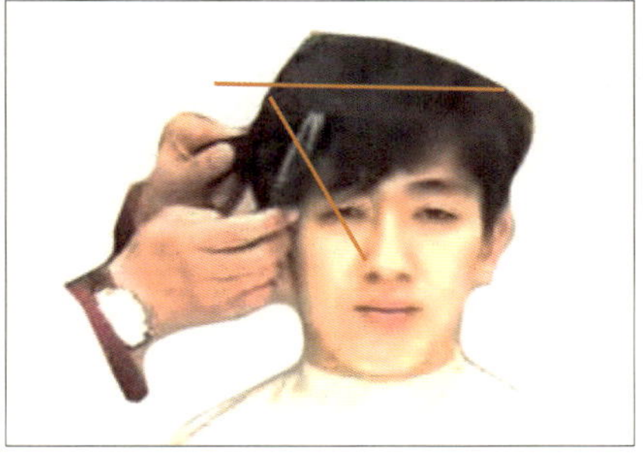

방향의 모양이 익숙해지면 같은 쪽에 있는 모발 전체의 모양을 같은 방법으로 시술하여 준다.

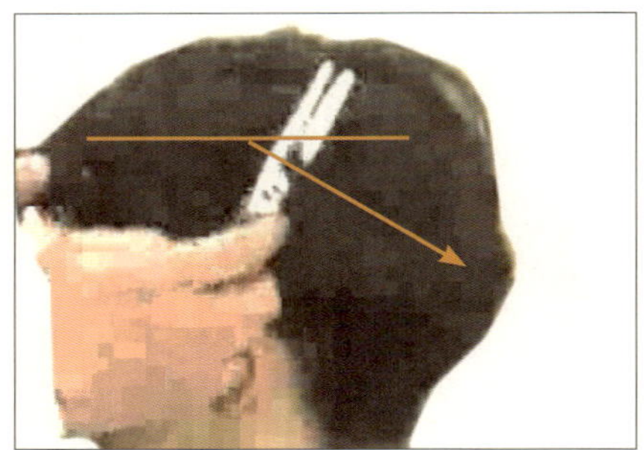

좌측의 모발을 포인트 컷트로 모양을 잡고나면 남아있는 잔 모발을 정리하여 주어야 하는데 모발의 방향을 보면서 반대 방향으로 모발을 밀거나 당기면서 15%의 절삭력을 가진 3홈틴닝으로 시술하여 준다.

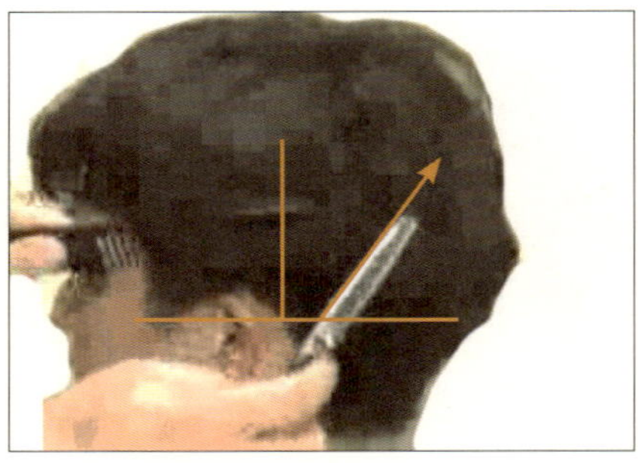

사진처럼 가위는 45°의 각도로 세워서 모발을 잡으면서 파란색 화살표의 방향으로 모발을 밀어내면서 모발 끝 에서 1~2cm정도 시술하여 준다.

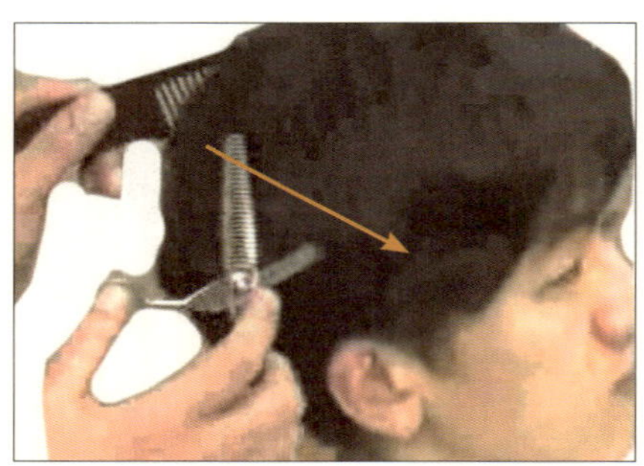

시술을 하여줄 때에는 무리하게 모발을 절삭하려하지 말고 모발 끝에서 절삭하려고 하여야 한다.

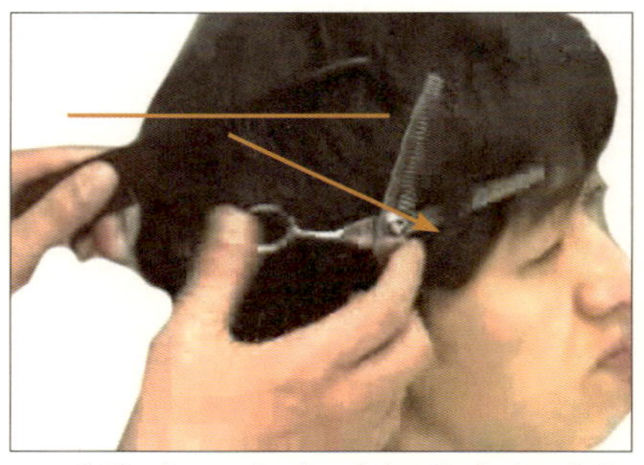

방향의 모양이 익숙해지면 같은 쪽에 있는 모발 전체의 모양을 같은 방법으로 시술하여 준다.

후두부 모발 모량 조절 시술 방법

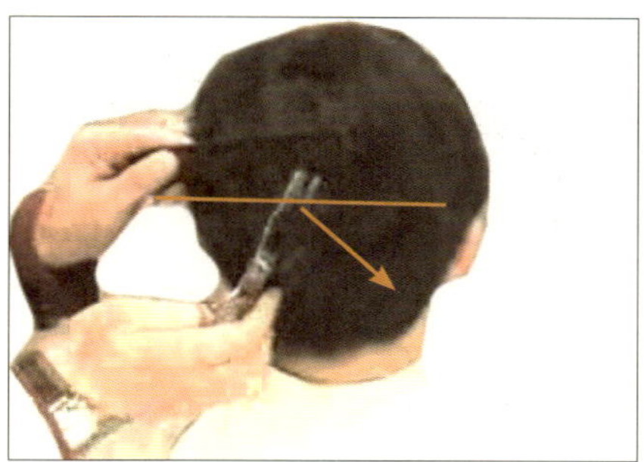

좌측의 모발을 포인트 컷트로 모양을 잡고나면 남아있는 잔 모발을 정리하여 주어야 하는데 모발의 방향을 보면서 반대 방향으로 모발을 밀거나 당기면서 15%의 절삭력을 가진 3홈틴닝으로 시술하여 준다.

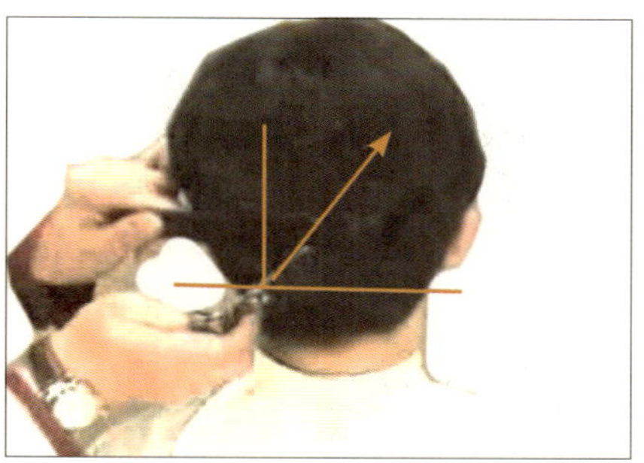

사진처럼 가위는 45°의 각도로 세워서 모발을 잡으면서 파란색 화살표의 방향으로 모발을 밀어내면서 모발 끝 에서 1~2cm정도 시술하여 준다.

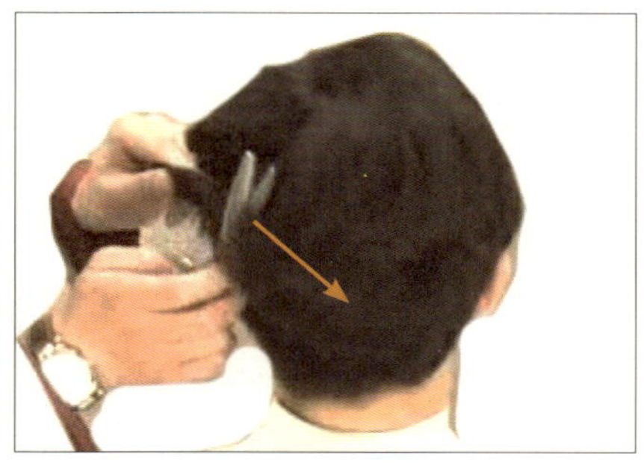

시술을 하여줄 때에는 무리하게 모발을 절삭하려하지 말고 모발 끝에서 절삭하려고 하여야 한다.

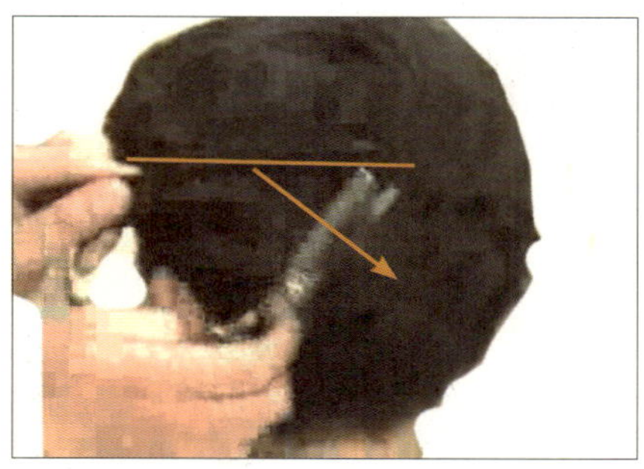

방향의 모양이 익숙해지면 같은 쪽에 있는 모발 전체의 모양을 같은 방법으로 시술하여 준다.

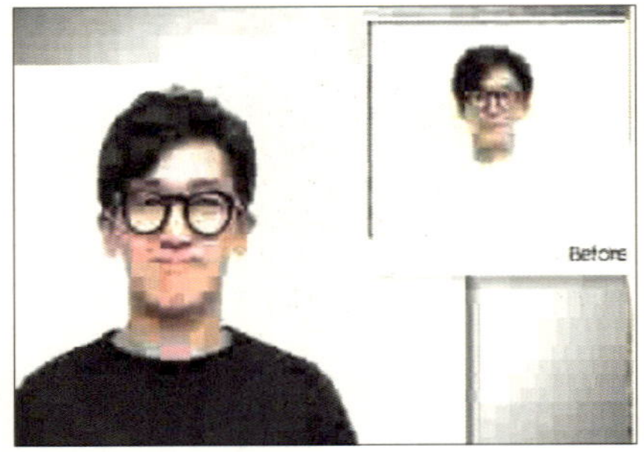

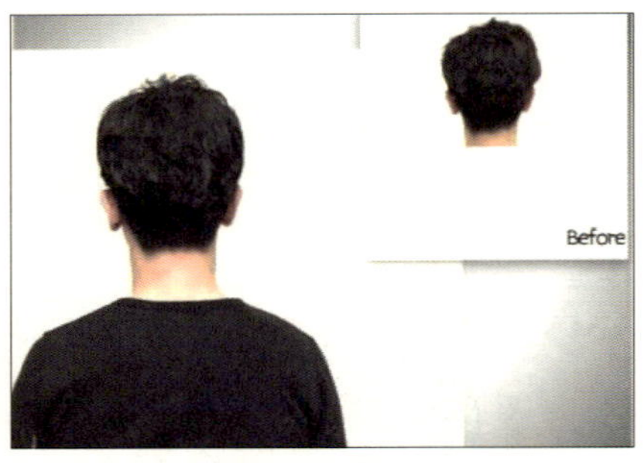
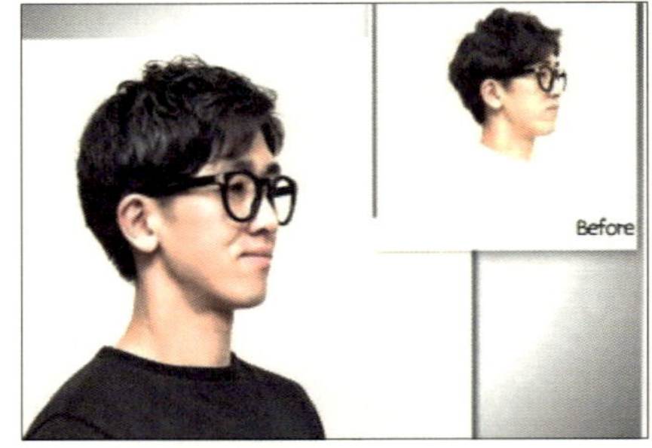

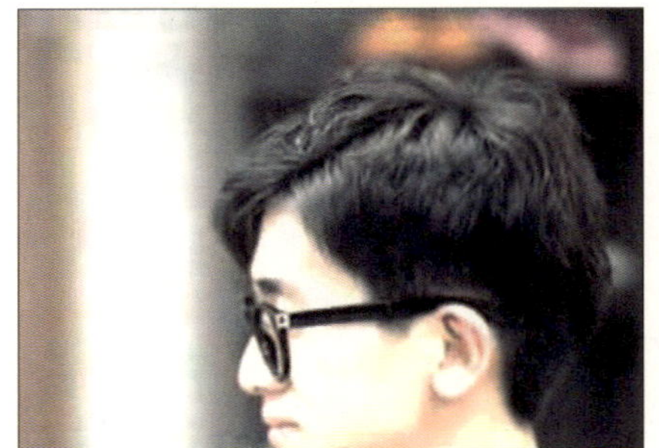

수염 다듬기

수염 정리하기

누가 뭐라 해도 수염은 남성성의 상징이다. 최고 시속 161km의 강속구를 자랑하는 박찬호도 메이지리그에 처음 입단했을 때 자신보다 몸집이 큰 선수들과 기싸움에서 지지 않기 위해 발모제까지 발라가며 수염을 길렀다고 한다. 어디 그뿐이랴! 카리스마 넘치는 역할을 맡는 배우들이 제일 먼저 하는 것도 수염기르기 아니던가. 이처럼 꽃미남도 순식간에 터프가이로 변신시켜 주는 수염이지만 아무렇게나 기른다면 노숙자로 오인받기 십상이다. 섹시한 카리스마를 원한다면 친절한 MH의 6단계 방법을 차근차근 따라해보자.

1. 나에게 꼭 맞는 수염 스타일 찾기

우선, 외국배우들의 덥수룩한 수염은 잊자! 면도기 전문 브랜드, 브라운의 수염 전문가 데이비드 글로버의 조언에 의하면 한국 남자들은 서양 남자들에 비해 수염의 양이 많지 않으며 특히 입가 양쪽이나 입술 아랫부분에는 수염이 잘나지 않는다고. 자신의 수염이 나는 형태와 얼굴형에 맞는 스타일을 찾는 것으로 첫걸음을 내디뎌 보자.

2. 면도하지 않고 수염 기르기

머리카락과 마찬가지로 수염도 어느 정도 길이가 되어야 스타일링이 가능하다. 사람에 따라 다르겠지만 적어도 일주일 이상은 기르도록!

3. 마른상태에서 수염 다듬고, 불필요한 부위 면도하기

세수를 하게 되면 피부 표면이 약간 부풀어 오를 뿐아니라, 수염이 축 처지므로 반드시 마른 상태에서 다듬어야 한다. 전기면도기를 얼굴과 직각이 되게 세우고 면도할 부위의 수염을 수염이 난 방향과 반대방향으로 면도하자.

4. 길이 다듬기

가위나 전기바리캉 등으로 남아 있는 수염을 일정한 길이로 다듬자.

5. 원하는 모양으로 스타일링하기

전문도구를 사용하면 좋겠지만 여성들이 눈썹을 다듬을 때 사용하는 눈썹칼도 무방하다. 이때 좌우대칭 맞추는 것을 절대 잊지 말 것!

6. 스타일 유지하기

멋진 수염을 만드는 것도 중요하지만 그 상태를 유지하는 것도 중요하다. 2~3주에 한 번씩은 수염을 다듬어 주자. 가위를 이용해 길이를 맞추고, 수염이 자란 부분은 잘 다듬어 주면 끝!

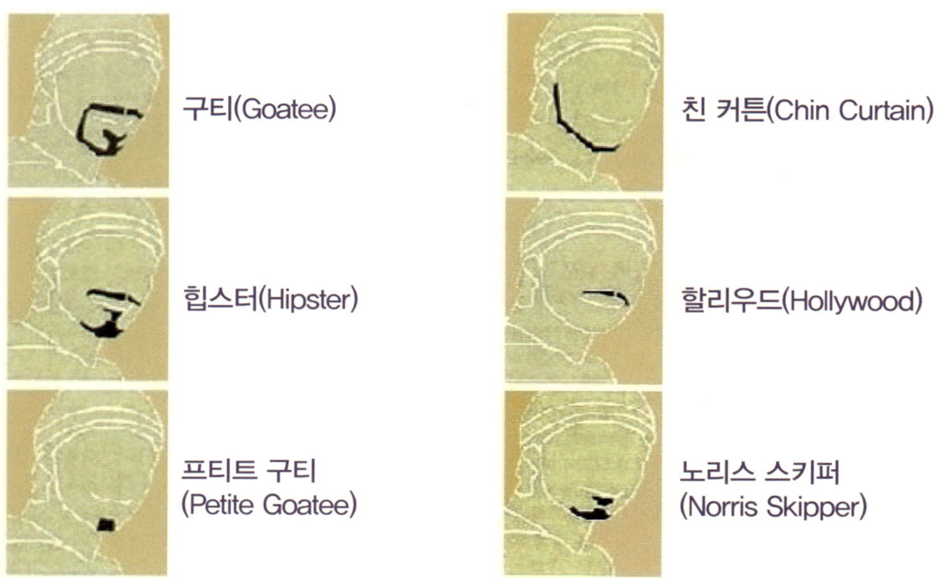

▽**구티**(Goatee)=일명 염소수염. 콧수염과 턱수염이 연결된 스타일로, 터프한 남성미가 물씬 풍긴다. 이 스타일은 코 아래와 턱밑, 입 주변까지 수염이 풍부해야 연출할 수 있다. 수염이 많이 나지 않은 동양인은 어렵다. 굳이 이 스타일을 원하면 듬성한 털 사이로 여성용 마스카라를 찍어 바르면 살짝 넘어갈 수 있다.

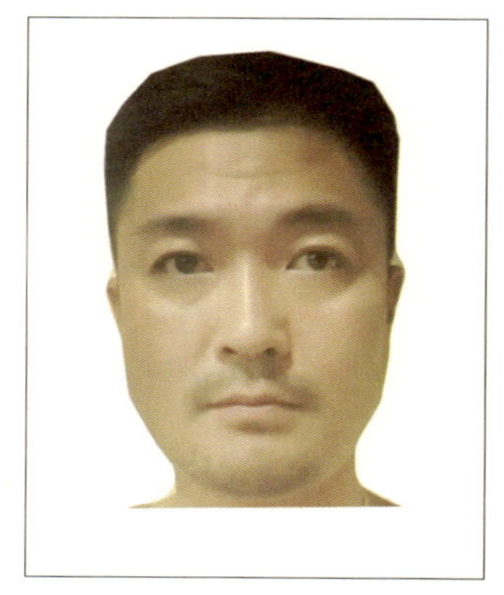

▽**힙스터**(Hipster)=원래 유행에 민감한 이들을 가리킨다. 수염 스타일로는 콧수염과 턱수염이 분리된 것을 말한다. 수염이 많지 않아도 연출할 수 있고 수염을 다듬는 정도에 따라 다양한 느낌을 주기 때문에 요즘 젊은 층에서 유행하고 있다. 콧수염을 잘 다듬어야 한다. 콧수염 끝이 아래로 처지면 입이 나와 보이므로 일자에 가깝게 다듬는다. 이렇게 하면 입꼬리가 올라간 것처럼 보여 인상이 환해 보인다.

▽**프티트 구티**(Petite Goatee)=구티 스타일을 변형해 턱 밑에만 수염을 기르는 스타일. 콧수염이 없는 이들에게 좋다. 턱선이 없어 밋밋해 보이는 얼굴에 개성을 더해주고, 반대로 턱이 날카로운 경우 둥글게 보이도록 해 준다.

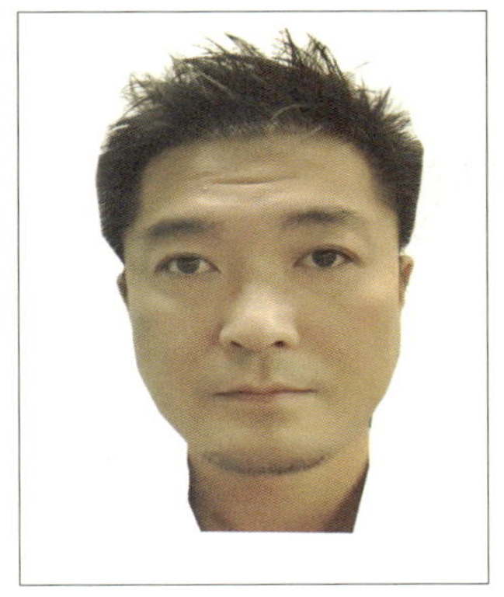
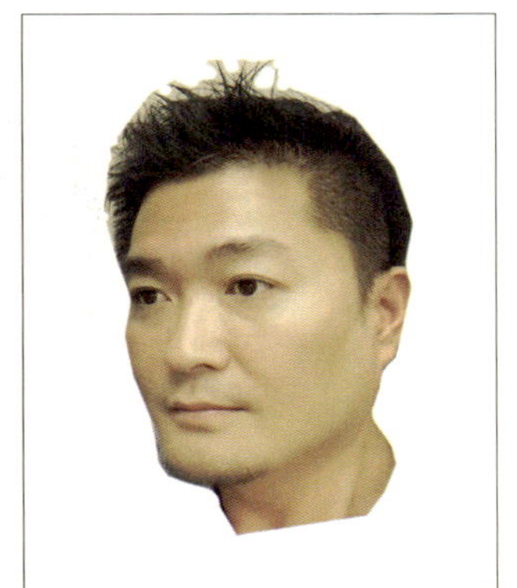

▽**친 커튼(Chin Curtain)**=턱에 커튼을 친 것처럼 수염이 내리깔리는 스타일. 구레나룻에서 턱 라인까지 수염이 이어진다. 동양인의 경우 이렇게 연결되는 경우가 많지 않지만 이 스타일을 연출할 수 있다면 독특한 느낌을 준다. 턱선이 밋밋한 사람은 구레나룻에서 턱으로 이어지는 각도를 강하게 주면 인상이 달라진다.

▽**할리우드(Hollywood)**=과거 할리우드 배우들이 많이 했던 스타일. 이목구비가 뚜렷하고 눈썹라인이 짙은 사람, 턱선이 진한 사람에게 어울린다. 이 스타일은 입이 커 보이고 미소를 돋보이게 한다. 이 스타일에 액세서리를 하면 자칫 '리마리오'처럼 느끼해 보일 수 있으므로 다른 패션은 깔끔하게 해야 한다.

▽노리스 스키퍼(Norris Skipper)=액션배우 척 노리스와 그의 친구 스키퍼 멀린스의 수염스타일에서 유래했다. 힙스터 스타일에서 콧수염만 뺀 스타일. 턱이 튀어 나온 '주걱턱'의 경우 이 스타일로 단점을 가릴 수 있다. 턱선이 밋밋하면 턱수염을 풍성히 길러 라인을 만들어 줘도 된다. 수염을 처음 기르는 이들도 쉽게 연출할 수 있다. 이 스타일에는 선글라스를 써 주면 훨씬 매력적으로 보인다.

○ 눈썹연필과 마스카라는 비밀 병기

수염을 기르려면 2주 정도 면도를 하지 않고 수염이 어디에 얼마 만큼 나는지 관찰해야 한다.

수염은 마른 상태로 다듬어야 피부 손상이 적고, 모양도 내기 쉽다. 전기면도기나 클리퍼(전기 이발기)를 쓰는데 세밀한 작업에는 여성용 눈썹칼이나 눈썹가위를 쓰면 좋다. 요즘에는 수염 스타일링용 전기면도기도 나와 있다. 브라운의 전기면도기 '크루저'는 날이 넓은 것과 좁은 것 등 두 종류의 수염 정리용 셰이퍼(Shaper)가 있어 얼굴 부위별로 수염을 다듬기 편하다.

여성들이 화장할 때 쓰는 눈썹 연필과 마스카라도 많이 활용할 수 있다. 면도 전 눈썹연필로 수염 형태를 그린 뒤 다듬으면 편하다. 수염은 의외로 듬성하게 나거나 털 색깔이 서로 다른 경우가 많으므로 눈썹연필이나 마스카라로 살짝 수염을 그려주면 티도 안 나면서 풍성해 보인다. 연예인들은 이들 기구를 이용해 수염에 '화장'을 하는 경우가 많다.

수염을 기를 때는 콧수염이 가장 까다롭다. 잘못하면 '간신'처럼 보이기 때문. 지저분해 보이지 않으려면 코털도 잘 다듬어야 한다. 수염 끝을 너무 처지지 않게 잘 잘라주고 입술 위 라인도 선명하게 잡아줘야 한다. 턱수염이 너무 길면 얼굴이 커 보인다.

여러 가지의 클리퍼 종류도 있지
만 사진의 클리퍼가 사용하기에 용
이하다.

눈썹 다듬기

여러 가지 빗이 있지만 사진처럼
잔 빗이 사용하기에 좋다.

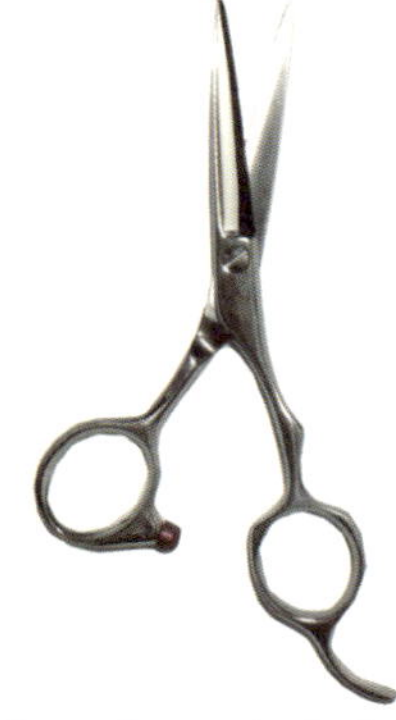

수염 다듬기는 사진처럼 4"정도
의 가위로 사용하면 안전감이 좋
다.

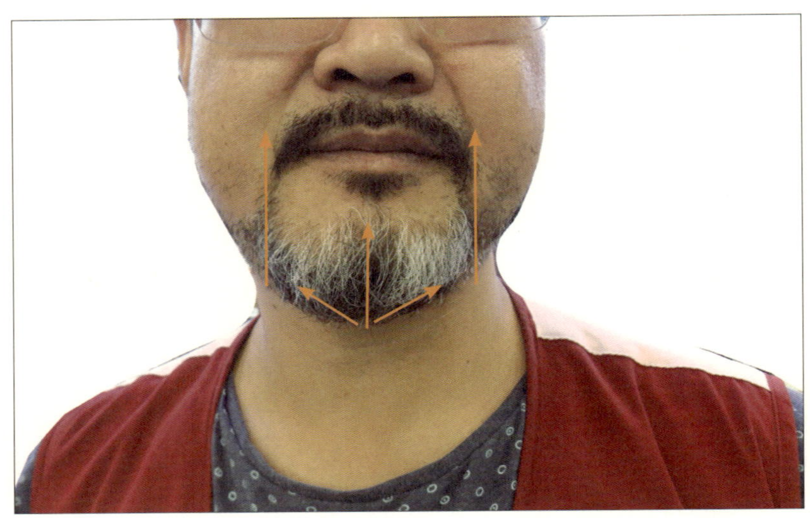

도구를 사용한다는 것은 클리퍼나 눈썹다듬기 등 여러 도구를 의미하는데, 수염이 웬만큼 자라면 수염모가 엉켜서 깨끗한 느낌은 없어지고 지저분하다는 느낌이 든다. 사진은 수염모가 어느 정도 자란 모양인데 정돈하면 더욱 더 모습이 멋있어질 수 있다. 사진에 있는 노란색 화살표 방향으로 전체를 클리퍼를 이용하여 9mm 12mm 정도로 시술하여주고 주황색 라인으로 클리퍼 날로만 형태를 만들어주면 한층 깔끔한 모습을 연출해 볼 수 있다.

　외국인의 수염모는 한국인의 수염모와 다르게 강할 거 같은데 의외로 부드럽다. 그래서 외국인의 수염모는 가위로 시술하는 것이 편하며, 튀어나온 것만 정리해 주는 것이 좋다.

　따라서 사진에 있는 노란선에 맞추어 입 주변과 턱 주변 코 주변에 있는 수염모를 자연스럽게 만들어주면 되겠다.

다운 펌

* 개인적으로 뜨는 모발은 없다고 생각하여 다운 펌을
별로 좋아하지는 않는다. 하지만 컷트를 완벽히 정복
한 분들은 쉬운 일이겠지만 처음 배우고 컷트를 하는
분들은 잘 모를 것이라 생각하여 만들어 보았다.

우측면부 파지로 다운 펌 하는 법

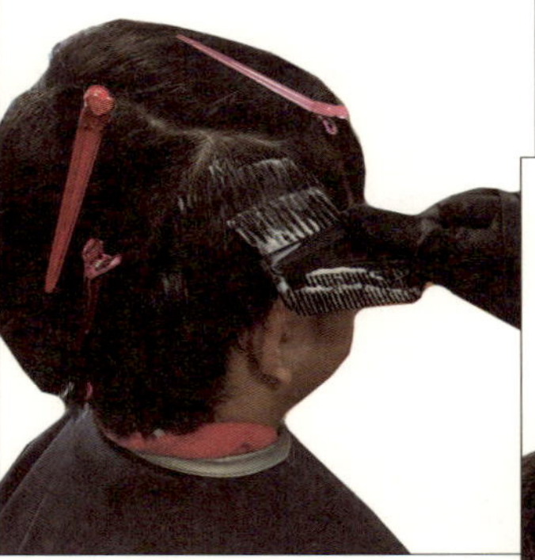

파지로 다운 펌을 할 때는 사진처럼
펌을 하고자 하는 곳에 섹션을 만들
어 준다.

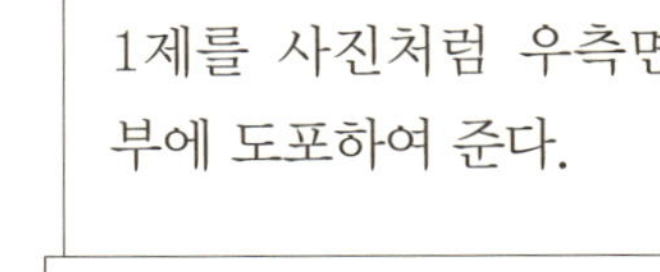

1제를 사진처럼 우측면
부에 도포하여 준다.

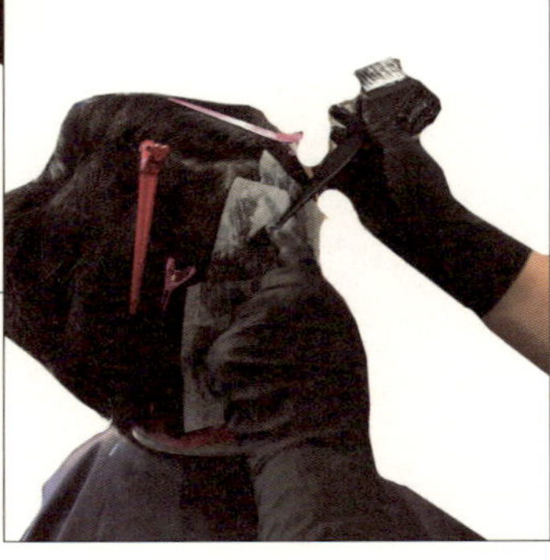

파지를 사진처럼 1제를 도포한 곳에
붙여준다.

좌측면부 파지로 다운 펌 하는 법

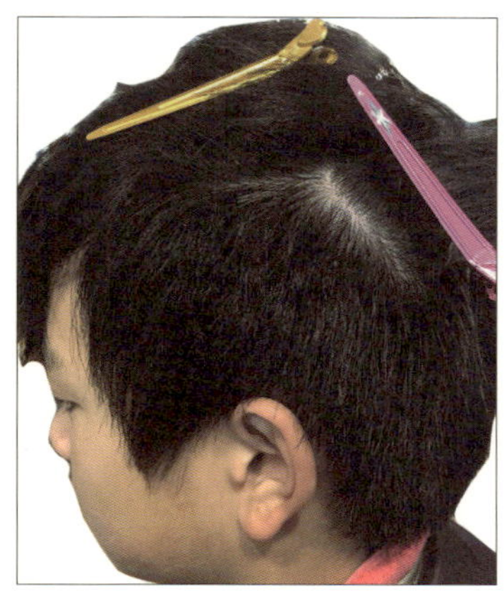

좌측면부도 역시 사진처럼 섹션을 나누어 측면부를
정하여 준다.

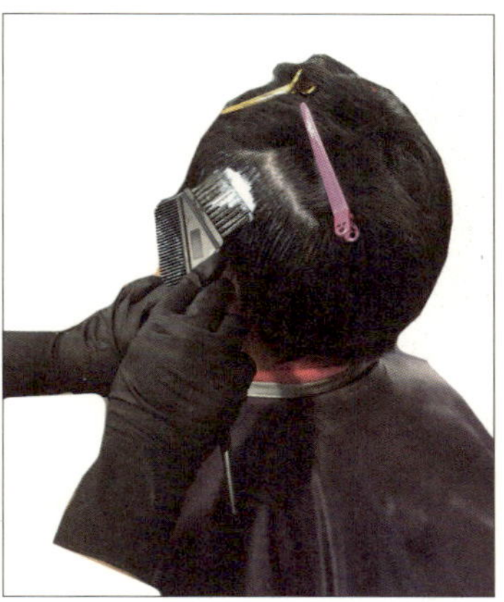

1제를 사진처럼 우측면
부에 도포하여 준다.

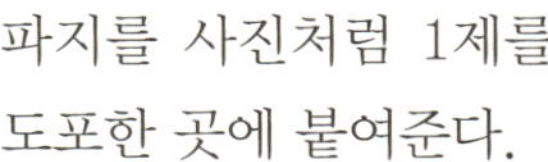

파지를 사진처럼 1제를
도포한 곳에 붙여준다.

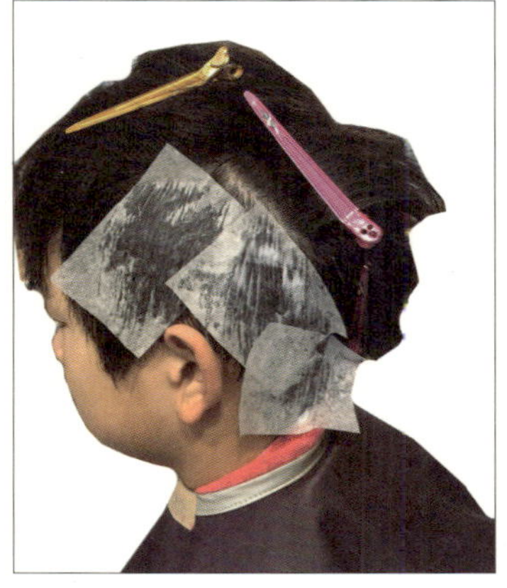

아이론으로 다운 펌 하는 법

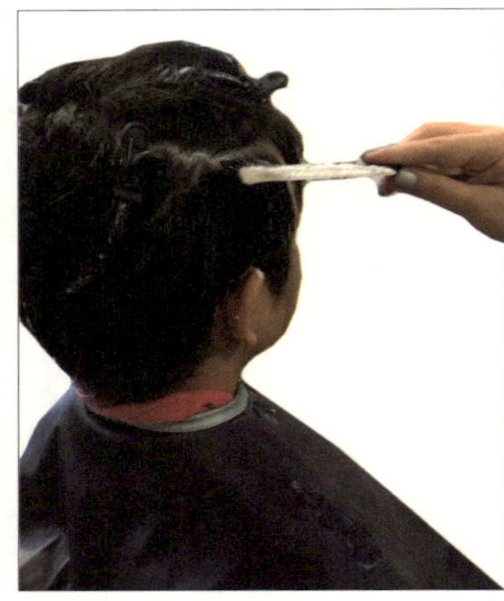

1제를 사진처럼 우측면부에
도포하여 준다.

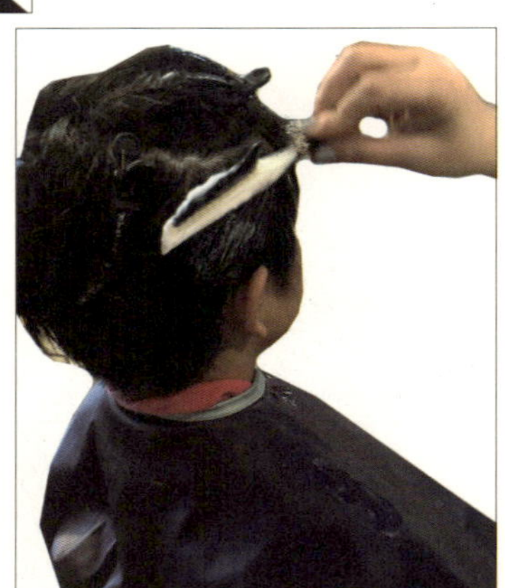

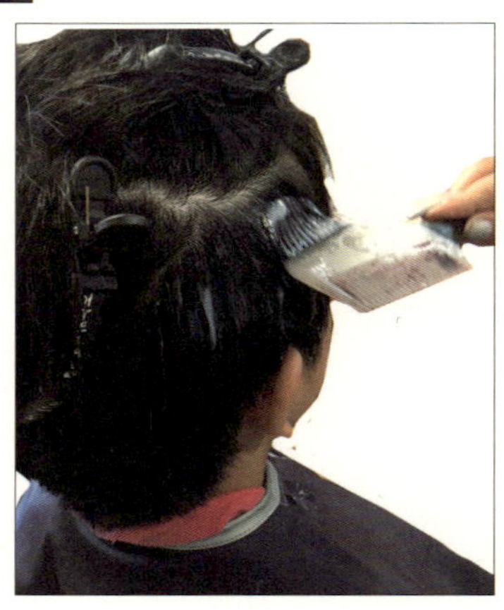

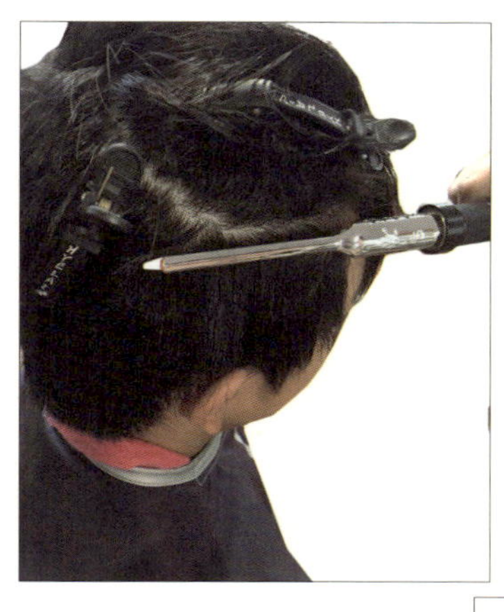

아이론기로 사진처럼 뿌리에서 1cm정도 남기고 나머지 모발을 돌려 모발을 밑으로 내려준다.

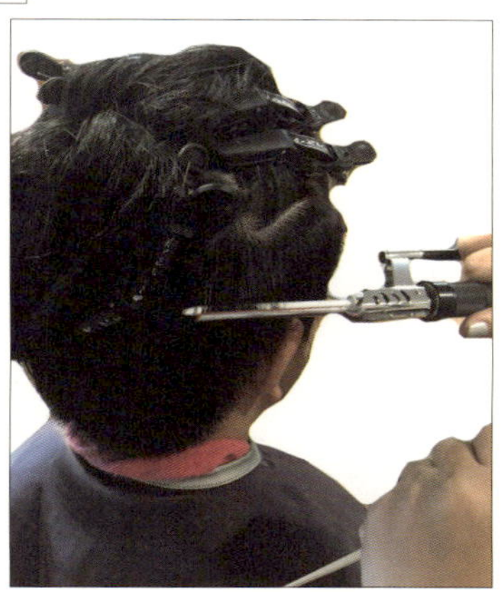

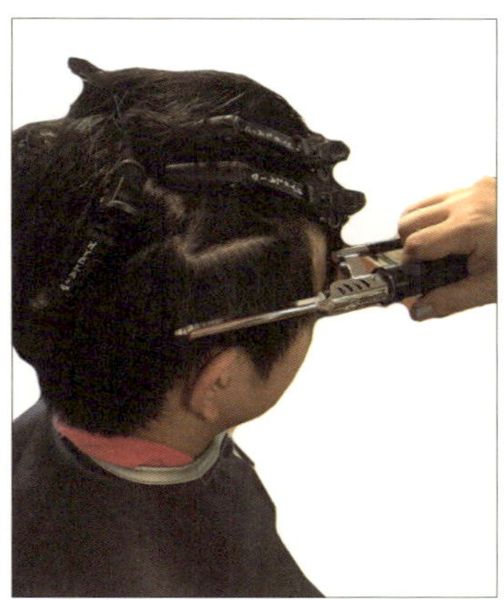

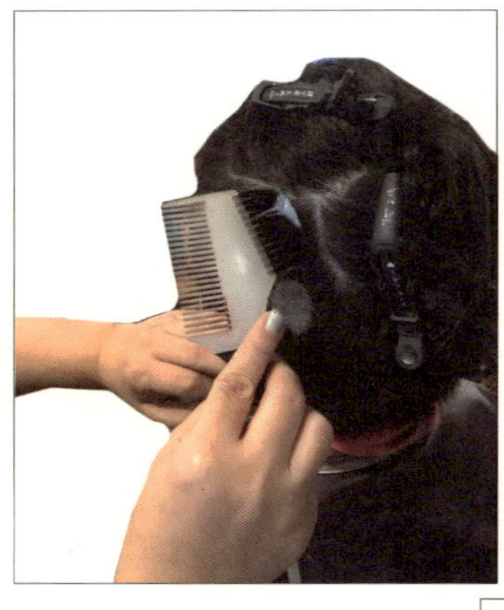

아이론 작업이 끝나면 사진처럼 파지 작업으로 한번
더 하여준다.

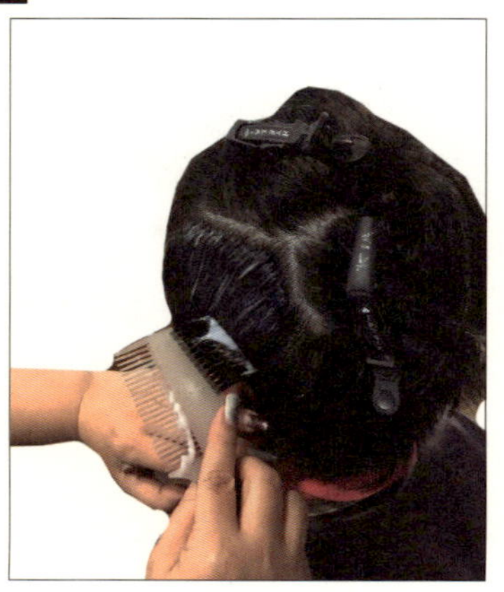

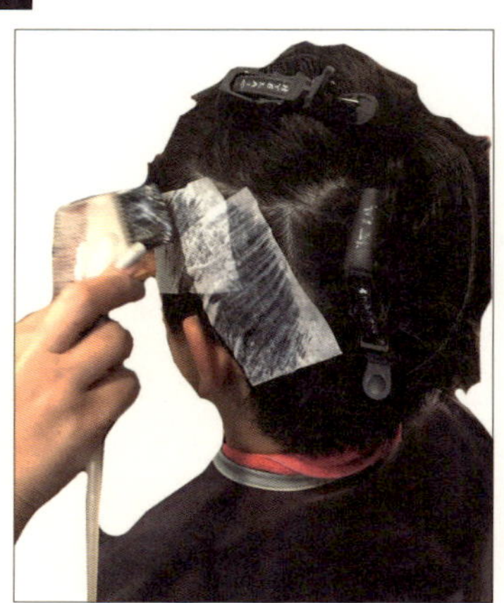

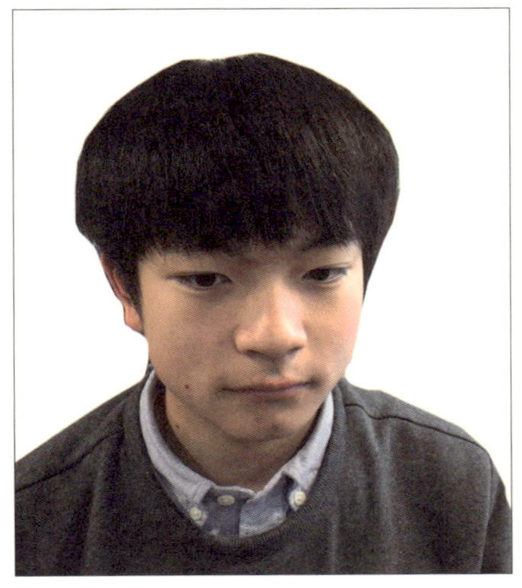 

시술 전

시술 후

아이론 펌

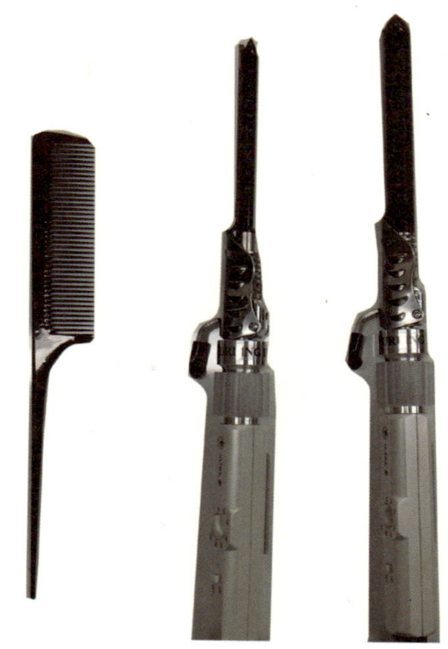

아이론도 여러 가지가 있지만 남자컷트에서는 모발의 길이가 그리 길지 않아서 아이론이 두껍다 해도 12mm가 넘지 못한다.

아이론은 2cm의 섹션을 떠서 사진처럼 모발을 깨끗이 잡아
주고 아이론을 돌려 내려가면서 시술을 한다.

사진처럼 두정부의 기준부분을 차근히 시술하여 기준부위를 안정적으로 만들어 준다.

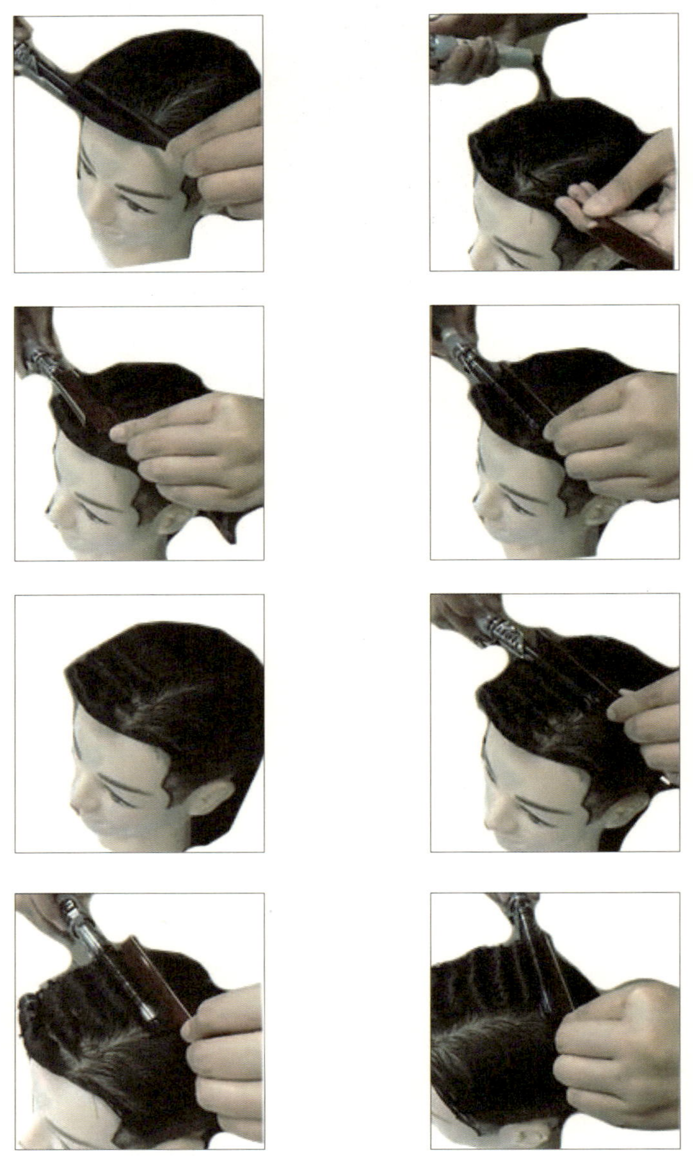

우측 눈위 시술 방법

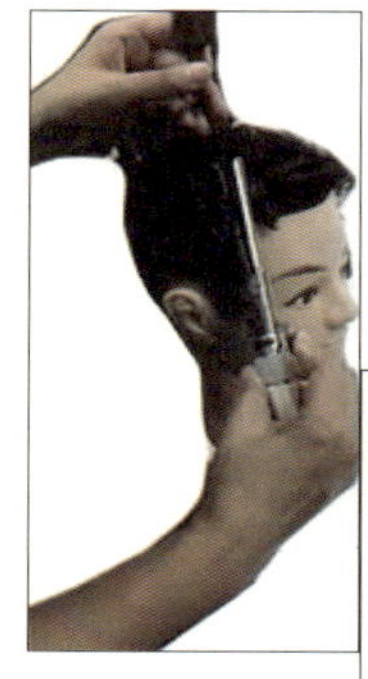

우측면부 역시 두정부 기준부위에 맞추어 시술한다.

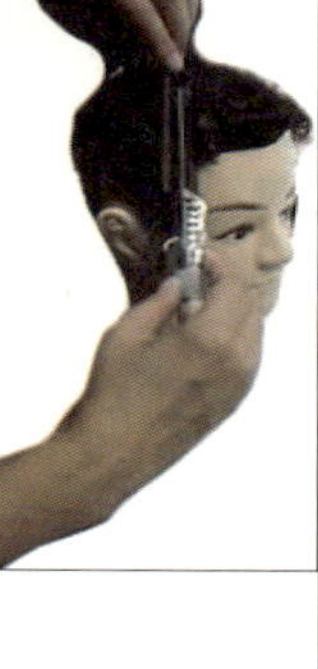

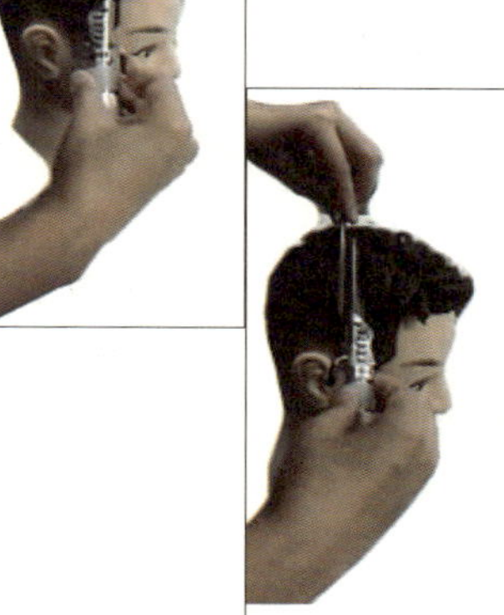

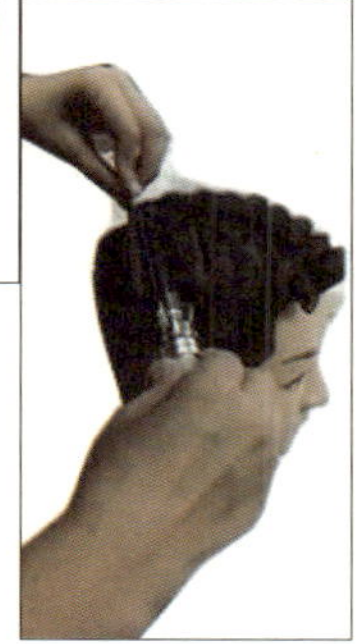

좌측면부 역시 두정부 기준부위에 맞추어 시술한다.

염 색

두정부(천정부) 터치 방법

가마부분부터 염색터치 한다.

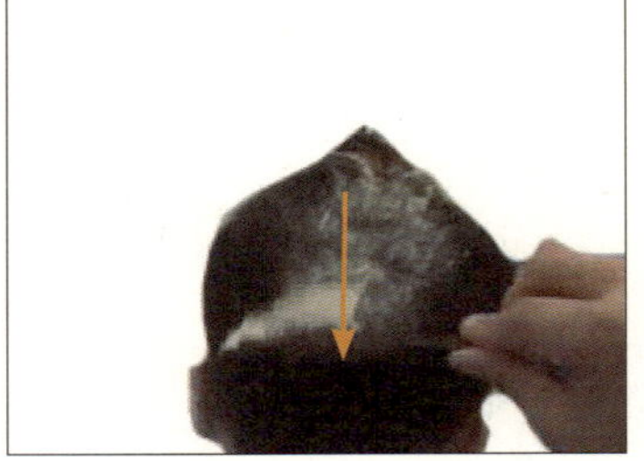

가마주위로 해서 앞 모발쪽으로 진행한다.

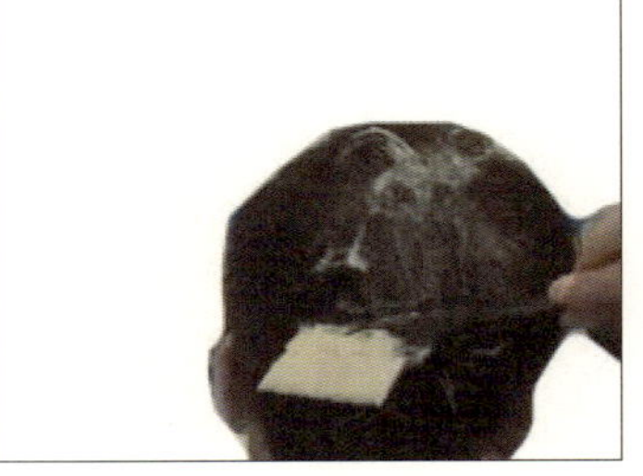

앞 모발로 진행하며 두
피까지 충분히 터치한다.

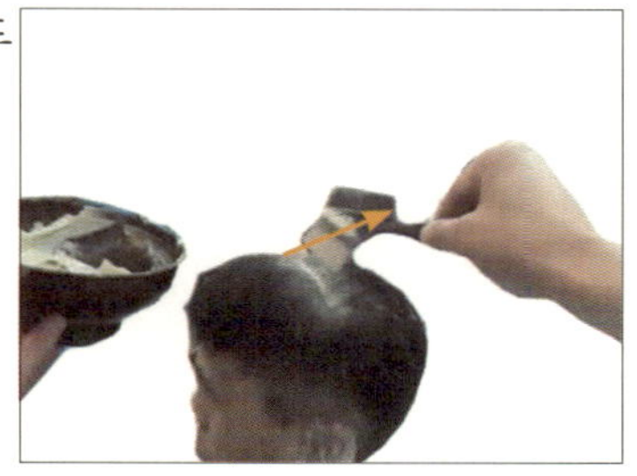

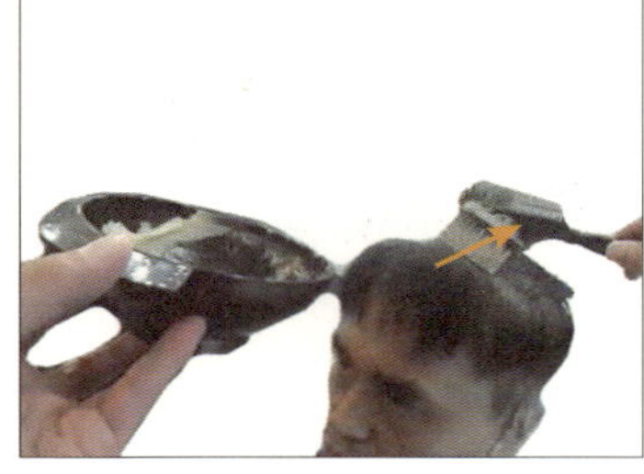

약 2cm 간격으로 터치
하여 준다.

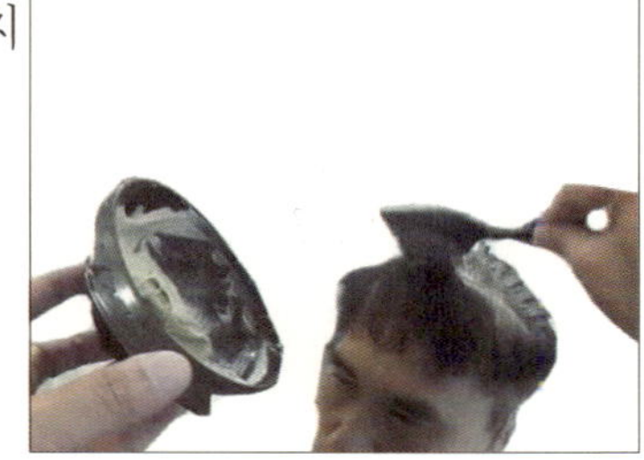

앞모발까지 오면 모발
라인에 맞추어 터치한다.

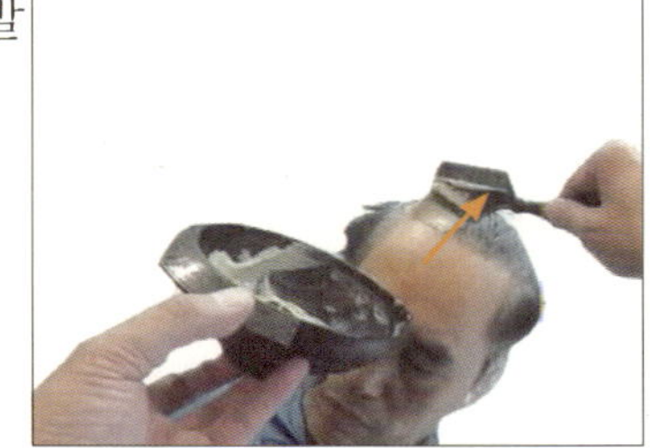

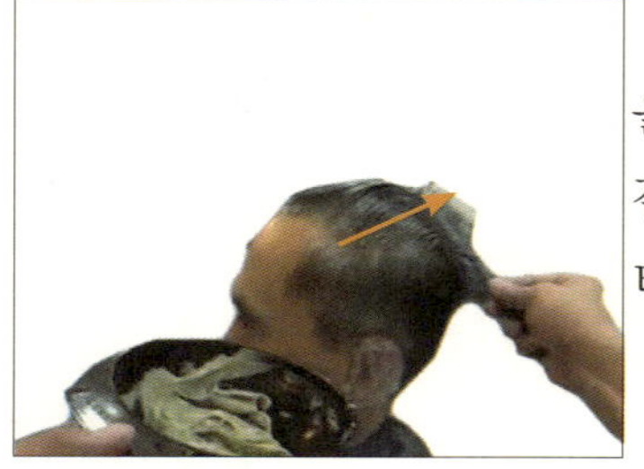

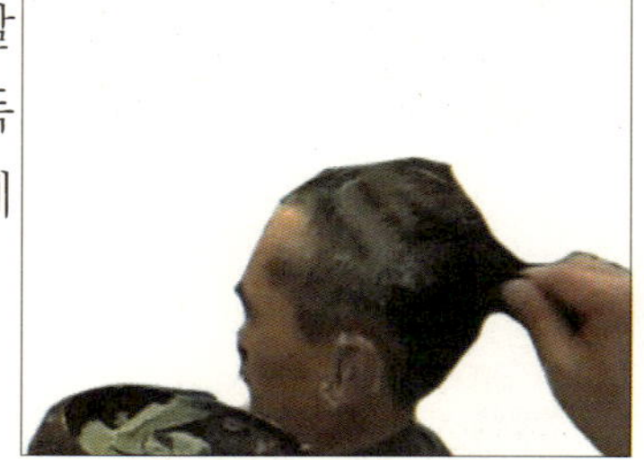

좌측면부의 귀 앞 모발을 두정부의 방법으로 똑같이 시술하되 꼼꼼하게 터치하여 준다.

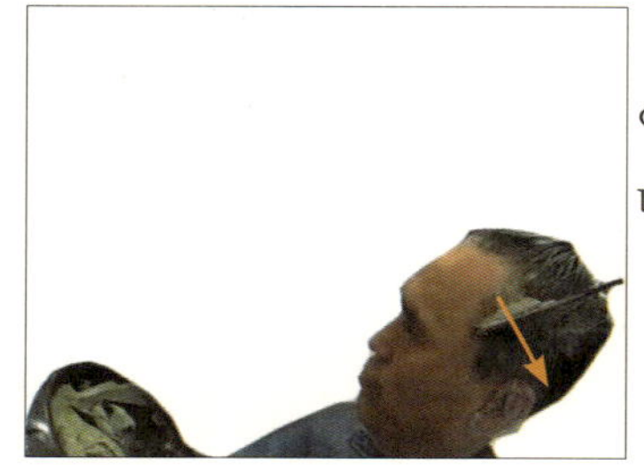

귀 앞 모발 라인에 맞추어 정확하게 터치하여 준다.

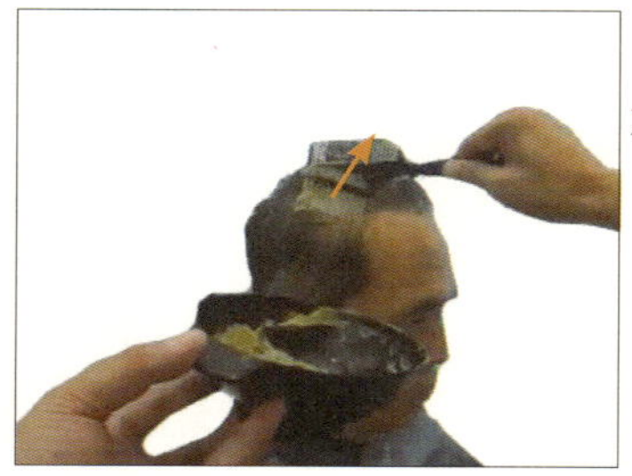

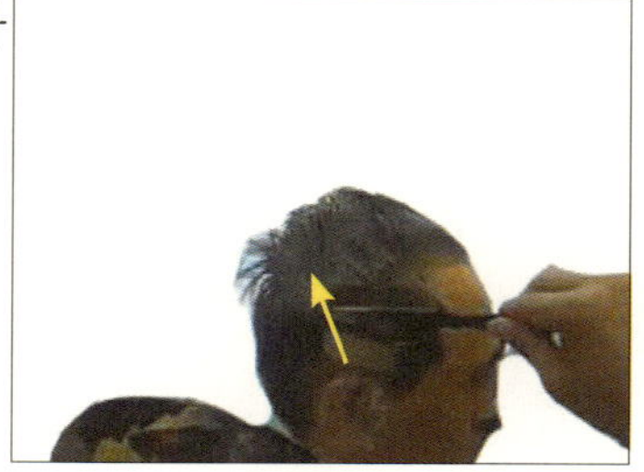

귀 위의 라인도 정확하게 맞추어 터치한다.

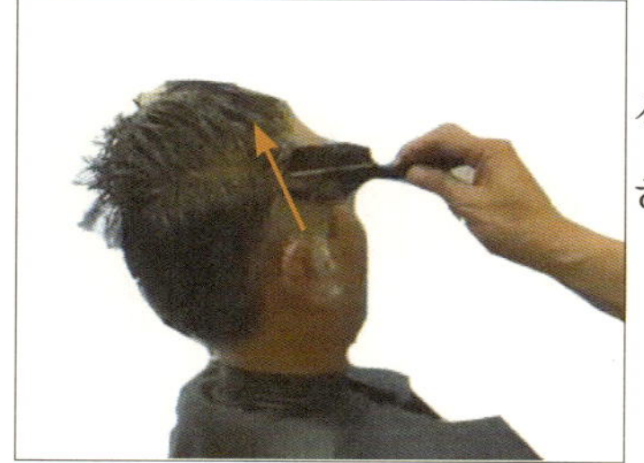

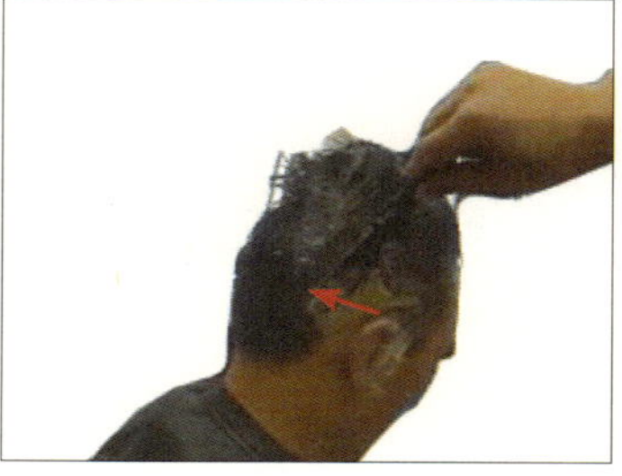

귀 뒤의 부분도 살에 염색약이 묻지 않도록 조심하며 터치하여 준다.

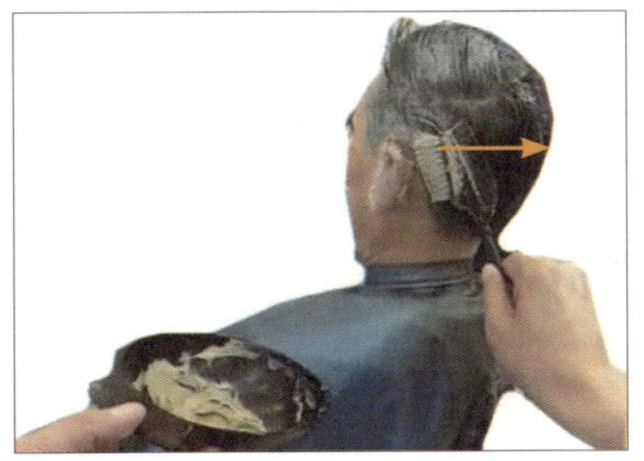

후두부도 두정부의 부분과 측면부의 모급과 다르지 않다. 단 모발이 나와 있는 자리까지만 시술을 하여 두피에 표시가 안나와야 하기 때문에 터치에 신경을 많이 써야 할 것이다.

후두부도 한 섹션을 2cm씩 갈라놓고 사진의 화살표 방향으로 차근히 아래로 내려가면서 터치하여준다.

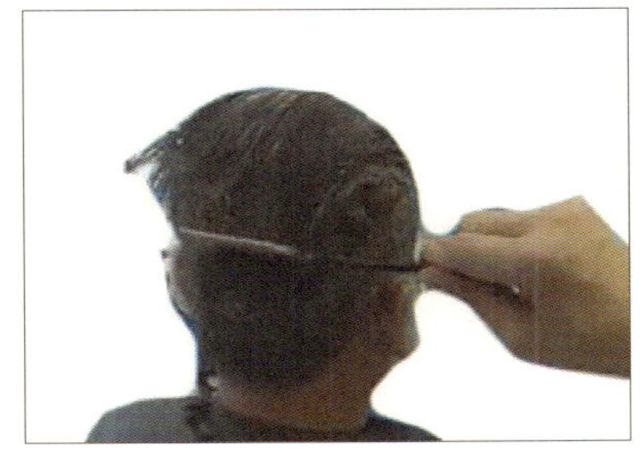

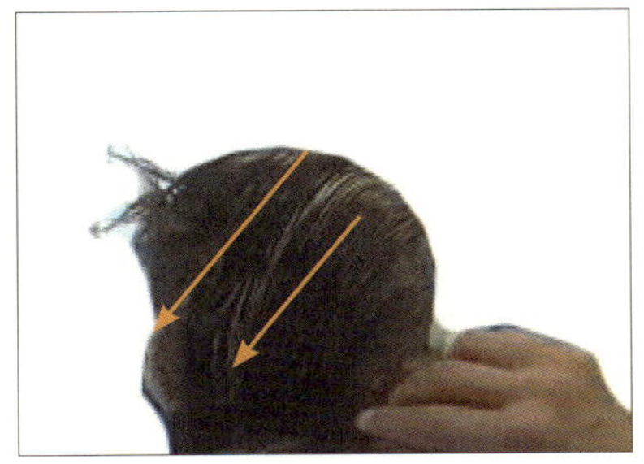

두정부를 지나 측면부 후두부까지 새치염색약을 골고루 터치하였다면 빗으로 전체 모발을 사진처럼 빗어주면서 새치염색약을 펼쳐주어야 모발 사이사이로 새치염색약이 펴져 골고루 착색이 된다.

두정부(천정부) 앞 모발 터치 방법

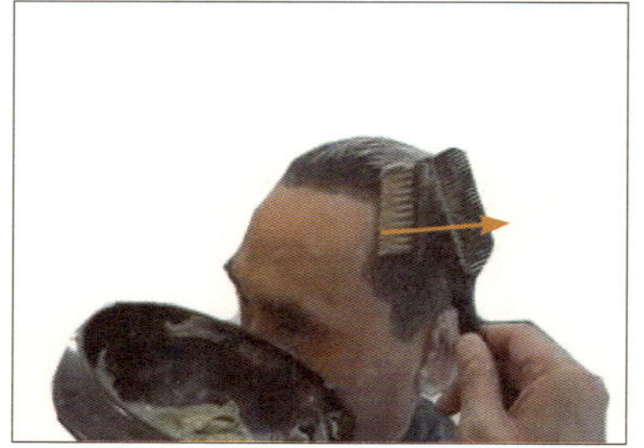

전체에 새치염색약을 골고루 도포하고 나면 두정부의 앞 모발에 리터치를 하여 착색이 확실하게 되도록 하여 준다. 화살표의 방향을 따라서 밀어가며 시술한다.

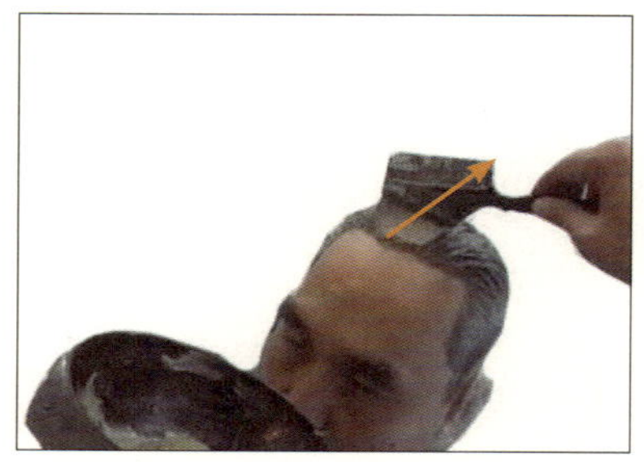

좌측면부에 리터치를 하고 두정부 기준부위를 다시 한 번 정확한 모발 라인에 맞추어 화살표 방향으로 밀면서 리터치하여 준다.

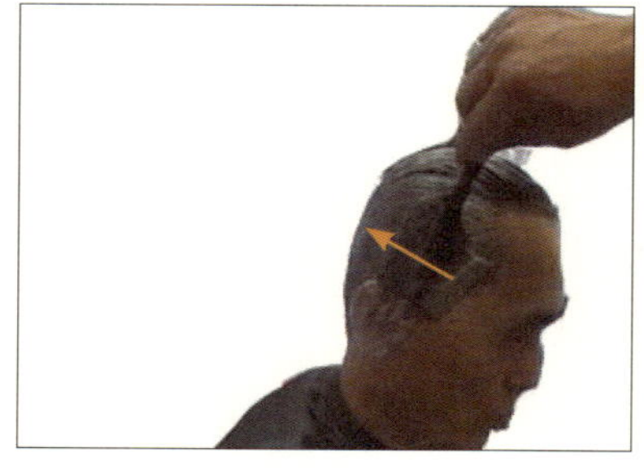

좌측이 끝나고 나면 오른쪽으로 돌아와 사진처럼 손을 돌려 밀면서 리터치하여 준다.

　두정부 앞 모발에 리터치를 끝내면 사진들처럼 다시 한 번 리터치를 한다. 그러면 새치염색 시술은 끝난다.

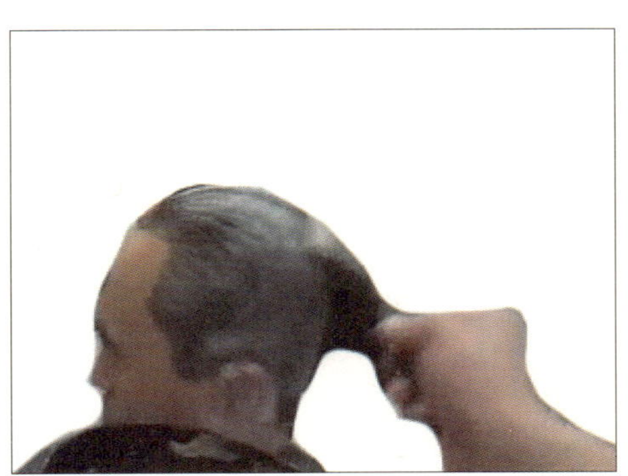

샴푸

　대부분의 시술자들이 간과하고 남기는 것이 있는데, 그건 샴푸라 하겠다. 시술만 중요하게 생각하지만 사실은 샴푸도 시술만큼 중요하다. 샴푸를 잘못하면 탈모로 연결이 될 수 있기 때문에 열과 성을 다하여 샴푸를 해야 할 것이다.

1. 샴푸를 할 때 미온수가 아니고 따뜻한 물로 먼저 두피에 대어 염색약을 깨끗한 물이 나올 때까지 충분히 헹궈낸다.
2. 따뜻한 물로 충분히 맑은 물이 나와 전부 헹구었다 싶으면 샴푸를 하여 준다. 마사지와 지압을 곁들이면 더할 나위 없겠다.
3. 이렇게 하는 이유는 미온수나 시원한 물로 염색약을 헹구어 줄 때에는 모공 속에 남아있는 염색약 잔존물이 깨끗이 나오지 않기 때문이다.
4. 따뜻한 물로 헹구어 주라는 이유는 따뜻한 물이 촉매 역할을 하여 모공 속에 남아 있는 잔존물을 땀이라는 촉매제가 있어서 밀어내기 때문이다.
5. 이렇게 샴푸를 두 번 정도만 하여주어도 충분하다.

(물론 제 경험입니다…)

세미
메이크업

토너

1) 토너
2) 에센스
3) 로션
4) 페이스 오일
5) CC크림
6) 아이프라이머
7) 컨실러
8) 펜슬

이 책의 메이크업은 남자들에게 꼭 필요한 것만 이야기한다. 많은 사람이 자신을 아끼고 사랑하는 마음을 가지면 좋겠다. 일단 토너를 피부 결대로 화장 솜으로 닦아준다. 그리고 다시 한 번 분사하여 얼굴에 있는 잔존물을 깨끗이 닦아준다.

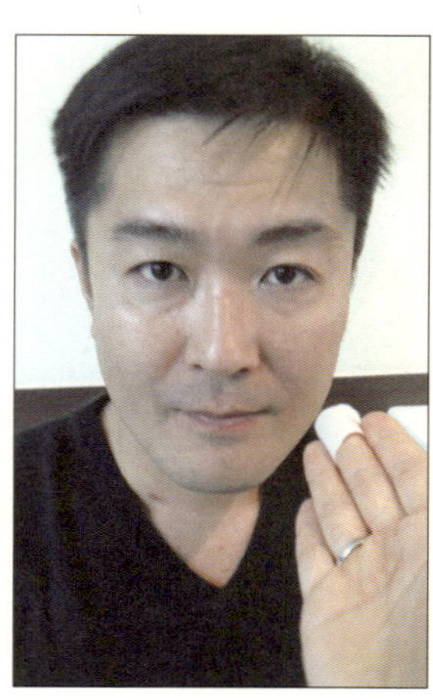

토너작업이 끝나면 에센스를 얼굴의 사방위에 적당량을 도포하여 준다.

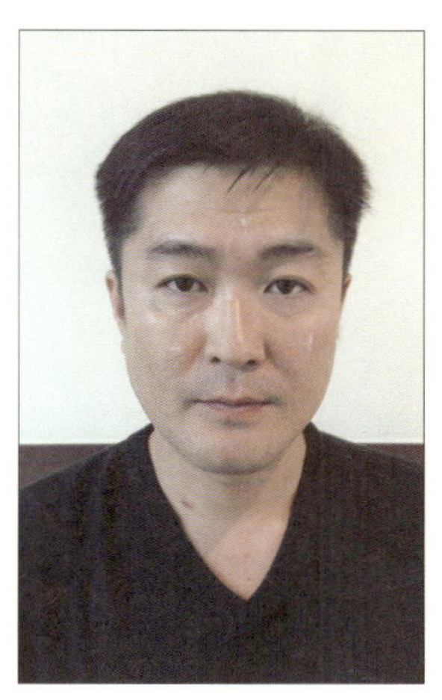

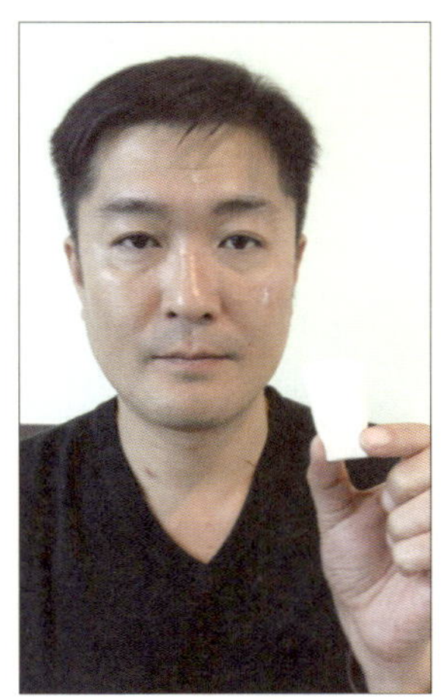

스폰지로 피부 결대로 골고루 펴 발라준다.

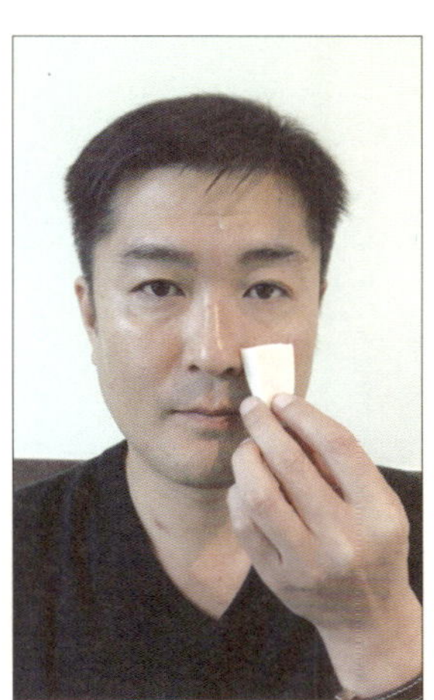

로션

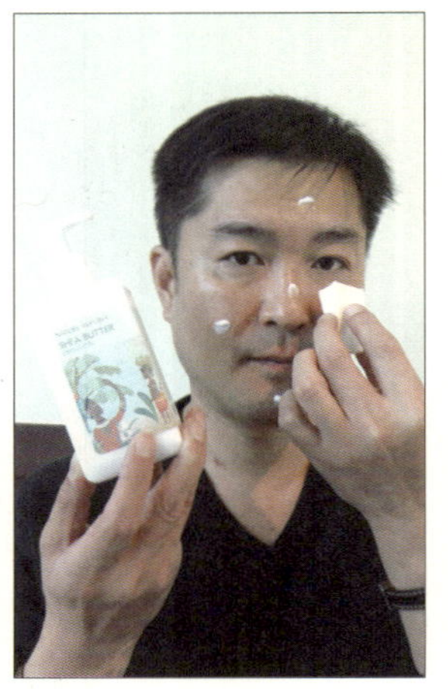

에센스 작업이 끝나고 나면 로션을 얼굴의 사방 위에 적당량을 도포하여 스폰지로 골고루 도포하여 준다.

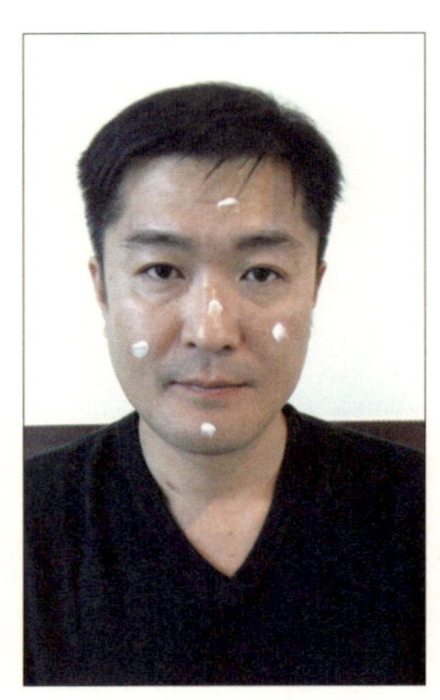

페이스 오일의 본품인데 크기가 크니 작은병에 덜어서 쓰면 용이하다.

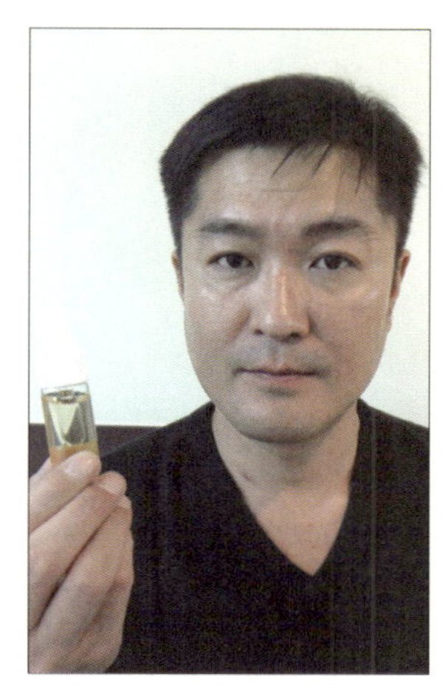

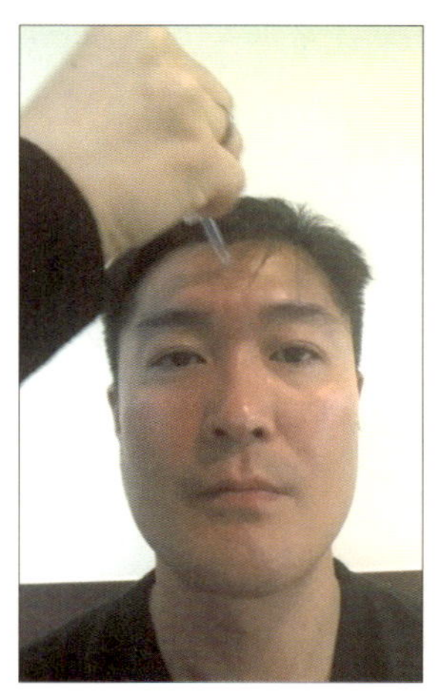

페이스 오일을 사방으로 돌려가며 발라준 후 손의 열감으로 두들겨 펴발라준다.

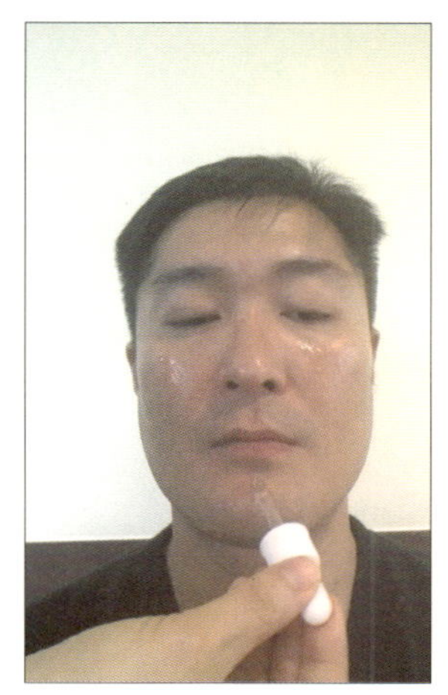

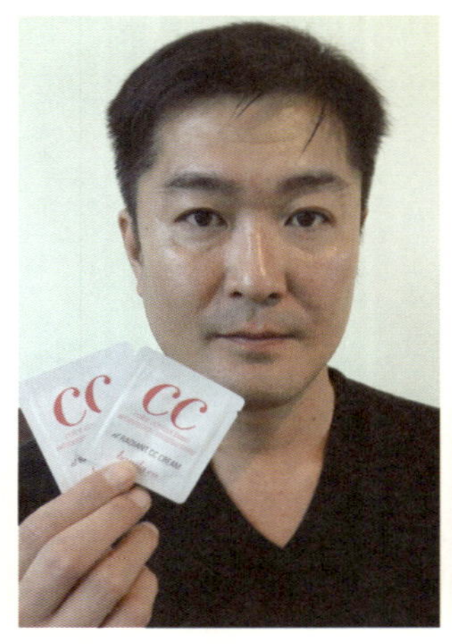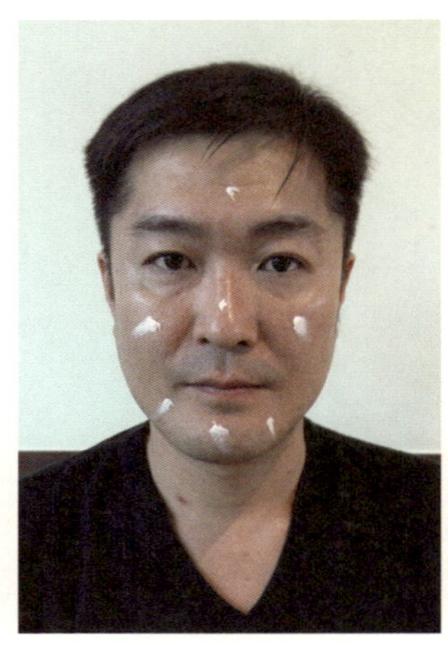

　　페이스 오일은 끈적임이 없고 가을과 겨울철에 피부를 보호하는데 탁월한 효과가 있다.

　　페이스 오일 작업이 끝나고 나면 CC크림을 얼굴의 사방위에 적당량을 도포하여 준 후 스폰지로 골고루 펴 발라준다.

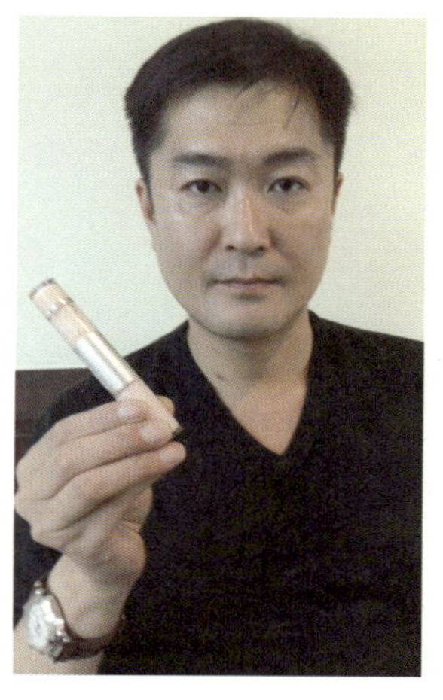

아이프라이머는 팔자주름 부위와 눈밑 다크써클 부분을 밝게 표현해주는 제품이다. 오른쪽 사진이 도포를 하는 시술장면이다.

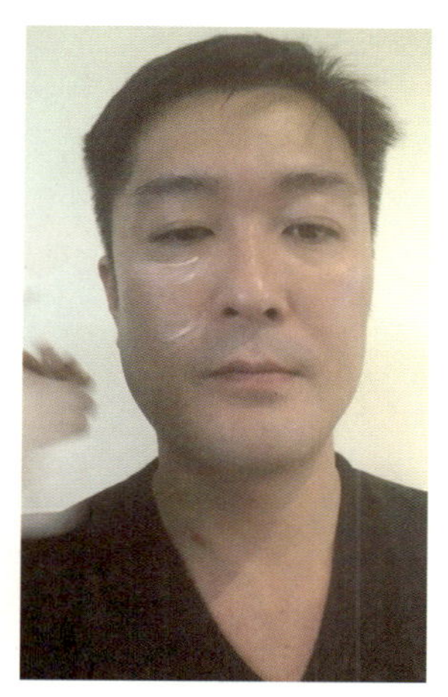

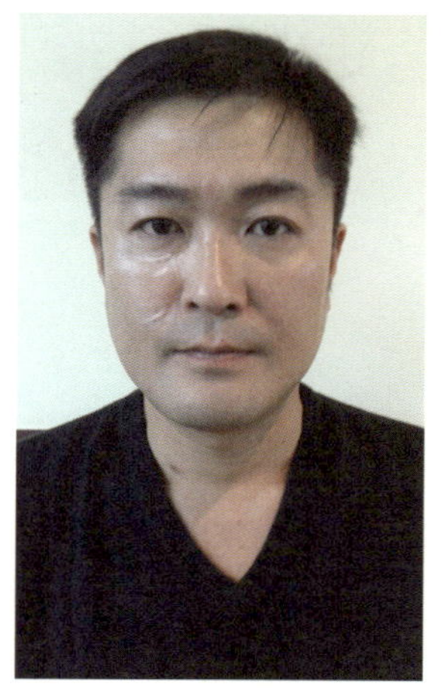

왼쪽의 사진은 한쪽에 눈 밑 다크써클과 코 옆에 팔자 주름 부분에 도포를 한 시술장면이고 오른쪽의 사진은 한 면만 시술하여 놓았다. 양쪽이 다른 차이점이 바로 보일 것이다.

컨실러

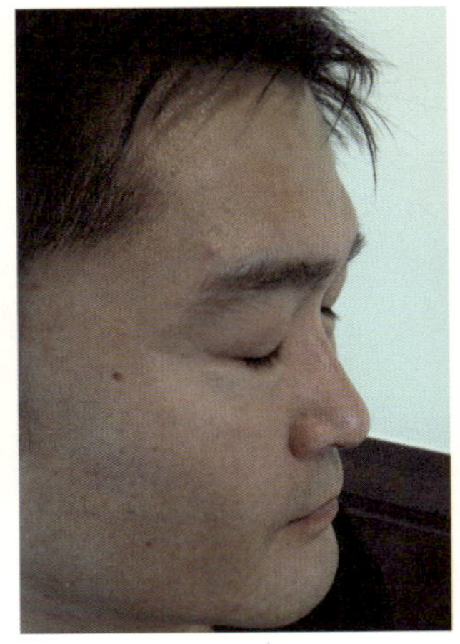

도포 전

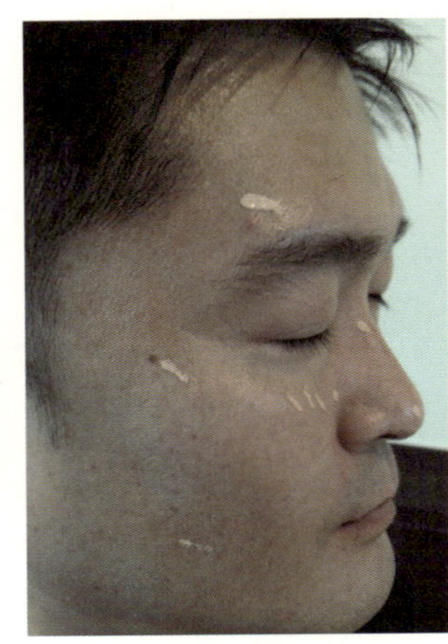

도포

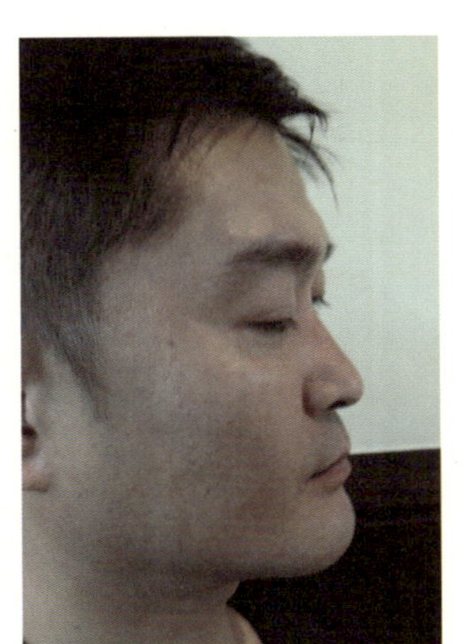

도포 후

컨실러는 뽀루지나 점 등을 도포한 후 손의 열감 으로 골고루 펴 발라준다. 스틱으로 된 컨실러를 사용해도 무방하다.

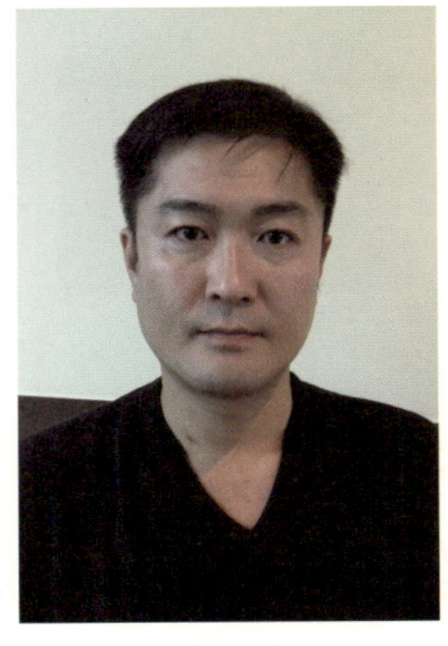

시술 후

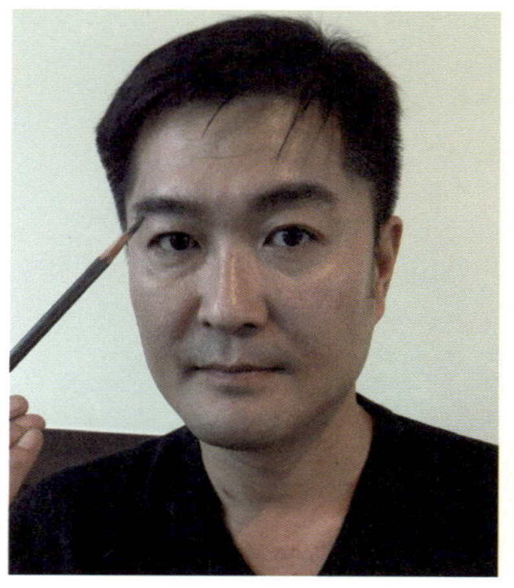

메이크업 작업을 다 하고 나면 사진처럼 펜슬을 이용하여 눈썹 부위의 비어있는 부분을 펜슬로 커버하면 남자 메이크업 작업은 끝이 나겠다.

스틱 필수 아이템
눈썹과 컨실러스틱

메이크업 시술 전

메이크업 시술 후

가위 판매·수리

*가위 구입
*가위/클리퍼 수리

문의 : 010-4530-6086

✿ 2중 가위

절삭력 50%대의 2중 특수 가위

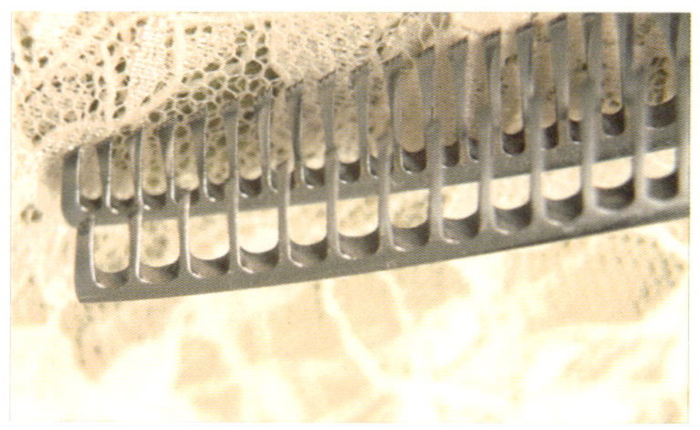

✿ 3홈 틴닝

절삭력 10~15%대의 모류 교정 틴닝 가위

❀ 10홈 틴닝

절삭력 30~40%대의 10홈 요술 가위

❀ 5.5" 블런트 가위

✿ 7.0" 장가위

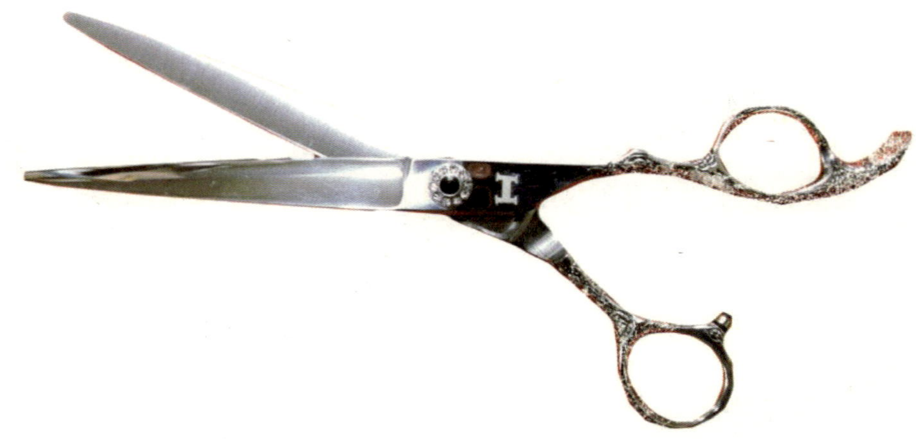

✿ 1홈 틴닝

절삭력 20~30%대의 기본 틴닝 가위

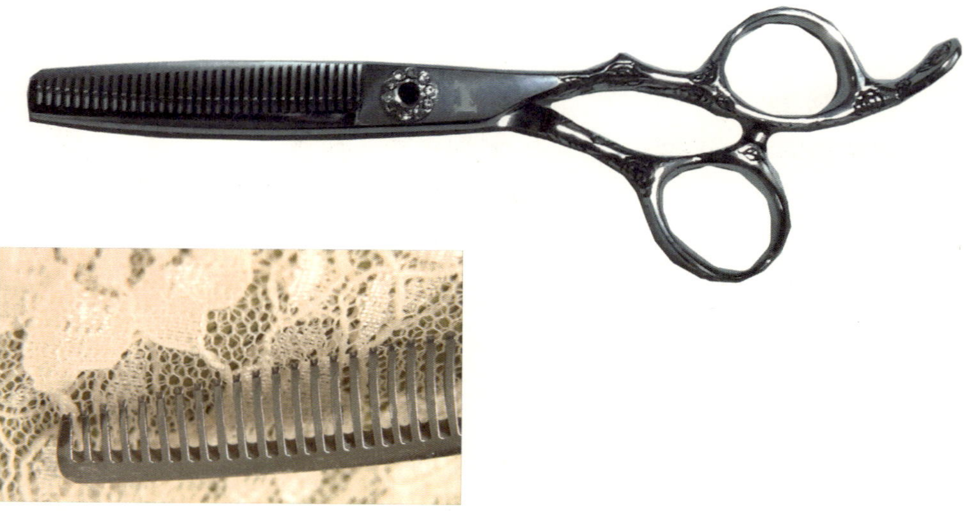

✿ 망치 틴닝

절삭력 10~15%대의 모류 교정 틴닝 가위

✿ 7홈 틴닝

절삭력 30~40%대의 7홈 요술 가위

남성 헤어 토탈 시스템

초판인쇄	2016년 1월 15일
초판발행	2016년 1월 25일
지은이	하상중
발행인	조현수
펴낸곳	도서출판 더로드
북 디자인	오종국 Design CREO
마케팅	신성웅
ADD	경기도 고양시 일산동구 백석2동 1301-2
	넥스빌오피스텔 904호
전화	031-925-5366~7
팩스	031-925-5368
이메일	provence70@naver.com
등록번호	제2015-000135호
등록	2015년 6월 18일
ISBN	979-11-955702-2-5 13590

정가 49,000원

파본은 구입처나 본사에서 교환해드립니다.